ISO 18436(기계 상태감시와 진단 기술자의 훈련과 인증) 규격에 따라 진동분석 기술을 이용하여 기계 상태감시 및 진단을 수행하는 기술자 인증을 위한 훈련 지침서

기계설비의
진동 상태 감시 및 진단

양보석 지음

Condition Monitoring & Diagnostics

도서출판 GS인터비전

머 리 말

세계는 WTO 체제의 출범에 따라 인류가 같이 공존하는 하나의 공동체로 빠르게 변화하고 있고, 세계화(globalization)가 국제화, 개방화라는 용어와 함께 보편적으로 사용되고 있다. 경제 활동과 관련된 제도, 정책, 의식이 세계 공통으로 바뀌어 가면서 삶의 단위가 국가가 아닌 지구촌으로 확장되어 국경 없는 사회가 되고, 상품, 서비스, 자본, 노동, 정보 등에 대한 인위적 장벽이 제거되어 세계가거대한단일시장으로 통합되는 추세이다 세계는 관세장벽에 대신한 기술적 무역장벽의 해소를 위한 WTO/TBT를통해 국가간 기술적 무역장벽도 허물어져 버렸고, 국가 규격의 국제규격으로의 원칙적 일치를 의무화함에 따라 이제는 국제적으로 합의된 기술만이 의미를 갖게 되었으며, 단일화 된 세계시장에서 기준으로 통용되는 규범으로서 Global Standard(국제표준)라는 형태로 정리되고 있는 실정이다. 이는 국제표준화기구(ISO) 인증과 같이 표준화 기관의 승인에 의해 규정된 공식적 표준으로 시장의 대세를 장악하고, 첨단산업의 기술에서 금융, 회계를 포함하는 경제 전반에까지 그 범위가 확대되고 있다. 국제표준은 강자의 논리이며 기준이기 때문에, 정보기술간 상호 우위가 국가경쟁력을 결정하는 무한 경쟁이 벌어지고 있고, 최강자, 선택된 자만이 살아남는 냉혹한 시장원리가 적용되고 있다.

이에 ISO에서는 글로벌 시장에서 제품, 품질, 환경관리, 시험, 검사, 교정 및 요원에 대한 기준과 인증에 관한 기본적인 규칙을 제정하여 내외 생산품에 대한 절차상의 무차별화 및 투명화, 국제적 상호인증(MLA), 적합성평가 기관의 능력검증을 위해 지침과 규격을제정하고, 이에 따르도록 회원국에 의무화하고 있다. 이에 따라 기술자의 기량에 대한 인증절차에 필요한 지침 61과 국제규격 ISO/IEC 17024:2003을 제정하였다. 이에 ISO/TC 108/AC에서는 ISO/JEC 17024에 준거하여 기계의 상태감시 및 진단기술자의 훈련 및 인증을 위한 요구사항으로

- ISO 18436-1:2004, 제1편 : 인증기관 및 인증절차를 위한요구사항
- ISO 18436-2:2003, 제2편 : 진동 분석

가 발행되었으며, 각 기술에 대한 후속편으로

- ISO DIS 18436-3, 제3편 : 훈련시스템을 운영하는 기관의 요구사항
- ISO DIS 18436-4, 제4편 : 윤활 분석 및 기술
- ISO DIS 18436-5, 제5편 : 윤활제 실험실 분석자/기능자
- ISO DJS 18436-6, 제6편 : Thermography
- ISO DIS 18436-7, 제7 편 : 음향방출(acoustic emission)
- ISO PWI J 8436-8, 제8편 : 상태감시전문가(specialist)

등의 규격 제정이 현재 신속히 진행 중에 있다.

ISO 18436 규격은 기계의 상태감시 및 진단에 관련된 기술자(요원)의 능력을 인증하는 것을 규정하는 내용으로 , 이미 이 규격에 준거한 진단기술자의 훈련과 인증이 미국, 영국, 프랑스, 캐나다, 일본, 호주 등에서 관련 기술자의 인증이 실시되고 있다. 이에 국내 관련 기술의 발전, 산업체의 기술경쟁력 확보 및 관련 기술자의 능력 인증 및 지속적인 향상을 통한국제적인 제품 경쟁력을 확보하기 위해 TCIOS의 간사기관인 한국소음진동공학회에서는 학계, 산업계의 대표들로 구성된 「상태감시 및 진단기술자 인증기관설립 준비 위원회」를 설치하여 2003년 1월부터 8개월간에 걸쳐 기초자료수집 등의 연구조사 활동을 수행하였고, 현재 인증기관 설립을 준비 중에 있다.

국내 산업계는 매년 막대한 정비 비용을 지불하는 것으로 알려져 있고, 상태감시 및 진단에 의한 효율적인 설비의 관리와 수명 연장, 생산손실과 정비비용의 저감 등을 통한 제품 경쟁력 확보를 위해서는 관련 기술자의 체계적인 훈련과 인증이 무엇보다 중요하다. 그러나 국내 대학에는 관련 학과의 개설이 전무한 실정으로 대부분의 기술자가 취업 후 경험과 사내외 교육을 통하여 관련 기술을 습득하고 있고, 또한 관련 도서가 출판되지 않아 체계적인 훈련과 지속적인 교육이 이루어지기 어렵고 비효율적인 정비작업의 수행, 전문기술자의 부족 등에 따른 정비비용의 상승이 지속적으로 이루어지고 있는 실정이다.

본서는 ISO 18436-2의 부속서 A에 규정된 훈련과정에 따라 진동분석 기술을 이용하여 기계 상태감시 및 진 단을 수행하는 기술자들을 대상으로 훈련 및 인증을 위한 참고 교재로서 작성되었다. 본서의 내용은 5장으로 구성되고, 13개의 훈련과정 중 전반부 5개의 내용을 포함하고 있다. JSO 18436-2에는 기술수준에 따라 영역 I

에서 IV까지 4개의 영역(category)으로 구분하고, 각 영역별로 각 주제에 대한 훈련 시간 및 상세목록이 지정되어 있으나, 본서에서는 영역별 구분 없이 구성 되어 있다. 따라서 독자는 본서 부록A에 나타낸 훈련과정을 참조하여 각 영역에 따라 필요한 부분을 선택하여 학습하면 될 것이다. 원고의 작성에 있어서 가능한 기계용어 사전의 전문용어 표현을 따르도록 노력하였으나, 관련 용어의 미정의와 현장에서 혼용되고 있는 점을 감안하여 부록B에 상태감시 및 진단에 대한용어의 정의(ISO I3372)를 함께 수록하였으며, 최근에 발행된 상태감시 진단기술과 관련된 각종 ISO 규격을 본문에 포함하여 설명하도록 노력하였다.

끝으로 저자는 비록 천학비재 하지만, 이 분야의 관련 기술자들의 인증활동과 국내 기술발전에 조금이라도 기여했으면 하는 소망으로 준비하였으나, 부족한 부분이 많을 것으로 생각된다. 독자 여러분들의 많은 지도와 편달을 부탁드린다. 아울러 본서 작성에는 많은 참고문헌을 인용하였고, 이에 각 저자들에게 진심으로 감사드리며, 신호처리 부분에 많은 조언을 주신 (주)효성 기술연구소 임동수 박사 및 원고 정리와 입력에 수고한 부경대 지능역학연구실 대학원생들 그리고 졸고의 출판을 위해 수고하신 도서출판 GS인터비전 송기수사장님을 비롯한 관계자 여러분들께 진심으로 감사의 뜻을 전한다.

용당캠퍼스에서
저자

목 차

제1장 · 진동의 원리

1.1 조화 운동 ···· 3
1.2 진동의 기본 용어 : 주파수, 진폭 및 위상 ···· 5
1.2.1 주파수(진동수) ···· 5
1.2.2 진폭 ···· 10
1.2.3 위상(위상차) ···· 17
1.3 진동의 단위 및 단위의 변환 ···· 17
1.4 변위, 속도 및 가속도 ···· 18
1.4.1 변위 ···· 19
1.4.2 속도 ···· 19
1.4.3 가속도 ···· 20
1.4.4 측정 파라미터 사이의 변환 ···· 21
1.5 시간 영역과 주파수 영역 ···· 23
1.6 고유 진동수, 모드 형상 및 위험 속도 ···· 25
1.6.1 고유 진동수 ···· 25
1.6.2 모드 형상 ···· 26
1.6.3 공진 ···· 28
1.6.4 위험 속도 ···· 29
1.7 가진 특성 ···· 34
1.8 1자유도 계의 진동 ···· 35
1.8.1 자유 진동 ···· 35
1.8.2 강제 진동 ···· 40
1.8.3 조화 진동의 합성 ···· 48
1.8.4 진동의 분해 ···· 54
1.9 불안정성과 비선형 계 ···· 56
1.9.1 불안정성 ···· 56
1.9.2 비선형 계 ···· 60
1.10 요약 ···· 63
참고 문헌 ···· 64

제2장 • 데이터 취득

2.1 측정 파라미터의 선택 ········ 67
2.1.1 진동 변위 ········ 67
2.1.2 진동 속도 ········ 67
2.1.3 진동 가속도 ········ 68
2.2 변환기의 종류 및 특징 ········ 68
2.2.1 변위계 ········ 71
2.2.2 속도 변환기 ········ 74
2.2.3 가속도계 ········ 77
2.2.4 회전속도 변환기 ········ 80
2.2.5 비틀림 진동 변환기 ········ 81
2.3 변환기의 선택 ········ 82
2.4 변환기의 설치 ········ 84
2.5 변환기의 위치 ········ 86
2.5.1 비회전 구조물상의 측정: 베어링 진동 ········ 87
2.5.2 회전축의 측정 ········ 89
2.6 동적 범위 ········ 95
2.6.1 진폭 범위 ········ 95
2.6.2 주파수 범위 ········ 97
2.7 트리거 장치 ········ 99
2.8 계측기의 선택 ········ 100
2.8.1 소프트웨어 기능 ········ 101
2.8.2 하드웨어 기능 ········ 105
2.9 측정시의 주의사항 ········ 107
2.9.1 상대 진동 ········ 107
2.9.2 절대 진동 ········ 108
2.10 요약 ········ 108
참고 문헌 ········ 110

제3장 • 신호 처리

3.1 신호 처리 및 분석 ········ 113
3.1.1 신호 처리 시스템 ········ 114
3.1.2 신호 처리의 기능 ········ 115
3.1.3 디지털 신호 분석 ········ 116
3.1.4 디지털 신호 처리 ········ 116

3.2 실효치 및 피크 검지 ······ 121
3.2.1 실효치 검지 ······ 121
3.2.2 피크 검지 ······ 121
3.3 A/D 변환기 ······ 122
3.4 데이터 샘플링 ······ 123
3.5 시간 영역 해석 ······ 125
3.5.1 통계량 해석 ······ 125
3.5.2 확률 밀도 해석 ······ 132
3.5.3 상관 해석 ······ 135
3.6 주파수 영역 분석과 FFT 분석기 ······ 137
3.6.1 후리에 분석 ······ 139
3.6.2 파워 스펙트럼 ······ 142
3.6.3 기여도 함수 ······ 143
3.7 시간 창 함수와 가중치 함수 ······ 147
3.8 필터링 ······ 152
3.8.1 소인 필터 분석기 ······ 155
3.8.2 트래킹 필터 ······ 156
3.9 엘리어싱 ······ 157
3.9.1 엘리어싱 현상 ······ 157
3.9.2 엘리어싱 방지 필터 ······ 159
3.10 변조 ······ 161
3.10.1 진폭 변조 ······ 161
3.10.2 주파수 변조 ······ 162
3.10.3 위상 변조 ······ 164
3.10.4 주파수 변조와 위상 변조의 차이점 ······ 164
3.10.5 실제 예 ······ 165
3.10.6 포락선(포락) 처리 ······ 166
3.11 분해능과 확대 분석 ······ 170
3.11.1 분해능 ······ 171
3.11.2 확대 분석 ······ 173
3.12 잡음의 저감 ······ 176
3.13 평균화 ······ 178
3.13.1 주파수 영역 평균 ······ 178
3.13.2 시간 평균 ······ 179
3.13.3 동기 시간 평균 ······ 180
3.14 힐버트 변환 ······ 184
3.15 주파수 대역별 실효치 계산 ······ 186
3.15.1 시간 영역 계산 방법 ······ 186
3.15.2 시간-주파수 영역 계산 방법 ······ 187

3.15.3 주파수영역 계산 방법 ········ 188
3.16 차수 분석 ········ 189
3.16.1 조화 분석과 차수 분석의 비교 ········ 190
3.16.2 차수 분석의 방법 ········ 191
3.17 요약 ········ 193
참고 문헌 ········ 195

제4장 • 상태 감시 프로그램

4.1 고장 모드 ········ 199
4.2 상태 감시의 설정 ········ 202
4.2.1 상태 감시 파라미터 ········ 202
4.2.2 특징 설명 인자 ········ 203
4.2.3 증상의 표현 ········ 204
4.2.4 결함의 표현 ········ 205
4.2.5 운전 파라미터 ········ 205
4.2.6 기계 데이터 ········ 205
4.2.7 기계 이력 ········ 206
4.2.8 상태 감시 및 진단 시스템의 요구사항 ········ 206
4.2.9 기계 중요도 분석 ········ 208
4.2.10 고장 모드 증상 분석 ········ 211
4.2.11 진단 요구 사항 보고서 ········ 216
4.3 기계의 상태 평가 과정 ········ 216
4.3.1 데이터 취득 ········ 218
4.3.2 진단 ········ 219
4.3.3 예지 ········ 226
4.3.4 표시 ········ 227
4.3.5 조치 ········ 230
4.4 진동 상태 감시 시스템의 유형 ········ 231
4.4.1 영구 설치 감시 시스템 ········ 231
4.4.2 반영구 감시 시스템 ········ 231
4.4.3 휴대용 감시 시스템 ········ 233
4.4.4 연속 감시 시스템 ········ 233
4.4.5 주기적 감시 시스템 ········ 234
4.5 기계의 평가를 위한 지식 ········ 234
4.6 상태 감시 프로그램의 설계 ········ 238
4.6.1 감시 파라미터의 기록 ········ 239
4.6.2 측정 경로의 선택과 정의 ········ 239

4.6.3 측정 파라미터와 측정 점 ······ 240
4.6.3 데이터 수집의 주기(빈도) ······ 244
4.6.4 시험 설비의 선택 ······ 245
4.6.5 기계 상태의 판정 기준 ······ 246
4.6.6 성공적인 프로그램 운영을 위한 고려 사항 ······ 248
4.7 경고 및 기준선 데이터의 설정 ······ 249
4.7.1 일반적인 요구 사항 ······ 251
4.7.2 광대역 및 협대역 진동 ······ 253
4.8 경향 관리 ······ 254
4.8.1 광대역 진동 경향 감시 ······ 256
4.8.2 협대역 진동 경향 감시 ······ 261
4.8.3 제한 대역의 진동 경향 감시 ······ 263
4.8.4 주파수 스펙트럼의 진동 경향 감시 ······ 264
4.8.5 기동 및 정지 동안의 진동 경향 감시 ······ 264
4.8.6 과도 진동 경향 감시 ······ 265
4.8.7 이산 주파수의 진동 경향 감시 ······ 265
4.9 요약 ······ 266
참고 문헌 ······ 269

제5장 • 결함 분석

5.1 정상 운전 상태 ······ 273
5.1.1 경향 선도 ······ 273
5.1.2 시간 파형 분석 ······ 277
5.1.3 스펙트럼 분석 ······ 279
5.1.4 전(방향성) 스펙트럼 분석 ······ 281
5.1.5 궤도 선도 ······ 283
5.1.6 복수 궤도 선도 ······ 288
5.1.7 허용 영역 선도 ······ 289
5.1.8 폭포 스펙트럼 선도 ······ 290
5.1.9 진동 벡터 선도 ······ 291
5.2 과도 운전 상태 ······ 293
5.2.1 캠벨 선도 ······ 293
5.2.2 보데 선도 ······ 296
5.2.3 극 선도 ······ 299
5.2.4 차수비 분석 ······ 301
5.2.5 캐스케이드 선도 ······ 303
5.2.6 축 중심선 위치 선도 ······ 306

5.2.7 캡스트럼 분석 ········ 307
5.2.8 웨이브렛 분석 ········ 309
5.2.9 불평형 응답 선도 ········ 312
5.2.10 위험 속도 선도 ········ 313
5.3 질량 불평형 ········ 314
5.4 정렬 불량 ········ 318
5.5 기계적 헐거움 ········ 326
5.5.1 베어링의 헐거움 ········ 326
5.5.2 기계 부품의 헐거움 ········ 326
5.6 베어링 결함 ········ 328
5.6.1 구름 요소 베어링 결함 ········ 328
5.6.2 저널 베어링 결함 ········ 339
5.7 전동기 결함 ········ 345
5.8 기어 상자 결함 ········ 356
5.9 공진과 위험 속도 ········ 364
5.9.1 공진 ········ 364
5.9.2 위험 속도 ········ 370
5.10 요약 ········ 374
참고 문헌 ········ 376

부 록

부록 A 진동 상태 감시 및 진단 기술자를 위한 훈련 과정(ISO 18436-2) ········ 377
부록 B 기계의 상태 감시 및 진단- 용어(ISO 13372) ········ 383

찾아보기 ········ 393

제 1 장

진동의 원리

시간에 따라 물체가 주어진 기준 위치로부터 반복적인 운동을 하는 것을 진동(vibration, oscillation, 振動) 또는 떨림이라 한다. 일반적으로 역학계에서는 에너지 보존의 법칙(KE + PE = 일정)이 성립하므로, 운동 에너지(KE)와 포텐셜 에너지(PE)의 상호변환은 계의 진동을 유발한다. 즉, 운동 에너지를 갖는 관성력과 포텐셜 에너지를 갖는 보존력이 평형 상태를 기준으로 하여 변화하는 자연 현상이다.

기계 부품 등의 결함(fault)이나 열화(degradation) 등으로 이상(abnormality, 異常)이 발생하면 대부분의 경우, 진동의 크기나 성질이 변화한다. 따라서 기계에서 발생하는 진동을 측정하여 크기나 성질의 변화를 분석함으로써 기계를 정지하거나 분해하는 일이 없이 기계 상태의 이상 유무를 감시(monitoring)하거나 이상의 내용을 진단(diagnosis)할 수 있다.

최근 산업계에서는 진동 분석 기술을 이용하여 기계의 정지 기간(downtime)으로 인한 막대한 생산 손실 비용을 절약하고 있으며, 진동의 크기를 평가하는 것이 대부분의 상태 감시 및 진단 프로그램에서 가장 중요한 부분이 되고 있다. 설비들의 만성적인 오동작(malfunction)과 고장(failure)의 원인을 판별하는 것뿐만 아니라, 설계 문제를 해결하기 위해서도 진동을 이용하는 유사한 평가 방법이 이용된다.

진동은 눈으로 보거나 만져서는 진동이 가지는 특징인 진동 주파수(진동수)나 진폭을 정확히 측정할 수 없기 때문에, 올바른 분석과 평가를 위해서는 유용한 측정 장비를 이용한 계측 방법이 도입되어야 한다.

제 1장에서는 기계의 진동 상태 감시 및 진단에 필요한 기초 지식으로서 조화 운동의 성질과 기초적인 진동 원리를 설명한다. 그리고 진동을 나타내는 측정 파라미터와 사용되는 단위를 소개하며, 측정 파라미터와 주파수의 단위 변환에 대하여 설명하고 위상각의 정의와 중요성을 서술한다.

1.1 조화 운동

조화 운동(harmonic motion)은 진동의 가장 단순한 형태이다. 예로 그림 1.1(a)에 나타내는 질량이 m인 추가 실에 매달린 단진자(simple pendulum)를 이용하여 설명한다. 추가 평형 위치 OO'를 기준 위치로 오른쪽으로 각 φ_0만큼 회전시킨 후 놓으면, 진자는 좌우로 흔들리는 자유 운동을 하게 된다. 이 운동을 시간 t의 함수로 나타내면 그림 1.1(b)와 같이 여현 곡선(cosine curve)으로 나타낼 수 있다. 진동 진폭이 0이 되는 기준 위치에 대한 진동 물체의 임의 순간의 운동은 다음 식과 같이 표현될 수 있다.

$$x(t) = A\cos\omega t \tag{1.1}$$

여기서 $x(t)$는 운동의 순간 값, A는 운동의 최대(피크) 진폭, ω는 각속도(rad/s)이다.

식 (1.1)은 진동 변위(displacement)를 나타낸다. 기계의 상태 감시 및 진단에서는 종종 조화 진동은 변위뿐만 아니라 속도(velocity) 및 가속도(acceleration)가 사용된다. 속도는 시간의 변화에 대한 변위의 변화율, 즉 시간 미분(1계 도함수)으로

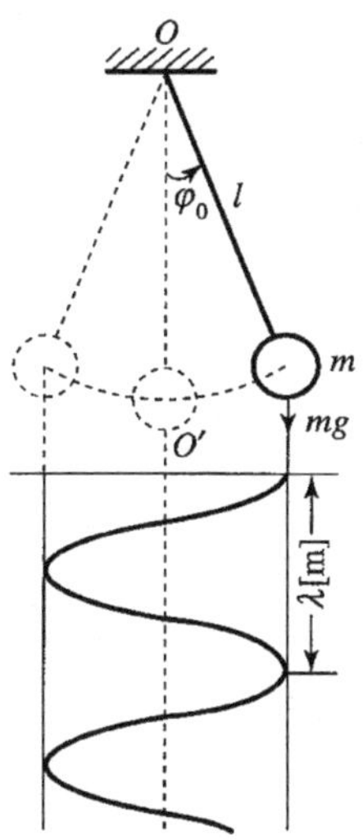

(a) 단진자 운동

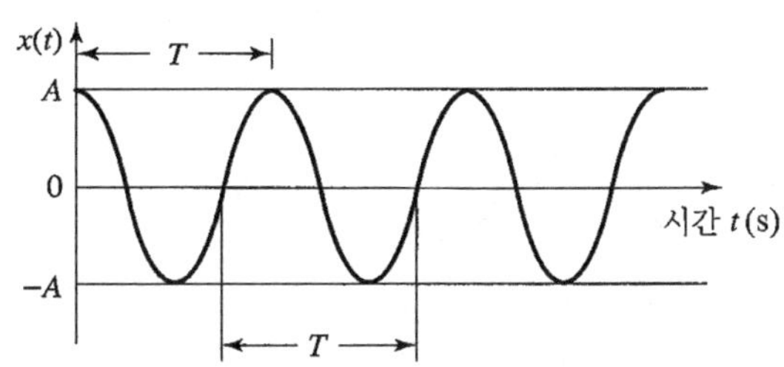

(b) 시간 파형

그림 1.1 단진자의 조화 운동

$$v(t) = \dot{x}(t) = \frac{dx(t)}{dt} \tag{1.2}$$

로 표시되고, 가속도는 속도의 시간 변화율 또는 변위의 2계 시간 도함수이다.

$$a(t) = \ddot{x}(t) = \dot{v}(t) = \frac{dv(t)}{dt} = \frac{d^2x(t)}{dt^2} \tag{1.3}$$

따라서 변위, 속도 및 가속도 사이의 관계는 다음 식과 같이 정리될 수 있다.

$$\begin{aligned} x(t) &= A\cos\omega t = x_p \cos\omega t \\ v(t) &= -\omega A \sin\omega t = -v_p \cos(\omega t + \pi/2) \\ a(t) &= -\omega^2 A\cos\omega t = a_p \cos(\omega t + \pi) \end{aligned} \tag{1.4}$$

여기서 x_p, v_p 및 a_p는 각각 변위, 속도 및 가속도의 피크 진폭을 나타낸다.

그림 1.2에서 보이듯이, 속도는 변위보다 위상각(phase angle)이 90° 앞서고, 가속도는 속도보다 90° 그리고 변위보다 180° 앞선다. 변위 진폭이 최대일 때, 속도 진폭은 0이 되고, 속도 진폭이 최대일 때는 변위 진폭이 0이 된다. 가속도 진폭은 변위가 최대이고 속도가 0일 때 최대가 되며, 방향은 변위와 반대 즉, 역위상(out-of-phase)이 된다.

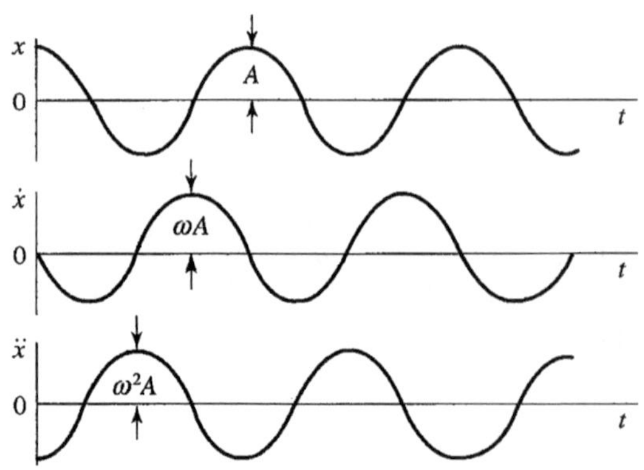

(a) 시간 파형

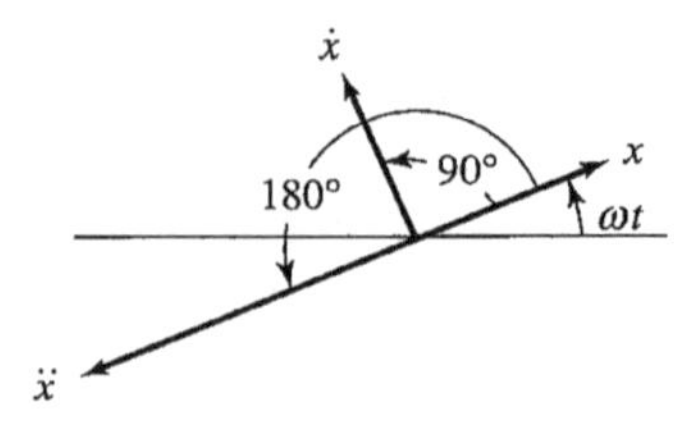

(b) 위상 관계

그림 1.2 변위, 속도 및 가속도의 관계

이와 같이 조화 운동에는 운동을 표현하는 물리 양으로 변위, 속도 및 가속도가 있으므로 막연하게 진폭이라는 용어는 적절치 않고 변위 진폭, 속도 진폭 또는 가속도 진폭으로 표현하여야 올바른 표현이 된다.

1.2 진동의 기본 용어 : 주파수, 진폭 및 위상

진동은 반복되는 운동으로, 일반적으로는 변위, 속도 및 가속도와 같은 상태량의 크기 변화가 시간에 따라 규칙적으로 반복되는 현상이며, 라틴어의 동사 vibrare(move quickly to and fro)에서 유래한다. 진동을 표현하는 3가지 기본적인 양으로는 주파수(frequency), 진폭(amplitude) 및 위상(phase)이 있다.

동일한 시간 간격으로 반복되는 운동을 주기 운동(periodic motion)이라 한다. 가장 기본적인 주기 운동은 그림 1.1(b)와 같이 표현되는 여현파(cosine wave) 형태로 표현되는 조화 운동(harmonic motion)이 있다. 그 예로는 질량 불평형(mass unbalance)을 가진 회전 기계에서 회전 속도의 주파수로 나타나는 진동이다. 이 파형은 주기(period) T를 가진다. 그림 1.1과 같이 주기는 시간 파형에서 얻어지며, 한 사이클이 반복하는데 걸리는 시간, 즉 추가 원래의 위치로 되돌아올 때까지 걸린 시간으로서 주파수 f의 역 수이다. 주기는 초(second: s) 또는 밀리초(millisecond: ms)의 단위로 측정된다. 여기서 1000 ms는 1 s와 같다. 주파수 f는 주기의 역 수이며, $f = 1/T$로 표시된다.

1.2.1 주파수(진동수)

1) 진동수의 정의

진동의 주파수(통상 간단히 진동수라 한다.)는 기계를 구성하는 어느 부품에 결함이 발생하였을 때, 어떠한 결함 원인에 의해 진동이 발생하고 있는가를 파악하는데 매우 중요한 양이다. 제 5장에서 설명하듯이, 구름 베어링, 기어 등의 부품에 결함이 있거나 회전체의 불평형 또는 커플링에 정렬 불량(misalignment)이 있을 때 발생하는 진동수는 일반적으로 잘 알려져 있으므로, 진동을 측정하여 발생 진동수를 분석하면 대부분의 진동 원인을 파악할 수 있다.

진동수는 단위 시간당의 반복되는 운동의 사이클 수 또는 현상의 발생 수로 정의된다. 즉, 주기적인 현상이 시간에 따라 얼마만큼 반복되는가의 비율을 나타낸다. 진동수는 초당 사이클 수(cycle/second:

cps 또는 Hertz: Hz), 분당 사이클 수(cycle per minute: cpm)로 표현할 수 있다. 또한, 회전 기계와 같이 진동이 회전 속도나 그 배수 성분의 가진력에 의해 발생된다면, 분당 회전수(revolution per minute: rpm)로도 표현된다. 진동 공학에서는 일반적으로 진동 주파수를 진동수라 부른다. 단위 시간 내에 완료된 사이클의 수가 진동의 주파수이다(주기의 역 수).

$$f = 1/T \text{ (Hz, cps)},\ \ N = 60f \text{ (cpm)}$$

일 예로, 단순 계산식 $f = 1/T$를 이용하여 11.9 ms(= 0.0119 s)의 주기를 주파수(84.04 Hz 또는 5,042 cpm)로 변환시킬 수 있다.

그러나, 대부분의 기계들에서는 여러 가지 진동수 성분들이 포함된 복잡한 형태의 진동이 발생하며, 예로 그림 1.3에서 보여주듯이 하나의 진동수로 이루어진 조화 진동이 아니고 비조화적이지만, 진동 파형이 주기적으로 반복되는 주기 진동으로 나타난다. 조화 성분(harmonics)은 임의의 기본 진동수, 예로 회전 속도의 주파수(1 × 회전 주파수)에 대한 정수 배(즉 1, 2, 3 등)의 진동수를 가지는 진동 성분이다. 즉, 그림 1.3에서 회전 주파수 60 Hz가 기본 진동수이고, 2배수인 120 Hz 성분이 2차 조화 성분, 3배수인 180 Hz 성분이 3차 조화 성분이 된다.

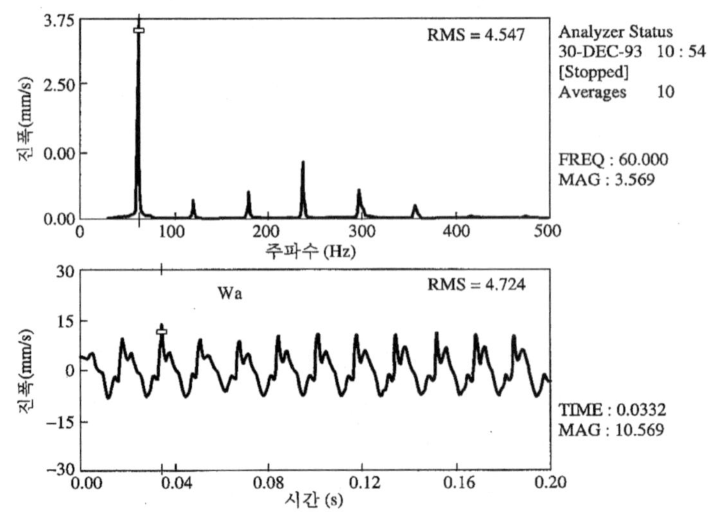

그림 1.3 전동기에서 측정된 주파수 스펙트럼과 시간 파형 예

실용적으로는 편의상 조화 성분 주파수를 기본 진동수(즉, 회전 주파수)와의 배수 형식으로 1X, 2X 등으로 표시한다. 차수(order)는 기계의 회전 주파수의 정현 파형 진동에 정수 배를 한 것이다. 이러한 운전 주파수의 조화 성분은 두 가지 경우에 발생할 수 있다. 첫째는 정렬이 불량한 커플링(또는 축 이음이라 한다.)과 같이 정렬 불량에 의해 발생하는 구속력과 구속 모멘트에 의해 매 회전마다 2회의 가진력이 반복하여 작용하고, 이에 의해 회전 주파수의 2배 성분의 진동이 발생하는 경우이다. 예로는 기계적 느슨함(looseness), 기어 이 맞물림 주파수, 깃(블레이드) 통과 주파수 성분들이 있다. 둘째로는 기본 진동수 또는 운전 주파수의 순수한 정현 파형으로부터 파형이 왜곡(distortion)될 때 발생한다. 그림 1.4(a)에 보이듯이 순수한 정현 파형을 주파수 분석하면 하나의 주파수 성분만이 나타나지만, 파형의 하단이 잘리어 왜곡되면 그림 (b)와 같이 기본 주파수 이외에 작은 레벨의 여러 조화 성분이 발생하게 된다.

(a) 순수 정현파　　　　(b) 절단된 정현파

그림 1.4 순수 정현파와 절단된 정현파의 비교

예제 1.1

□ 회전 주파수가 58.4 Hz인 유도 전동기의 한 사이클에 대한 시간 주기는?

$$T = 1/f = 1/58.4 = 0.017 \text{ s 또는 } 17 \text{ ms}$$

예제 1.2

□ 주기가 25 ms인 진동의 주파수는?

$$T = 25 \text{ ms} \times 0.001 = 0.025 \text{ s}$$

$$f = 1/T = 1/0.025 = 40 \text{ Hz}$$

예제 1.3

□ 회전 속도 N이 3600 rpm인 기계의 회전 주파수 f는?

$$f = N\ (\text{cycle/min})\ /\ 60\ (\text{s/min}) = 3600\ /\ 60 = 60\ \text{Hz}$$

2) 옥타브 대역(octave band)

실제 기계에서 발생하는 진동은 다른 크기의 진폭을 가진 이산적인 여러 주파수 성분들로 이루어져 있지만, 이들을 각각 1배에서 2배의 주파수 범위를 가지는 옥타브 대역(octave band)으로 나눌 수 있다. 서양 음악에서 옥타브란 8도 음정(도, 레, 미, ..., 시, 도)을 말하지만, 주파수의 관점에서 볼 때, 1 옥타브는 최고 주파수가 최저 주파수의 2배가 되는 주파수 대역을 의미한다. 즉, 1 옥타브는 2배의 비를 가진 2개의 주파수 간격을 말한다. 따라서 주파수 f_1이 주어진다면, 다음 주파수 f_2는 $f_2 = 2 \times f_1$이다. 같은 방법으로 다음의 옥타브 주파수 f_3는 $f_3 = 2 \times f_2 = (2 \times 2) f_1 = (2^2) f_1$이 되고, 일반적인 식은 $f_n = (2)^{n-1} f_1$로 된다. 이들 각각의 옥타브 대역에 대해 그 중심 주파수(center frequency)의 값으로 옥타브를 표시한다. 중심 주파수 f_c는 각 옥타브 대역의 하한 주파수 f_l와 상한 주파수 f_u의 기하학적 중심으로 정의된다. 즉, $f_c / f_l = f_u / f_c$이고, 따라서 $f_c = (f_l f_u)^{1/2}$의 관계를 갖는다.

서로 이웃한 옥타브 주파수 값의 차이를 통과 대역(passband)이라 한다. 예로 중심 주파수가 1,000 Hz, 옥타브 주파수가 707 Hz 및 1,414 Hz인 경우는 통과 대역은 1414 − 707 = 707 Hz가 된다.

보다 상세한 분석을 수행하는 데는 통과 대역을 3개 부분으로 나누는 방법이 편리하고, 이를 1/3 옥타브 대역이라 한다. 1/3 옥타브는 최고 주파수가 최저 주파수의 $2^{1/3}$을 말한다. 표 1.1에 일반적으로 통용되는 표준 옥타브 대역을 나타낸다. 그림 1.5는 1 옥타브와 1/3 옥타브로 나타낸 진동 신호의 비교를 보인다. 진동의 특성은 1/3 옥타브로 나타내는 것이 좋은 것을 알 수 있다.

보다 자세한 주파수 분석에서는 1/3 옥타브 대역보다 좀 더 좁은 대역을 사용할 필요가 있다. 이러한 경우에는 1/10, 1/12, 1/15 옥타브 분석 등을 이용할 수 있다.

표 1.1 표준 옥타브 대역

중심주파수 f_c	1/3 옥타브 통과 대역	1 옥타브 통과 대역	중심주파수 f_c	1/3 옥타브 통과 대역	1 옥타브 통과 대역
16	14.1~17.8	11.2~22.4	500	447~562	355~708
20	17.8~22.4		630	562~708	
25	22.4~28.2		800	708~891	
31.5	28.2~35.5	22.4~44.7	1000	891~1120	708~1410
40	35.5~44.7		1250	1120~1410	
50	44.7~56.2		1600	1410~1780	
63	56.2~70.8	44.7~89.1	2000	1780~2240	1410~2820
80	70.8~89.1		2500	2240~2820	
100	89.1~112		3150	2820~3550	
125	112~141	89.1~178	4000	3550~4470	2820~5620
160	141~178		5000	4470~5620	
200	178~224		6300	5620~7080	
250	224~282	178~355	8000	7080~8910	5620~11200
315	282~355		10000	8910~11200	
400	355~447		12500	11200~14100	

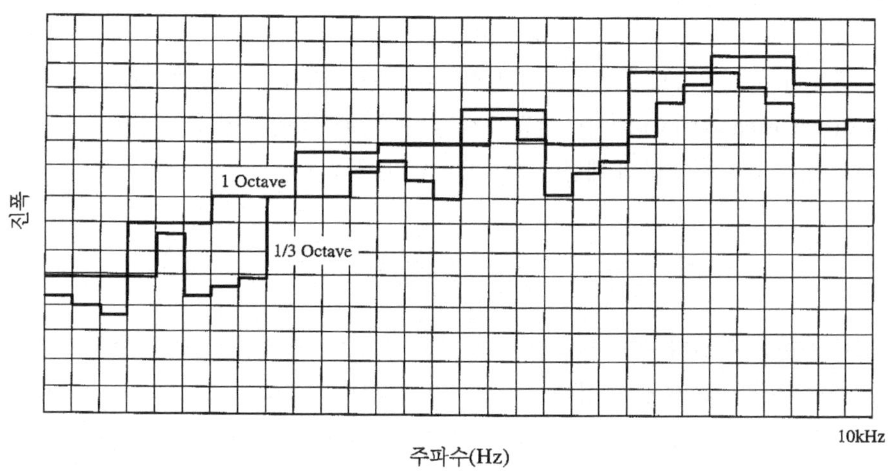

그림 1.5 1 옥타브와 1/3 옥타브의 진동 데이터 표시

1.2.2 진폭

1) 진폭 파라미터

진폭(amplitude)은 기계의 열화 정도를 파악하는데 중요한 지표가 된다. 진폭에 의해 부품이나 기계 설비 전체가 어느 정도 심각한 상태에 있는가가 경험적으로 정해져 있고 규격으로 제정되어 있으므로, 그것과 비교에 의해 열화 정도를 파악할 수 있다.

진동의 크기를 나타내는 진폭은 기계의 측정 위치에서 측정된 최대 진동 값으로, 그림 1.6과 같이 단위를 갖는 파라미터로서 다음 양이 사용된다.

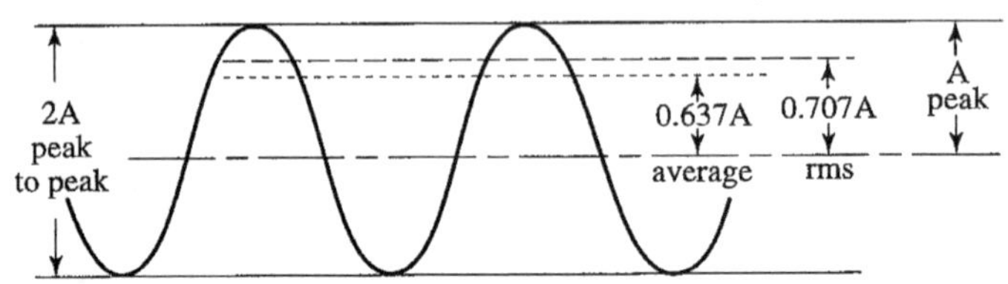

그림 1.6 진폭 표현방법의 비교

- 양진폭 최대치(peak-peak, p－p) : 양진폭은 양(+)의 최대값에서 음(－)의 최대값까지의 거리이고, 변위 진폭을 나타낼 때 널리 사용된다.
- 편진폭 최대치(peak, p) : 편진폭은 제로(0)선에서 양의 최대값 또는 음의 최대값까지의 거리이고, 진동 속도나 진동 가속도 변환기로부터 취득된 진동 레벨을 나타낼 때 사용된다.
- 실효치(root mean square, rms치) : 진동 파형 상의 파워(power)의 실제 측정치로서, 파형상에 주어진 점의 진폭 X의 제곱 합의 제곱근으로 계산된다. 실효치는

$$\text{rms치} = \sqrt{\frac{1}{T}\int_0^T x^2(t)\,dt} = \sqrt{\frac{1}{N}(X_1^2 + X_2^2 + \ldots + X_N^2)}$$

과 같이 표현될 수 있다. 여기서 X_i는 주요 진동 성분들의 피크 진폭, N은 주요 성분들의 개수, T는 샘플링 시간으로 $x(t)$를 구성하는 주요 주파수 성분의 어느 주기보다 길어야 한다.

예로, 진동 주파수 $f_1, f_2, f_3, \cdots, f_N$ (Hz)의 양진폭(peak-to-peak) 변위 값이 $s_1, s_2, s_3, \cdots, s_N$ (μm)이고, 편진폭(zero-to-peak) 가속도 값이 $a_1, a_2, a_3, \cdots, a_N$ (m/s^2)이라면, 진동 속도의 실효치는 다음과 같이 표현된다.

$$v_{\mathrm{rms}} = \pi \times 10^{-3} \sqrt{\frac{1}{2}[(s_1 f_1)^2 + (s_2 f_2)^2 + \cdots + (s_N f_N)^2]}$$
$$= \frac{10^3}{2\pi} \sqrt{\left(\frac{a_1}{f_1}\right)^2 + \left(\frac{a_2}{f_2}\right)^2 + \cdots + \left(\frac{a_N}{f_N}\right)^2}$$

베어링 하우징에서 측정된 진동 속도가 회전 주파수(1X)와 2배수(2X) 성분만을 가지는 단순한 경우의 실효치는 다음과 같이 된다.

$$v_{\mathrm{rms}} = \sqrt{\frac{1}{2}(v_{1\mathrm{X}}^2 + v_{2\mathrm{X}}^2)}$$

- **평균치(mean value)** : 파형상의 주어진 점의 진폭의 평균을 취한 값으로, 한 주기 동안의 적분된 값을 주기로 나눈 값이다.

$$\mathrm{mean} = \frac{1}{T}\int_0^T |x(t)|\,dt = \frac{(X_1 + X_2 + \cdots + X_N)}{N}$$

예를 들어, 그림 1.1과 같은 순수한 조화 진동에서는 최대치 또는 실효치로 나타낼 수 있으며, 이들 사이에는 다음과 같은 관계가 있다.

- 평균치(average value) = 0.637 × 피크치 = 0.90 × 실효치
- 양진폭 피크치(peak-peak value, p – p) = 2 × 피크치
- 편진폭 피크치(peak value, 0 – p 또는 p) = 1.414 × 실효치 = 1.57 × 평균치
- 실효치(rms value) = 0.707 × 피크치 = 1.11 × 평균치

이들 관계는 단지 순수 정현이나 여현 파형으로 표현되는 단순 조화 진동에만 적용된다는 것을 유의하기 바란다. 그러나 실제 기계에서 발생하는 진동은 그림 1.3 또는 그림 1.7과 같이 순수 조화 진동은 거의 없고, 통상 진폭과 진동수가 다른 여러 조화 성분이 합성되어 나타나거나 불규칙 진동(random vibration)이 나타난다. 진동 신호가 순수 정현 파형으로부터 많이 벗어날수록 더욱 큰 오차가 발생한다. 이외에도, 표 1.2에 나타내는 파고율 등과 같이 2개의 유차원 파라미터의 비로서 표현되는 무차원 파라미터를 이용하는 방법으로 정량화 시킬 수 있다. 상태 감시 및 진단에 주로 사용되는 무차원 파라미터의 성질과 용도를 표 1.2에 나타낸다.

표 1.2 무차원 파라미터의 성질과 용도

파라미터	정의	성질	전형적인 파형의 값			용도
			사각파	정현파	랜덤파	
파형율 (form factor)	X_{rms}/X_a	파의 형태를 나타내는 지수. 정현파로부터 어긋남, 변형율 표시	1	1.111 ($\pi/2\sqrt{2}$)	1.253	• 저주파수영역의 불평형, 정렬불량 등 • 맥동파형 등 정량화
파고율 (crest factor)	X_p/X_{rms}	파의 높이를 나타내는 지수	1	1.414 ($\sqrt{2}$)	–	• 베어링진동 정량화 • 기어 맞물림 진동
충격지수 (impulse factor)	X_p/X_a	충격성을 표시. 특히 피크치가 문제로 될 때 사용	1	1.571 ($\pi/2$)	–	• 베어링, 기어 국부 결함 진단 • 왕복 엔진 진단
틈새율 (clearance factor)	X_p/X_r^2	파의 막힘(줄어듬) 정도를 표시	1	1.732 ($\sqrt{3}$)	–	• 미소 국부 결함 검출 능력이 높다
첨두치 (kurtosis factor)	4차 모멘트/ X_{rms}^4	확률밀도함수의 4차 모멘트	1	1.5	3.0	• 베어링, 기어 진단 • 회전기계 진단

주) X_{rms} : 실효치, X_a : 평균치, X_p : 피크치, X_r : 평방근치

그림 1.7과 같은 비조화 파형에서는 양(+)의 최대진폭 값이 음(−)의 최대진폭 값과 같지 않기 때문에, 비조화 파형에서는 실효치를 최대값으로 변환시키거나 그 반대로 변환시킬 수 없다. 즉, 양진폭의 최대치는 편진폭 최대치의 2배와 같지 않게 될 것이다. 진동이 단지 하나의 주파수만을 갖는 조화 운동이 아닐 경우에는 실효치에 1.414를 곱한 값이 실제적인 최대치가 되지 않는다. 그러나, 대부분의 장비들에서는 실효치에 1.414를 곱한 것을 편진폭의 최대치로 표시하고 있다. 하나의 주파수를 가지는 정현 파형이 아니라면, 이 값은 실제적인 최대치가 아니다.

실효치는 진동 신호의 에너지 양의 추정을 제공하고, 진동 심각도의 추정을 위해 널리 사용된다. 실효치를 사용하는 경우는 평균치에 1.11의 계수를 곱한 값을 사용하는 것은 입력 파형이 정현 파형일 때만 적용된다. 만일 정현 파형이 아니라면 이 값은 실제 실효치보다 낮은 부정확한 값이 될 것이다. 실제 피크치는 진동이 기어나 구름 베어링의 결함에 의해 발생하는 충격적인 진동인지를 결정하는데 유익하다. 참 피크치는 흔히 사용하는 실효치 검지기(rms detector)가 아닌 피크 검지기를 이용하여 측정되

어야 한다. 실효치에 1.414의 계수를 곱한 값을 이용하면 실제 값보다 과소 추정될 것이며, 이러한 방법은 순수한 정현이나 여현 파형에만 적용된다.

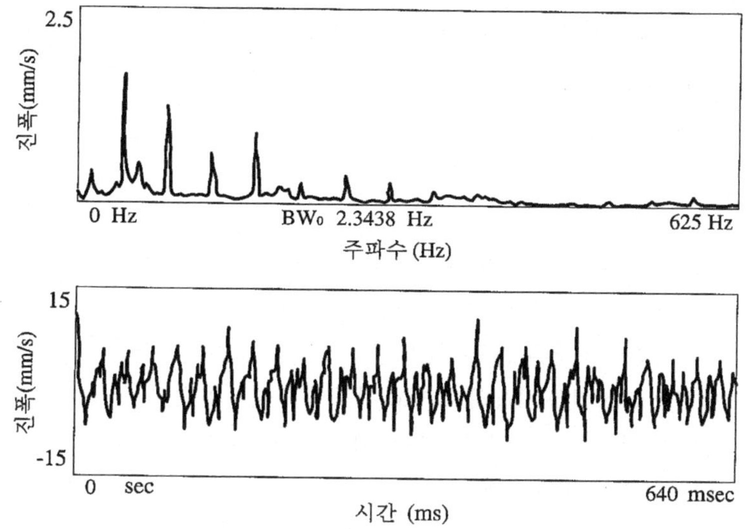

그림 1.7 롤러 베어링의 내륜 결함 진동 예

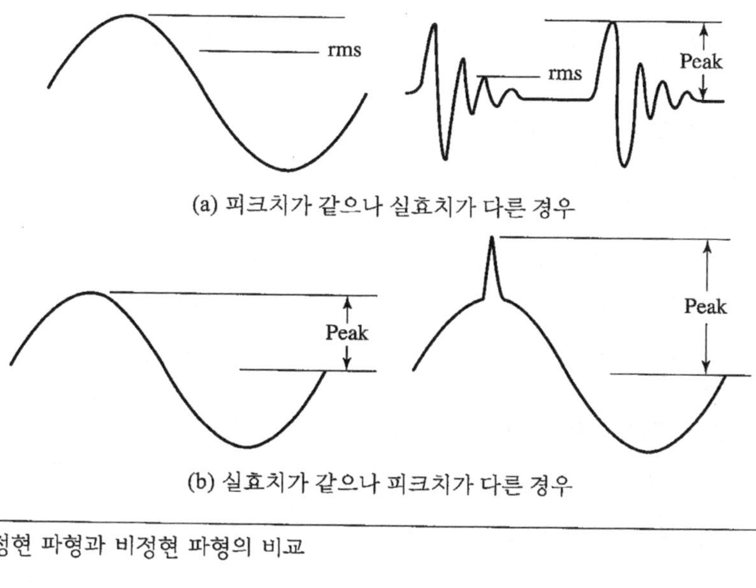

그림 1.8 정현 파형과 비정현 파형의 비교

양진폭 피크치는 베어링 내의 축의 상대운동을 측정할 때 항상 사용되어야 한다. 이 값은 측정시간 내의 양의 최대치와 음의 최대치의 측정에 의해 얻어지며, 편진폭 피크치에 2를 곱한 값을 이용하면 많은 오차를 발생할 수 있다. 따라서 여러 가지의 진폭값을 사용하기보다는 하나의 정해진 측정량을 이용하여 평가하는 것이 평가에 유리하다. 앞의 그림 1.8(a)는 피크치는 같으나, 실효치가 다른 두 파형을 보이고, 그림 1.8(b)는 실효치는 같으나 피크치가 크게 다른 예를 보인다. 따라서 단순히 피크치나 실효치를 구하고 이에 계수 값을 곱하여 결정하는 것은 큰 오차를 발생할 수 있다.

2) 진폭의 측정 파라미터

진폭은 측정 파라미터에 따라 변위 진폭, 속도 진폭 및 가속도 진폭으로 구분할 수 있다. 진동에서 변위가 문제로 되는 것은 부재가 인장 하중이나 압축 하중을 받아 손상이 발생할 때, 즉 정적 강도(static strength)가 주로 문제가 되는 낮은 진동수 영역을 조사하는 경우이다. 진동의 심각도(severity)를 나타내는 기준은 일반적으로 변위를 사용하지 않고 진동 속도를 이용한다. 이는 변위 진폭에는 진동수에 대한 정보가 포함되어 있지 않기 때문에 같은 변위 진폭이라 하더라도 단위 시간당 하중의 반복 수가 많은지 적은지를 알 수 없다. 이 때문에 부재가 반복 하중에 의해 손상이 발생하는 경우에는 문제가 된다. 따라서 변위로 진동을 평가할 때는 진동수를 고려하든가 아니면 낮은 진동수 영역으로 제한된다.

진동의 속도 진폭은 설비가 어느 정도 마멸(wear) 또는 열화(degradation) 되어가고 있는지를 나타내는데 유용하다. 이는 진동에 의해 발생하는 에너지는 진동 속도의 제곱에 비례하고, 설비 내부로 전파되어 가는 과정에서 마멸이나 열화를 발생시키기 때문이다. 진동에 의해 발생하는 동하중(dynamic load)은 Newton의 운동 제 2법칙($\Sigma F = ma$)에서도 알 수 있듯이 진동의 평균 가속도 a에 비례한다. 가속도는 변위 진폭에 진동수의 제곱을 곱한 형태가 되기 때문에 비록 미세한 진동이라도 특히 고속 기계에서는 진동수가 크기 때문에 큰 가속도를 가지고 그것에 의해 발생하는 동하중은 매우 크게 될 수 있다. 이러한 과대 하중은 베어링 등의 지지 부분이나 부품을 파손시키고 큰 사고를 일으킬 위험성이 있다. 가속도는 높은 진동수 영역에서 측정 감도가 좋고, 미소 결함에 의한 응력파(stress wave)를 검출하는데 탁월하다.

기계의 상태 감시에는 시간 종속 값보다는 통상 최대 진폭치를 이용한다. 임의 조화 성분에 대한 진폭과 주파수를 알고 있다면, 나머지 두 진폭들은 다음 식을 이용하여 계산할 수 있다.

$$x_p = \tfrac{1}{2} x_{p-p} \ \text{(m)}$$

$$v_p = 2\pi f x_p = 6.28 f x_p = 3.14 f x_{p-p} \ \text{(m/s)}$$

$$a_p = 4\pi^2 f^2 x_p = 39.47 f^2 x_p = 19.74 f^2 x_{p-p} = 2\pi f v_p = 6.28 f v_p \ \text{(m/s}^2\text{)}$$

3) 진폭의 데시벨(decibel) 표시

변위, 속도 및 가속도는 ISO 등의 국제 규격이 정한 바에 따라 1.3절에서 설명하듯이 SI 단위를 이용하여 각각 m (μm), m/s (mm/s) 및 m/s² (g)의 단위로 측정될 수 있다.

상태 감시 및 진단에서는 여러 진동수 성분들이 합성된 복잡한 파형으로 되고 이를 주파수 분석한 경우, 각 성분의 진폭 크기는 서로 매우 다르게 된다. 특히 결함의 발생 초기에는 결함 주파수 성분의 진폭이 매우 작기 때문에 **선형 척도**(linear scale)로는 잘 나타나지 않는다. 그러나 **대수 척도**(logarithmic scale)에서는 측정 장비의 전체 진폭영역(60 dB ~ 80 dB)에서 작은 진폭을 포함하여 잘 나타낼 수 있는 장점이 있다.

벨(bel)은 전압, 전력, 음 등의 세기를 나타내는 단위로, 실용적으로는 10^{-1}을 의미하는 접두어 데시(deci)를 붙인 **데시벨**(decibel: dB)이 사용된다. 일반적으로 dB는 계측된 물리량 X와 기준 물리량 X_{ref}와의 비를 상용 대수 함수를 이용하여 다음 식과 같이 표현한다.

$$\mathrm{dB} = 10\ \log_{10}(X/X_{ref})^2 = 20\ \log_{10}(X/X_{ref})$$

기준 물리량은 ISO 1683-2에 따라 변위 10^{-6} μm, 속도 10^{-6} mm/s 그리고 가속도 10^{-6} m/s²를 사용한다. 표 1.3과 그림 1.9는 선형 척도와 데시벨 사이의 관계를 나타낸다.

표 1.3 진동 측정을 위한 데시벨과 대수 척도 사이의 관계

dB	가속도(m/s²)	속도(mm/s)	변위(mm)
80	0.01	0.01	0.01
100	0.1	0.1	0.1
120	1.0	1.0	1.0
140	10.0	10.0	10.0
160	100.0	100.0	100.0

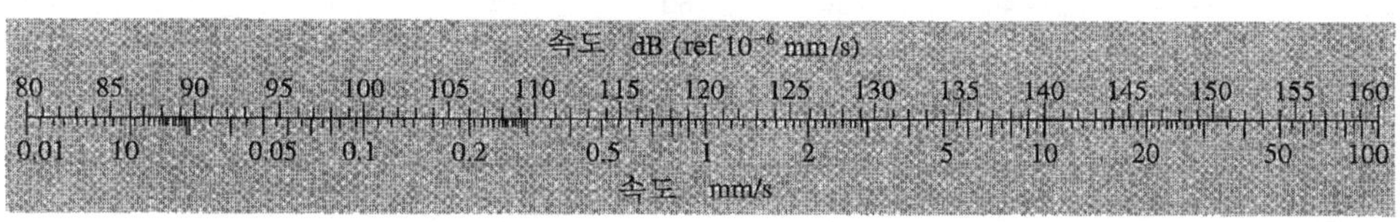

그림 1.9 데시벨과 대수 척도

그림 1.10은 전동기의 전류 신호 스펙트럼을 확대(zooming)하여 선형 척도와 대수 척도로 나타낸 예이다. 그림에서 알 수 있듯이 선형 척도에서는 전원 주파수(60 Hz) 성분의 진폭은 잘 나타나지만, 결함의 특징 주파수인 측대역파(sidebands) 성분 주파수인 47.89 Hz와 72 Hz는 잘 보이지 않으나, 대수 척도에서는 명확이 표현되고 있다. 대수 척도를 이용한 표현은 결함의 조기 검지(early detection)에 매우 유용하다.

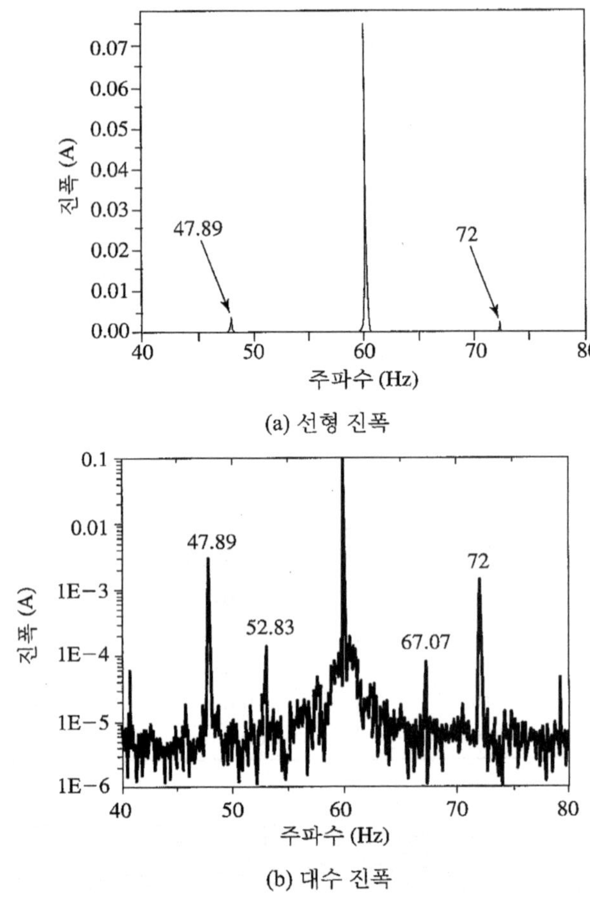

그림 1.10 선형 진폭과 대수 진폭 표시 방법의 비교

1.2.3 위상(위상차)

위상(phase)은 동일한 주파수를 가지는 진동들 사이의 시간 관계를 나타낸다. 그림 1.11로부터 B 지점에서 측정된 최대 진동 값이 A 지점에서 측정된 최대 진동 값보다 시간적으로 먼저 나타나는 것을 볼 수 있다. 이런 경우에 B 지점의 진동이 A 지점의 진동보다 앞선다(lead)고 말한다. 또한 위상은 가진력과 그에 따른 진동 응답과의 시간 관계를 결정하는데 사용될 수 있다.

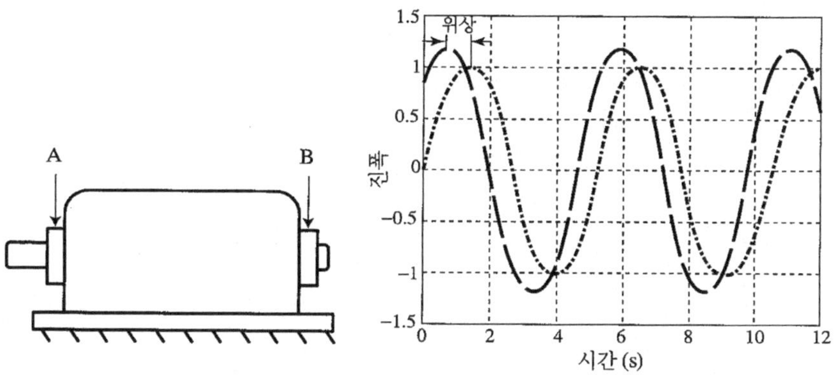

그림 1.11 두 지점(A, B)에서 측정된 진동 신호 사이의 위상 측정

예를 들면, 질량 불평형에 의한 가진력과 그에 따라 발생된 진동과의 위상이 있다. 이 위상은 불평형(unbalance)을 수정하는 작업인 평형잡기(또는 균형잡기, balancing)에서 축의 기준점에 대한 불평형의 위치를 나타내는데 이용된다. 또한 기계의 두 지점 사이의 위상차(phase difference)를 조사함으로써 진동수나 진폭과는 다른 중요한 정보를 얻을 수 있다. 예로 커플링에 정렬 불량이 있는 경우, 커플링 좌우 사이에 위상차가 크게 되고, 아울러 기계의 지지대와 기초 사이의 앵커 볼트가 열화되어 균열(crack)이 생기거나 느슨하여 지면 이 사이에도 위상차가 발생한다.

1.3 진동의 단위 및 단위의 변환

진동을 표현하는데 사용되는 물리 양은 질량, 길이, 힘, 시간, 변위, 속도, 가속도 등이 있고, 이들 양은 기본적인 양(기본 단위)과 이를 이용하여 유도된 양(유도 단위)으로 구분할 수 있다. 현재 국제적으로 널리 사용되고 있는 단위계로는 절대 단위계인 SI 단위계(국제 단위계)와 중력 단위계(상용 단위계)가 있다. 1960년 제 11회 국제도량형총회에서 채택되고 이후 다소의 수정과 확대를 거친 SI 단위계(Le Système International d'Unitès)에서는 역학 분야의 물리 양으로 질량(kg), 길이(m) 및 시간(s)을 기본 단위로 하고, 이외 단위는 이를 이용하여 유도된 유도 단위와 평면각(rad: radian) 및 입체각(sr: steradian)을 표현하는 보조 단위가 있다. 중력 단위계는 미터 단위계와 lb-in 단위계로 구분되며 힘(kgf 또는 lb)과 길이(m 또는 in)의 표현에 차이가 있다.

표 1.4 진동의 기본 단위와 실용 단위

물리량	기본단위	실용 단위	환산량
변위	m	cm, mm, μm, mils	1,000 μm = 1 mm, 1 mils = 25.4 μm
속도	m/s	mm/s, cm/s, in/s(IPS)	1 in/s = 25.4 mm/s, 1 mm/s = 0.03937 in/s
가속도	m/s^2	cm/s^2, G(g), gal	1 G = 9.806 m/s^2, 1 gal = 1 cm/s^2
주파수	Hz	Hz, cps, cpm	1 Hz = 1 cps = 1/60 cpm
위상	rad	rad, deg(°)	1 rad = $180°/\pi$

국제적으로는 SI 단위계를 공통적으로 사용하고 있으나, 아직 일부 국내 산업계에서는 전통적인 중력 단위계를 사용하고 있고, 미국 및 영국 등에서는 lb-in 단위계를 사용하고 있으므로, 단위계의 사용에 혼란이 발생할 수 있다. 그러나 최근 ISO 규격을 비롯한 모든 국제 규격이 SI 단위계를 사용하도록 규정하고 있으므로, 이에 따라야 할 것이다. 이들 단위계 사이의 관계를 쉽게 이해할 수 있도록 단위 변환표를 정리하여 표 1.4에 나타낸다.

1.4 변위, 속도 및 가속도

ISO 규격 등의 국제 규격에서는 상태 감시 및 진단, 승인 시험 등의 목적에 사용되는 기계 진동의 크기 또는 양의 평가에는 진동 변위, 진동 속도 및 진동 가속도를 측정 파라미터로 이용하도록 권장하고 있고, 이를 표 1.5에 요약하여 나타낸다. 특히 측정 파라미터의 사용에는 이들 사이의 혼란을 피하고 정확하게 분석하기 위해 $\mu m_{p\text{-}p}$, mm/s_{rms}와 같이 측정 단위를 명확히 정의하는 것이 항상 중요하다.

표 1.5 진동의 측정 파라미터

파라미터	단 위	설 명
변 위	$\mu m_{p\text{-}p}$	기계, 구조물 또는 회전체의 운동, 응력에 관련
속 도	mm/s_p	구성 요소의 피로에 관련된 운동의 시간적 변화율
가속도	g_p	구성 요소에 가해지는 가진력에 관련

1.4.1 변위(displacement)

변위는 기준 축에 대하여 임의 질점의 공간적인 변화량을 말하며, 변위의 시간에 대한 변화율이 속도이고, 또 속도의 시간에 대한 변화율이 가속도이다. 주로 낮은 주파수 영역에서 지배적인 측정 파라미터이며, 변형된 요소의 응력(stress)에 관련된다.

일반적으로 기계의 운동은 변화량의 양(+)의 최대값과 음(−)의 최대값이 다른 비조화 진동이기 때문에, 변위는 양진폭 최대값(p-p)으로 표시된다. 변위는 베어링 하우징과 구조물에 대해, 10 Hz (600 cpm) 이하의 진동을 측정하는 데에 주로 이용된다. 그리고, 통상 변위는 베어링과 베어링 저널 사이 또는 기계의 케이싱과 회전축 사이의 상대 운동을 측정하는 데에 사용된다. 그림 1.12는 속도 진폭 0.2 in/s(IPS) (= 5.08 mm/s)으로 일정한 경우의 조화 진동을 여러 주파수에서 변위와 가속도로 환산하여 나타낸 것이다. 일 예로 속도 0.2 in/s를 10 Hz (600 cpm)의 주파수에서 변위로 나타내면,

$$s_{p\text{-}p} = 2\times\frac{v}{2\pi f} = \frac{2\times0.2}{2\times\pi\times10} = 0.006366 \text{ in}_{p\text{-}p} = 6.366 \text{ mils}_{p\text{-}p} = 161.70\ \mu m_{p\text{-}p}$$

로 된다. 그리고 1,000 Hz (60,000 cpm)인 경우의 변위는 겨우 0.064 mils $_{p\text{-}p}$(= 1.6170 $\mu m_{p\text{-}p}$)가 된다. 따라서, 신호 내의 잡음(noise)에 비해서 변위의 진폭이 상대적으로 작기 때문에, 높은 주파수 대역에서 변위를 측정하는 것은 어렵다.

1.4.2 속도(velocity)

속도는 시간의 변화에 따른 변위의 변화율을 나타낸다. 속도의 진폭은 변위의 진폭과 진동 주파수에 의해 결정되며, 구성품의 피로(fatigue)와 관련된다. 진동의 변위 또는 주파수가 증가할 수록, 측정 위치에서 기계 진동의 심각도(severity)는 커진다. 일반적으로 10 Hz (600 cpm)부터 1,000 Hz (60,000 cpm)까지의 주파수 범위에서 기계의 상태를 평가하는 데에는 속도가 사용될 수 있다.

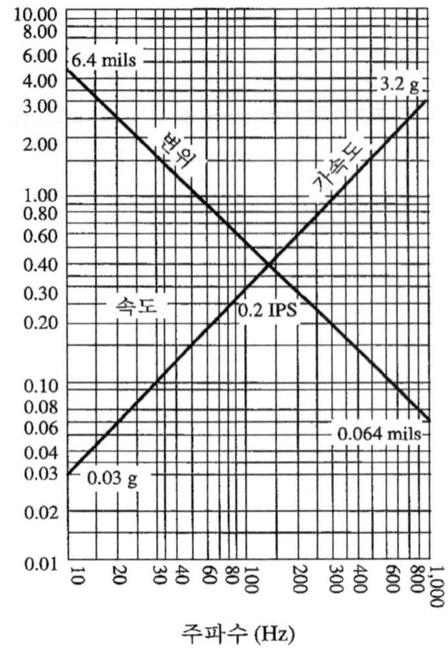

그림 1.12 정현 파형의 변위와 가속도 관계

1.4.3 가속도(acceleration)

가속도는 시간의 변화에 따른 속도의 변화율을 나타내며, 높은 주파수 영역의 진동 측정에 주로 이용된다. 가속도는 기어와 같은 기계 요소에 작용하는 힘에 비례하며, 발생되는 주파수들이 1,000 Hz (60,000 cpm) 이상을 초과할 때에 기계 상태를 평가하기 위해 사용된다. 그림 1.12에서 1,000 Hz의 속도 5.08 mm/s는 가속도 3.25 g와 같다. 그러나, 10 Hz (600 cpm)에서 5.08 mm/s의 진동에 대한 가속도는 겨우 0.03 g이다. 신호의 강도가 낮기 때문에, 낮은 주파수 영역의 측정에는 가속도의 측정이 부적절하다.

1.4.4 측정 파라미터 사이의 변환

그림 1.13에 조화 진동에서의 변위, 속도 및 가속도 사이의 관계를 도식적으로 나타내고 있다. 조화 진동에 대해서는 변위, 속도 및 가속도의 최대값은 다음 관계식을 이용하여 변환함으로써 구할 수 있다.

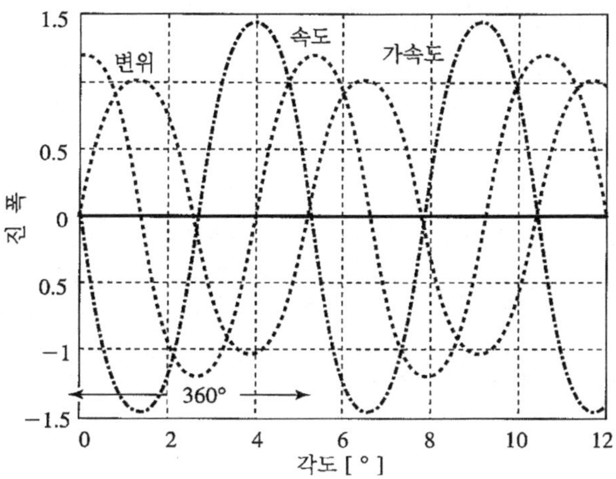

그림 1.13 변위, 속도 및 가속도 운동의 관계

- 속도(velocity) $V = 2\pi f D$
- 가속도(acceleration) $A = 2\pi f V$ 또는 $(2\pi f)^2 D$

여기서 D: 변위의 최대값(μm), f: 진동수(cps, Hz), V: 속도(mm/s), A: 가속도(mm/s^2)이다.

속도는 시간적으로 변위보다 앞에 있다. 다시 말해서, 속도는 변위를 위상각 90° 만큼 앞선다. 변위는 가속도에 대해서 위상이 180° 뒤진다. 이것은 변위의 최대값이 가속도의 최대값보다 더 늦은 시간에 발생한다는 것을 의미한다.

예제 1.4

□ 진동수 1,775 cpm의 변위 50 $\mu m_{p\text{-}p}$ 값을 속도로 변환하시오.

양진폭(p-p)은 편진폭의 2배이므로, 50 $\mu m_{p\text{-}p}$ = 25 μm_p 이 되고, 진동 주파수의 단위를 환산하면 f = 1,775 cpm = 1,775 /60 cps = 29.58 Hz가 된다.

변위와 속도 사이의 관계식 $V = 2\pi f D$ 를 이용하면, 변환된 진동 속도 값은 다음과 같이 된다.

$$V = 6.28 \times 29.58 \times 25 = 4644\ \mu m/s = 4.644\ mm/s_p$$

예제 1.5

□ 진동수 6,000 Hz의 속도 3.5 mm/s_p 값을 g_{rms} 의 가속도로 변환하시오.

속도와 가속도 사이의 변환 식 $A = 2\pi f V$를 이용하면,

$$A = 6.28 \times 6{,}000\ Hz \times 3.5\ mm/s_p = 131{,}880\ mm/s^2 = 131{,}880/9{,}810 = 13.44\ g_p$$
$$= 13.44 \times 0.707 = 9.50\ g_{rms}$$

가속도를 속도로 또는 속도를 변위로 변환하기 위한 변환 공식들이 반드시 정리되어 있어야 한다. 가속도를 속도로 변환하는 공식은 다음과 같이 정리된다.

$$A = 2\pi f V, \quad A/(2\pi f) = 2\pi f V/(2\pi f),\ V = A/2\pi f$$

가속도 식의 양변을 $2\pi f$ 로 소거함으로써 속도 값이 구해진다. 다른 변환 공식들도 이러한 방식으로 정리될 수 있다.

예제 1.6

□ 1,775 cpm의 가속도 0.5 g_p를 변위 값($\mu m_{p\text{-}p}$)으로 변환하시오.

$$f = 1{,}775\ cpm \times 1\ min/60\ s = 29.58\ cps$$
$$x = 0.5\ g \times 9{,}810\ mm/s^2/g/(2\pi \times 29.58)^2 = 0.14214 \times 2 \times 1{,}000\ \mu m/mm$$
$$= 284.48\ \mu m_{p\text{-}p}$$

9,810 mm/s^2은 g를 mm/s^2으로 변환시키고, 상기 식에서의 2는 최대값을 편진폭(p)에서 양진폭(p-p)으로 변환시킨다. 또한 식의 기본 단위는 mm와 초(s)임에 주의한다.

예제 1.7

□ 1,000 Hz의 진동 가속도 2 g_{rms}를 진동 속도(mm/s_p)로 변환하시오.

$$A = 2 \times 1.414 = 2.828\ g_p = 2.828\ g_p \times 9{,}810\ mm/s^2 = 27{,}755.596\ mm/s^2{}_p$$

$$V = 27{,}755.596\ mm/s^2{}_p /(2\pi \times 1{,}000) = 4.318\ mm/s_p$$

예제 1.8

□ 120,000 cpm의 진동 속도 5.0 mm/s를 가속도(g_p)로 변환하시오.

$$f = 120{,}000\ cpm/60 = 2{,}000\ Hz$$

$$V = 5.0\ mm/s_{rms} \times 1.414 = 7.07\ mm/s_p$$

$$A = 2\pi \times 2{,}000\ Hz \times 7.07\ mm/s_p/9{,}810\ mm/s^2 = 9.05\ g$$

1.5 시간 영역과 주파수 영역

기계 진동을 분석하는 방법에는 여러 가지가 있으며, 그 중 하나는 오실로스코프(oscilloscope) 등을 이용하여 진동 현상이 시시각각으로 변화하는 것을 관측하고 판단하는 방법이 있다. 이것은 진동을 진폭 대 시간으로 취하는 것이며, 시간을 중심으로 하는 분석 방법이다. 그러나, 이러한 시간 영역(time domain)의 분석에서는 주파수(진동수)를 정량적으로 파악할 수 없다. 이는 그림 1.7과 같이 대부분의 진동은 단일 주파수로 구성되지 않고, 많은 주파수 성분이 서로 중첩되어 복잡한 진동 현상을 나타내기 때문이다. 그러나 각종 결함에 따른 시간 파형의 특징 패턴을 파악하고 있으면 쉽게 정성적으로 어느 정도의 결함 원인을 파악할 수도 있다. 즉, 불평형 진동과 같이 단일 회전 주파수 성분이 탁월한 신호는 시간 파형이 명확하고 피크와 피크 사이의 시간, 즉 주기를 파악하고 그 역 수를 취함으로써 탁월 주파수 성분을 시간 영역에서 쉽게 파악할 수 있다. 그러나 일반적으로 회전 기계에서 발생하는 시간 영역 신호들은 매우 복잡하고 파형 분석만으로는 결함을 올바르게 파악하는 것은 어렵다. 이러한 신호들은 주파수 영역에서 분석되어야만 한다. 진동 분석에서는 시간 영역 신호와 주파수 영역 스펙트럼을 모두 사용하는 것이 완벽하고 올바른 진단을 위해 필요하다.

시간 영역의 표시란 이들 신호를 오실로스코프에 입력하여 관측하는 경우와 같으나, 신호의 진폭이 시간과 함께 어떻게 변화하는가를 나타내는 표시 방법이다. 디지털 FFT 분석기에는 시간 영역의 표시뿐만 아니라, 그 신호로부터 나오는 특징적인 성분을 각 주파수마다의 레벨(level)로 분해하고 표시하는 주파수 영역(frequency domain)도 표현할 수 있다. 이러한 시간 영역의 신호를 주파수 영역의 신호로 변화하는 것을 주파수 분석이라고 한다. 주파수 영역의 정보는 입력 신호를 보다 이해하기 쉬운 형태로 변환한 것이기 때문에, 기계 진동에 대한 이상 원인을 파악하기 위해 관측하는 목적에는 보다 적합한 데이터라고 할 수 있다.

시간 영역에서 주파수 영역으로 변환하기 위해서는 시간 영역 신호에 대해 제 3장에서 설명하는 고속 푸리에 변환(Fast Fourier Transform: FFT)을 수행해야만 한다. 푸리에 변환은 프랑스 수학자인 푸리에(Joseph Fourier, 1768~1830)가 제안한 복잡한 시간 파형을 수학적으로 각각의 주파수 성분을 갖는 단순 파형으로 분해할 수 있는 기법이다. 그러나 이 뛰어난 기법은 컴퓨터와 FFT 분석기가 등장하기 전까지는 일반적으로 사용되지 못하였다.

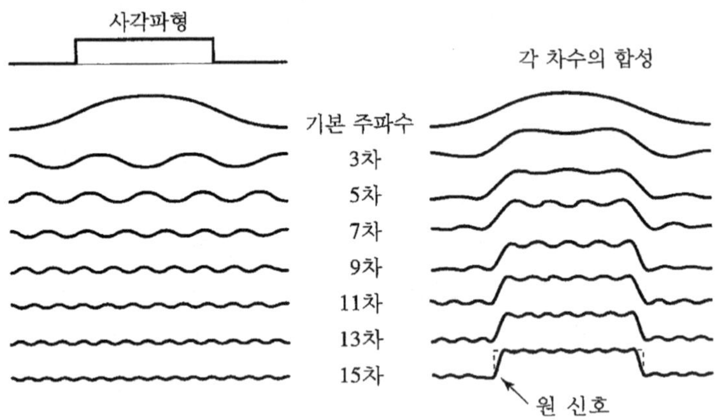

그림 1.14 시간 대역의 신호와 주파수 대역의 신호

그림 1.14는 사각 파형(rectangular wave) 신호와 이 신호를 푸리에 변환을 하였을 때의 결과를 개념적으로 나타내고 있다. 좌측 상단의 원 시간 신호인 사각 파형은 좌측 아래 그림과 같이 기본 주파수 f_1, 3차 조화 성분 f_3, 5차 조화 성분 f_5 및 7차 조화 성분 f_7 등의 주파수를 가지는 시간 신호들로 분해되는 것을 나타낸다. 우측 그림은 기본 주파수 성분의 시간 파형부터 조화 성분들을 순서대로 합성하였을 때의 시간 파형을 나타낸다. 많은 주파수 성분의 파형을 합성할수록 원 신호와 유사하게 되어 가는 것을 알 수 있다. 만약 무한히 많은 주파수 성분의 시간 신호들이 서로 더해진다면 그 결과는 원래 사각 파형의 시간 신호에 접근할 것이다. FFT 분석은 시간 영역의 파형을 기본 주파수와 이의 조화 성분들로 분해하고, 각 주파수 성분들의 진폭 크기를 주파수 영역에서 나타내는 것이다.

1.6 고유 진동수, 모드 형상 및 위험 속도

1.6.1 고유 진동수

고유 진동수(natural frequency)는 ISO 1920 규격의 정의에 따르면, 계의 진동 진폭이 최대로 되는 고유 모드에 대응하는 자유 진동의 고유한 진동수를 말한다. 감쇠가 없는 경우는 비감쇠 고유 진동수(undamped natural frequency) ω_n, 감쇠가 있는 경우는 감쇠 고유진동수(damped natural frequency) ω_d로 부르며, 1자유도 계의 경우 이들 사이에는

$$\omega_d = \omega_n \sqrt{1 - 2\zeta^2}$$

의 관계를 갖는다. 여기서 ζ는 감쇠비(damping ratio)이다.

고유 진동수는 기계 또는 부품의 설계 구조에 의해 결정된다. 고유 진동수는 계의 고유 특성인 질량과 강성의 분포에 의해서 결정되고, 진동계를 자유 진동 시켰을 때의 진동수로서 **공진 주파수**(resonant frequency)로도 불린다. 모든 진동계는 여러 개의 고유 진동수가 존재한다. 그러나 아주 단순한 기계 요소들과 같은 드문 경우를 제외하면, 대부분의 고유 진동수는 1차 고유 진동수의 배수 성분이 아니다.

기계에서 발생되는 가진 주파수가 고유 진동수에서 또는 그에 근접하여 발생되거나 충격 현상이 발생되지 않는다면, 기계의 건강 진단에서 고유 진동수는 중요하지 않다. 가진 주파수가 고유 진동수에 근접하게 되면 **공진**(resonance)이 발생하며, 고유 진동수에서는 기계가 에너지를 쉽게 흡수하기 때문에 진동의 크기가 커진다. 가진 주파수가 기계 운전 속도의 차수가 되면, 이것을 **위험 속도**(critical speed)라 한다. 따라서 기계의 진동 분석에서는 가진 주파수 범위 내의 고유 진동수가 관심의 대상이 된다.

가장 간단한 고유 진동수의 측정 방법으로는 제2편에서 설명하듯이 측정 대상물에 가속도계를 설치하고 대상물을 망치(hammer) 등으로 타격(가진)하여, 이때 발생하는 자유 진동 응답을 계측한 후 주파수 분석을 통하여 그 피크를 조사하는 충격 시험(impact test)을 이용하는 것이다.

고유 진동수는 일 예로 그림 1.15에 나타내듯이 주파수 분석에서 얻어진 각 피크의 주파수가 고유 진동수에 대응한다. 또 고유 진동수는 계산에 의해 구할 수 있다. 그러나 통상 기계는 복잡한 구조를 가지고 있으므로, 유한 요소법(Finite Element Method: FEM)을 이용하여 구한 고유치(eigenvalue)로부터 구할 수 있다.

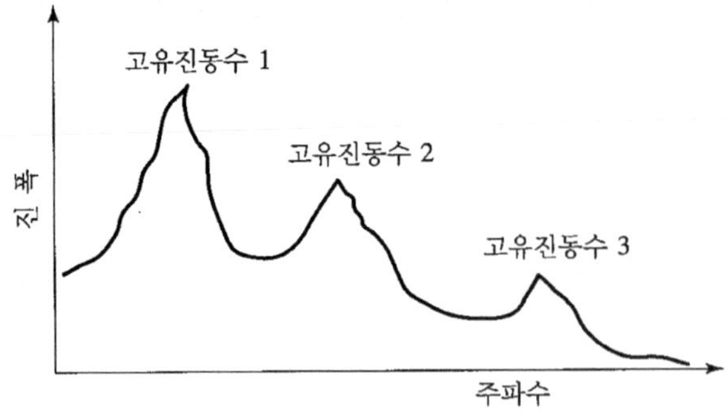

그림 1.15 고유 진동수의 계측 결과 예

1.6.2 모드 형상

계의 모드 형상(mode shape)은 특정 고유 진동수에서 계가 진동하는 공간적인 운동 형상을 나타낸다. 이는 대개 계가 어떠한 모드에서 물리적으로 진동하는 모양에 대해 관심이 있을 때 이용하고, 실험적으로 구하거나 수치적인 방법에 의해 고유치 문제를 계산하여 얻을 수 있다. 모드 형상은 그 계의 절대적인 운동에 대한 정보를 제공하는 것이 아니라, 선택된 지점들에서의 임의 기준에 대한 상대적인 변위로 구성되어 있다. 일반적으로 변위량은 축의 베어링 단과 같은 계의 고정된 점을 기준으로 결정된다. 절대 진동은 계의 감쇠 특성과 가진력을 알고 있을 때에만 결정할 수 있다. 모드 형상에서 모드 변위가 시간에 따라 변하지 않는 점을 절점(node)라 하며, 반대로 진폭이 극대로 되는 점을 반절점(antinode)이라 한다. 그림 1.17의 1차 모드(맨 위측 그림)를 예를 들면, 양쪽 지지점이 절점이고 중앙부가 반절점이 된다. 그러나 2차 모드에서는 지지점 뿐만 아니라 중앙부도 절점이 된다. 절점에서는 진동이 측정되지 않기 때문에 절대로 절점에 변환기를 설치하지 않도록 해야 한다.

탄성축의 회전체를 가시적으로 나타내기 위해 그림 1.16과 같이 양단이 단순 지지된(simply supported) 가늘고 긴 원형 단면의 축을 고려한다. 이 모델은 전체 길이에 걸쳐 질량과 강성이 분포되어 있다. 그러므로 무한 자유도와 이에 대응하는 무한 수의 공진(고유 진동수)을 가진다. 여기서는 최대 운전 속도 이하 또는 부근에 있는 공진에 대해 고려한다.

베어링 강성이 무한대인 완전 강 베어링(rigid bearing), 즉 단순 지지의 경우에 대한 3개의 저차 고유 모드를 그림 1.17에 나타낸다. 이 경우 베어링 강성이 무한대이므로, 베어링 부분의 변위는 0이 되고 절점이 된다. 따라서 축 부분의 굽힘만이 발생하고, 굽힘 곡선이 모드 형상이 된다. 질량과 강성이 일정

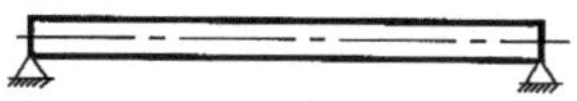

그림 1.16 이상적인 탄성축 회전체

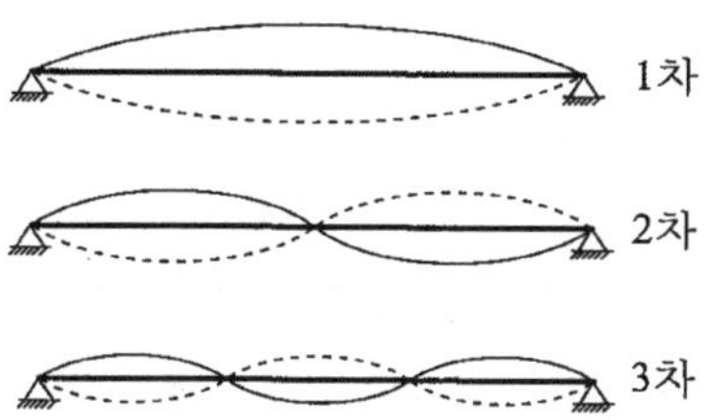

그림 1.17 저차(1차, 2차, 3차) 고유 모드

하게 분포된 일정 단면 축의 경우, 진동 모드는 그림과 같이 정현 파형(sine wave)의 형태가 된다. 베어링 강성이 매우 작은 유연 베어링(soft bearing)으로 지지된 강체 회전축은 베어링 강성 << 축 강성의 조건이 되고, 이 경우의 1차 및 2차 고유 모드 형상은 그림 1.18(a)에서 나타내듯이 아주 특이하다. 회전축 그 자체는 변형이 없이 강체 운동을 하고, 주로 베어링 부분의 변위에 의존한다.

1차 모드는 평행한 형태로 동위상(in phase)으로 진동을 하며, 2차 모드는 양단이 서로 반대 방향, 즉 역위상(out of phase)으로 진동을 한다. 따라서 1차 모드를 **평행 모드**(parallel mode 또는 translate mode), 2차 모드를 **원추 모드**(conical mode)라 부른다. 3차 모드에서 축 자체의 변형에 의한 탄성 1차 모드가 나타난다. 이 모드의 경우, 양단은 중앙부에 대해 반대 방향으로 진동을 하므로, 절점은 양단에

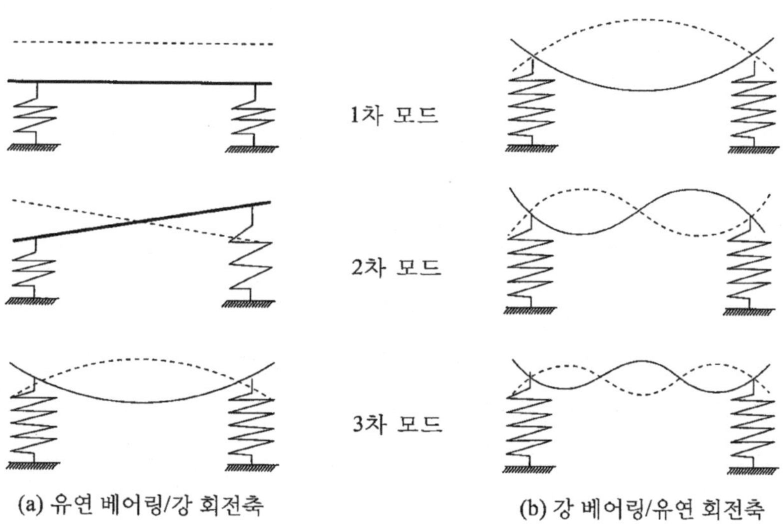

그림 1.18 지지 조건과 회전축 특성에 따른 저차 고유 모드 형상

서 중앙부로 조금 이동한 지점이 된다. 동일한 절점을 가지는 고유 모드는 회전체 내에서 발생하는 응력(stress)에 관심을 가질 때 항상 비교될 수 있다. 예로 회전체의 상태가 가장 중요한 관심사라면, 그림 1.18(b)와 같은 강 베어링으로 지지된 탄성 회전체를 고려할 수 있다. 이 경우는 베어링 강성 >> 축 강성의 조건이 되고, 1차 고유 모드는 유연 베어링으로 지지된 탄성 회전체(그림 (a))의 3차 모드와 비교될 수 있다. 절점 사이의 거리가 짧을수록 고유 진동수는 증가하므로, 유연 베어링에서의 1차 굽힘 모드에 대응하는 위험 속도는 완전한 강체 베어링에서의 1차 굽힘 모드에 대응하는 위험 속도보다 높게 된다.

실제 회전 기계에서는 통상 베어링이 완전한 강 베어링이 아니고, 회전체와 함께 매우 미소하게 움직인다. 이때 고유 모드에 대응하는 절점은 베어링의 외측에 놓인다. 그러므로 위험 속도는 절점들 사이의 거리가 길어지는 것에 기인하여 완전 강 베어링으로 지지된 회전체의 경우보다 다소 낮아지게 된다.

1.6.3 공진

공진(resonance)이란 강제 진동에서 외력의 가진 주파수가 진동계의 고유 진동수와 일치하여, 입력이 계속 가해짐에 따라 진동이 커지고 종래에는 격심한 진동을 하는 현상을 말한다. 공진 현상이 발생할 때는 특별히 외력과 응답이 속도가 같은 위상을 갖게 되어 외력에 의한 진동계의 에너지 공급이 이루어지게 된다. 통상 강제 진동 주파수가 고유 진동수의 약 ±20% 이내로 되면 공진 현상을 나타내고, 두 주파수가 접근함에 따라 파괴적인 진동으로 된다. 이 과대 진동이 발생하는 영역을 공진 영역(resonance region)이라 하고, 설계 단계에서 가진 주파수와 진동계의 고유 진동수를 파악하여, 두 주파수가 가능한 멀리 떨어지도록 분리 여유(separation margin)를 설정하고 이를 만족하는 공진 회피 설계를 하도록 하고 있다.

그림 1.19는 공진이 없는 경우와 공진이 발생하는 경우의 회전 속도(가로축)와 진동속도 진폭(세로축)의 관계를 도식적으로 나타내고 있다. 공진이 없는 경우에는 회전 속도를 증가시켜도 잔류 불평형에 의한 가진력으로 진폭이 서서히 증가하지만, 공진이 있으면 공진 주파수와 일치하는 회전 속도(1000 rpm) 부근에서 진폭이 급격히 증가하고 공진 현상으로 판단할 수 있다.

공진 주파수(resonance frequency)는 공진이 일어나는 주파수를 의미하며, 감쇠가 없는 경우는 비감쇠 고유 진동수와 같고, 감쇠가 있는 경우는 감쇠 고유 진동수와 일치한다. 이는 고유 진동수와 비교하여 주로 강제 응답 시 응답이 발산하는 주파수를 의미하는데 사용된다.

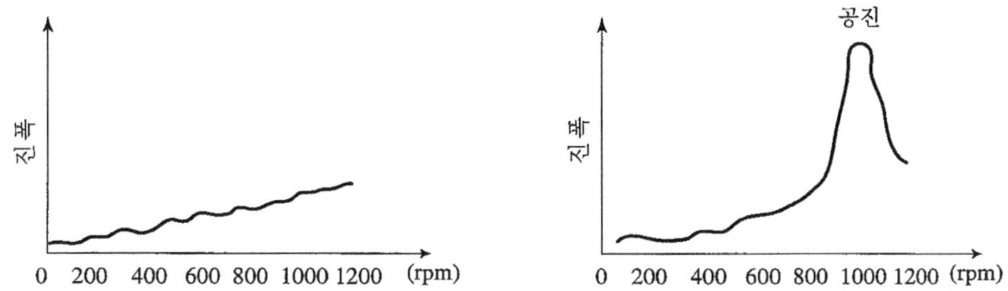

(a) 공진이 없는 경우 (b) 공진의 경우

그림 1.19 회전 기계의 공진 예

참고로 **반공진**(anti-resonance)이란 공진의 반대 개념으로서 두 공진 주파수 f_1과 f_2 사이의 주파수 영역에서 나타난다. 주파수 응답 곡선에서 두 공진 주파수 f_1과 f_2 사이의 골 위치 f_a에서의 응답 상태, 즉 응답의 크기가 작아지는 상태를 **반공진 상태**라 하고, 이때의 주파수 f_a를 **반공진 주파수**라 한다. 이러한 현상은 두 고유 진동수의 주파수 응답이 이 사이에서는 위상이 서로 반대가 되어 응답이 상쇄되기 때문에 나타난다.

1.6.4 위험 속도

국제 규격 ISO 1925(1990)에서는 위험 속도(또는 임계 속도, critical speed)를 「계의 공진점에 있어서 현저한 응답이 발생하는 특정 속도」라고 정의하고 있다. 즉, 최대 휘돌림 진폭(whirling amplitude)이 발생하는 회전체(rotor)의 속도로서, 회전체에 자이로스코프 효과가 없는 경우, 위험 속도는 회전체의 회전 속도가 계의 고유 진동수와 일치할 때 발생한다. 그러므로 회전체에서는 계의 고유 진동수 또는 그 정수 배나 정수 분의 일에 대응하는 회전 속도를 의미한다.

회전 기계에서 발생하는 회전체의 진동으로는 발생 방향에 따라 그림 1.20과 같이 횡진동(굽힘 진동), 축진동(종 진동) 및 비틀림 진동으로 구별할 수 있고, 이에 대응하는 대표적인 위험 속도는 다음과 같은 것이 있다.

- 굽힘 진동 위험속도 : 회전체의 횡방향 조화 굽힘, 회전체의 잔류 불평형(residual unbalance) 등에 의해 가진
- 강체 위험속도 : 지지부에 있어서 회전체의 횡방향 강체 휘돌림, 회전체의 잔류 불평형 등에 의해 가진

- 비틀림 진동 위험속도 : 회전축에 대한 회전체의 조화 비틀림, 비정상 구동 토크와 비틀림 충격 등에 의해 가진
- 종(축) 진동 위험속도 : 회전축에 작용하는 축방향 힘(axial force) 등에 의해 가진

위험 속도는 회전체의 휘돌림 진폭과 전달력이 국부적으로 최대인 영역과 일치한다. 훌륭한 동적 설계는 회전체가 지속적으로 운전이 되는 속도 영역에서 위험 속도를 제거하거나 회피할 것이 요구된다. 이를 통상 공진 회피 설계라 한다.

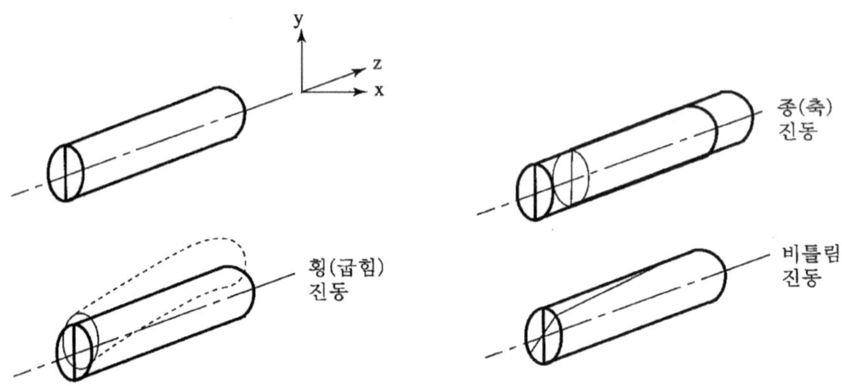

그림 1.20 회전체의 진동 형태

따라서 운전 속도가 1차(기본) 위험 속도 부근에서 운전되거나, 그 이상으로 되어 기동 및 정지 시에 위험 속도를 통과하는 경우에는 공진의 가능성과 공진 영역에서의 과대한 진동에 대한 가능성을 설계 단계에서 충분히 검토하여야 한다. 예로 API (American Petroleum Institute) 규격에서는 전동기 지지 구조물의 고유 진동수와 최대 연속 운전 속도 사이에 20% 이상 또는 최소 연속 운전 속도의 20% 이하의 분리 여유(separation margin, S.M.)가 확보되어야 하며, 펌프 회전체의 경우는 1차 굽힘 위험 속도가 최대 허용 연속 속도의 20% 이상이 되도록 설계하여야 한다. 따라서 기본 설계 단계에서 위험 속도를 정확하게 예측하여야 할 필요가 있다.

동기 휘돌림 진폭, 회전체의 평형, 베어링의 동적인 힘, 구조 발생 소음 및 공진이 발생하는 계들은 각각 기계의 위험 속도 위치에 의해 직접적인 영향을 받는다. 회전체가 충분히 평형 잡기(balancing)가 되고 베어링의 감쇠가 적절하다면, 기계의 위험 속도는 감지되지 않고 통과되며, 위험 속도 이외에서의 운전은 매우 정숙하게 된다.

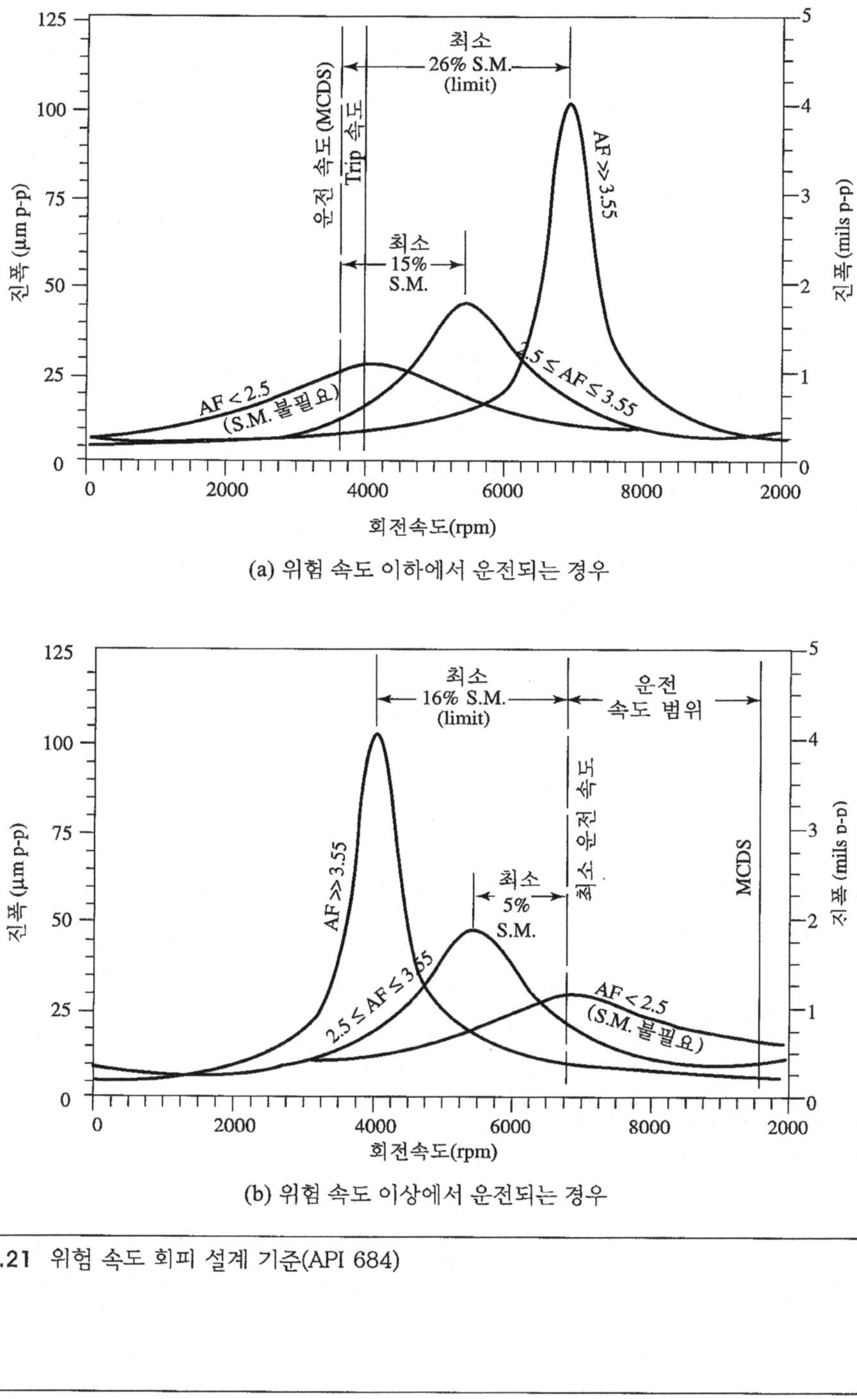

(a) 위험 속도 이하에서 운전되는 경우

(b) 위험 속도 이상에서 운전되는 경우

그림 1.21 위험 속도 회피 설계 기준(API 684)

그림 1.21은 API 684 규격에서 정의한 위험 속도 이하에서 운전되는 경우와 이상에서 운전되는 경우의 회피 설계 기준을 나타낸다. 그림에서 AF는 확대율(amplification factor)을 나타낸다. 표 1.6과 같이 확대율을 3개 영역, 즉 2.5 이하, 2.5 ≤ AF ≤ 3.55 및 3.55 이상으로 구분하여 위험 속도와 최저 운전 속도 사이의 요구 분리 여유에 대한 요구 사항을 나타내고 있다. 확대율이 2.5 이하인 충분한 감쇠 능력을 가지는 경우는 분리 여유를 설정할 필요가 없고, 3.55 이상의 경우는 표 1.6과 같이 위험 속도 이하 및 이상의 운전 조건에 따라 각각 다른 식을 제시하고 있다.

표 1.6 위험 속도 회피 설계 기준

확대율(AF)	위험 속도와 최저 운전 속도 사이의 요구 분리 여유
AF < 2.5	분리 여유 불필요. 임계 감쇠 응답
2.5 ≤ AF ≤ 3.55	최대 운전 속도와 최소 5%의 분리 여유 필요
3.55 < AF	다음에 정의되는 최대 운전 속도와 최소 분리 여유 필요 최소 분리 여유(%) = {126 − 6/(AF − 3)} − 100: 위험속도 이하 운전 최소 분리 여유(%) = 100 − {84 + 6/(AF − 3)}: 위험속도 이상 운전

회전체-베어링계의 동적 성능에 영향을 미치는 회전체 지지 부분의 동특성을 설명하는 편리한 방법으로 그림 1.22에 보이는 위험 속도 선도(critical speed map)가 사용된다. 이는 회전체의 감쇠와 연성(cross-coupling) 효과를 무시한 초기 설계 단계의 검토에 사용되는 단순화된 해석으로 간주될 수 있고, 통상 비감쇠 위험 속도 선도라 한다. 그림에서 수평축은 지지 강성(N/m)을 나타내며, 수직축은 회전체의 위험 속도(cpm)이다. 이 특성은 주어진 회전체에 대해 지지 강성(support stiffness)의 변화에 따른 회전체의 위험 속도 변화를 보여준다. 지지 강성이 낮은 탄성 베어링(그림의 왼쪽 부분)은 강체 휘돌림 모드의 위험 속도를 낮게 하는 경향이 있고, 강 베어링(그림의 오른쪽 부분)은 탄성 휘돌림 모드의 위험 속도를 높이는 경향이 있다.

실제 계산에서는 통상의 개략적인 범위 내의 지지 강성 변화에 대한 계의 고유 진동수를 계산하고 이를 그림 내에 함께 나타낸다. 이때 운전 속도 범위 내의 3개의 저차(즉, 3차) 고유 진동수 성분까지를 나타낸다. 그리고 지지 강성에 대응하는 수직선을 그었을 때, 고유 진동수 곡선과의 교점에 대응하는 회전 속도가 각 차수에 대응하는 위험 속도가 된다. 회전 속도의 변화에 따라 강성이 일정한 경우는 구름 요소 베어링을 제외하면 실제로는 드물다. 따라서 이들 베어링에서 회전체의 실제 위험 속도를 계산하기 위해서는 베어링 강성에 대한 회전체의 위험 속도 선도에서 속도 특성을 plot할 필요가 있다.

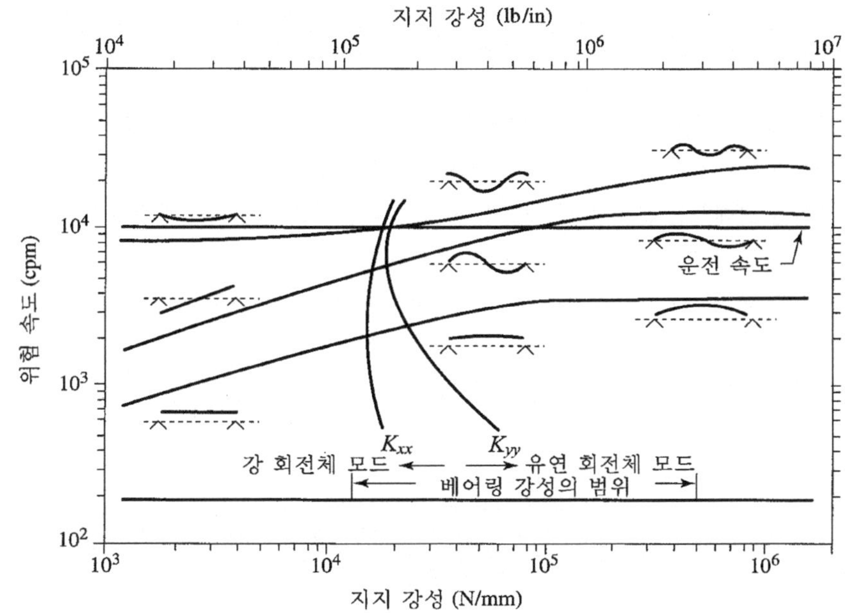

그림 1.22 비감쇠 위험 속도 선도

그림과 같이 고유 진동수 곡선을 그리고, 회전 속도의 변화에 대응하는 베어링 강성의 특성 곡선을 그림 1.22와 같이 그렸을 때에 이 두 곡선의 교점에 대응하는 회전 속도가 그 베어링에서의 실제 위험 속도가 된다. 이 위험 속도 선도는 특히 구름 요소 베어링과 같은 경 감쇠의 회전 기계와 외부 가압 기체 베어링과 같은 회전체-베어링계의 동특성을 구하는데 유용하다. 기름 윤활의 동압 저널 베어링과 같이 높은 감쇠를 가지는 일련의 베어링에 대하여 Lund는 베어링 감쇠의 영향을 고려한 위험 속도 선도를 개발하였다. 이 경우 베어링 강성만으로 회전체의 거동을 결정할 수 없다. 감쇠는 특히 고속의 회전 속도 영역에서 중요한 역할을 한다.

위험 속도 선도는 회전체의 위험 속도 해석을 위한 근사적인 도구로써 유용하게 이용될 수 있다. 즉, 기본 설계 단계에서 공진 회피 설계를 위한 베어링의 형식이나 치수 선정에 유용하게 활용된다. 이것은 미소한 강성의 비대칭(asymmetry)으로부터 생기는 위험 속도에의 영향은 통상 무시할 수 있다. 연성 효과 또한 특별한 베어링 강성의 연성 항을 포함하지 않는 한 역시 생략될 것이다.

1.7 가진 특성

진동 분석의 목적은 결함(fault)을 확인하고 기계의 상태를 평가하는 것이다. 따라서 각각의 발생 진동수 성분들은 진동을 발생시키는 힘(가진력)에 관련된 기계의 결함들을 확인하는데 이용된다. 정확한 진동 분석을 위해서는 분석을 실시하기 전에 기계 부품과 기계 시스템에서 발생할 수 있는 가진 주파수 성분들을 파악하여 놓는 것이 중요하다. 부품의 결함과 마멸(wear), 설비의 설계상 또는 정렬 불량, 장착면 불량과 헐거움(looseness) 등과 같은 설치상의 문제들로 인해 이러한 가진력들이 발생할 수 있다. 표 1.7은 일반적으로 기계에 관련되는 여러 가진 주파수를 정리한 것이다. 진동의 원인이 운전 속도와 관계가 있기 때문에, 분석 작업 이전에 운전 속도를 확인하는 것이 역시 중요하다.

표 1.7 기계와 관련된 가진 주파수의 예

원 인	주파수 (rpm의 배수로 표시)
질량 불평형	1X (1회전 당 1회의 진동)
정렬 불량	1X, 2X
축 휨(bent shaft)	1X
기계적 헐거움	홀수 차수(1X, 3X, 5X, …)
케이싱과 기초의 변형	1X
구름 베어링	베어링 주파수, 배수 성분들은 아님
충격 메커니즘	파형에 좌우되는 여러 주파수
유니버셜 조인트	2X
비대칭 축	2X
기어 맞물림	NX (N : 이의 수)
커플링	MX (M : jaw의 수)
유막 베어링(oil whirl)	0.43X ~ 0.47X
유체 기계의 날개(깃)	mX (m : 날개의 수)
왕복 기계	설계에 따른 운전 속도와 운전 속도의 1/2 분수 조화 성분과 그 고차 조화 성분

1.8 1 자유도 계의 진동

1 자유도 계는 어느 순간에 계의 운동을 표현하는데 단지 1개의 독립된 좌표를 필요로 하는 계이다. 계의 운동은 Newton의 운동 법칙에 따라 그 질량 m 에 가속도 a 를 곱한 것이 운동을 발생시키는 힘, 즉 질량에 작용하는 합력 ΣF 과 같게 된다. 이 힘은 외부로부터 작용하는 것과 운동의 변위 x 에 비례하는 탄성 복원력(restoring force)이나 운동 속도 $\dot{x}$ 에 비례하는 저항력 등의 계 자체가 가지는 것이 있다. 복원력의 비례 정수를 스프링 정수(또는 강성 계수), 저항력의 비례 정수를 점성 마찰 계수(또는 감쇠 계수)라고 한다. 이것을 각각 k(N/m), c(N · s/m)로 표시하면, 다음과 같이 정의된다.

- 스프링 복원력: $F_s = -kx$
- 점성 저항력: $F_d = -c\dot{x}$

우변에 음의 부호를 붙이는 것은 평형 위치까지 되돌아 가도록 작용하기 때문이다. 따라서, 평형점으로부터 어느 거리만큼 이동한 후, 평형점까지 되돌아 갈 때의 운동 방정식은 계의 질량을 m 이라 하면, Newton의 운동 법칙에 의해 다음과 같이 된다.

$$m\ddot{x} = \Sigma F = F_s + F_d = -kx - c\dot{x} \tag{1.5}$$

식 (1.5)를 정리하면 질량 · 스프링 · 감쇠기 계의 운동 방정식은 다음과 같다.

$$m\ddot{x} + c\dot{x} + kx = 0 \tag{1.6}$$

1.8.1 자유 진동

1) 비감쇠 계의 자유 진동

그림 1.23은 스프링과 질량으로 이루어진 스프링 □ 질량계이다. 이 경우 점성력 F_d는 존재하지 않기 때문에, 비감쇠 계가 되고 식 (1.6)은

$$m\ddot{x} + kx = 0 \tag{1.7}$$

이 방정식의 해를 $x(t) = Ae^{pt}$ 로 두고, 식 (1.7)에 대입하면

$$A(mp^2 + k) = 0 \tag{1.8}$$

로 된다. 여기서 최대 진동진폭 A는 0이 되면 진동을 하지 않으므로, 등식이 만족하기 위해서는 $mp^2 + k = 0$이 되어야 하고, 따라서 $p^2 = -k/m$ 이라는 조건이 만족되면 된다.

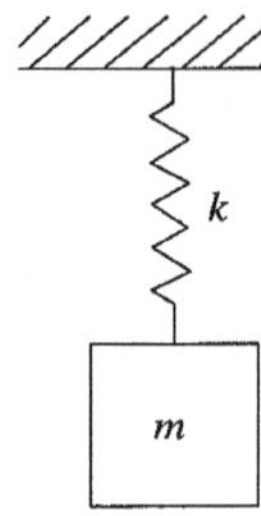

그림 1.23 스프링 질량계

여기서

$$\omega_n^2 = k/m \tag{1.9}$$

로 놓으면, 식 (1.7)의 일반해는

$$x(t) = A_1 e^{i\omega_n t} + A_2 e^{-i\omega_n t} \tag{1.10}$$

Euler의 공식 $e^{i\theta} = \cos\theta + i\sin\theta$를 식(1.10)에 대입하면,

$$x(t) = A\cos\omega_n t + B\sin\omega_n t \tag{1.11}$$

로 표시된다. 여기서 A, B는 운동의 초기 조건에 따라 결정되는 적분 상수이다.

초기 조건으로 속도 v_0를 가하였다 놓으면, $t = 0$에서 $x(0) = x_0$, $\dot{x}(0) = v_0$ 이므로 $A = x_0$, $B = v_0/\omega_n$으로 되고, 이를 식(1.11)에 대입하면

$$x(t) = x_0 \cos\omega_n t + (v_0/\omega_n)\sin\omega_n t \tag{1.12}$$

여기서 $X = \sqrt{x_0^2 + (v_0/\omega_n)^2}$, $\alpha = \tan^{-1}(v_0/\omega_n x_0)$ 로 두면, 식 (1.12)는

$$x(t) = X\cos(\omega_n t - \alpha) \tag{1.13}$$

으로 주어진다. 이 식에서 X는 진폭, α는 초기 위상, ω_n을 고유 각진동수 또는 통상적으로 고유 진동수라 부른다. 식 (1.13)과 같이 표현되는 진동을 **조화 진동**(harmonic vibration)이라고 하며, 또 외부로부터 힘(외력)이 작용하지 않기 때문에 **자유 진동**(free vibration)이라고 한다.

또한 초기 조건으로서 그림 1.23의 질량을 아래 방향으로 x_0 (cm) 만큼 늘린 후에 조용히 손을 놓은 경우는 초기 속도는 $v_0 = 0$이 되고 $\alpha = 0$으로 되기 때문에, 식 (1.13)은

$$x(t) = X\cos\omega_n t \tag{1.14}$$

와 같이 단순하게 된다.

2) 감쇠 계의 자유 진동

앞에서 설명한 스프링과 질량으로 이루어진 자유 진동계에 감쇠기(damper)가 추가된 감쇠 계(damped system)에 대해 설명한다. 그림 1.24는 스프링·질량계에 질량 m의 운동 속도에 비례하는 점성 감쇠(viscous damping)가 작용하는 계를 나타내고 있다.

운동 방정식은 Newton의 운동 법칙을 이용하면

$$m\ddot{x} + c\dot{x} + kx = 0 \tag{1.15}$$

로 표현된다.

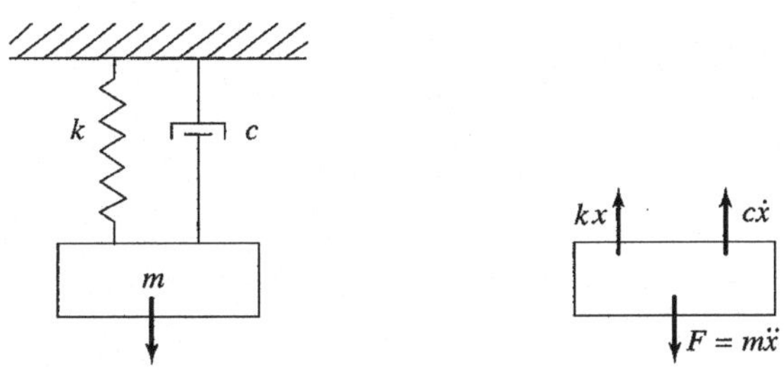

그림 1.24 점성 감쇠가 작용하는 계의 힘의 평형

이 방정식의 해를 구하기 위해서 $x(t) = A\ e^{pt}$로 하여 식 (1.15)에 대입하면,

$$A\,(mp^2 + cp + k) = 0$$

로 된다. 따라서, 특성 방정식(characteristic equation)은

$$mp^2 + cp + k = 0$$

이므로, p는

$$p_1,\, p_2 = -\frac{c}{2m} \pm \sqrt{\frac{k}{m} - (\frac{c}{2m})^2} \tag{1.16}$$

로 되고, 식 (1.15)의 해는

$$x(t) = A\, e^{p_1 t} + B\, e^{p_2 t} \tag{1.17}$$

로 된다. 여기서 A, B는 초기 조건에 의해 결정되는 실수이다.

그리고 p_1, p_2는 $c > 2\sqrt{mk}$ 또는 $c = 2\sqrt{mk}$ 의 조건에 따라 실수 또는 허수가 되고, 그것에 대응해서 계는 진동을 하면서 감소하거나 무주기 감쇠 운동이 된다. 정확히 한계 $c = 2\sqrt{mk}$ 일 때의 감쇠 계수를 임계 감쇠 계수 c_c라 한다.

(1) 과대 감쇠($c > c_c$)의 경우

p_1, p_2가 모두 음의 실수로 되기 때문에, 식 (1.17)의 각 항은 시간과 함께 감소하여 0에 접근한다. 초기 조건으로서 $t = 0$에서 $x(0) = x_0$, $\dot{x}(0) = v_0$로 할 때의 관계는 그림 1.25와 같이 된다. 이것을 무주기 운동(aperiodic motion)이라고 한다.

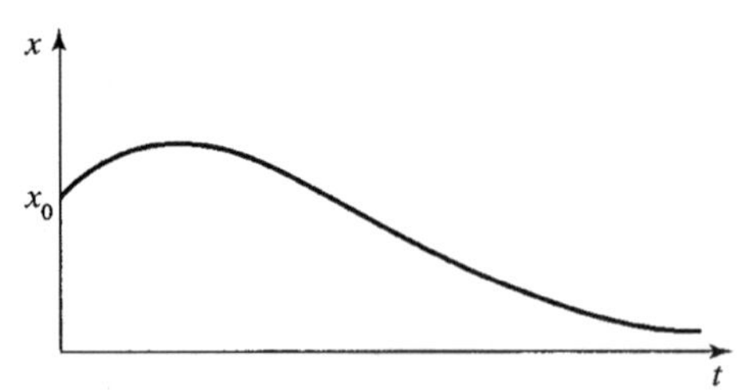

그림 1.25 무주기 운동

(2) 임계 감쇠($c = c_c$)의 경우

p_1, p_2는 중근으로 되고, $p_1 = p_2 = -c/2m$ 또는 $te^{-\frac{c}{2m}t}$ 도 해가 되므로, 일반해는

$$x = (A + Bt)e^{-\frac{c}{2m}t} \tag{1.18}$$

의 형태로 되고, 이 역시 $c > c_c$의 경우와 같은 무주기 운동을 한다.

(3) 부족 감쇠($c = c_c$)의 경우

p_1, p_2는 모두 허근으로 되고, 다음 식과 같이 유도된다.

$$p_1 = -\frac{c}{2m} + i\sqrt{\frac{k}{m} - (\frac{c}{2m})^2},\ p_2 = -\frac{c}{2m} - i\sqrt{\frac{k}{m} - (\frac{c}{2m})^2}$$

따라서, $x(t)$는

$$x(t) = e^{-\frac{c}{2m}t}\left[(A+B)\cos\sqrt{\frac{k}{m} - (\frac{c}{2m})^2}\ t + i(A-B)\sin\sqrt{\frac{k}{m} - (\frac{c}{2m})^2}\ t\right]$$

$q = \sqrt{{}^{k}\!/_{m} - ({}^{c}\!/_{2m})^2} = \omega_n\sqrt{1-\zeta^2}$ 으로 두면, $x(t)$는

$$x(t) = e^{-(c/2m)t}(C\cos qt + D\sin qt) \tag{1.19}$$

로 된다. 초기 조건으로 $t = 0$에서, $x(0) = x_0$, $\dot{x}(0) = v_0$로 하면

$$x(t) = x_0 e^{-\zeta\omega_n t}(\cos qt + \frac{\zeta + v_0/(\omega_n x_0)}{\sqrt{1-\zeta^2}}\sin qt) \tag{1.20}$$

로 된다. 먼저, $t = t_1$에서 극대 값을 가지고, 다음에 $t = t_1 + \pi/q$ 에서 극소로, $t = t_1 + 2\pi/q$ 에서 다시 극대로 되고, 이후 계속 극대와 극소를 반복한다. 서로 이웃 하는 극대와 극소의 비의 절대치를 구하면

$$\frac{|x_1|}{|x_2|} = \frac{|x_2|}{|x_3|} = \frac{|x_3|}{|x_4|} = \ldots = \frac{|x_n|}{|x_{n+1}|} = e^{\zeta\omega_n\pi/q} = e^{\pi\zeta/\sqrt{1-\zeta^2}} \tag{1.21}$$

로 되고, 서로 이웃하는 진폭이 일정한 비를 가지고 감소한다. 또, 서로 이웃하는 2개의 극대 또는 극소

사이의 시간 T는

$$T = 2\pi / q \tag{1.22}$$

이고, T는 이 진동의 주기이다. 이와 같이 시간과 함께 진폭이 감소하는 진동을 감쇠 진동(damped vibration)이라 한다. 이 경우의 진동수 q는

$$q = \omega_n \sqrt{1-\zeta^2} \tag{1.23}$$

이고, 이것을 감쇠 고유 진동수(damped natural frequency)라고 한다. 또, 서로 이웃하는 극대치의 대수비를 δ라고 하면,

$$\delta = \log\left({x_n}/{x_{n+1}} \right) = \log e^{2\pi\zeta/\sqrt{1-\zeta^2}} = 2\pi\zeta\sqrt{1-\zeta^2} \tag{1.24}$$

을 대수 감쇠율(logarithmic decrement)이라고 한다. ζ가 작을 때는 간단히

$$\delta = 2\pi\zeta = 2\pi(c/c_c) = \pi c/(m\omega_n) \tag{1.25}$$

로 된다. 이 δ는 설비 재료가 정상일 때와 이상일 때 (균열, 파편 등이 개재)가 다르다는 것을 이용한 재료의 결함 판별의 지표로서도 사용된다.

1.8.2 강제 진동

물체에 주기적인 외력이 작용하면, 물체는 처음에는 자유 진동과 함께 외력과 같은 진동수를 가지는 진동(강제 진동)을 한다. 자유 진동은 일반적으로 감쇠되어 시간과 함께 소멸하기 때문에, 충분한 시간이 경과한 후에는 강제 진동만 남는다. 그림 1.26의 점성 감쇠가 작용하는 스프링 · 질량계에 주기적인 외력 $F(t) = F_0 \cos \omega t$가 작용하는 경우로, 운동 방정식은 다음과 같이 표현된다.

$$m\ddot{x} + c\dot{x} + kx = F_0 \cos \omega t \tag{1.26}$$

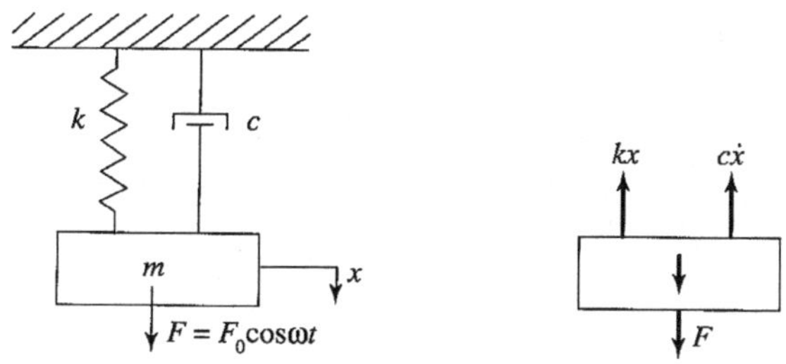

그림 1.26 점성 감쇠가 있는 계의 강제 진동 모델

이 방정식의 해는 우변을 0으로 한 자유 진동의 해인 식 (1.17)과 $F_0 \cos \omega t$에 의한 특해를 합한 것이다. 특해는

$$x(t) = x_0 \cos(\omega t - \varphi) \tag{1.27}$$

여기서

$$x_0 = \frac{F_0}{\sqrt{(k - m\omega^2)^2 + (c\omega)^2}} \tag{1.28}$$

$$\tan \varphi = \frac{c\omega}{k - m\omega^2} \tag{1.29}$$

따라서, 식 (1.26)의 일반해는 자유 진동 해와 강제 진동 해(특해)의 합으로 다음과 같이 된다.

$$x(t) = e^{-(c/2m)t}(C \cos qt + D \sin qt) + x_0 \cos(\omega t - \varphi) \tag{1.30}$$

이 식에서 C, D는 초기 조건에 의해 결정되지만, 앞에서 설명한 것과 같이 자유 진동은 감쇠되어 사라지기 때문에 강제 진동만을 고려하면 된다.

그림 1.27은 그 상태를 나타내고 있다. 그림 1.27(a)는 자유 진동 응답으로 시간이 경과함에 따라 점차 감쇠되고 있다. 그림 1.27(b)는 강제 진동 응답, 그림 1.27(c)는 (a)와 (b)를 더한 과도 진동 응답이다. 최초의 자유 진동이 존재하는 상태를 과도 상태(transient state)라고 하고, 강제 진동만으로 된 상태를 정상 상태(steady state)라고 한다. 정상 상태에서는 식 (1.27)에서 표시한 운동을 하고, 이 운동은 주기적인 외력에 대해서 위상 지연이 있는 외력과 같은 진동수를 가진 조화 진동이 된다.

식 (1.28)의 우변의 분모는 힘을 이 값으로 나눈 것이 그 때의 최대 진폭(응답)을 나타내고 있다. 이를 기계 임피던스(mechanical impedance)라 한다. 다음으로 식 (1.28)과 (1.29)를 고유 진동수 ω_n, 임계

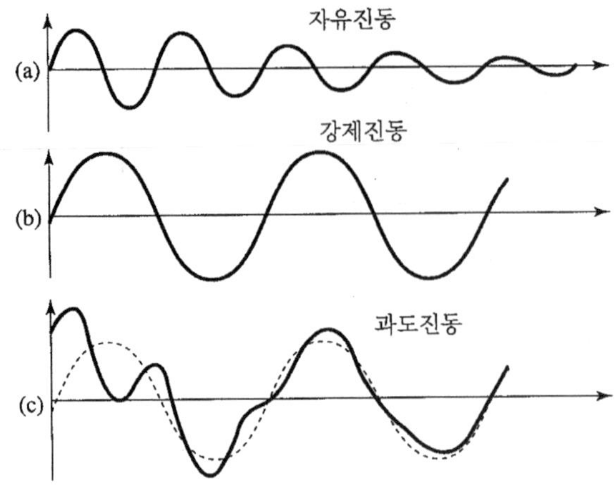

그림 1.27 점성 감쇠가 있는 계의 진동 곡선

감쇠 계수 c_c, 점성 감쇠비 ζ, 강제 진동수비 $\lambda(=\omega/\omega_n)$, 정적 처짐량 $x_s(=F_0/k)$ 등을 이용하여 표현하면, 다음과 같이 된다.

$$x_0 = \frac{x_s}{\sqrt{(1-\lambda^2)^2 + (2\zeta\lambda)^2}} \tag{1.31}$$

$$\tan\varphi = \frac{2\zeta\lambda}{1-\lambda^2} \tag{1.32}$$

이로부터 강제 진동에 의한 진폭 x_0와 정적인 스프링 변형 x_s와의 비는

$$\frac{x_0}{x_s} = \frac{1}{\sqrt{(1-\lambda^2)^2 + (2\zeta\lambda)^2}} \tag{1.33}$$

로 주어진다. 이 비를 **동적 배율** 또는 **확대율**(AF, amplification factor)이라고 한다.

이 관계를 그림 1.28에 나타낸다. 먼저, 동적 배율은 계의 고유 진동수에 외력의 진동수가 일치하는 점(공진점)에서 동적 배율인 공진 배율, 즉 진폭이 매우 크게 증가한다. 특히 $\zeta=0$인 비감쇠의 경우에는 두 진동수가 일치하는 점에서 진폭은 무한대로 된다. 이 현상을 공진(resonance)이라고 하고, 그림 1.28의 곡선을 **공진 곡선**(resonance curve)이라 한다. 실제로는 공진 시의 진동수는 그 계의 고유 진동수와 거의 같다고 간주하는 경우가 많다. 그 때의 배율은 식 (1.33)에 $\lambda=1$을 대입하면,

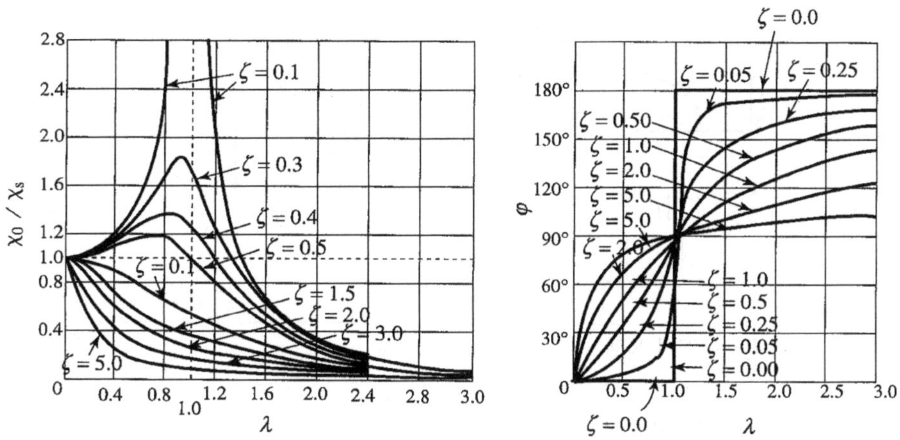

(a) 강제 진동수비와 동적 배율

(b) 외력과 변위의 위상차

그림 1.28 공진 곡선

$$\frac{x_0}{x_s} = \frac{1}{2\zeta} \tag{1.34}$$

로 된다. 즉, 공진 배율은 감쇠비 ζ에만 의존하고, 그 크기는 감쇠비의 2배에 반비례한다. 이 공진 배율을 통상 $\boldsymbol{Q}$ 계수(quality factor)라고도 부른다.

그림 1.28의 (b)는 외력과 변위의 위상차 φ의 관계를 나타내고 있다. 이 φ는 역시 ζ와 λ의 값에 의해서 변화를 하지만, ζ가 0보다 크면 $\lambda = 1$에서 90 ° 로 된다. 그러나 비감쇠 계의 경우, 즉 $\zeta = 0$일 때는 $\lambda = 1$에서는 $\varphi = 0$, $\lambda = 1$의 공진점 및 그 이상의 λ에서는 위상은 180 ° 변화한다. 이와 같은 식으로 표현되는 모델로서 회전 기계에서 발생하는 불평형(unbalance)에 의한 진동이 있다.

1) 불평형이 있는 계

그림 1.29에 나타낸 것과 같이 회전축 중심으로부터 e(cm)의 위치에 불평형 질량 m이 있다고 한다. 회전 각속도를 ω (rad/s)로 하면 불평형력은 $F = me\omega^2$이고, 그 수직 방향 성분은 $F = me\omega^2 \sin \omega t$가 된다. 이 설비의 전체 질량을 M이라고 하면, $(M - m)$의 부분이 수직 방향으로 $x(t)$ 만큼 진동하고, m이 $x + e \sin \omega t$의 진동을 하고 있다.

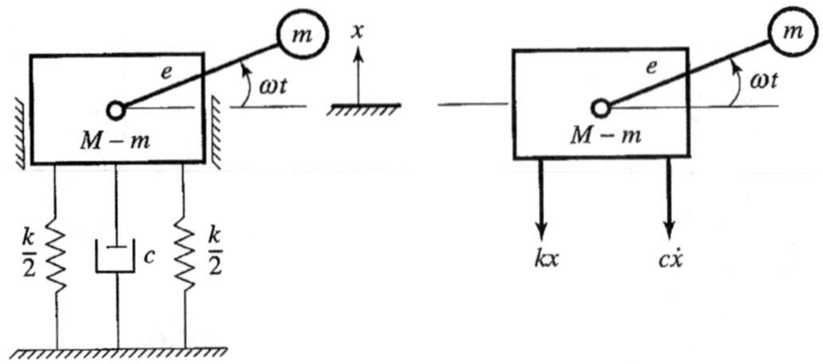

그림 1.29 불평형 진동계의 모델

따라서 계의 운동 방정식은

$$(M-m)\ddot{x}+m(\ddot{x}-e\omega^2\sin\omega t)=-kx-c\dot{x}$$

이로부터

$$M\ddot{x}+c\dot{x}+kx=me\omega^2\sin\omega t \qquad (1.35)$$

이다. 이 식은 식 (1.26)에서 $F_0=me\omega^2$으로 한 것과 같다. 단지 $\cos\omega t$와 $\sin\omega t$의 차이만 있다. 따라서 정상시의 진폭 최대치는

$$x=\frac{me\omega^2}{\sqrt{(k-m\omega^2)^2+(c\omega)^2}} \qquad (1.36)$$

이고, 이를 정리하면

$$\frac{x}{me/M}=\frac{\lambda^2}{\sqrt{(1-\lambda^2)^2+(2\zeta\lambda)^2}}\,,\quad \tan\varphi=\frac{2\zeta\lambda}{1-\lambda^2} \qquad (1.37)$$

이다. 여기서 φ는 불평형력에 대한 계의 운동의 위상각이다.

식 (1.37)의 좌변은 불평형량을 전체 질량으로 나누고, 이것에 편심량 e를 곱한 것과 계의 변위와의 비이고, 이것은 우변의 감쇠비 ζ와 강제 진동수비 λ에 의해서 그림 1.30으로 된다. 식 (1.31)의 그림 1.28과는 약간 양상이 다르지만, $\lambda=1$에서 변위는 0이 되고, 또 $\lambda=1$에서 최대가 되며, λ가 크게 되면 1이 된다. 보통은 $\lambda\neq1$이지만, λ와 ζ의 값에 따라서는 상당한 진동이 발생하는 것을 알 수 있다. 위상은 식

(1.37)로부터 $\lambda = 0$에서 $\varphi = 0$, $\lambda = 1$에서 $\varphi = \pi/2$, λ가 1 보다 클 때는 $\varphi = \pi$이다.

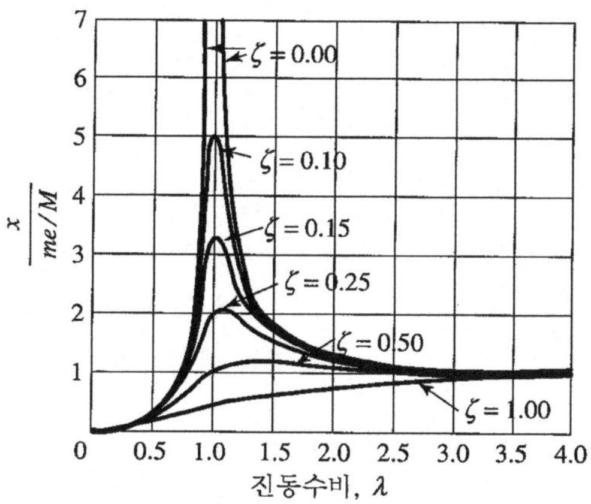

그림 1.30 불평형 응답

다음으로 점성 감쇠 계수를 갖는 계에 강제력이 작용하는 운동과 같은 형태의 방정식으로 표현되는 진동계로서, 1단 고정 축의 자유 단에 원판이 부착되고, 그곳에 주기적인 비틀림 모멘트가 작용하는 비틀림 진동계가 있다. 그림 1.31에 나타낸 원판에는 원판의 비틀림 각에 비례하는 복원 모멘트와 비틀림 각속도에 비례하는 점성 감쇠 모멘트가 작용하는 것으로 하면, 이 운동 방정식은 다음과 같이 된다.

$$I\ddot{\theta} + c_t\dot{\theta} + k_t\theta = T_0 \cos\omega t \tag{1.38}$$

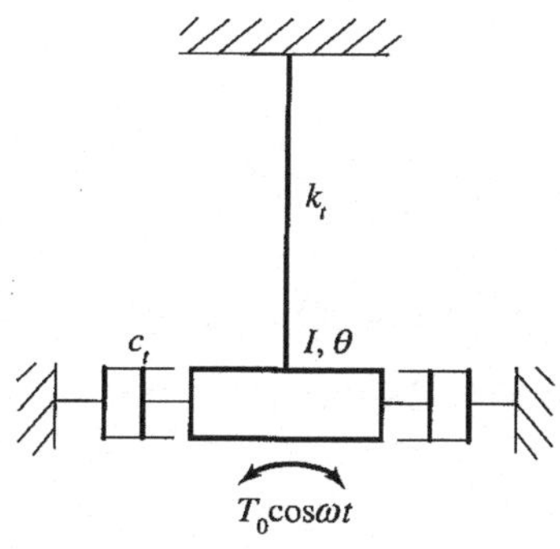

그림 1.31 비틀림 진동계

여기서, I: 원판의 관성 모멘트(kg · s^2 · m), θ : 원판의 비틀림 각(rad), k_t :축의 회전 스프링상수(kg · m/rad), c_t : 점성 감쇠 모멘트의 계수(kg · s · m)이다.

이 식은 앞에서 나온 식 (1.26)과 완전히 같은 모양이므로, 그 해석 방법은 동일하다.

2) 강제 진동수와 고유 진동수의 근접: 울림 현상

진동수가 매우 가까운 2개의 진동계가 있는 경우, 울림 현상(beat phenomenon)이 발생하는 것은 잘 알려져 있지만, 그것과 완전히 같은 경우로 강제력의 진동수가 고유진동수와 약간 어긋나있는 경우에도 울림을 발생하는 경우가 있다. 예로, 감쇠가 없는 계에 $F(t) = F_0 \cos \omega t$의 강제력이 작용한다고 한다. 식 (1.30)에서 $q = \omega_n$, $c = 0$, $\varphi = 0$이라고 하면, 진동 변위 $x(t)$는 식 (1.30)으로부터

$$x(t) = C\cos\omega_n t + D\sin\omega_n t + x_0 \cos\omega t \tag{1.39}$$

초기 조건으로 $t = 0$에서 $x(0) = 0$, $\dot{x}(0) = 0$이라 하면

$$C = -x_0 = \frac{x_s}{1-\lambda^2} = \frac{x_s\omega_n^2}{\omega_n^2 - \omega^2}, \quad D = 0$$

따라서 식(1.39)는

$$x(t) = \frac{x_s\omega_n^2}{\omega_n^2 - \omega^2}(\cos\omega t - \cos\omega_n t) \tag{1.40}$$

로 된다. 이 운동은 $\omega = \omega_n(\lambda = 1)$에서공진을 일으킨다. ω가 ω_n에 접근했다고 가정하여 $\omega_n - \omega = \Delta$라고 하면, 식 (1.40)은 다음 식과 같이 표현된다.

$$x(t) = \frac{2x_s\,\omega_n^2}{\omega_n^2 - \omega^2}\sin(\frac{\Delta t}{2})\ \sin\left[\frac{(\omega_n + \omega)t}{2}\right] \tag{1.41}$$

이 식으로 표현된 운동은 그림 1.32에 나타내듯이 $4\pi/(\omega_n + \omega)$의 주기를 가진 진폭이 $2\pi/\Delta$로 주기적으로 변화하는 진동이 된다. 이 진동을 울림(beat)이라 하고, 이 때 진폭이 0이 되는 시간 간격 $2\pi/\Delta = 2\pi/(\omega_n + \omega)$를 울림 주기라고 한다. 이 현상은 잘 발생하지만, 계가 실제는 감쇠 작용이 있기 때문에 곧 소멸된다.

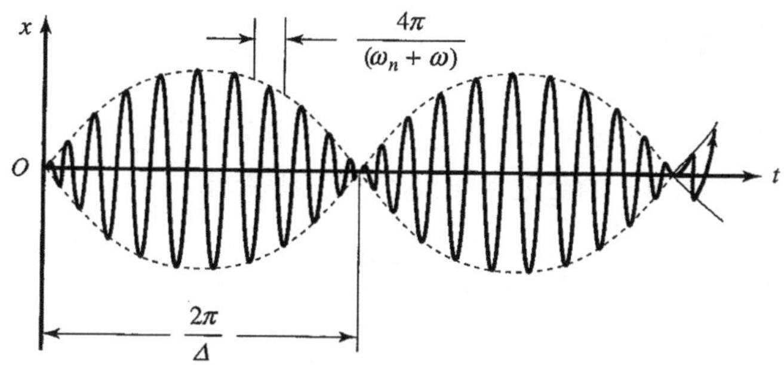

그림 1.32 울림 현상

다음에 ω가 ω_n에 접근했을 때는 식 (1.41)에서 $\Delta \to 0$으로 하면 공진 상태가 되고, 식 (1.39)의 극한값을 취하면 다음 식과 같이 된다.

$$x(t) = \frac{x_s\,\omega t}{2}\sin\omega t \quad \text{또는} \quad x(t) = \frac{x_s\,\omega_n t}{2}\sin\omega_n t \tag{1.42}$$

이것으로부터 공진 상태에서는 진폭이 시간과 함께 비례하여 증가하는 진동에 의해 그림 1.33과 같이 된다. 위에서 설명한 것과 같이 계에는 감쇠력이 있기 때문에 이 진동은 무한히 증가하지는 않고, 어느 시간 후에는 일정한 진폭이 된다.

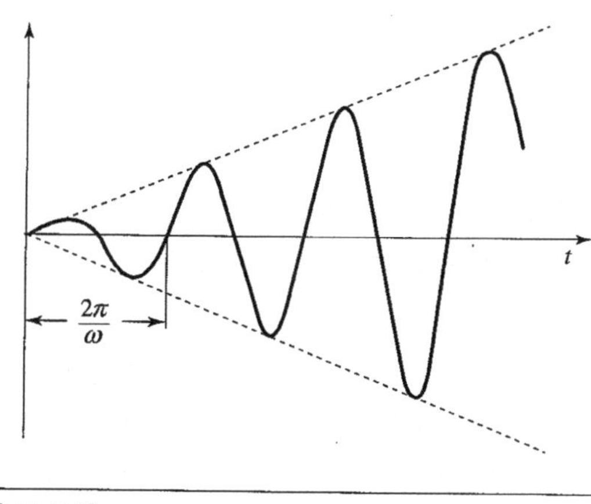

그림 1.33 공진 시의 운동 특성

1.8.3 조화 진동의 합성

기계는 여러 개의 조화 진동 원을 가지고 있고, 이들이 합성되어 복잡한 진동을 일으키고 있다. 따라서 합성 진동이 조화 진동과 어떠한 관계가 있는가를 검토한다.

1) 진동수가 같은 2개의 조화 진동의 합성

2개의 조화 진동 파형 $x_1 = a_1 \cos(\omega t - \alpha_1)$, $x_2 = a_2 \cos(\omega t - \alpha_2)$ 을 고려한다. 이 두 파형의 합성은 다음과 같이 된다.

$$x = x_1 + x_2 = a_1 \cos(\omega t - \alpha_1) + a_2 \cos(\omega t - \alpha_2) = a \cos(\omega t - \alpha) \tag{1.43}$$

2) 다른 진동수를 가진 2개의 조화 진동의 합성

진폭이 a_1, a_2이고, 진동수가 ω_1, ω_2 그리고 위상이 α_1, α_2인 2개의 조화 진동

$$x_1 = a_1 \cos(\omega_1 t - \alpha_1),\ x_2 = a_2 \cos(\omega_2 t - \alpha_2)$$

의 합성 $x_1 + x_2$는 1)항에서 기록한 바와 같은 처리를 할 수 없다. 그래서, 우선 특수한 경우를 취급하고, $x_1 + x_2$를 다룬다.

(1) $\alpha_1 = \alpha_2 = 0$일 때

$x_1 = a_1 \cos\omega_1 t$, $x_2 = a_2 \cos\omega_2 t$ 의 합성은 그림 1.34와 같이 $0 \sim a_1 + a_2$ 사이에 있고, 그것이 각각 변화한다.

다음으로 진동수를 그림 1.35의 예를 고려해 보자. 그림 (a)는 $x_1 = \cos(2\pi \times 450)t$, $x_2 = \cos(2\pi \times 100)t$의 파형이고, 그림 (b)는 합성한 파형이다.

x_1과 x_2의 합성 진동의 주기를 T로 한다. 한 주기 동안의 진동 회수를 n_1, n_2 라고 하면, 각각의 주기를 곱한 값이 서로 같은 T로 되면 출발점이 일치한다(T는 T_1과 T_2의 최소 공배수). 그러므로 $T = n_1 T_1 = n_2 T_2$로 둔다. 이 식에 $T_1 = 1/450$, $T_2 = 1/100$을 대입하면, $n_1 = 9$, $n_2 = 2$가 얻어지고, $T = 0.02$ 초로 구해진다. 이로부터 합성된 진동은 새롭게 $T = 0.02$초의 주기 혹은 50 Hz의 주기성을 가진다고 말할 수 있다. 따라서, 2개의 조화 진동의 합성은 주기 진동이 되고, 진폭은 각각의 진폭의 합을 최대치로 해서 변화한다.

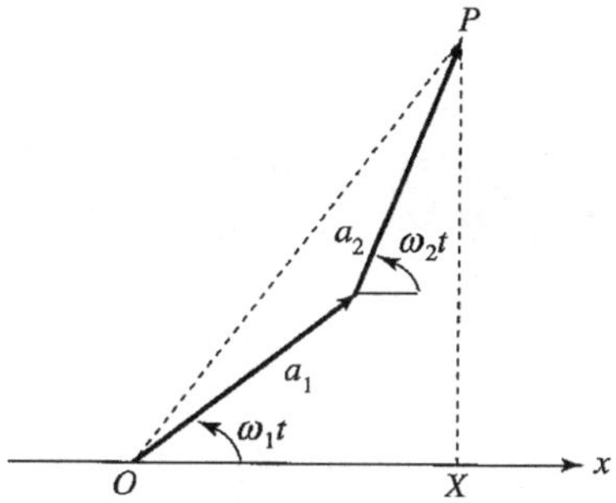

그림 1.34 다른 진동수를 가진 2개 조화 진동의 합성

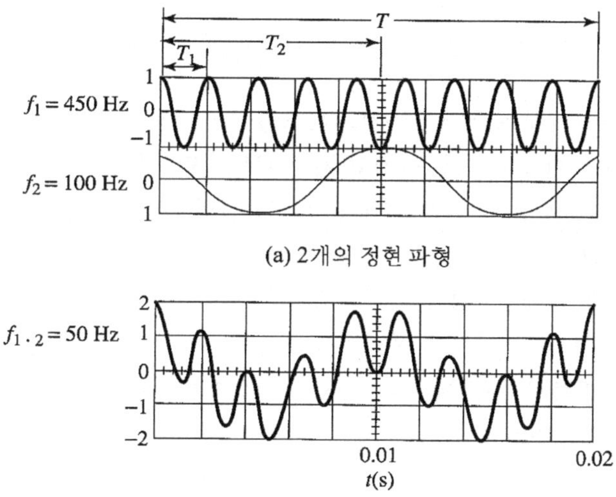

그림 1.35 100 Hz와 450 Hz의 파형과 합성 파형

(2) $\alpha_1 = \alpha_2 = 0,\ a_1 = a_2 = a$일 때

합성 진동 $x_1 + x_2$는 다음과 같이 표시된다.

$$x = x_1 + x_2 = 2a\cos\left(\frac{\omega_1 - \omega_2}{2}\right)t\ \cos\left(\frac{\omega_1 + \omega_2}{2}\right)t$$
$$= 2a\cos 2\pi\left(\frac{f_1 - f_2}{2}\right)t\ \cos 2\pi\left(\frac{f_1 + f_2}{2}\right)t \qquad (1.44)$$

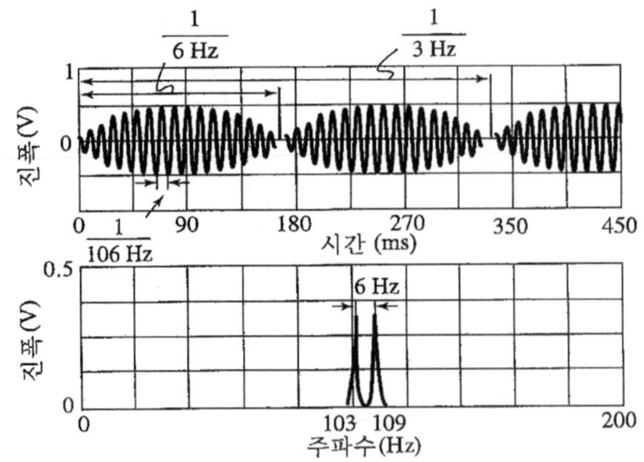

그림 1.36 103 Hz와 109 Hz의 합성에 의한 울림 현상

이 진동은 f_1과 f_2의 크기에 따라 여러 가지로 되고, $|f_1 - f_2| << |f_1 + f_2|$와 같은 관계를 그림으로 표시한 것이 그림 1.36이다. 이 그림에서는 103 Hz와 109 Hz의 합성으로, 상기 식의 $(109 - 103)/2 = 3$ Hz와 $(109 + 103)/2 = 106$ Hz의 진동이 나타나게 된다. 진동파형에서 알 수 있듯이 진동수는 106 Hz이고, 그 106 Hz의 진폭의 변화가 3 Hz와 6 Hz로 된다. 즉, 상기 식의 경우, $(f_1 - f_2)/2$가 진폭을 변화시키고, $(f_1 + f_2)/2$가 진동수와 같이 된다. 이와 같은 현상을 울림(beat)이라고 하며, 진폭이 0부터 다음의 0까지, 혹은 피크점부터 피크 점까지의 주기를 울림 주기라고 하고 $1/(f_1 - f_2)$로 표시된다. 더욱이, $|f_1 - f_2| << |f_1 + f_2|$의 조건을 만족시키지 않을 때는 울림을 일으키게 된다. 그림 1.37은 $f_1 = 40$ Hz, $f_2 = 500$ Hz의 합성에 의한 울림 현상을 나타낸다.

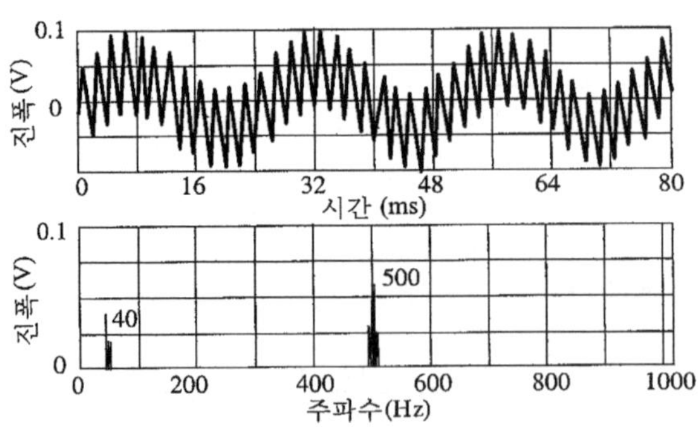

그림 1.37 40 Hz과 500 Hz의 합성에 의한 울림 현상

3) 다수 조화 진동의 합성

다른 진동수 $\omega_1, \omega_2, ..., \omega_n$를 가지는 조화 진동의 합성은 다음 식과 같다.

$$x = x_1 + x_2 + \ldots + x_n = a_1 \cos(\omega_1 t - \alpha_1) + a_2 \cos(\omega_2 t - \alpha_2) + \ldots + a_n \cos(\omega_n t - \alpha_n) \qquad (1.45)$$

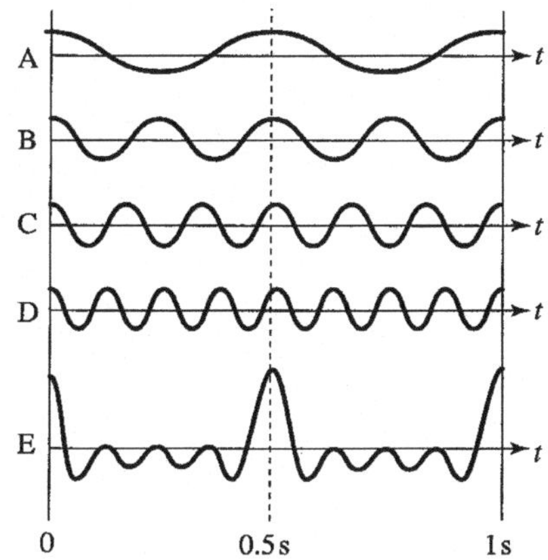

그림 1.38 조화 진동과 그 복합 진동 파형

한 예로 그림 1.38과 같이 $n=4$의 경우에 진폭이 모두 1로 같고, 같은 진폭으로 주파수가 각각 2 Hz (A), 4 Hz (B), 6 Hz (C) 및 8 Hz (D)인 조화 진동의 합성 진동(E)를 고려해 보자. 합성 진동은 4개의 조화 진동 중에서 가장 낮은 진동수인 2 Hz의 주기성을 가지고 있다. 이 2 Hz 조화 진동의 진동수를 기본 진동수(fundamental frequency)라 한다. 즉, 기본 진동수와 이의 정수배 진동수를 가진 조화 진동의 합성에 의해 만들어진 진동은 기본 진동수에서 동기적으로 진동한다. 이러한 주기적인 진동을 주기 진동이라 한다.

4) 직각 방향의 합성과 Lissajous 도형

지금까지 진동의 합성은 x축 방향의 2개의 진동, 즉 1차원적인 합성에 관해서 취급하였지만, x축과 y축 방향에 각각의 진동이 발생한 경우의 2차원적 합성을 생각해 보자. 먼저, $x = a_1 \cos(\omega_1 t - \alpha_1)$, $y = a_2 \cos(\omega_2 t - \alpha_2)$ 라고 하는 진동이 발생할 때의 합성은 지금까지와 같은 형태의 회전 벡터를 그리면 된다. x축, y축 각각에 대해 a_1, a_2를 반지름으로 하는 원을 그리고, 다음에 그림 1.39와 같이 x축 상에서의 변위와 y축 상에서의 변위를 구해, $2a_1$, $2a_2$를 변으로 하는 장방형에서의 교점을 구해서 P로 한다. 그렇게 하면, x, y의 운동에 따라서 P가 그리는 궤적이 구하려는 합성된 운동이 된다.

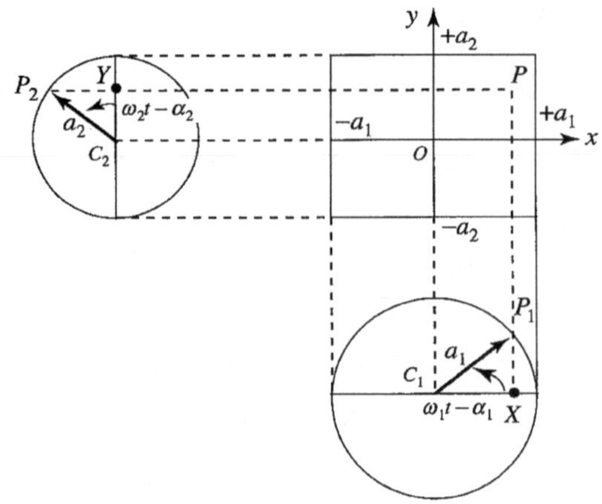

그림 1.39 직교하는 2개의 조화 진동의 합성

(1) 진동수가 같은 경우

진동수가 같은 경우는 아래 식과 같이 표시된다.

$$x = a_1 \cos \omega t\ ,\ \ y = a_2 \cos(\omega t + \varphi)$$

가) $\varphi = 0$의 경우

이 경우는 위의 식에서 $x = a_1 \cos \omega t, y = a_2 \cos \omega t$이 된다. 따라서, $\cos \omega t$를 소거하면, $y = (a_2/a_1)x$로 되고, 이 궤적은 직선으로 된다.

나) $\varphi = \pi/2$의 경우

이 경우는 $x = a_1 \cos \omega t, y = a_2 \cos (\omega t + \pi/2) = -a_2 \sin \omega t$가 된다. 따라서, $\sin^2 \omega t + \cos^2 \omega t = 1$의 관계를 이용하면, $(x/a_1)^2 + (y/a_2)^2 = 1$로 되고, a_1, a_2를 변으로 하는 타원이 된다. 그림 1.40에 나타낸 것과 같이, φ의 값에 따라 각종 궤적을 그릴 수가 있다. 이와 같은 도형을 19세기에 J. A. Lissajous에 의해 발표되었으므로, 리사쥬 선도(Lissajous plot)라고 한다.

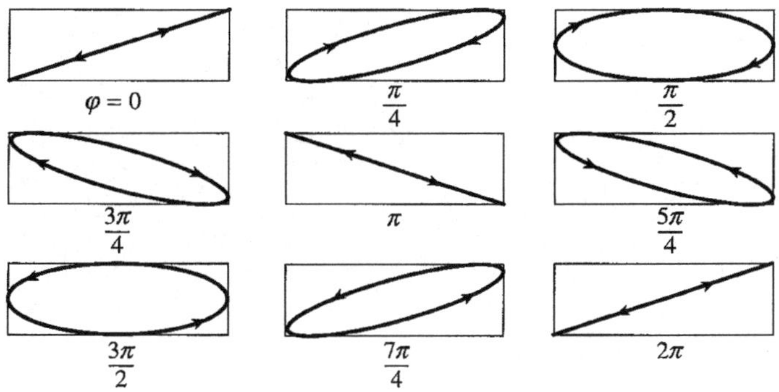

그림 1.40 진동수가 같을 때의 리사쥬 선도

(2) 진동수가 다른 경우

이 경우도 x, y의 진동수 ω_1, ω_2 및 위상각 φ가 주어질 때, 순차적으로 t에 값을 대입해서 교점 P의 궤적을 구한다(그림 1.41). 그림 1.41에 ω_1, ω_2의 관계와 φ를 변화시켰을 때의 리사쥬 선도 예를 나타낸다.

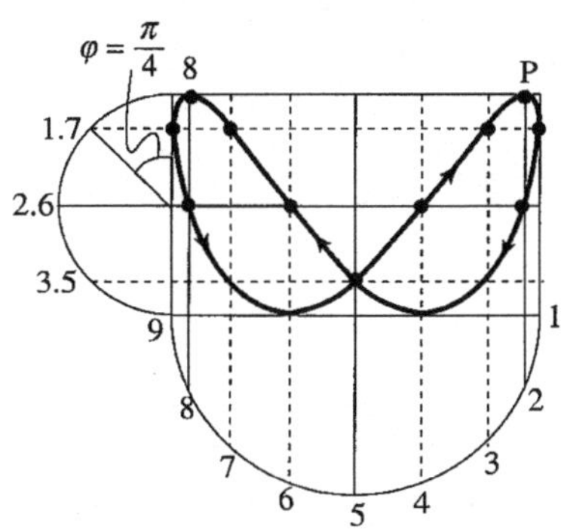

그림 1.41 진동수가 다를 때의 리사쥬 선도를 그리는 방법

이와 같이 1차원적인 합성과 2차원적인 합성에서는 진동의 양상이 다르다. 그 비교를 그림 1.43에 나타낸다. 이 직각 성분의 합성은 뒤에서 설명하는 고속 회전 기계에 이용하는 축 진동계의 리사쥬 선도 또는 궤도(orbit) 선도 를 판별할 때에 매우 유익하다.

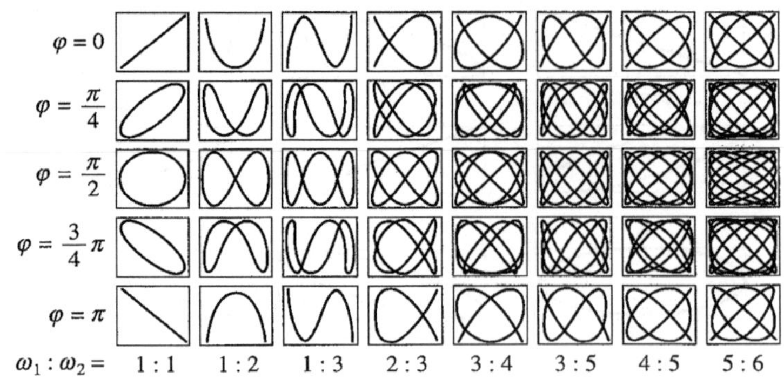

그림 1.42 각종 리사쥬 선도

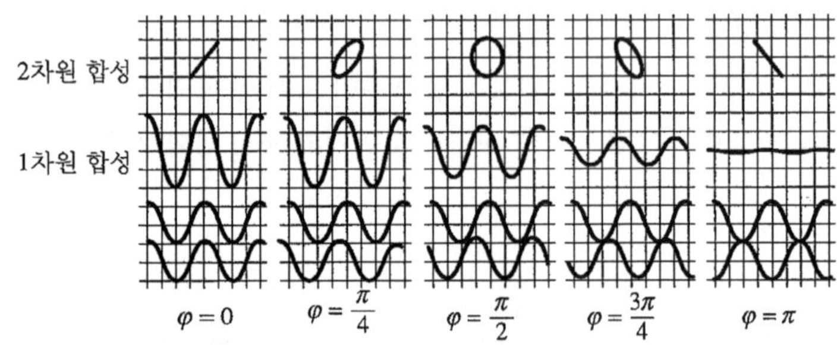

그림 1.43 1차원 합성과 2차원 합성의 비교

1.8.4 진동의 분해

기계 설비에는 여러 가지의 진동을 일으키는 요인들이 있고, 이들이 각각 합성되어 복잡한 진동 형태로 나타난다. 지금까지는 단순한 조화 진동 파형이 합성되어 어떤 형태로 표현되는가를 설명하였으나, 여기서는 합성된 진동을 역으로 분해하는 방법을 검토한다. 그림 1.44는 가스 터빈 축의 굽힘 진동과 선박 추진 축계의 비틀림 진동 파형을 일 예로 나타내었다.

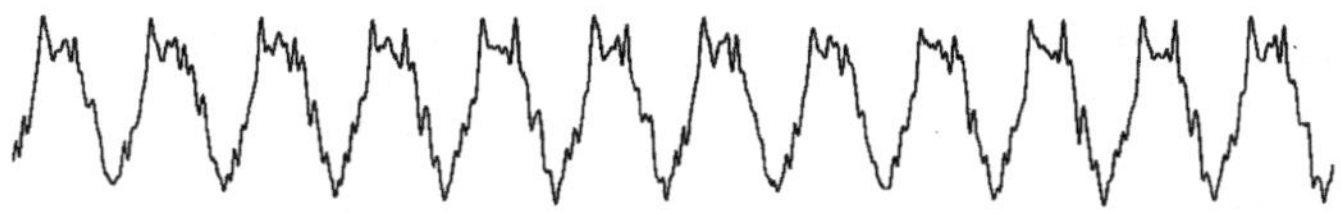

(a) 가스 터빈 축계의 굽힘 진동 파형

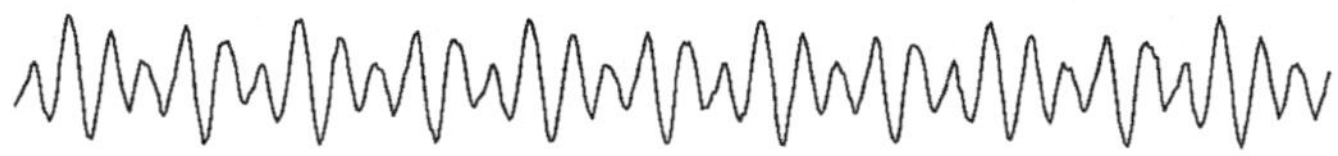

(b) 선박 추진 축계의 비틀림 진동 파형

그림 1.44 합성 파형의 실제 예

대부분의 진동 요인은 조화 진동이므로, 조화 진동의 합으로서 나타나는 합성 진동을 역으로 조화 진동 성분들로 분해하는 것으로 여기에는 뒤에서 설명하는 푸리에 급수(Fourier series)가 유용하다. 그림 1.44와 같은 주기 진동의 시간 파형 $x(t)$는 1811년 푸리에에 의해 제안된 푸리에 급수 식

$$x(t) = 1/2\, a_0 + a_1 \cos \omega t + a_2 \cos 2\omega t + \ldots + a_n \cos n\omega t$$
$$+ b_1 \sin \omega t + b_2 \sin 2\omega t + \ldots + b_n \sin n\omega t \qquad (1.46)$$

으로 전개될 수 있다. 즉, $x(t)$는 주기 $T = 2\pi/\omega$를 기본 주기(fundamental period)로 하는 조화 진동의 합으로 구성된다. 여기서 $f = 1/T$를 기본 주파수(fundamental frequency)라 하고, $a_n \cos n\omega t$, $b_n \sin n\omega t$를 기본 진동에 대한 n차 조화 성분(harmonics)이라 한다. 여기서 조화 계수 a_n과 b_n은 다음 식과 같이 기본 주기에 대해 적분함으로써 계산된다.

$$a_n = \frac{2}{T}\int_0^T x(t) \cos n\omega t\, dt\,,\ b_n = \frac{2}{T}\int_0^T x(t) \sin n\omega t\, dt \ \ (n = 0,\ 1,\ 2,\ 3,\ \ldots)$$

또한 조화 계수를 이용하여 $x(t)$를 다시 표현하면

$$x(t) = \frac{1}{2} c_0 + \sum_{n=1}^{\infty} c_n \cos(n\omega t - \phi_n) \qquad (1.47)$$

여기서 $c_n = \sqrt{a_n^2 + b_n^2}$, $\phi_n = \tan^{-1}(b_n/a_n)$이다.

따라서, 푸리에 급수 전개를 이용하면, c_n으로 표현되는 n차 성분의 진폭이 진동수 $f_n = n/T$마다 나

열되게 된다. 이와 같이 하여 얻어진 그림을 스펙트럼 또는 선 스펙트럼(line spectrum)이라 한다.

그림 1.45는 단일 실린더 엔진의 출력 토크 파형을 푸리에 급수를 이용하여 좌측 그림과 같이 기본 주파수(1차) 성분에서 8차 조화 성분까지를 나타내고, 우측 그림과 같이 이를 다시 합성한 결과를 나타내었다. 8차 조화 성분까지 합성한 경우, 원래 신호와 약간의 차이는 있으나 거의 일치하는 것을 알 수 있다. 보다 정도 높게 합성하기 위해서는 보다 높은 고차 조화 성분까지 합성하여야 한다.

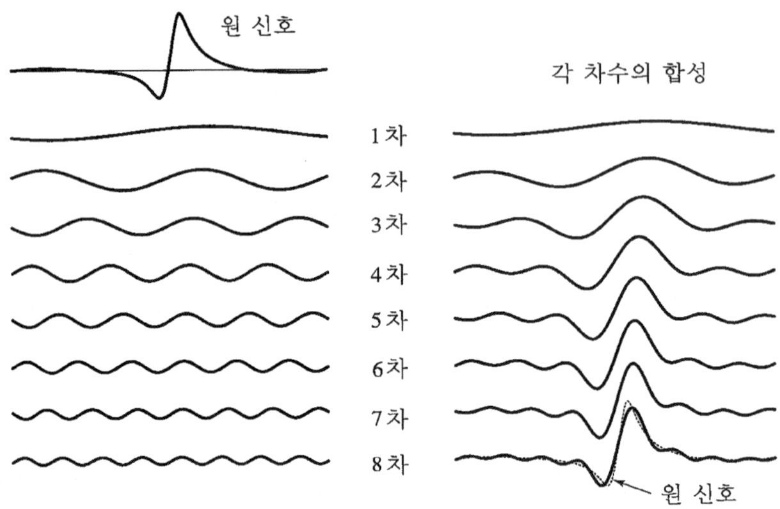

그림 1.45 엔진의 출력 토크 파형과 푸리에 급수 전개 및 합성 예

1.9 불안정성과 비선형 계

1.9.1 불안정성(instability)

시간과 함께 계의 진동 진폭이 감소하여 가면 계는 안정하고(stable), 증가하여 발산하면 불안정하다(unstable)고 한다. 안정성(stability) 해석은 특히 저널 베어링으로 지지된 축계에서 임펠러, 비접촉실 등의 불안정화 유체력, 결합 부분 등의 마찰력 등이 작용하는 경우, 운전 속도에서 축계의 진동 진폭이 시간의 경과에 따라 증가할 것인가(불안정), 또는 감소할 것인가(안정)를 판별하는 것이다.

일반적으로 회전 축계의 구조는 복잡하므로 안정성을 어떻게 평가할 것인지를 쉽게 이해하기가 어렵다. 따라서 여기서는 가장 단순한 1 자유도 계를 이용하여 안정성 평가의 기본적인 개념을 알기 쉽게 설명한다. 실제 축계와 같은 다자유도 계에 대해서는 유한요소법이나 전달행렬법을 이용하여 복소 고유치를 계산하고, 이의 실수 부분을 평가하면 된다. 그러나 다자유도 계의 경우도 안정성의 개념은 기본적으로는 단순하고, 1 자유도 계에 대한 지식이 있으면 충분히 이해할 수 있다.

1 자유도 계의 자유 진동을 고려하면, 앞에서도 언급하였듯이 운동 방정식은

$$m\ddot{x}+c\dot{x}+kx=0 \tag{1.48}$$

여기서 m, c, k는 질량, 감쇠 계수 및 강성 계수, x는 질점의 변위를 나타낸다.

식 (1.48)의 해는 $x=X\mathrm{e}^{\lambda t}$로 놓을 수 있고, 이를 식 (1.48)에 대입하면

$$(m\lambda^2+c\lambda+k)X=0 \tag{1.49}$$

로 된다. 식 (1.49)가 $X=0$ 이외의 의미 있는 해를 가진다면, 다음과 같은 특성 방정식이 얻어진다.

$$m\lambda^2+c\lambda+k=0 \tag{1.50}$$

식 (1.50)의 해, 즉 특성 근(고유치)은 근의 공식으로부터 다음과 같이 구해진다.

$$\lambda=\frac{-c\pm\sqrt{c^2-4mk}}{2m} \tag{1.51}$$

식 (1.51)의 제곱근 내의 조건에 따라, 자유 진동은 다음의 3가지 경우로 나뉜다.

- 과대 감쇠(over-damping): $c>2\sqrt{mk}$
- 임계 감쇠(critical-damping): $c=2\sqrt{mk}$
- 부족 감쇠(under-damping): $c<2\sqrt{mk}$

이 중에서 과대 및 임계 감쇠의 경우는 식 (1.51)의 고유치가 실수로 된다. 따라서 자유 진동은 주기성을 가지지 않고, 초기 변위 값으로부터 지수적으로 감소하게 되어 과대 감쇠라 한다. 특히 $c=2\sqrt{mk}$의 조건을 제공하는 감쇠를 임계 감쇠라 하고, 이 때의 감쇠 계수를 임계 감쇠 계수 c_c라 부른다. 이들의 경우가 진동계에서는 가장 바람직한 상태이지만, 실제 회전 축계에서는 구현하기 어렵다.

진동적 측면에서 중요한 것은 부족 감쇠의 경우이다. 식 (1.51)을 변경하여 표시하면,

$$\lambda = \lambda_r \pm i\lambda_i \tag{1.52}$$

여기서 고유치의 실수 부분 λ_r과 허수 부분 λ_i는 각각

$$\lambda_r = -\frac{c}{2m}, \quad \lambda_i = \frac{\sqrt{4mk - c^2}}{2m} \tag{1.53}$$

로 정의된다. 식 (1.53)을 식 (1.50)에 대입하면, 질점의 변위는

$$x = Xe^{\lambda_r t}e^{\pm\lambda_i t} \tag{1.54}$$

식 (1.54)에서 $e^{\pm\lambda_i t}$ 는 Euler 공식에서 알 수 있듯이, ±1 사이의 주기적인 값을 가지고 변동하므로 안정성(stability)에는 관계가 없다. 따라서 $e^{\lambda_r t}$ 에서 λ_r의 부호에 따라 주기적인 해의 진폭이 시간에 따라 증가하거나 감소하게 된다. 즉

- $\lambda_r > 0$ $(c < 0)$: 불안정(unstable), 최대 진폭 발산, 자려 진동(self-excited vibration)
- $\lambda_r = 0$ $(c = 0)$: 중립 안정(neutral stable), 최대 진폭 일정
- $\lambda_r < 0$ $(c > 0)$: 안정(stable), 최대 진폭 감소

그러므로 불안정 진동이 발생하는 것은 $\lambda_r > 0$, 즉 음 감쇠(negative damping)인 $c < 0$의 경우이고, 이때의 감쇠 진동수는 식 (1.53)의 λ_i가 된다. 그림 1.46은 복소 고유치의 실수 부분을 가로축으로, 허수 부분을 세로축으로 나타낸 복소 평면(complex plane)을 보인다. 그림에서 우측 제 1, 4 상한은 $\lambda_r > 0$로 계가 불안정한 영역(unstable region)을 나타내고, 제 2 상한은 위의 $\lambda_r < 0$의 안정 조건을, 그리고 세로축 상은 $\lambda_r = 0$의 중립 안정 조건을 나타낸다.

일반적으로 진동 진폭의 발산 또는 감쇠의 정도를 표현하기 위해 감쇠 계수를 임계감쇠 계수로 나눈 감쇠비(damping ratio) ζ가 사용된다. λ_r의 부호에 따른 감쇠비의 부호는 $\lambda_r > 0$일 때, $\zeta < 0$이고, $\lambda_r < 0$일 때, $\zeta > 0$이 된다.

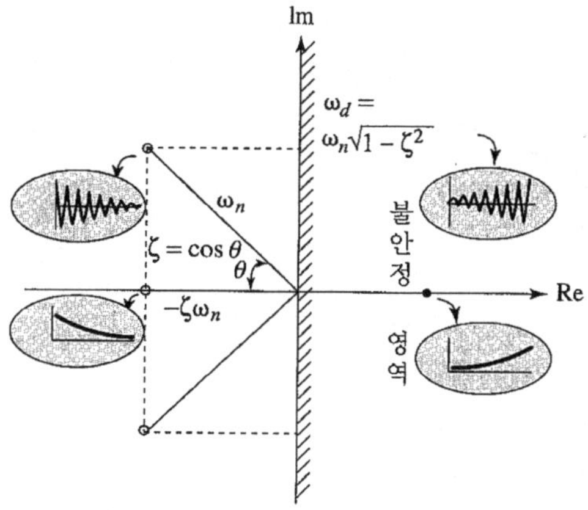

그림 1.46 복소 평면

위에서 설명하였듯이 1 자유도 계에서는 $\lambda_r < 0$, 즉 $c > 0$이면, 계는 안정하다. 또 감쇠비 ζ의 값을 크게 할수록 계의 안정도는 높게 된다. 실제 진동계에서는 안정성을 높이는 **안정화 요소**(stabilizing element)와 안정성을 낮추어 불안정하게 하는 **불안정화 요소**(destabilizing element)가 있고, 이들의 감쇠 계수를 각각 c_s, c_d라 하면, 계 전체로는 $c = c_s - c_d$로 된다. 일반적으로는 c_d의 엄밀한 값이 정량적으로 알려져 있는 경우가 드물기 때문에, 계의 안정성을 보증하기 위해서는 c_s의 값을 크게 취할 필요가 있다.

다자유도 계에서는 위의 관계를 직접 이용할 수 없고, 진동의 차수 다시 말하면 진동 모드(mode) 별로 고려할 필요가 있다. 예로, 베어링의 감쇠라도 감쇠 계수의 값이 100% 효과적인 감쇠 값으로 작용하는 것은 아니고, 어느 비율을 곱한 부분밖에 유효하게 작용하지 않는다는 것을 의미한다. 이 비율은 엄밀하게는 복소 고유치 해석의 결과로부터 구할 수 있지만, 근사적으로는 모드 형상의 크기를 의미하고 있다고 생각할 수 있다. 펌프를 예로 들면, 그림 1.47과 같이 운전 영역에서 일반적으로 접하게 되는 탄성 1차 모드에서는 베어링 부분에 비해 임펠러의 웨어링 실(wearing seal) 부분의 모드 형상이 보다 큰 부분에 위치하기 때문에 실 부분의 비율이 크게 된다. 즉, 안정성을 해치는 부분의 비율이 크기 때문에 만일 값이 작다고 하더라도 유효 성분으로 환산하면 무시할 수 없게 된다. 그러므로 그만큼 베어링의 감쇠를 효과적으로 작용하도록 설계하는 것이 중요하다.

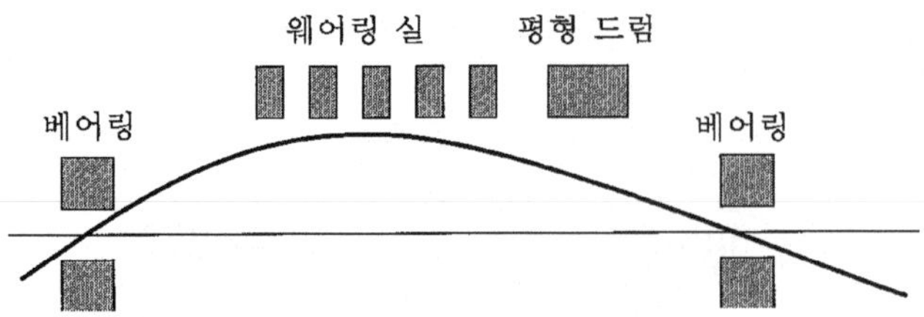

그림 1.47 펌프 축계의 1차 진동 모드 예

강제 진동의 하나인 공진도 자려 진동과 같이 진동이 크게 성장하고 위험한 것은 동일하다. 이들 진동 사이의 차이는 강제 진동에서는 진동을 일으키는 원인이 되는 외력이 진동적인 것에 대해, 자려 진동은 진동적이 아닌 에너지, 예로 유체의 흐름 등에 의한 유체력이 진동 에너지로 변환되어 진동을 일으킨다. 공진에서는 계의 외부로부터 작용하는 외력의 진동수가 계의 고유 진동수와 일치하기 때문에 큰 진동이 발생한다. 그러나 자려 진동은 계에 유입되는 에너지는 진동적이지 않고 발생하는 진동수는 계에 의해 정해진다. 자려 진동의 전형적인 예로는 저널 베어링으로 지지된 축계에서 회전 속도가 높게 되면 유막 반력 특성에 의해 oil whirl 또는 oil whip이라 불리는 축이 회전 방향으로 휘돌림 진동을 하는 불안정 현상이 있다.

실제 문제에서는 어느 정도의 안정 여유(stability margin)를 설정하면 좋을 것인가가 중요하다. 예로 원심 압축기나 증기 터빈 등의 래버린스 실(labyrinth seal)에서 감쇠를 저하시키는 작용을 하는 불안정화력은 작동 유체의 밀도 및 원주 방향 속도의 증가와 함께 크게 된다. 따라서 회전 기계가 고속, 고밀도로 될수록 안정 여유를 크게 취하여야 하지만, 현재로는 공진 회피를 위한 분리 여유(separation margin)와 같이 정량적으로 결정되어 있지 않고, 향후의 과제가 되고 있다.

1.9.2 비선형 계

실제 기계나 구조물은 모두 다소간의 비선형성(nonlinearity)을 가지는 부분이 있다. 이 때문에 선형계로 가정한 경우는 해석 오차의 발생 및 비선형 특유의 현상을 놓치거나 잘못 해석할 위험이 있다. 이를 방지하기 위해서는 비선형성의 원인과 현상을 잘 이해하여 진단할 필요가 있다. 비선형의 원인은 다양하고 발생하는 현상도 여러 가지가 있으나, 여기서는 일반적인 사항만을 간단히 언급하는 것으로 한다.

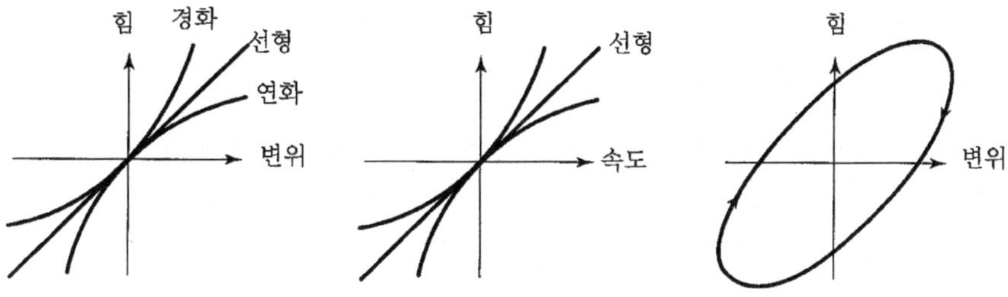

그림 1.48 재료의 비선형 예

비선형은 구조, 재료 및 시간 의존형으로 대별된다. 구조의 비선형은 구조상의 요인이 비선형을 일으키는 것으로, 예를 들면 끼워 맞춤(fitting), 베어링, 기어 등의 부품 사이의 미소 틈새 및 면 접촉, 볼트 결합, 열 박음 등의 마찰이 원인이 된다. 그림 1.48은 재료 상의 요인이 비선형을 일으키는 예이다.

금속을 비롯한 대부분의 재료에서 탄성 한계를 초과하는 경우는 물론 탄성 한계 내에서도 연화형(softening type)의 강성 변화를 나타내고, 고분자 재료나 복합 재료 중에는 경화형(hardening type)의 강성 변화를 나타내는 것도 있다. 마운트 등에 사용되는 고무 재료 등의 감쇠는 일반적으로 비선형 특성을 가진다. 히스테리시스(hysteresis) 감쇠는 강성이 복소수로 표현되는 형태의 비선형이다.

시간 의존형의 비선형으로는 키 홈 부분과 같은 비대칭 축, 이동 하중에 의한 진동 및 시간에 따라 재료 특성이 변화하는 크립(creep) 등이 있다. 표 1.8은 비선형 진동 특유의 현상을 정리한 것이다. 이들 현상이 모두 어느 비선형 계에도 나타나는 것은 아니지만, 이들 현상의 관찰은 진동 진단에 있어서 비선형 진동의 발생 유무나 그 정도를 판단하는데 유용할 것이다.

비선형성은 미소하지만, 항상 존재한다. 그러나 일반적으로 비선형성이 문제로 되는 것은 제한된 경우이고, 대부분은 선형 현상이다.

표 1.8 비선형 진동의 현상

현 상	내 용
진폭 의존	가진력 진폭의 크기에 따라 응답 진폭은 물론 공진 진동수나 감쇠비까지 변화
고차 조화 성분	응답 중에 가진 진동수의 정수 배(1, 2 등) 진동수인 고차 조화 성분의 진동이 발생
분수 조화 성분	응답 중에 가진 진동수의 분수 배(1/2, 1/3 등) 진동수인 분수 조화 성분의 진동이 발생
도약(jump)	조화 가진으로 가진 진동수를 연속적으로 증가 또는 감소시킬 때, 어느 진동수에서 응답 진폭이 불연속적으로 변화(도약)
이력(hysteresis)	조화 가진할 때, 저주파수에서 상승 시와 고주파수에서 감소 시의주파수 응답 곡선이 다름
공진 피크 둔화	고차 조화나 분수 조화 성분으로 에너지가 누설되므로, 공진 진폭이 선형보다 작게 되고, 감쇠가 증가한 것처럼 공진 피크가 감소
공진 피크 분리	공진 피크가 갈라져 여러 다른 진동수에서 공진이 생긴 듯이 보임
비가역성	상반 정리가 성립되지 않고, 가진점과 응답점을 바꾸어서 진동시험을 하면 주파수 응답 곡선이 서로 다름
동기화(lock-in)	자유 진동에서 진폭이 자려적으로 변화하고, 초기 외란의 크기에 관계없이 일정 진폭으로 끌어드려 변위를 수평축, 속도를 수직축으로 하는 위상 평면 내에서 limit cycle을 형성
불확정 성분	응답에 불확정하고 재현성이 없는 벗어난 성분이 나타나고, 꼭 외부 잡음의 유입에 의한 오차 발생과 같이 응답 주파수 함수가 벗어남
시간 의존	가진 시간의 경과와 함께 응답의 양상(중립점, 진동수, 진폭 등)이 변화되어 감

1.10 요약

- 진동을 표현하는 3가지 중요한 용어는 주파수, 진폭 및 위상이다.
- 주파수 f는 단위 시간당의 사이클 수(cps, Hz)이고, 주기 T는 한 사이클의 진동에 필요한 시간(s)으로, 주파수의 역 수($T = 1/f$)이다.
- 진폭은 기계의 주어진 위치에서 진동의 크기로, SI 단위계에서는 μm(변위), mm/s(속도) 또는 g(가속도)로 표현된다.
- 진동 진폭은 편진폭의 최대값(peak: p), 양진폭의 최대값(peak-peak: p-p) 또는 실효치(rms)의 단위로 표현된다.
- 편진폭의 최대값과 실효치는 속도와 가속도에 이용되고, 변위에는 양진폭의 최대값이 이용된다.
- 변위(응력), 속도(피로) 및 가속도(힘) 등의 진동 척도는 하나의 주파수 성분만을 갖는 조화 운동일 경우에만 서로 변환될 수 있다.
- 위상은 같은 주파수의 진동들 또는 힘과 응답 사이의 시간적인 관계이다.
- 가진력(힘)에 의해 진동이 발생되고, 진동은 항상 가진력보다 시간적으로 지연된다.
- 가진력은 공정 변화, 부적절한 설계, 설치 불량 및 결함 등으로부터 발생한다.
- 진동은 시간 파형과 주파수 스펙트럼으로 분석될 수 있다.
- 고유 진동수는 기계 계의 고유 특성이며, 계의 진동 진폭이 최대로 되는 고유 모드에 대응하는 자유 진동의 고유한 진동수로서, 계의 질량과 강성에 의해 결정된다.
- 모드 형상은 특정 고유 진동수에서 계가 진동하는 공간적인 운동 형상을 나타낸다.
- 공진이란 외력의 가진 주파수가 진동계의 고유 진동수와 일치하여 격심한 진동이 발생하는 현상이다.
- 위험 속도는 회전 기계에서의 특별한 공진 현상으로, 계의 공진점에서 현저한 응답이 발생하는 특정 속도이다.
- 공진이 발생하면 진동이 증폭되어 과대한 진동이 발생하므로, 이를 회피하기 위한 공진 회피 대책을 수립하여야 한다.
- 자유 진동은 가진이나 구속이 제거된 후에 발생하는 진동으로, 계는 그 계의 고유진동수로 진동한다.
- 강제 진동은 정상 상태 가진에 의해 발생하는 정상 상태 진동으로, 선형계의 진동은 가진 주파수와 같은 주파수를 가진다.
- 자려 진동은 계 내에서 비진동적인 에너지가 진동적인 가진으로 변환된 결과로 발생하는 진동이다.

- 울림은 매우 근사한 진동수를 가지는 2개 진동의 조합으로 발생하는 진동으로, 진동 진폭이 두 진동수의 차인 울림 주파수로 주기적으로 변동한다.
- 주기적으로 반복되는 여러 주파수 성분을 가지는 복잡한 파형은 푸리에 급수를 이용하여 정수, 정현 및 여현 성분으로 분해할 수 있다.
- 계의 운동 진폭이 시간에 따라 증가하여 발산하게 되면 계는 불안정하고, 감소하여 소멸되면 계는 안정하다고 한다.
- 비선형계는 응답이 가진력의 크기에 비례하지 않는 계로서 중첩의 원리가 적용되지 않는 계이다.

참고 문헌

[1] J.S. Mitchell, Introduction to Machinery Analysis and Monitoring, Pennwell Books, 1993

[2] R.L. Eshleman, Basic Machinery Vibrations: An Introduction to Machine Testing, Analysis, and Monitoring, VIPress, 1999

[3] 양보석, 회전 기계의 진동: 해석, 평가, 설계 및 대책, 인터비젼, 2002

[4] Maki저, 양보석 역, 진동법에 의한 설비 진단의 실제, 일오출판사, 2000

[5] API Publication 684, Tutorial on the API Standard Paragraphs Covering Rotor Dynamics and Balancing: An Introduction to Lateral Critical and Train Torsional Analysis and Rotor Balancing, API, 1996

[6] B&K 교육 자료 외 다수

제 2 장

데이터 취득

기계 설비의 상태 감시, 결함 진단, 상태 평가 및 승인 시험 등을 효과적으로 수행하기 위해서는 무엇보다도 기계의 상태를 가장 적절하게 나타낼 수 있는 진동 데이터를 취득하는 것이 매우 중요하다. 이를 위해서는 일반적으로 기계의 진동 신호를 전기 신호로 변환시키는 변환기(transducer)를 기계에 설치하고 이로부터 진동 데이터를 취득한다. 기계에서 얻어지는 신호의 질은 변환기의 종류, 설치 방법, 설치 위치 등에 따라서 결정된다. 양질의 데이터를 수집하기 위해, 분석자는 데이터를 취득하기 이전에 반드시 기계의 종류, 측정하고자 하는 진동 데이터의 특성, 사용 가능한 계측 장비 그리고 시험·검사의 목적 등을 충분히 고려한 측정 계획을 ISO 10816이나 7919 등의 국제 규격에 따라 수립하여야만 하며, 이는 기술적으로 안정되고 경제적이어야 한다.

이 장에서는 측정 파라미터(변위, 속도 또는 가속도)와 변환기의 선택 그리고 변환기의 설치 방법 및 설치 위치에 대하여 설명한다. 모든 데이터들은 저장되기 전에 디지털 처리되기 때문에, 차후에 진동 분석과 평가를 수행하기에 적절한 상태의 데이터가 재생될 수 있도록, 데이터 취득 시간과 샘플(sample)의 크기들도 데이터를 취득할 때에 고려되어야 한다. 상태 감시 및 진단을 위한 양질의 작업이 수행되기 위한 가장 중요한 열쇠는 적절한 데이터를 보다 정확하게 수집하는 것이다.

2.1 측정 파라미터의 선택

측정된 진동 데이터를 평가하기 위해서 변위, 속도 및 가속도의 3가지 파라미터가 사용되고 있다. 선택된 측정 파라미터를 진동 변환기에서 직접적으로 측정할 수도 있지만, 일반적으로 변환기의 한계로 인해 선택된 파라미터를 항상 직접 측정할 수 있는 것은 아니다. 발생되는 진동의 특성, 시험의 목적, 원하는 정보의 형태(결함, 상태, 설계 정보) 등을 바탕으로 측정 파라미터가 선택된다. 표 2.1에 여러 가지 일반적인 측정 파라미터의 적용 방법들을 정리하였다.

표 2.1 기계 진동의 측정 파라미터

측정 파라미터	사용 주파수 영역	물리적인 파라미터	적 용
변위	0 ~ 1,300 Hz[1]	응력/운동	구조적 운동, 베어링/케이싱 사이 상대운동
속도	10 ~ 1,000 Hz[2]	에너지/피로	일반 기계상태, 중간 대역 주파수의 진동
가속도	> 1,000 Hz	힘	일반 기계상태, 중간/고주파 대역의 진동

주) 1. 평균적인 변환기의 감도와 20 mV신호를 기준으로 함

2. ISO 규격을 기준으로 함

2.1.1 진동 변위

변위(displacement)는 저주파수 대역의 구조적인 진동과 축 진동(shaft vibration)을 측정할 때에 사용된다. 유막 베어링(oil film bearing)에서 측정된 상대 축 변위는 진동에 의해서 나타나는 베어링 틈새(clearance)의 크기를 나타낸다. 변위는 운동(베어링)과 응력(축)에 관련되어 있다. 변위로 진동의 심각도(severity)를 파악하기 위해서는 주파수특성도 반드시 함께 고려되어야만 한다.

2.1.2 진동 속도

10 Hz에서 1,000 Hz까지의 대역에 대한 일반적인 기계상태 감시와 분석에는 기본적인 측정 변수로 속도를 사용한다. 시간에 대한 변위의 변화율인 속도는 주파수와 진폭의 영향을 함께 나타내고 있으며, 피로(fatigue)에 관련되어 있다. 주파수에 상관없이 측정된 속도의 실효 값이나 피크 값이 개략적인 상태 평가에 사용될 수 있기 때문에 10 Hz에서 1,000 Hz까지의 주파수 대역에서 적절한 측정 파라미터

로 평가되고 있다. 최근에 개발된 데이터 수집기들은 가속도계를 사용하여 이 대역의 신호를 측정하고 적분하여 속도 측정 값을 구한다.

2.1.3 진동 가속도

1,000 Hz 이상의 주파수 대역에서 발생되는 기어 맞물림과 구름 베어링의 결함 등에 의한 진동을 측정할 때에는 가진력에 관련되어 있는 **가속도**가 사용된다. 가속도와 속도는 베어링 하우징 혹은 베어링 하우징으로부터 가장 가까운 곳에서 측정되는 절대 운동의 측정 파라미터이다. 일반적으로, 기계 하우징과 회전체 사이의 상대적인 변위를 측정하기 위해서는 영구적으로 설치되는 비접촉식 변위 변환기를 사용한다.

2.2 변환기의 종류 및 특징

설비의 진동 측정에는 기계적인 운동을 전기적 신호로 변환하는 **변환기**(transducer)를 사용한다. 이 변환기는 예전에는 **픽업**(pick-up), **프로브**(probe), **센서**(sensor) 등으로 불렸으나, 최근 국제 규격(ISO)에서 변환기로 통일되어 사용되고 있다. 변환기는 일반적으로 기계적인 운동을 전기 신호로 변환하는 부분, 이 신호를 증폭하는 부분 및 이들을 결합하는 부분으로 이루어진다.

기계 진동을 측정하는 진동 변환기에는 표 2.2에 보이듯이 측정하고자 하는 파라미터에 따라 변위 검출형, 속도 검출형, 가속도 검출형의 3종류로 대별된다. 변환기를 피측정 물체에 직접 설치하는 **접촉형**(contacting type)과, 임의 간격을 띄워서 비접촉으로 설치하는 **비접촉형**(non-contacting type)으로 구별되며, 변위 변환기는 주로 비접촉형이 사용되고, 속도 및 가속도 변환기는 주로 접촉형이 사용된다. 설비의 상태 감시 및 진단에서는 변위 검출형으로서 와전류형과 전자광학형(예로 레이저형)을, 속도 검출형으로 동전형을 그리고 가속도 검출형으로서 압전형이 널리 이용된다.

대상 기계에서 최적의 위치에 변환기를 설치하여 진동에 대한 정보를 취득한다. 변환기는 기계적인 응답을 다양한 형태의 장비들에서 조정되고 처리될 수 있도록 전기신호로 변환시킨다. 이들 장비를 사용하여 기계 상태의 감시, 성능의 검사, 결함의 진단 그리고 물리적 변수를 규명하기 위해 필요한 정보를 얻을 수 있다. 진동의 크기, 주파수 그리고 두 신호사이의 위상이 기계 상태의 평가에 사용된다. 변환기의 선택은 감도(sensitivity), 요구되는 크기, 측정 변수, 주파수 응답범위, 기계의 구조와 운전속도 등에 따라서 결정된다.

표 2.2 진동 변환기의 종류

접촉형	가속도 검출형	압전형(piezo type)* 스트레인 게이지형(strain gage type)* 서보형(servo type)*
	속도 검출형	동전형(dynamo type)*
비접촉형	변위 검출형	와전류형(eddy current type)* 정전용량형(capacitance type) 전자광학형(electro-photo type)* 홀 소자형(hall sensor type)

주) *는 설비진단에 자주 이용되는 변환기이다.

주어진 주파수에서 전압이나 진동 등과 같은 신호의 변화를 측정 장비가 얼마나 정확히 측정할 수 있는가 하는 것은 변환기를 포함한 측정 장비의 응답 특성을 통해서 결정된다. 모든 주파수 대역에서 평탄한 주파수 응답 특성을 가지는 측정 시스템이 가장 바람직하다.

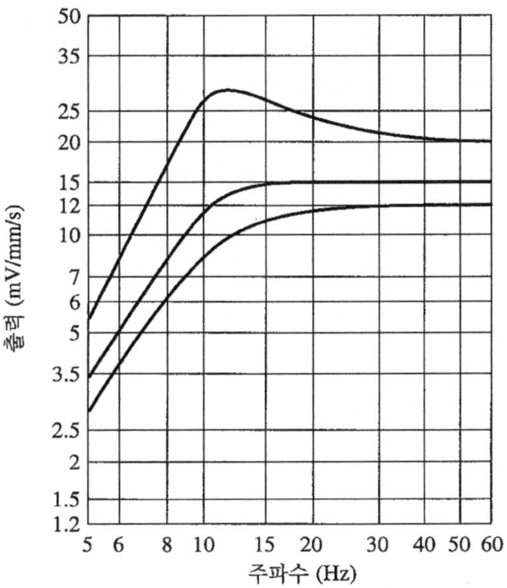

그림 2.1 속도 변환기의 주파수 응답 곡선 예

변환기는 항상 측정되는 진동에 비례하는 전기 신호를 발생시키는가? 불행하게도, 반드시 그런 것은 아니다. 예를 들어, 그림 2.1의 경우를 살펴보면, 속도 변환기의 주파수 응답 곡선이 평탄하지 않다. 20 Hz보다 높은 고주파 대역에서의 응답 감도에 비해서 20 Hz 이하의 저주파 대역에서의 응답 감도가 떨어지므로, 같은 강도의 신호에 대해 작게 응답한다. 이것은 전체 주파수 범위에 대해서 20 mV/mm/s의 동일한 감도가 사용되면, 저주파 대역에서의 진폭이 실제적인 값들보다 작게 나타나는 것을 의미한다. 그림 2.1에서 나타낸 것과 같은 주파수 응답 곡선(주파수가 다른 동일한 진폭의 진동들에 대한 변환기의 응답 감도)은 일반적으로 변환기의 제작자가 제공한다.

변환기의 감도는 200 mV/ μm, 500 mV/mm/s, 100 mV/g의 형태와 같이 입력되는 진동 측정 파라미터의 크기에 대해서 출력되는 전압 값으로 나타낸다. 기준이 되는 공학 단위에 대해서 출력되는 전압이 커질수록, 센서의 감도는 높아진다. 진동 상태 감시에는 2종류의 기본적인 변환기 유형 즉, 절대 변환기와 상대 변환기가 있다.

- 기계 구조물 위에 수직으로 설치되고, 출력이 구조물의 절대 진동에 대한 척도인 속도 변환기 및 가속도계와 같은 seismic장치
- 진동 변위와 기계의 회전 요소와 비회전 요소 사이의 평균 위치를 측정하는 상대 변위 변환기, 스트레인 게이지와 같은 다른 유형의 변환기가 요구되는 몇몇 기계의 측정이 있다. 그러나 이들은 상태 감시에 통상 사용되지 않는 특별한 적용들이다.

적당한 변환기의 선정은 각각의 적용 대상에 의존된다. 일반적으로 상태 감시를 위한 변환기는 출력이 3가지 모든 파라미터(가속도, 속도 및 변위)의 어느 것을 제공하도록 처리되는 가속도계와, 출력이 변위를 제공하기 위해 적분될 수 있는 속도 변환기 그리고 출력이 기계의 회전 요소와 비회전 요소 사이의 상대 변위에 직접적으로 비례하는 비접촉의 변위계이다. 그림 2.2는 3가지 유형의 변환기와 이의 동적 영역에 대한 주파수의 선정 지침을 제공한다. 영역은 상태 감시를 위한 대부분의 적용을 포함한다. 특별한 환경 하에서 각각의 변환기 영역은 진단 목적을 위해 주로 사용되도록 확대될 수 있다.

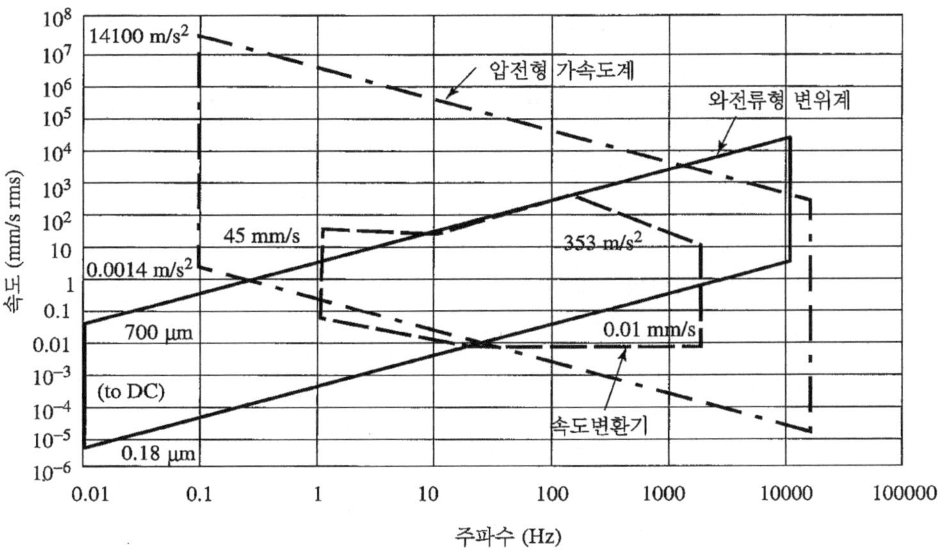

그림 2.2 기계 상태 감시용 변환기의 적용을 위한 동적 범위 대 주파수 범위

2.2.1 변위계

변위의 측정에는 뒤에서 설명하는 속도 변환기의 출력 신호를 1회 적분하거나 또는 가속도계의 출력 신호를 2회 적분하여 얻는 방법이 널리 사용되어 왔다. 그러나 최근에는 근접 변환기(proximity transducer 또는 proximeter)라 불리는 와전류(eddy current)형과 정전용량(capacitance)형의 비접촉 변위계가 상대 변위를 계측하는 비접촉식 변환기로서 널리 사용되고 있다. 회전기계, 특히 대형의 중요 터보 기계와 회전체 질량에 비해 지지 구조물의 질량이 큰 기계에서는 회전체와 고정 구조물사이의 상대 변위, 즉 베어링에 대한 축의 진동을 측정할 필요가 있다. 근접 변환기는 고정된 베어링이나 기계의 하우징에 대한 회전축의 진동 변위와 위치를 직접 측정할 수 있는 비접촉 장치이다. 이외에 편심, 축방향 운동(axial movement), 회전속도, 위상 측정에도 사용된다.

근접 변환기의 특징으로는 축의 운동을 직접 측정하기 때문에 축의 운동 특성을 조사하는데 적합하다. 그리고 진동하는 피측정 물체에 직접 변환기를 부착하지 않으므로 변환기 부착 공진 문제가 없다. 또한 변위와 출력이 비례하기 때문에 신호 처리가 용이하다. 근접 변환기는 진동 운동에 대한 AC성분과 위치에 대한 DC성분을 제공한다. 근접 변환기가 변위를 제공하기 위해 신호가 적분되는 seismic 하우징 변환기와 조합되어 사용될 때, 회전축의 절대 변위 측정은 두 변위 신호를 벡터적으로 더합으로써 얻을 수 있다. Seismic변환기와 근접 변환기로부터 출력 신호의 위상 변화가 다르면, 이것은 변환기의 조합을 위해 신호 조정 장치에서 보상된다. 상태 감시(보호)와 분석을 위하여 많은 기계들에 비접촉 변위계가 영구적으로 설치되어 있다. API 670에서는 비접촉 변위계를 사용하여 반경 방향과 축 방향의 진동을 측정하는 방법들에 대하여 자세히 다루고 있다.

그림 2.3과 같은 비접촉 와전류식 변위계는 베어링 하우징에 대한 상대적인 축의 정적 및 동적 변위를 측정하는 데에 사용된다. 비접촉형이므로, 변환기를 지지하는 측의 진동에는 충분한 주의가 필요하다. 변환기 코일이 고주파로 여진되고 도전체의 측정 대상물에 와전류가 유기되어 그 결과로서 변환기 코일의 임피던스가 변화하는 것을 이용한다. 이 때문에 대상물의 재질(도전율, 투자율)에 따라 교정이 필요하지만, 물, 기름, 도료 등의 영향을 받지않는 등의 특징이 있다. 현장에서 널리 사용되고 있으나, 측정 대상이 자화되어 있으면 출력 전압에 변화를 일으킨다. 또한 측정 대상의 크기는 변환기 끝부분의 직경의 2배 이상의 면적이 필요하다.

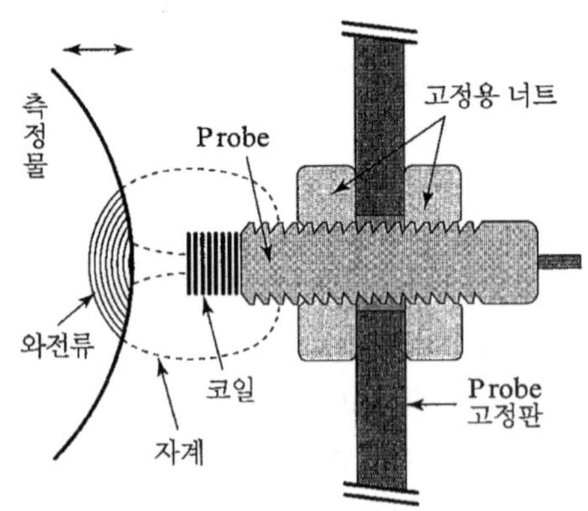

그림 2.3 와전류식 변위계의 원리

비접촉 변위계는 나사산이 가공된 본체 내부에 설치된 전선 코일을 비전도체인 플라스틱 또는 세라믹 물질이 둘러싸고 있는 형태를 가지고 있다. 변위계를 대략 1.5 MHz로 가진 시키기 위하여 흔히 구동기 혹은 근접도계라고 불리는 발진기(oscillator) – 복조기(demodulator)가 필요하다. 복조기에 의해서 여자되면, 변위계의 끝부분(tip)에서부터 자기장(magnetic field)이 방출된다. 축이 변위계의 끝부분에 접근되면 자기장으로부터 에너지가 분리되어 발생되는 와전류(eddy current)의 진폭이 줄어든다.

이런 진폭의 감소는 진동에 직접적으로 비례하는 교류 신호(mV/μm)를 발생시킨다. 발진기－복조기로부터의 직류 전압은 변위계의 끝부분과 비전도체 물질과의 거리에 비례하여 변화된다.

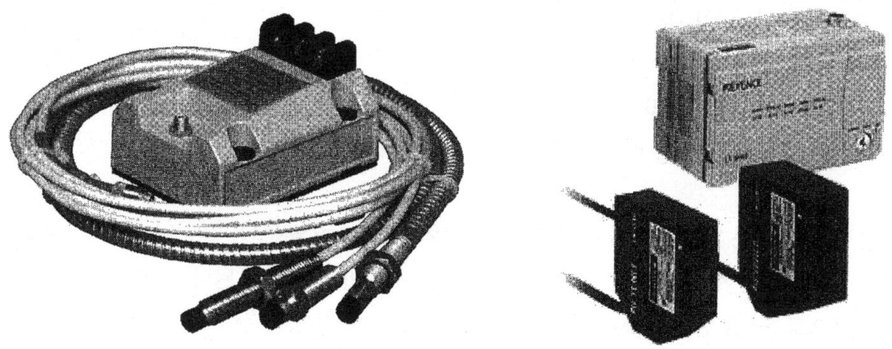

그림 2.4 와전류형(Bently Nevada) 및 레이저식(Keyence) 비접촉 변위계

그림 2.5 Inductive형 변위계(Rhein Taco사)

일반적으로, 변위계의 끝부분과 축 사이의 거리인 틈새(gap)의 범위가 0 ~ 2 mm(80 mils) 정도일 때, 변위계의 감도는 8 mV/μm(200 mV/mil) 정도가 되고 발진기－복조기로부터 －24 V의 직류 전원을 공급 받아야 하며 반드시 실드 처리와 접지 처리가 되어야 한다.

정전 용량형 변위계는 변환기 탐촉자 면과 측정 대상면의 사이에 정전 용량이 틈새 길이에 반비례하는 것을 이용하여 변위를 틈새 길이에 비례한 전기 신호로 변환하는 것이다. 이 때문에 측정 대상물이 도전체이면 교정 없이 손쉽게 높은 정도의 데이터를 취득할 수 있다. 유전체의 경우도 교정하는 것에 의해 사용할 수 있다. 또한 자계의 영향을 받지 않는 등의 특징이 있다.

다음은 ISO 13373-1에서 권장되는 상태 감시 및 진단을 위한 변위 변환기에 대한 전형적인 주파수 범위, 측정 범위 및 온도 범위이다.

- 주파수 범위 : 0.01 Hz ~ 10 kHz
- 측정 범위 : 1 ~ 10 mm
- 온도 범위 : −50 ~ 200°C
- 통합된 발진기를 가질 때의 온도 범위 : −50 ~ 125°C

일반적으로 모든 파라미터들은 주위 온도 변화에 영향을 받는다. 그러나 예로 열팽창에 대한 전자적인 보상을 이용하여 이 영향은 통상적으로 허용한계 이내로 유지된다.

부가적으로, 근접 변환기를 사용할 때, 다음과 같은 예방책을 강구해야 한다.

- 변환기 끝 단(tip) 주변 영역은 전도 물질이 투과해야(clear)만 한다.
- 측정되는 영역은 전도성 물질의 잔해(deposit)로부터 자유로워야 되고, 불연속성(discontinuity)이 있어서는 안 된다.
- 다른 재료의 축에 사용될 때는 근접 변환기는 다시 교정되어야 한다. 비균질(non-homogeneous) 축 재료, 축 도금(plating)과 잔류 자력(residual magnetism)은 진동 신호에 부가되는 전기적인 런아웃(run-out) 신호를 발생시킨다.
- 비 진원(out-of-roundness)과 홈과 같이 축 표면의 요철(irregularities)은 기계적 런아웃에 의해 측정 결과에 또한 영향을 미치기 때문에 주의해야 한다.
- 숏피닝(shot-peening), 마이크로피닝(micro-peening), 유도 경화(induction hardening) 또는 연마 기술(abrasive techniques)과 같은 축 표면 특성의 동일화 기술(equalization techniques)을 이용하여, 전기적인 런 아웃 신호를 최소로 할 수 있다.

2.2.2 속도 변환기

속도 변환기(velocity transducer)는 측정되는 물체의 기계적인 진동 속도에 직접적으로 비례하는 전압 신호를 발생시키는 장치이다. 일반적으로 속도 변환기는 기계의 정지(비회전) 구조물, 보통은 베어링 하우징에 설치되고 하우징의 진동을 측정한다. 이 변환기는 그림 2.6과 같이 변환기 케이스 내에 고정된 자석(magnet)이 진동 물체와 함께 진동하고, 스프링으로 지지된 코일은 정지하고 있는 구조로서, 자석의 운동 속도에 비례하는 기전력이 발생하게 된다. 그러므로 동전형 변환기(electrodynamic transducer)라고도 불린다. 요구되는 측정 파라미터가 변위일 때, 변위 출력을 제공하기 위해 속도 변환기의 출력을 적분하는 것이 보통이다.

그림 2.6의 구조가 나타내듯이, 구조적인 제약으로 속도 변환기의 스프링-질량 특성은 일반적으로 약 4 Hz ~ 20 Hz의 조립(built-in) 공진 주파수를 가진다. 속도 변환기의 고유 진동수보다 아주 낮은 곳에서는 변환기 출력은 속도보다는 오히려 가속도의 1계 도함수인 저크(jerk)에 비례한다. 고유 진동수 부근의 주파수 영역에서 변환기 출력은 내부 감쇠(internal damping)에 의존한다. 대부분의 경우, 참 속도와 위상 비례는 변환기의 고유 진동수보다 아주 높을 때에만 정의된다. 고유 진동수 이하에서 속도 변환기의 사용이 필요하다면, 적용을 위해 적절하게 교정되어야 한다. 10 Hz 이상의 고유 진동수를 가지는 최근의 전용 속도 변환기는 1 Hz까지 낮아진 고유 진동수 이하의 주파수 범위에서 감도를 수정하는 조정용 전자장치가 설치되어 있다.

그림 2.6의 속도 변환기는 10 Hz에서 2 kHz의 범위에서 케이싱이나 베어링 하우징의 절대 진동 값을 측정하는 진동 변환기이다. 그림 2.6에서와 같이 본체 내부에는 코일이 원통형으로 감겨져 있는 안쪽에 영구 자석이 스프링으로 지지된 형태를 갖는다.

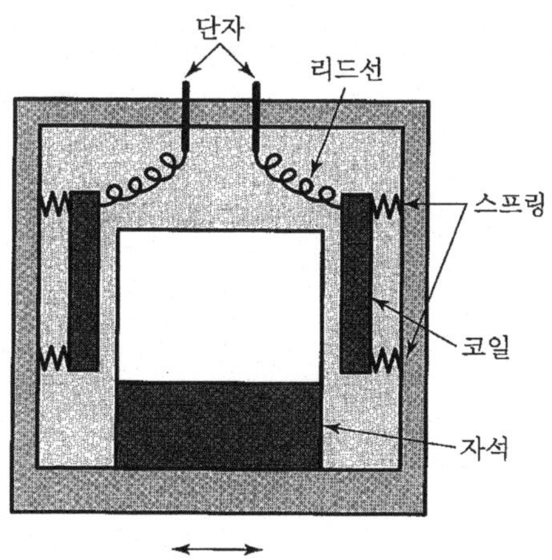

그림 2.6 속도 변환기의 원리

그림 2.7 속도변환기 예(Bentry Nevada사)

진동이 발생될 때마다 영구 자석에 대한 코일의 상대 운동에 의해서 진동 속도에 비례하는 전압이 발생하기 때문에 전원의 공급이 불필요하다. 진동의 평가를 위해서 신호 조정기를 사용하지 않고 오실로스코프, 측정장비 또는 분석기 등에 직접적으로 발생된 신호를 전달할 수 있다. 그림 2.1과 같이, 일반적인 속도 변환기는 스프링의 공진 주파수인 10 Hz 미만의 주파수 대역을 제외하고는 20 mV/mm/s의 감도를 가진다. 10 Hz 미만인 신호(감도)의 감소를 보정하기 위해서는 신호의 진폭에 대하여 주파수에 관련된 보정 인자를 적용해 주어야 한다. 10 Hz 미만의 주파수에서 측정된 위상도 또한 주파수에 따라 변화된다. 기계의 상태를 평가하기 위한 진동 측정 범위가 속도 변환기의 주파수 응답이 평탄하게 나타내는 대역(10 ~ 1,500 Hz)인 경우에, 진동 속도의 평가에 속도 변환기가 사용될 수 있다.

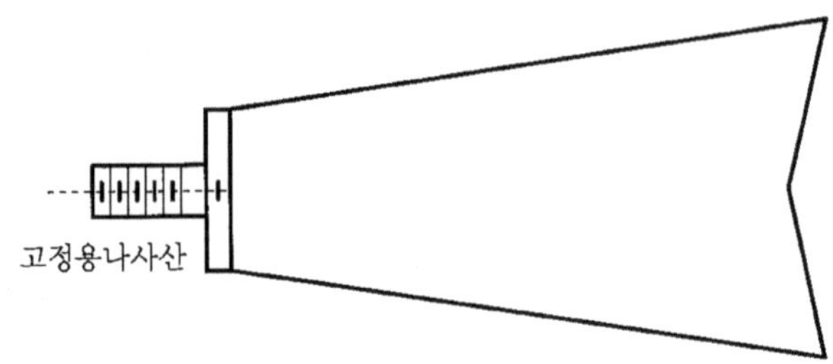

그림 2.8 축 진동 측정을 위한 베이스

그림 2.8에 나타낸 물고기의 꼬리처럼 생긴 간단한 기구를 변환기에 부착하면, 속도 변환기를 이용하여 축 진동을 측정할 수 있다. 기구의 V자 형태 부분을 회전하는 축에 올려 놓는다. 기구가 놓이는 자리에 키들과 축 표면의 다른 변동이 있으면 위험하다.

다음은 ISO 13373-1에서 권장되는 상태 감시 및 진단용 속도 변환기에 대한 전형적인 주파수, 온도 및 질량 범위이다.

- 주파수 범위 : 1 ~ 2,000 Hz
- 온도 범위 : −50 ~ 200°C
- 질량 : 50 ~ 200 g

속도 변환기는 저 주파수 진동의 측정에 특히 적절하다. 감시를 위해 사용되는 속도 변환기의 대부분은 10 Hz 이상의 공진 주파수를 가진다.

속도 변환기의 이점은 낮은 전원(source) 저항에서 비교적 높은 출력 전압이다. 그러므로 변환기는 절연 결함과 전기장에 비교적 둔감하다. 단일 코일을 가지는 전동식 변환기는 주위의 자기장에 매우 민감하고, 양호한 반자기 차폐(anti-magnetic shielding)가 필요하다. 비록 차폐를 하더라도, 개방된 전기기계에서 측정이 이루어질 때 심각한 간섭(interference)이 관측될 수 있다. 대부분의 전동식 변환기는 현재 2개의 코일을 가지고, 반자기 차폐를 감소할 수 있는 주위 자기장에 대해 훨씬 민감하지 않고, 보다 작은 질량을 가진다.

2.2.3 가속도계

가속도계(accelerometer)는 측정 대상 물체에 접촉시켜 변환기 내부의 질량 요소를 기준으로 변환기 케이싱과의 상대 진동에 의해 측정 대상물의 기계적인 진동 가속도에 비례하는 전기 출력신호를 발생시키는 seismic장치이다. 현재 가속도계로는 대부분 그림 2.9와 같은 압전형 가속도계가 사용되고 있다. 일반적으로, 가속도계는 기계의 정지(회전하지 않는) 구조물에 설치된다.

가속도계는 전형적으로 10 kHz에서 100 kHz까지의 여러 설치 공진 주파수를 갖는 것이 이용 가능하다. 가속도계를 선정할 때는 가속도계의 설치 공진 주파수가 예상되는 기계의 최고 가진 주파수의 적어도 3배 이상이 될 것이 권장된다.

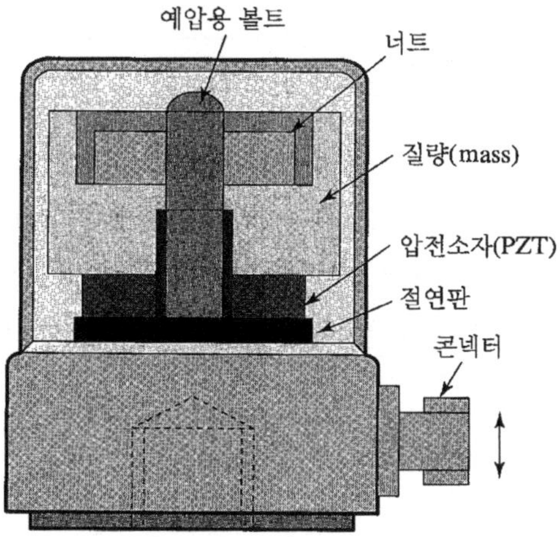

그림 2.9 가속도계의 구조

그림 2.9에서 나타낸 가속도계는 가해지는 힘에 비례하는 전기 신호를 발생시키는 압전 소자(가해지는 변형율에 대응하는 전하가 표면에 발생하는 소자) 위에 작은 질량이 부착된 형태로 구성되어 있다. 이 질량의 진동에 의해서 압전 소자에 힘이 가해진다. 이 소자는 높은 임피던스로 전하를 출력하기

때문에 전하 증폭기(charge amplifier)를 사용하여 전압 신호로 변환한다. 여기서 전하 증폭기란 전하의 변화를 증폭하여 전압의 변화로서 출력하는 높은 입력 임피던스를 가진 증폭기이다. 최근에는 변환기 내부에 전하 증폭기에 상당하는 임피던스 변환 회로를 내장한 것도 있고, 전원을 접속하는 것만으로 가속도에 비례한 전압 신호를 출력하여 간편하게 사용할 수 있다.

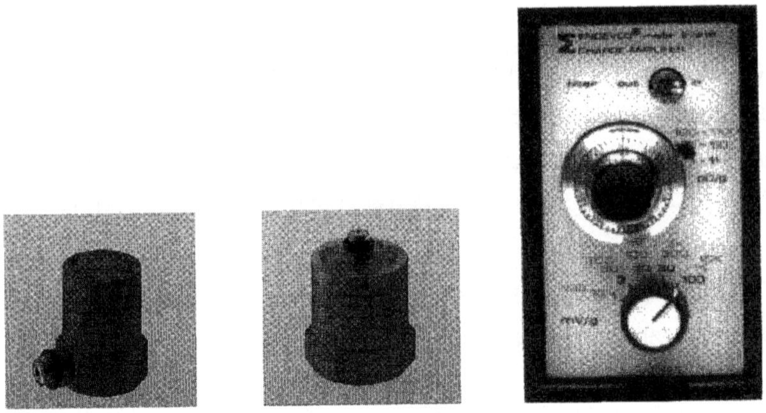

그림 2.10 가속도계와 전하 증폭기의 예 (B&K)

가속도계를 측정 대상물에 설치할 때는 2.4절에서 설명하듯이 그 설치 방법에 따라 주파수 특성이 달라지므로 주의를 요한다. 또한 측정 대상물의 중량에 비해 가속도계의 중량이 충분히 가벼울 때는 문제는 없으나, 대상물이 가볍고 가속도계가 무거울 때는 가속도계를 설치하는 것에 의해 대상물의 진동 모드가 변하는 경우가 있다. 일반적으로는 측정 대상물의 중량의 1/10 이하의 가속도계를 사용하면 문제는 없다.

그림 2.11 충격 해머와 힘 변환기(Endevco 사)

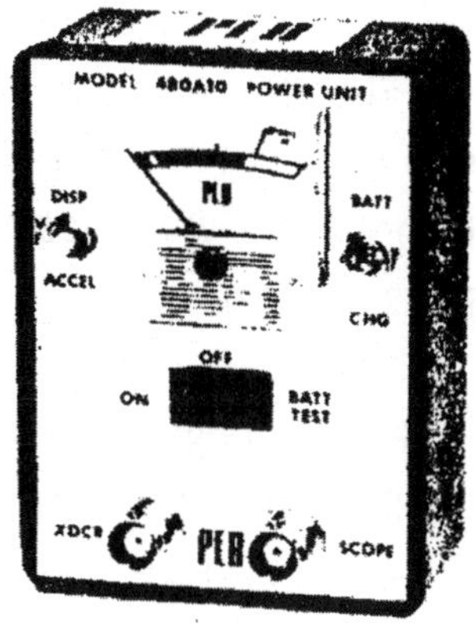

그림 2.12 아날로그 적분기 내장 전원공급장치(PCB Piezotronics Inc.)

그림 2.11에 나타낸 충격 해머(impact hammer)나 힘 변환기(force transducer)와 같은 형태의 힘 변환기에도 가해진 힘에 비례하는 전기 신호를 발생하는 압전 소자가 내장된다. 압전 소자는 높은 임피던스의 신호를 발생시키기 때문에 반드시 증폭기를 사용하여 낮은 임피던스의 전하 혹은 전압 신호로 변환되도록 조정되어야 한다. 가속도계의 크기는 감도에 비례한다. 연필 지우개 크기의 소형 가속도계는 5 mV/g (1 g = 9,806 mm/s^2)의 감도와 25 kHz까지 평탄한 주파수 응답 특성을 가진다. 저주파 대역의 측정에 사용되는 1,000 mV/g 감도의 가속도계는 거의 속도 변환기만큼 크며 대략 1,000 Hz까지의 주파수 범위에서 사용할 수 있다. 분석자는 사용될 각각의 가속도계 특성을 사전에 충분히 숙지하여야 한다.

진동 속도 값이 필요하다면, 일반적으로 가속도 신호가 저장되거나 분석되기 이전에, 그림 2.12와과 같은 아날로그 적분기가 내장된 전원공급장치를 이용하여 적분 시킨다. 이 장치는 저주파 대역에서 신호가 감소되는 자체적인 주파수 응답 특성을 가지고 있다. 가속계는 긴 수명과 낮은 교차 감도(교차 감도는 X방향으로 설치된 변환기가 Y방향의 진동 신호를 감지하는 정도를 의미한다.) 특성을 가지고 있기 때문에, 진동 감시를 위해 영구적으로 설치되는 변환기로 흔히 사용된다. 그러나 케이블의 잡음, 신호전달 거리, 가속도계의 온도에 대한 감도 등이 평가되어야 한다. 사용되는 가속도계에 대한 자세한 정보는 판매사로부터 얻을 수 있다.

다음은 ISO 13373-1에서 권장되는 기계의 상태 감시 및 진단용 가속도계에 대한 전형적인 주파수, 온도 및 질량 범위이다.

- 주파수 범위: 0.1 Hz ~ 30 kHz
- 상태감시를 위해 전형적으로 사용되는 경우, 질량 범위: 10 ~ 200 g
- 특수 목적용 가속도계는 진폭에서 100의 인수로 낮게 측정할 수 있다.
- 내장 전하증폭기(charge amplifier)에서 온도 범위는 125°C까지
- 외장 전하증폭기에서 온도범위는 250°C까지

가속도계는 다양한 크기가 이용될 수 있다. 이들은 넓은 동적범위와 넓은 주파수범위로 특징 지워진다. 가속도계는 높은 주위 온도 또는 강한 자기장내에서 적은 설치 면적을 가져야 하는 작은 물체의 적용에 우선적으로 사용된다. 외장 전하증폭기의 단점은 절연 결함, 큰 온도 변동 및 연결 케이블의 이동에 대한 감도이다.

2.2.4 회전속도 변환기

회전 속도(rotating speed)와 회전 주기의 측정은 회전기계의 운전 상태감시 및 진단에 필수적이다. 회전 속도의 근사적인 값은 전동기의 명판(nameplate)으로부터 얻을 수 있지만, 전동기 직결구동이 아닌 경우에는 회전속도 자체를 측정해야만 한다. 변속 기계, 직류기 구동기계 및 벨트와 기어전동 기계가 이에 포함된다.

회전 속도의 측정에 요구되는 것은 그 대상이나 목적에 따라 다양하지만, 속도 평균치, 회전의 연속적인 변동, 순시 변동 등을 측정하는 경우가 많다. 회전 속도와 회전 주기 측정용 변환기로는 기본적으로 축의 회전에 대응하는 펄스(pulse)를 발생시키고, 이것을 검출하는 방법을 취하기 때문에, 신호의 전송이나 처리에 있어서 신호의 열화가 작은 특징이 있다. 주로 사용되는 변환기로는 전자식, 자기저항소자식 및 광전식(photoelectric type) 등이 있다.

1) 전자식(電磁式) 회전 변환기

영구 자석과 코일로 구성되는 자려식(self-excited type) 발전기의 일종이다. 이 때문에 외부 전원이 필요 없고, 구조가 단순하며 견고하여 반영구적으로 사용할 수 있다. 단, 전자 유도를 이용하므로, 저속 회전에서의 검출이 곤란하다. 역으로 고속 회전축과 같이 변환기를 위해 기어를 부착하기 위험한 경우나 이것이 부하로 되는 경우에는 키 홈이나 축에 부착되어 있는 너트 등의 회전축의 구성 요소의 요철 부분을 이용한다.

2) 자기저항 소자식 회전 변환기

이 변환기는 자속 밀도에 대응하여 저항 값이 변하는 자속 응답 소자인 자기저항소자(磁氣抵抗素子)를 이용한 것으로, 영구자석, 증폭기(amplifier), 조정기(regulator)를 내장하고 있다. 검출은 회전축에 부착된 기어와 변환기를 서로 마주보도록 설치하고, 회전에 의해 기어와 변환기 사이의 틈새 길이가 변화하면, 영구 자석으로부터의 방사 자속이 바뀌고 자기저항소자의 저항 값이 바뀐다. 이 저항 값의 변화를 전압으로 변환하고, 펄스로 정형하여 출력한다.

이 방식의 최대 특징은 정지 상태로부터 고속 회전까지 검출이 가능한 점이다. 또 구조상 자기저항 소자는 작기 때문에 2쌍의 소자를 변환기내에 조립할 수 있고 방향 분별이 가능한 90° 위상차의 2상 출력도 간단히 얻어진다. 단, 전원 공급이 필요하다.

3) 광전식 회전 변환기

광전식(光電式) 변환기는 투사광을 회전체에 의해 지속적으로 차단(단속)시키고 그 단속광을 광전변환소자에 의해 펄스로 변환하는 방법으로, 투과형과 반사형이 있다.

투과형 광전식 변환기는 회전축에 slit 원판을 부착하고 그 slit를 통과하는 위치에 광원과 광전변환소자를 각각 배치하는 것이다. 이점은 slit 수가 많은 원판의 제작이 간단하기 때문에 높은 분해능을 쉽게 얻을 수 있고 정지상태에서부터 검출이 가능하다.

반사형 광전식 변환기는 회전축에 다른 표면과 반사율이 다른 마크(mark)를 부착하고 그것에 의해 발생하는 반사광의 강도의 변화를 광전변환소자에 의해 펄스화 한다. 따라서 검출은 회전축에 반사 마크를 붙이는 것만으로 좋고 매우 간단하다. 또한 optical fiber를 이용한 변환기도 있고, 이것은 소형으로 신호전달 시에 전기적인 잡음의 영향이 작다.

2.2.5 비틀림 진동 변환기

회전축의 회전방향 진동을 검출하는 변환기로서, 비틀림 각변위 또는 비틀림 각속도를 검출한다. 원리는 회전축에 각도 펄스를 발생시키는 기어 또는 로터리 엔코더(rotary encoder)를 부착하고, 이로부터 얻어지는 각도 펄스를 신호 처리하여 비틀림 진동으로 변환한다.

그림 2.13 로터리 엔코더(오토닉스사)

2.3 변환기의 선택

진동 측정을 위해서는 여러 종류의 변환기가 사용될 수 있다. 변환기를 선택할 때에는 다음 사항들이 신중하게 고려되어야 한다.

- 주파수 응답특성
- 센서의 감도(직진성)
- 온도, 습도, 압력 등의 측정 환경
- 신호(signal) 대 잡음(noise)의 비율(S/N 비)
- 측정되는 신호의 강도

변환기의 주파수 범위는 기계 요소(부품)들에서 발생되는 결함 주파수들에 적합하여야 한다. 그렇지 않은 경우에는, 반드시 다른 변환기가 선택되어야 하며, 측정된 신호는 적절한 측정 변수로 변환되어야 한다. 예를 들어, 주파수 2,000 Hz 이상의 진동 속도를 측정할 때는 가속도계로 신호를 측정하고 속도값으로 적분하여야 한다. 진동 속도의 시간 파형이 측정될 경우에는 반드시 속도 변환기로 측정되거나 데이터 수집기와 가속도계로부터 측정된 신호가 데이터 수집기에서 아날로그 적분을 하여야 한다.

주파수 응답은 동일한 진폭을 가지는 신호들을 여러 주파수에서 변환기로 측정할 경우에 다르게 나타나는 각 주파수 성분에서의 진폭의 변화를 측정한 것이다. 변환기가 이러한 특성을 가지기 때문에 기계에서 발생되고 있는 진동의 진폭이 언제나 정확히 측정되지는 않는다. 주파수 응답 곡선으로부터 정보를 얻음으로써 진동 분석에서 나타나는 이러한 오차들을 보정할 수 있게 된다.

주파수 응답 곡선은 각각의 주파수 성분에서의 입력 진폭에 대한 출력 진폭의 비율을 나타낸 것이다. 그림 2.1은 일반적인 속도변환기의 주파수 응답 곡선이다. 가속도계는 저주파수 대역에서 낮은 주파수 응답 특성을 보인다. 반면에, 비접촉 변위계의 신호 강도와 주파수 응답 특성은 높은 주파수 대역에서 낮게 나타난다. 따라서, 높은 주파수 대역에서는 측정된 변위신호에서 실제적인 변위보다 잡음이 지배적으로 나타날 수도 있으며, 바람직하지 않은 낮은 신호 대 잡음의 비율(S/N 비)을 갖는 원인이 된다. 가속도계도 저주파수 대역에서 마찬가지로 낮은 신호 대 잡음의 비율을 갖는다. 속도변환기로부터는 관심 영역인 회전속도에 관련된 주파수 범위에서 일정하게 신호 강도가 유지되지만, 기계에서 발생되는 진동의 진폭보다 작은 크기의 신호가 발생된다. 이와 같은 변환기들이 가지는 특성 때문에 진동의 심각도를 확인하고자 하는 경우에는 사용하는 변환기의 주파수 응답 특성을 정확히 알고 있을 것이 특히 중요하다.

가속도계는 크기가 작고 고주파 대역의 측정도 가능한 주파수 특성을 가지고 있기 때문에, 일반적으로 그림 2.14와 같은 데이터 수집기(data collector)용으로 사용된다.

(a) 나다S&V(VibLow Point) (b) SKF(CMVA60) (c) IRD(Data PAC 1500)

그림 2.14 데이터 수집기의 예

발생된 진동 데이터의 손실을 막기 위해서, 변환기와 데이터 수집기의 주파수 응답특성을 반드시 확인해야 한다. 예를 들어, 가속도계를 사용하는 데이터 수집기가 8 kHz까지의 주파수 범위에 응답하도록 설정되어 있고, 기어의 맞물림 주파수가 10 kHz인 경우, 기어에 의해 발생된 신호가 측정되지 않을 것이다. 대부분의 데이터 수집기는 가속도계에서 측정된 신호를 가속도 혹은 속도로 나타낼 수 있다. 선택된 평가 기준에 따라서 측정 파라미터가 선택된다.

신호를 데이터 수집기에 전달하는 케이블에서 데이터의 오류가 발생될 수 있다. 많은 표준 케이블은 일반적인 동축(coaxial) 구조보다 훨씬 편리하도록 특별히 감겨진 전선들이다. 하지만, 케이블 중심부의 많은 도체들이 약하기 때문에, 케이블을 다루거나 운반용 가방에 넣을 때에 구부러져서 응력을 받는 부분에서 각각의 전선 가닥들이 끊어질 수가 있다. 그리고 케이블의 단자들도 주의하여 취급해야만 한다. 대부분의 가속도계 제작사들은 커넥터(connector)들을 생산한다. 이 커넥터에는 현장에서 느슨해져서 도체들이 비틀리거나 부러지게 하는 나사산이 새겨진 조립 부품들이 있다. 현재 사용되고 있는 케이블의 결함에 대해서 의문이 생기면, 여분의 케이블을 준비하는 것이 도움이 될 것이다. 이들 케이블은 컴퓨터에 연결되며 주의해서 다루어야 한다.

2.4 변환기의 설치

기계 진동의 적절한 측정은 변환기의 움직임을 정확하게 변환하는 것에 크게 의존된다. 가장 넓은 영역의 정밀도를 유지하는 방법으로는 피측정물에 센서를 완전히 부착하는 것이다. 그러나, 경우에 따라서는 휴대용(hand-held) 변환기로도 충분하다. 가속도계의 부착 방법과 성능에의 영향에 대한 자세한 설명은 ISO 5348 규격을 참조하기 바란다. 일반적인 지침은 다음과 같다.

변환기의 부착을 위한 가장 바람직한 방법은 변환기와 피측정물에 드릴로 구멍을 뚫고 피스(piece)로 2개를 결합시키는 것이 일반적으로 달성 가능한 가장 정확한 기계적인 고정 방법이다. 피스에 의한 고정은 거의 또는 전혀 신호 손실(signal loss) 없이 고주파 신호를 전달할 수 있는 능력을 가지고 있다. 부착되는 기계의 표면은 매끄럽고 평탄하며 깨끗해야만 한다. 또한 특히 높은 주파수 영역에서 응답 신호의 전달성과 정밀도를 향상시키기 위해서, 표면 전체에 실리콘 그리스의 얇은 코팅 또는 그것에 대등한 것의 사용이 권장된다.

피스에 의한 부착이 비현실적이거나 또는 불가능한 곳에서는 변환기를 기계 표면에 부착하기 위해 접착제(cements)가 사용된다. 사용되는 접착제는 경화되었을 때 높은 강성 특성을 갖는 유형이어야 한다. 탄력이 있는 접착제는 신호 전송의 충실도가 감소하므로 사용되지 않는다. 또 다른 간편한 일반적인 부착 방법은 영구 자석(magnet)을 사용하는 것이다. 그러나 부착면의 평면도(flatness)가 이 기술에서 중요하다. 접착제와 자석 부착 방법은 주파수, 온도 및 진폭이라는 제한이 따를 수 있다. 그 때문에 상태 감시에서는 충분한 주의를 가지고 사용해야만 한다.

그림 2.15에 나타낸 것과 같이 손 고정, 자석 고정, 접착제 고정, 나사 고정 등의 설치 방법에 따라서 가속도계의 고유 진동수가 감소되는 것과 마찬가지로, 진동 변환기를 설치하는 방법에 따라서 주파수 응답 곡선에 영향을 줄 수가 있다.

측정되는 전체 주파수 범위에서 평탄한 주파수 응답 특성을 얻을 수 있도록 설치 방법이 선택되어야 한다. 설치 고유 진동수는 관심 있는 최대 주파수의 적어도 3배 이상이 되어야 한다. 영구적으로 부착되는 변환기를 사용할 수 없는 곳에서는 휴대용 변환기가 이용될 수 있다. 휴대용 변환기는 주파수에 제한이 있고, 최대 측정 주파수가 1 kHz 이상에서는 사용이 권장되지 않는다. 변환기 설치에 대한 자료는 변환기 제작사의 홈페이지나 제품 카다로그 또는 참고 서적 등에 자세히 설명되어 있다.

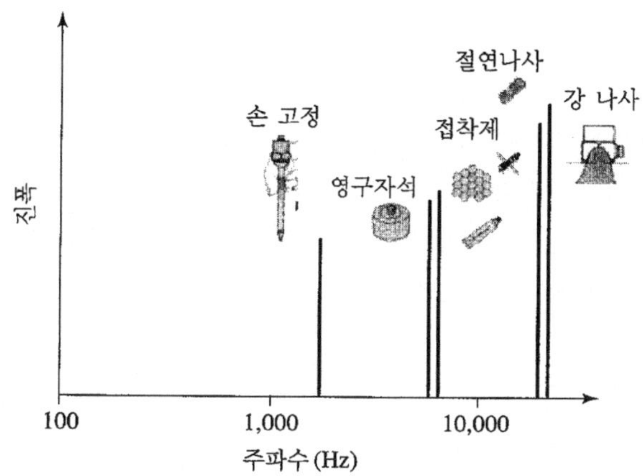

그림 2.15 가속도계의 설치 방법에 따른 고유 진동수의 변화

표 2.3은 30 kHz의 내부 공진 주파수를 가지는 가속도계의 설치 방법에 따른 설치 공진 주파수의 감소를 나타낸다. 표에서 살펴보면, 잘 가공되어 있는 깨끗하고 평평한 표면에 나사로 변환기를 고정시키는 방법이 가장 높은 주파수 응답을 얻을 수 있다. 표에서 접착제나 영구자석 고정 등의 방법으로 될수록 응답 범위가 감소된다. 가속도계를 손으로 고정시키는 방법이 가장 신뢰도가 낮다. 표 2.3의 값은 지침으로 사용할 수 있도록 작성되었다. 각 가속도계와 그 설치 방법에 따라서 고유 진동수가 변화되며 따라서 사용이 가능한 주파수 범위도 변경된다.

표 2.3 설치 방법에 따른 가속도계의 주파수 구간(ISO 13373-1)

설치 방법	주파수 한계
손 고정 (hand-held)	공진은 약 2 kHz까지 감소. 1 kHz 이상의 측정은 권장되지 않음
영구자석 (permanent magnet)	공진은 약 7 kHz까지 감소
유연 에폭시 (soft epoxy)	공진은 약 8 kHz까지 감소
강 시멘트 (stiff cement)	공진은 약 28 kHz까지 감소
절연 나사 (isolated stud)	접지(ground loops) 또는 다른 영향을 예방하기 위해 mica washer와 같은 비전도 강 재료를 사용한다면, 공진은 약 28 kHz까지 약간 감소
강 나사 (rigid stud)	설치에 따른 가속도계의 공진주파수 감소는 없음

2.5 변환기의 위치

정확하고 성공적인 진동 측정을 위한 열쇠는 기계의 상태에 대해 가장 잘 반응하는 위치에 변환기를 부착하는 것이다. 어떠한 경우에도, 변환기는 실제적으로 베어링에 최대한 가까이 설치되어야 한다. 상태 감시의 목적을 위한 변환기의 위치는 각각의 기계와 그 특유의 측정 파라미터에 의존된다. 위치를 결정하기 전에, 먼저 어느 파라미터가 감시되고 있는가를 확인하는 것이 필요하다(그림 2.16). 즉,

- 기계 하우징의 절대 진동
- 기계 작동 중에 하우징에 대한 축의 위치
- 하우징에 대한 회전체의 진동
- 축의 절대 진동

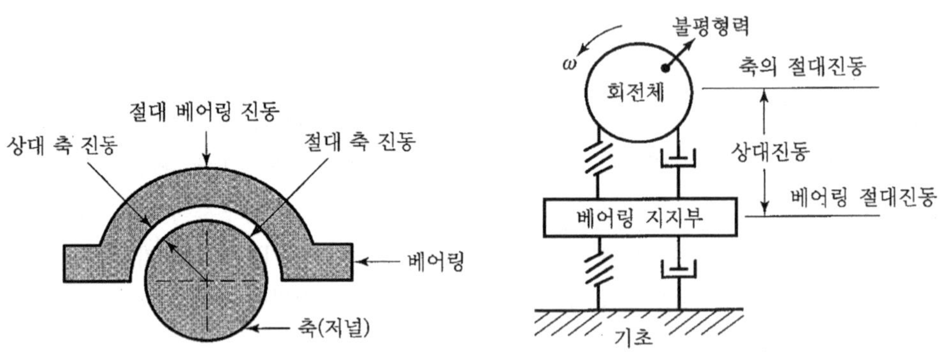

그림 2.16 절대 진동과 상대 진동의 계측

일반적으로 변환기는 베어링이나 베어링 부근에 위치하여야 한다. 그러나 특정 유형의 기계에 대한 경험이 이용될 수 있고 이 변환기의 위치가 실용적이라면, 다음과 같이 베어링보다 다른 위치에 변환기가 설치되는 것이 유용할 수 있다.

- 진동의 최대치를 가장 잘 제공할 수 있는 위치
  예) 대형 가스 터빈 장치의 중간 축(intermediate shaft)의 mid-span
- 정지부와 회전부 사이에 마찰(rubbing)이 발생할 수 있는 위치
  예) 대형 발전기의 외측(outboard) 여자기

진동 측정을 위해 어떤 측정면을 선택하든, 변환기는 마멸이나 결함의 초기 표시를 가장 효과적으로 제공할 수 있는 각 위치(angular position)에 설치되어야 한다.

2.5.1 비회전 구조물상의 측정 : 베어링 진동

공간에 고정된 기준점에 대한 진동으로, 구체적인 사항은 다음과 같다.

베어링의 중심선을 기준으로 하는 수평(horizontal: H), 수직방향(vertical: V)의 측정 위치가 나타내어져 있다. 이 위치들에서는 질량 불평형과 같은 반경 방향의 가진력에 의해서 발생된 진동을 감지한다. 축 방향의 가진력에 의한 진동은 부하 영역내의 축 방향(axial: A)에서 측정된다(그림 2.17). 그림 2.18은 ISO 10816-1에서 권장하는 비회전 구조물 위에서 데이터 취득을 위한 최적의 측정 점을 나타내고 있다.

ISO 10816 시리즈는 다른 등급(class)의 기계에 대해 명확한 측정 절차와 측정 방법을 제시하고 있다. 이들 기준은 선택된 평가 파라미터로서 광대역 실효치(rms치) 진동 속도(mm/s, rms)를 적용한다. 측정은 속도 변환기 또는 적분 회로를 가지는 가속도계 중 어느 것에 의해 수행된다. 이런 형태의 측정의 전형적인 위치는 수평형 기계의 그림 5.18(a)와 수직형 기계의 그림 5.18(b) 및 전동기의 그림 5.18(c)에 표시한 각각의 베어링 하우징 또는 지지대(pedestal) 위이다. 또한 왕복 엔진은 엔진 프레임 상부와 하부이다. 스러스트 베어링을 가지는 기계에서는 기계의 축 방향 운동도 감시하는 것이 권장된다.

표 2.4 베어링 진동 측정

측정 점	베어링 하우징 또는 지지대(pedestal)
측정 방향	수평(H), 수직(V) 및 축 방향(A)
측정 변환기	전동식(electro-dynamic type) 속도계, 압전식(piezo-electric type) 가속도계
측정량	진동 속도(mm/s)

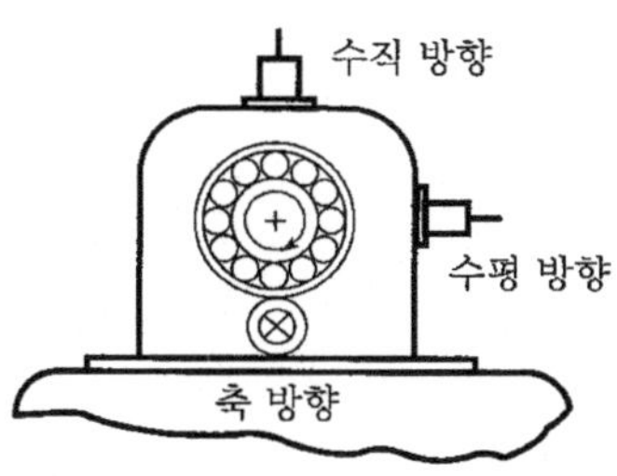

그림 2.17 베어링 하우징의 진동 측정 위치

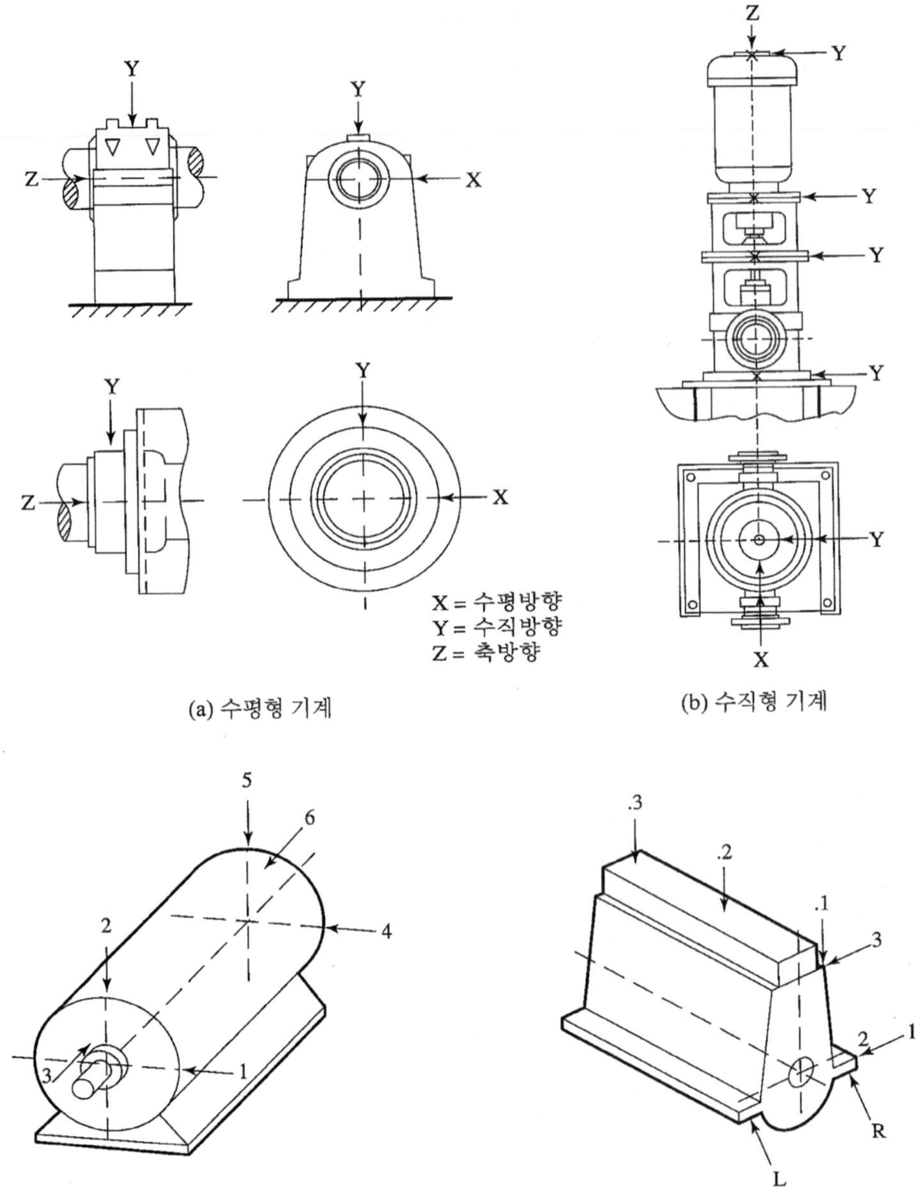

(a) 수평형 기계 (b) 수직형 기계

(c) 전동기, 발전기 (d) 왕복 엔진

그림 2.18 진동 측정을 위한 대표적인 변환기 위치의 개략도(ISO 10816-1)

2.5.2 회전축의 측정

베어링 하우징이나 기계의 케이싱에 대한 회전축의 진동을 측정하는 것으로, 구체적인 내용은 다음과 같다.

표 2.5 축 진동 측정

측정 점	각 베어링 또는 그 부근의 축(shaft)
측정 방향	반경방향의 두 직교 축
측정 변환기	와전류 비접촉(eddy-current)식 변위계
측정량	진동변위(μm, mils)

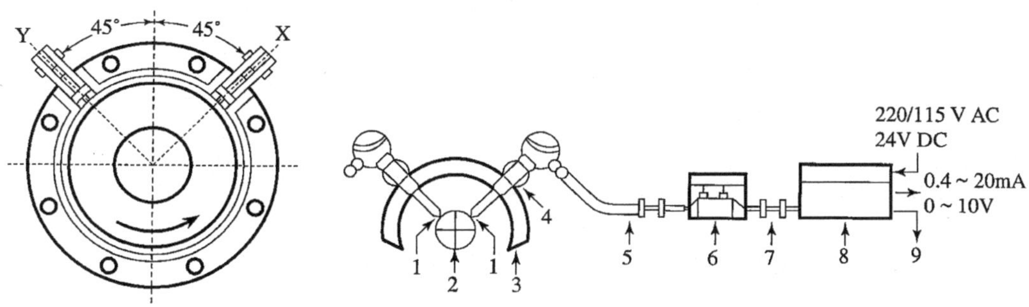

그림 2.19 축 진동에 대한 측정 점

1) 하우징에 대한 축의 상대 운동

ISO 7919 시리즈는 다른 등급의 기계에 대해 명확한 절차와 측정방법을 제시한다. 상대 변위는 회전축 또는 요소와 동일 횡 평면 내의 정지 요소 사이의 반경 방향의 상대 운동을 측정하도록 배치된 2개의 비접촉 변환기에 의해서 가장 잘 측정된다. 그림 2.19와 그림 2.20은 이 비접촉 변환기시스템의 전형적인 설치를 보여준다. 각 베어링에서 변환기는 통상 베어링이나 가능한 베어링에 가깝게 서로 직각으로 설치된다. 유연 축(flexible shaft)을 가지는 기계와 같이 베어링에서보다는 다른 위치에 변환기를 설치하는 것이 타당한 경우도 있을 수 있다. 어떻든 변환기 위치는 기계의 동적인 힘에 대해 정확한 감도를 제공할 수 있어야 한다. 전형적으로 이것은 각각의 측정 평면에서 서로 직각인 2개의 반경 방향의 축

정 위치가 요구된다. 축의 변위 측정에서는 서로 90°의 각도로 설치하고, 벡터 해석에 의해서 최대 변위와 방향이 확인될 수 있도록 2개의 변환기가 필요로 된다. 비록 변환기가 임의의 각 위치(angular position)에 설치될 수 있더라도, 변환기는 회전축에의 접근 여하에 따라 수직과 수평으로부터 45°에 위치하는 것이 보통이다. 변환기를 1개만 사용하는 것은 권장되는 않는다. 그리고 측정면에 1개의 변환기를 사용하기 전에 주의가 필요하다. 이는 1개의 변환기를 사용하는 것이 그 면에서 최대치를 제공하도록 방향이 주어져 있지 않을지도 모르기 때문이다.

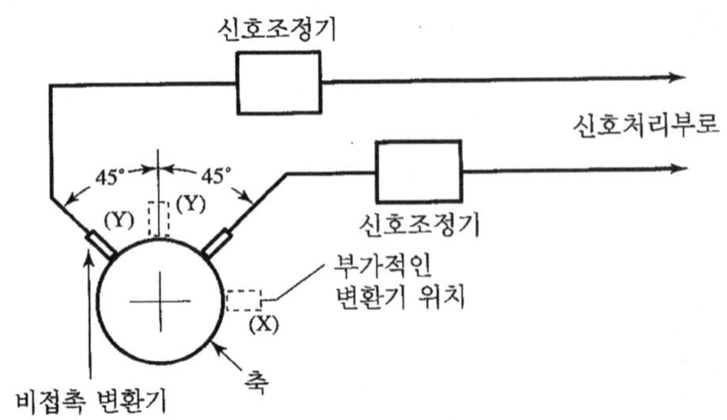

그림 2.20 비접촉 변환기를 사용하는 상대운동 측정시스템의 개략도

2) 회전축의 절대 운동

ISO 7919-1에서 정의하듯이 축 진동의 측정을 위해 선호되는 측정량은 변위이다.

유연 지지의 구조를 갖는 회전체, 탄성 회전체(flexible rotor) 또는 회전체의 고유진동수 부근에서 운전하고 있는 기계는 절대 운동의 측정이 필요할지 모른다. 바람직한 방법은 비접촉 변환기와 seismic 변환기를 조합하는 것이다. 그림 2.21과 2.22는 축의 절대운동을 결정하기 위한 측정 시스템의 예를 나타낸다.

선호되는 방법은 그림 2.21에 보이듯이 비접촉 변환기와 seismic 변환기를 조합하여 사용하는 것이다. 비록 그림 2.22에 보이는 축에 접촉하는 접촉형 변환기(shaft rider)는 몇몇 경우에 사용될지라도 이 방법은 제한된 주파수 영역을 가지고, 축의 반경 위치를 제공할 수 없다는 것에 주목하여야 한다.

표 2.6에는 ISO 13373-1 규격에서 제시한 여러 유형의 기계에서 의미 있는 진동 데이터를 취득하는 데 권장되는 변환기의 설치 위치를 나타낸다. 이들 위치와 방향은 베어링 근방에서 축의 측정을 위해 제공된다. 또한 제 4장에서 구체적으로 설명하듯이, 이들 변환기의 위치는 연속된 측정 동안 위치의 재현성을 보장할 수 있도록 확실하게 표시하고, 확인하여야 한다. 무엇보다도 일관된 측정 점을 설정하

는 것이 중요하다.

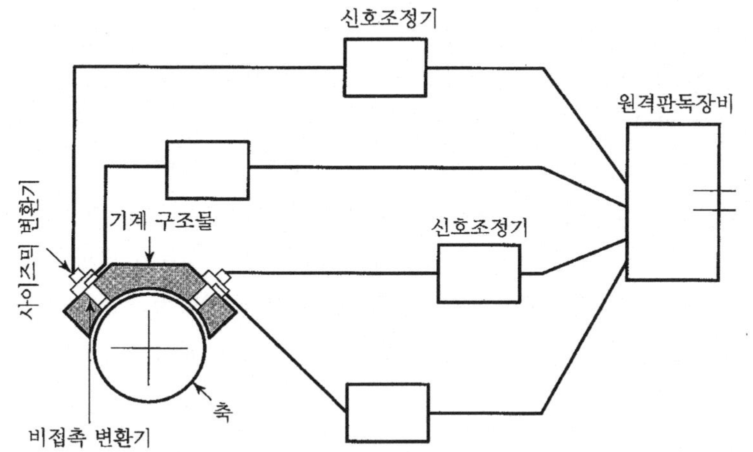

그림 2.21 비접촉 변환기와 seismic 변환기를 조합한 절대/상대 운동 측정 시스템

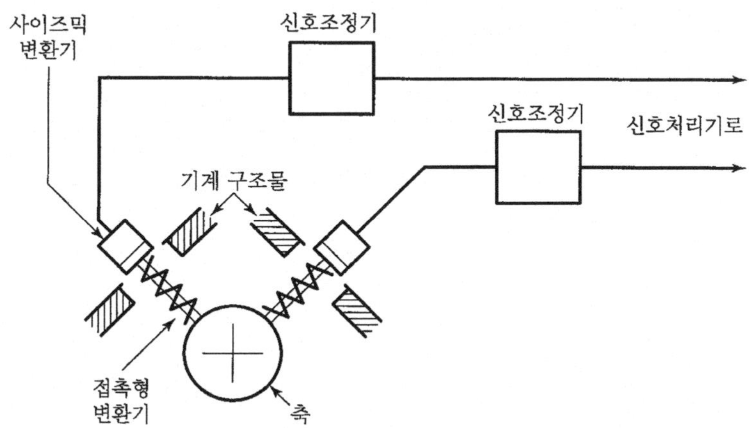

그림 2.22 Seismic 변환기에 접촉형 변환기를 이용한 절대 진동 측정 시스템

하우징, 커플링 안전장치, 휀 커버 등의 부품들에 의해서 변환기의 설치 장소가 제한되는 경우에도, 반드시 변환기는 최대한 베어링에 근접하도록 설치되어야 한다. 복잡한 베어링 하우징의 경우에는 베어링 종류와 기계의 신호 전달에 대한 최적 경로를 확인하기 위해서 상세한 내부 설계도가 필요하다.

베어링들에 접근할 수 없는 경우에는, 베어링 하우징에 칸막이 형태의 측정 점에 접근하기 용이하게 하는 고정 구조물을 설치하여 변환기를 부착하고 케이블을 연결할 수가 있다.

일반적으로 롤러 베어링과 같은 저속, 고하중용 베어링의 내부에 존재하는 직경 방향의 틈새에 의해서 베어링의 내륜, 외륜 및 구름 요소는 베어링 조립품의 부하 영역에서만 서로 접촉된다.

일반적으로 반경 방향 베어링(radial bearing) 예로, 접촉각이 0°인 모든 구름 요소 베어링에서는 반경 방향의 진동을 측정한다. 반경 방향 베어링은 전동기, 중소형 홴 그리고 축 방향의 부하를 받지 않는 동력 전달 장치에 사용된다. 앵귤러 컨택트 베어링이나 추력을 받는 모든 베어링은 반경 방향과 축 방향의 진동이 연성 되어 있기 때문에, 정확한 상태 감시를 하기 위해서는 축 방향의 진동 측정이 요구된다. 평 기어(spur gear)를 제외한 기어들도 추력을 받기 때문에 축 방향의 진동을 측정하여야 한다. 반경 방향의 측정은 불평형, 축 정렬불량, 헐거움, 공진 및 축 휨과 같은 운전 속도(1X) 성분에 대한 상태를 확인하기 위해 요구된다.

표 2.6 권장되는 측정 유형과 위치(ISO 13373-1)

기계 유형	평가 파라미터	변환기 유형	측정 위치	측정 방향
유막 베어링 지지 대형 증기터빈 발전기 (발전용)	상대/절대 변위	비접촉 변위계, seismic변환기와 조합	각 베어링의 축 각 베어링하우징	반경 ±45° 또는 H, V
	속도/가속도	속도계/가속도계	스러스트 컬러	반경 H, V
	축방향 변위	비접촉/축 probe	축	축방향 A
	위상 기준, rpm	와전류/유도/광변환기	축	반경
유막 베어링 지지 중소형 산업용 증기 터빈	상대 변위	비접촉 변위계	각 베어링의 축	반경 ±45°
	속도/가속도	속도계/가속도계	각 베어링과 터빈 하우징	반경 H, V
	축방향 변위	비접촉/축 probe	스러스트 컬러	축방향 A
	위상 기준, rpm	와전류/유도/광변환기	축	반경
구름 베어링 소형 산업용 증기터빈	속도/가속도	속도계/가속도계	각 베어링과 터빈 하우징	반경 H, V 축방향 A
	위상 기준, rpm	와전류/유도/광변환기	축	반경
유막 베어링 대, 중형 산업용 가스터빈	상대/절대 변위	비접촉 변위계	각 베어링의 축	반경 ±45°
	속도/가속도	속도계/가속도계	각 베어링	반경 H, V
	축방향 변위	비접촉/축 probe	스러스트 컬러	축방향 A
	위상 기준, rpm	와전류/유도/광변환기	축	반경

표 2.6 권장되는 측정 유형과 위치(ISO 13373-1) (계속)

기계 유형	평가 파라미터	변환기 유형	측정 위치	측정 방향
유막 베어링, 수력 터빈	상대 변위	비접촉 변위계	선정 베어링의 축	반경 90°
	속도/가속도	속도계/가속도계	각 베어링과 터빈 케이싱	반경 90°
	축방향 변위	비접촉/축 probe	스러스트 컬러	축방향 A
	위상 기준, rpm	와전류/유도/광변환기	축	반경
유막 베어링, 대형 펌프	상대/절대 변위	비접촉 변위계	각 베어링의 축	반경 ±45°
	속도/가속도	속도계/가속도계	베어링 하우징	반경 H, V
	축방향 변위	비접촉/축 probe	스러스트 컬러	축방향 A
	위상기준, rpm	와전류/유도/광변환기	축	반경
유막 베어링, 중소형 펌프	상대 변위	비접촉 변위계	각 베어링의 축	반경 ±45(
	속도/가속도	속도계/가속도계	베어링 하우징	반경 H, V
	축방향 변위	비접촉/축 probe	스러스트 컬러	축방향 A
	위상 기준, rpm	와전류/유도/광변환기	축	반경
구름 베어링, 중소형 펌프	속도/가속도	속도계/가속도계	각 베어링,하우징	H, V, A
	위상 기준, rpm	와전류/유도/광변환기	축	반경
수직펌프 Reactor coolant	상대 변위	비접촉 변위계	각 베어링, 상부펌프 베어링의 전동기/펌프 축	반경 90°
	속도/가속도	속도계/가속도계	전동기, 베어링하우징	반경 90°
	축방향 변위	비접촉/축 probe	전동기축	축방향 A
	위상 기준, rpm	와전류/유도/광변환기	축	반경
유막 베어링, 대형 전동기, 발전기	상대 변위	비접촉 변위계	각 베어링의 축	반경 ±45°
	속도/가속도	속도계/가속도계	하우징	반경 H, V
	축방향 변위	비접촉/축 probe	스러스트 컬러	축방향 A
	위상 기준, rpm	와전류/유도/광변환기	축	반경
구름 베어링, 중, 소형 전동기	속도/가속도	속도계/가속도계	각 베어링과 전동기 하우징	H, V, A
	위상 기준, rpm	와전류/유도/광변환기	축	반경

표 2.6 권장되는 측정 유형과 위치(ISO 13373-1) (계속)

기계 유형	평가 파라미터	변환기 유형	측정 위치	측정 방향
유막 베어링, 강 하우징, 원심압축기	상대 변위	비접촉 변위계	각 베어링, 피니언 하우징, 볼 기어축	반경 ±45°
	속도/가속도	속도계/가속도계	각 베어링/기어 mesh	반경 H, V
	위상 기준, rpm	와전류/유도/광변환기	축	반경
원심 프로세스 압축기	상대 변위	비접촉 변위계	각 베어링의 축	반경 ±45°
	속도/가속도	속도계/가속도계	각 베어링 하우징	반경 H, V
	축방향 변위	비접촉/축 probe	스러스트 컬러	축방향 A
	위상 기준, rpm	와전류/유도/광변환기	축	반경
유막 베어링, 2축 스크류 압축기	상대 변위	비접촉 변위계	각 베어링의 축	반경 ±45°
	속도/가속도	속도계/가속도계	각 베어링과 압축기 하우징	H, V, A
	축방향 변위	비접촉/축 probe	스러스트 컬러	축방향 A
	위상 기준, rpm	와전류/유도/광변환기	축	반경
구름 베어링, 2축 스크류 압축기	속도/가속도	속도계/가속도계	베어링 캡, 압축기 하우징	H, V, A
	위상 기준, rpm	와전류/유도/광변환기	축	반경
유막 베어링, 대형 기어	상대 변위	비접촉 변위계	각 베어링의 축	반경 ±45°
	속도/가속도	속도계/가속도계	베어링,기어케이스	반경 H, V
	축방향 변위	비접촉 변위계	축 단	축방향 A
구름 베어링, 기어	속도/가속도	속도계/가속도계	베어링 캡, 기어 하우징	H, V, A
	위상 기준, rpm	와전류/유도/광변환기	축	반경
유막 베어링, 대형 반경 팬	상대 변위	비접촉 변위계	베어링 하우징 케이싱	반경 ±45°
	속도/가속도	속도계/가속도계	베어링 하우징	반경 H, V
	축방향 변위	비접촉/축 probe	스러스트 컬러, 축 단	축방향 A
	위상 기준, rpm	와전류/유도/광변환기	축	반경
구름 베어링, 중소형 팬	속도/가속도	속도계/가속도계	각 베어링 캡, 팬 하우징	H, V, A

표 2.6 권장되는 측정 유형과 위치(ISO 13373-1) (계속)

기계 유형	평가 파라미터	변환기 유형	측정 위치	측정 방향
원심분리기	상대 변위	비접촉 변위계	각 베어링의 축	반경 ±45°
	속도/가속도	속도계/가속도계	각 베어링	반경 H, V
	축방향 변위	비접촉/축 probe	스러스트 컬러	축방향 A
	위상 기준, rpm	와전류/유도/광변환기	축	반경
펄프 정제기	상대 변위	비접촉 변위계	각 베어링의 축	반경 H, V
	속도/가속도	속도계/가속도계	각 베어링 캡	반경 H, V
	위상 기준, rpm	와전류/유도/광변환기	각 축	반경

2.6 동적 범위

2.6.1 진폭 범위

측정되어야 할 **진폭 범위**(magnitude range)는 이전의 경험이나 감시되는 특정 기계의 평가에 적용되는 기준에 근거해서 선택해야만 한다. 그리고 예상되는 최소 진폭에서 최대 진폭까지를 포함해야만 한다. 이전의 경험이 없는 경우에는 측정을 위해 권장되는 진폭 영역의 적용 가능한 기준인 ISO 10816 또는 ISO 7919를 참조하여 선택한다.

시험 장비는 측정해야 할 최소 진동값의 적어도 10 dB 이하의 또는 1/3의 자기 잡음(self-noise)을 확보하도록 함과 동시에 예상되는 최대 신호보다 적어도 10 dB 이상을 수용할 수 있도록 설정한다.

동적 범위(dynamic range)란 그림 2.23과 같이 큰 진폭 성분이 존재할 때, 작은 진폭의 주파수 성분을 분해하여 나타내는 능력을 의미한다. 가속도계나 변위계를 사용한 진동 분석에서 발생하는 문제들은 넓은 주파수 범위에 저주파수와 고주파수 성분들이 나타나는 것이다. 대수 척도를 사용하면 넓은 동적 범위가 얻어진다. 그림 2.23에 **선형 척도**(linear scale)와 **대수 척도**(log scale)를 사용한 예를 나타내고 있다. 회전속도의 2차 성분이 1차 성분의 진폭 값에 대해서 단지 0.1%(1/1,000)이기 때문에, 선형 척도에서는 나타나지 않지만, 대수 척도에서는 −60 dB가 작은 값으로 나타난다.

$$\text{dB} = 20 \log (V/V_{ref}) \quad \text{또는} \quad \text{dB} = 20 \log (1/1000) = -60 \text{ dB}$$

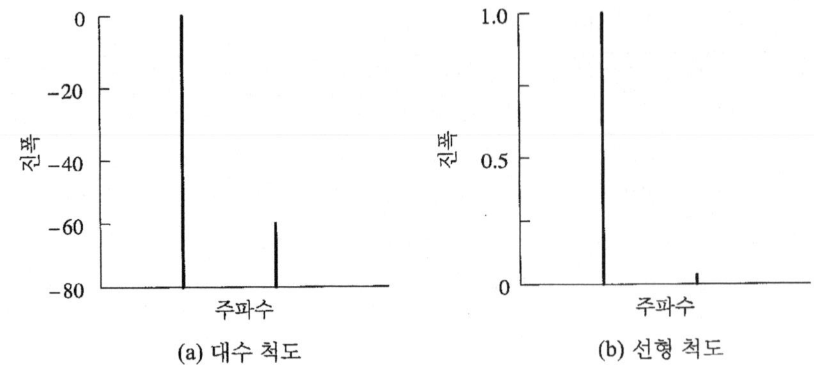

그림 2.23 큰 신호와 함께 나타나는 작은 신호(큰 신호의 1/1,000)

이런 상황은 구름 요소 베어링 결함의 초기 단계에서 발생되는 베어링 결함 성분의 진폭이 큰 진폭의 정상적인 기어 맞물림 주파수를 가진 스펙트럼에 포함될 때에 나타날 수 있다. 예를 들면, 7 mm/s의 기어 맞물림 성분과 0.1 mm/s의 베어링 성분이 함께 포함된 스펙트럼에 필요한 동적 범위는 다음과 같다.

$$dB = 20 \log (7/0.1) = 36.9 \text{ dB}$$

이 정도의 동적 범위는 최근에는 모든 데이터 수집기에서 사용할 수 있다.

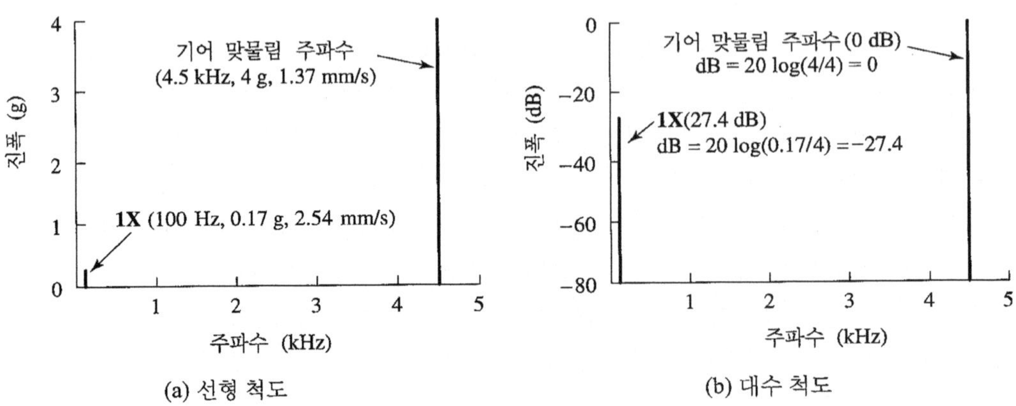

그림 2.24 가속도 스펙트럼의 선형 척도와 대수 척도

그러나, 분석기상에서 적절한 동적 범위를 얻기 위해서는 원하는 범위를 설정하거나 자동 범위 조정기능을 사용하여야 한다. 저주파 성분들이 포함된 진동의 저주파 가속도 성분이나 고주파 변위성분을 측정해야 할 경우 뛰어난 동적 범위를 가지는 것이 중요하다. 그림 2.24에서 적절한 동적 범위를 얻기 위해서는 27dB이 필요하다. 신호가 적어도 진폭 범위의 절반을 사용하도록 분석기 범위가 설정되어야 한다.

2.6.2 주파수 범위

신뢰할 수 있는 상태 감시를 수행하기 위해서는 측정 장비는 축 회전주파수 및 그 조화 성분(harmonics)뿐만이 아니라, 베어링, 기어, 실(seal), 블레이드, 깃(vane) 등의 다른 기계 요소에 기인하여 발생할 수 있는 진동수도 포함할 수 있도록 넓은 **주파수 범위**(frequency range)를 가져야 한다. 주파수 범위는 가능하면 감시되는 특유의 기계에 맞추어 설정되어야 할 것이다. 그러나, 변환기의 최대 선형영역(linear range)을 초과해서는 안 된다. 변환기의 최대 선형영역은 지정된 측정 정도의 범위 내에 있고, 변환기의 교정 감도(calibration sensitivity)가 일정한 주파수와 진폭의 범위를 말한다.

시스템의 선형 주파수영역은 최소 회전 주파수의 0.2배에서 최대 가진 주파수의 3.5배까지를 포함해야 하고, 이는 일반적으로 10 kHz를 초과하지 않는다. 전형적으로 최대 가진 주파수는 **깃(블레이드) 통과 주파수**(회전주파수 × 깃 또는 블레이드 수), 기어 **맞물림 주파수**(회전주파수 × 기어 이수), 구름 베어링 주파수의 하나이다. 전동기에서는 **회전자 봉 통과 주파수**(회전자 봉 수 × 회전주파수)이고, 펌프의 경우, 캐비테이션 진동이 역시 발생할 수 있고, 이것은 이 영역을 초과할 수 있다.

기계적인 적합성(suitability)의 경우, 10 kHz가 적당하다. 그러나 기어나 구름 요소 베어링의 경우와 같은 매우 높은 주파수 신호를 진단하는 경우에는 비록 변환기 제작자의 권장 선형 사용 영역(그림 2.25)을 넘어서더라도 10 kHz의 한계가 증가할 수 있다. 이들 예에서 비록 각각의 높은 주파수 신호가 진폭이 완전히 정확하지는 않아도, 신호는 가치 있는 정보를 제공할 것이다. 매우 높은 주파수 분석에 관한 추가 정보는 ISO 13373-2를 참조하기 바란다.

대부분의 데이터 수집기에서 분석 기능의 일부분으로서 스펙트럼들이 측정될 수 있다. 측정되는 주파수 범위는 반드시 데이터 샘플을 적절히 반영하도록 설정되어야 하며, 적절한 변환기가 선택되어야 한다. 기어가 설치된 장치들에서 단지 2 kHz 범위까지의 속도 변환기가 사용된다면, 발생되는 맞물림 주파수 성분들과 고차 조화 성분들은 속도 변환기의 한계에 의해 절단된다. 따라서, 이런 경우에는 반드시 가속도계를 사용하여야 한다. 절단 현상은 또한, 전달되고 있는 최대 주파수보다 스펙트럼의 범위가 작은 경우에도 발생될 수 있다.

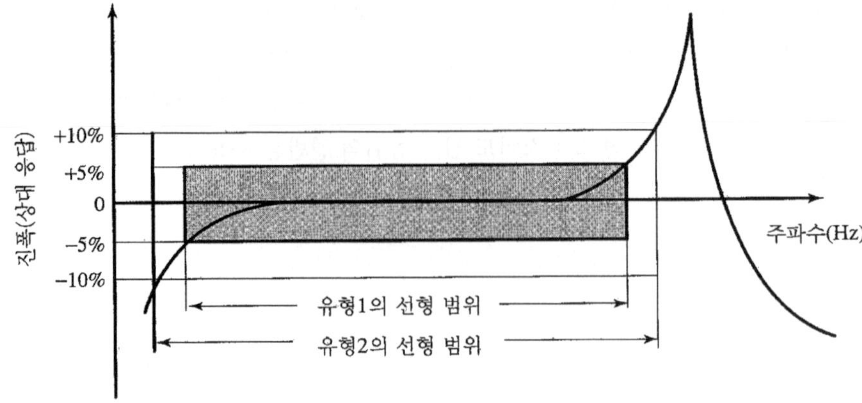

그림 2.25 시스템 주파수 응답(ISO 13373-1)

표 2.6에는 여러 회전기계의 스펙트럼 측정에서 추천되는 주파수 범위가 정리되어 있다. 이 범위들은 기계의 회전속도(rpm)와 다른 기계 주파수들을 기준으로 하고 있다. 총 진동 값에 비해서 현저하게 스펙트럼 에너지 값이 작다면 주파수 범위에 대해서 절단 현상이 발생한 것이다.

표 2.6 데이터 수집기의 기본적인 주파수 범위

요 소	구 간
축 진동	10 × RPM (RPM: 회전 속도)
기어 상자	3 × GM (GM: 기어 맞물림 주파수)
구름 베어링	10 × BPFI (BPFI: 내륜 통과 주파수)
펌프	3 × VP (VP: 깃 통과 주파수)
전동기/발전기	3 × 2 LF (LF: 전원 주파수)
휀	3 × BP (BP: 날개 통과 주파수)
유막 베어링	10 × RPM
엔진	12 × RPM

주파수 범위가 넓다면, 구별된 주파수 정보를 파악할 수 없을 정도까지 분해능(resolution)이 감소될 수 있다. 최적의 설정은 고주파 대역의 베어링 진동을 측정하기에 적절할 뿐만 아니라, 운전 속도 주파수에 대해서도 충분한 분해능을 제공하는 것이다. 때때로 분해능을 높이기 위해서 2개 또는 3개의

구간으로 데이터를 분할하거나 분해선의 수를 늘리는 것이 요구되며, 이 경우에 동일한 측정 점에서 몇 가지의 데이터 취득을 반복하여야만 한다.

이 절차에서 만족할 수 있는 측정은 그림 2.25에 보이듯이 2개의 유형으로 나뉘어진다.

- 유형 1의 측정은 측정의 요구되는 진폭과 주파수 영역에 대해 교정 감도의 ±5%의 허용 오차(allowable tolerance)를 갖는다.
- 유형 2의 측정은 측정의 요구되는 진폭과 주파수 영역에 대해 교정 감도의 ±10%의 허용 오차를 갖는다.

요구되는 진폭과 주파수 영역에 대해 교정 감도의 변화가 10%를 넘어서는 측정은 만일 요구되는 오차 이내로 그들을 되돌리도록 특별한 주의를 기울이지 않는다면, 이 절차를 따를 수 없다. 이에 따른 측정은 적절한 유형 1 또는 유형 2의 명칭을 이용해서 명기되어야만 한다.

같은 정도 또는 어떤 경우에는 더욱 중요한 것이 데이터의 재현성(repeatability)이다. 그러므로 데이터는 동일한 계측기, 부착 방법, 감도 및 교정이 이루어져야 한다. 그렇지 않고 정확하게 알려진 보상(compensation)이 이루어 질 수 없다면, 기계 상태에 대한 신호의 비교와 경향(trend)은 판단을 그르치게 할 수 있다. 그림 2.25의 응답 곡선은 일반적인 형상이라는 것에 역시 주의하기 바란다. 다음에 설명하는 각 변환기 유형은 다른 특성을 가지고, 실제 응답 곡선은 선정된 각 변환기에서 얻어지게 된다.

2.7 트리거 장치

회전축이나 다른 진동하는 대상을 기준으로 진동을 측정하는 것이 유리한 경우에 **트리거 장치**(trigger device)가 사용된다. 이 장치는 회전축에 표시된 기준, 요철 부위 등을 감지하여 분석기 혹은 오실로스코프에 기준 전압 신호를 보내서 데이터 취득이 시작되도록 한다. 그러므로, 트리거 장치가 분석기로 신호를 보낼 때마다 축 상의 동일한 위치에서 데이터가 얻어질 수 있다. 트리거 장치에서 발생된 신호의 주파수는 축 회전속도 또는 그 배수에 관련되어 있다. 기준 신호(reference signal)와 진동 신호 사이의 위상(phase)도 얻을 수 있다.

그림 2.26 광 센서(오토닉스사)

그림 2.26의 광 센서(photo sensor)는 회전축에 부착된 반사 테이프 조각과 회전속도 성분의 진동이 갖는 최대 진폭과의 위상각을 측정하기 위해서 필요한 회전속도 성분의 기준 신호를 측정하는 데에 가장 많이 사용된다. 광 센서에서 발사된 빛이 반사 테이프에 의해 반사될 때마다, 광 센서에서 분석기로 전압 펄스가 보내진다. 분석기는 테이프에서 빛이 반사되어 기준 펄스가 발생되는 시각과 다른 현상 말하자면, 축 위의 다른 표시 혹은 진동의 최대값 발생시간 등을 비교하여 위상을 측정하거나, 1분에 발생된 펄스의 수를 측정하여 회전속도를 나타낼 수 있다. 광 센서는 또한 비틀림 진동을 측정할 때에 회전축에 균등한 간격으로 나타낸 표시들 사이에서 경과되는 시간을 관찰하는 데에 사용될 수 있다. 광 시스템에는 축에 근접하여 설치되는 광 센서, 축에 부착시키는 광 반사테이프, 전원 공급 및 증폭 장치가 포함된다.

그림 2.4와 같은 비접촉 변위계는 키 홈과 같이 불연속적인 점을 만날 때에 전압 펄스가 발생되기 때문에 트리거 장치로 사용될 수 있다. 변환기는 회전축에 대해서 50 μm ~ 200 μm 정도의 간격으로 설치된다. 비틀림 진동을 측정하는 경우, 축의 회전속도에 비례하는 일련의 펄스 신호를 발생시키기 위해서 비접촉 변위계가 사용된다. 비틀림 진동이 발생된다면, 펄스들 사이의 시간 간격이 변화하여 주파수가 변조된다.

2.8 계측기의 선택

데이터 취득을 위한 변환기는 이를 디지털화하여 신호처리(signal processing) 및 표시(display)를 하도록 하기 위해 적절한 계측기에 연결되어야 한다. 이러한 계측기는 소프트웨어와 하드웨어적인 측면에서 다음의 기능을 수행할 수 있어야 한다.

2.8.1 소프트웨어 기능

일반적으로 진동 분석에 사용되는 계측기는 기본 모듈, 표준 측정 모듈, 모드 시험(modal test) 모듈, 구조 변경 모듈, 상관성 분석 모듈 및 모델 업데이트 모듈의 6가지 측면에서 계측기를 선택해야 한다. 그러나 통상적으로 기계 설비의 진동 상태감시 및 진단을 수행하기 위해서는 위의 모듈 중 기본 모듈, 표준 측정 모듈 및 모드 시험 모듈 만으로 계측기를 구성하여 사용하여도 가능하다. 구조 변경 모듈, 상관성 분석 모듈 및 모델 업데이트 모듈은 주로 저진동, 저소음 설계 단계에서 필요한 것이므로, 선택적으로 사용할 수 있다.

1) 기본 모듈

기본 모듈은 기반 모듈로서, 진동의 측정과 시험 데이터의 분석을 수행한다. 이 모듈이 가지는 기본 기능으로서는 다음과 같은 것이 있다.

(1) 작업 기반 인터페이스

사용자가 원하는 작업(task)에 따라 일련의 기능을 수행하는 아이콘(icon)과 위저드(wizard) 기능이 제공되어야 한다. 즉, 사용자의 작업 목적에 적합한 작업(또는 project)이 미리 구성되어 사용자가 초기 구성 없이 바로 사용할 수 있도록 하면 좋다.

(2) 그래프 표시

측정 데이터는 그 성격에 적합하도록 2차원(2D) 또는 3차원(3D)의 그래프로 표현될 수 있어야 한다. 이를 위해서는 다음과 같은 기능을 만족하여야 한다.

- 기본적인 2차원 XY 그래프 표시 기능
- 다양한 그리드(grid) 기능 및 linear/log/dB 척도(scale) 표시 기능
- 기본적인 복소 데이터 표시, 나이퀴스트, 궤도 및 극 선도 표시 기능
- 윈도우 기능: 기본 내장 및 사용자 지정 가중치(weighting) 함수 적용 기능
- Multiple stacked XY 그래프 : 다중으로 겹쳐진 그래프 표시 기능
- Waterfall, spectrogram 및 캠벨 선도 표시 기능(3차원 그래프)
- 2차원 slice 데이터 표시기능: 1/3, 1/*n* 옥타브 대역 그래프 표시 기능
- 각종 커서(cursor) 기능 (harmonics, zoom, sideband 등의 기능)

(3) 수학 연산 기능

이는 시간파형, 스펙트럼, 주파수 응답함수(FRF) 등의 데이터를 사용자가 가공하여 표시하는 기능이다. 기본 산술 함수 및 RMS, 합산 기능, offset, scaling, FFT, window 및 A/B/C/D 가중치 함수, 적분, 미분, 보간 및 decimation 기능, 히스토그램(histogram) 등의 통계 데이터 추출 기능 등이 제공되어야 한다.

(4) 작업 관리 기능

작업, 파일 및 시험 데이터에 각종 속성(attribute)을 부여하여 데이터의 입력, 수정, 삭제 및 검색 등의 관리 기능을 강화하는 기능을 제공해야 한다. 방대한 측정 데이터를 데이터베이스로 구축하는데 필요한 기능이다.

(5) 개방 구조

외부의 소프트웨어와 연결되거나 통합되기 위한 기능으로, 다음과 같은 기능이 제공되어야 한다.

- Data import/export 기능 : universal file, spreadsheet, RPC, SDF 기능
- ADF library 기능 : tree 형태의 구조적 데이터 표현 형식인 ADF 지원

(6) 기하학적 형상 정보의 입력 기능

기하학적 형상(geometry) 기반의 CAD/CAE 데이터를 측정 작업과 연결시키는 기능이다. 모드 형상, 운전변형형상(operating deflection shape)과 관련된 3차원 view/animation 기능을 사용하기 위해서는 필수적인 기능이다. 기하학적 형상을 노드(node)와 요소(element)로 구성하여 측정 점을 가시적으로 표시하고, 추후 유한요소해석(FEM) 소프트웨어에 연결하기 위해 필요한 기능이다. 이는 선택적으로 사용이 가능해야 한다.

- 노드/ 요소 생성
- 전역 및 국소 좌표계(local coordinate systems) : 다양한 좌표계 지원
- 측정점 그룹화(grouping) : 측정점을 일련의 그룹으로 관리
- NASTRAN/ANSYS 부분구조(substructure) 데이터로부터 Import : NASTRAN이나 ANSYS의 FEA 모델 구조를 읽어서 직접 사용하는 기능

2차원 및 3차원 표시 기능으로는 geometry display, line/shaded display, arrow/criterion display, contour display, animation 등이 있다. 시계열 데이터 처리 모듈은 일종의 데이터 기록 기능으로 임의의 시간 및 임의 채널을 통한 데이터의 측정을 측정 시간의 제한 없이 수행하는 기능이다. 현장 측정, 후처리 분석의 방식이 필요한 경우에 사용하므로 현장 업무에서 매우 필요한 기능이라고 할 수 있다.

데이터 축소 및 후처리를 위해서는 사용자가 원하는 샘플링 주파수로 초기 데이터를 가공하는 데이터의 재샘플링 기능, 디지털 필터를 이용한 시간 기반의 디지털 필터링 기능 및 가중치 함수를 이용한 주파수 기반의 필터링 기능 등이 필요하다.

2) 표준 측정 모듈

(1) 실시간 측정기능

실시간 데이터 처리는 소프트웨어와 하드웨어가 각 채널 당 샘플링 주파수가 독립인 실시간 측정을 기반으로 하여야 한다.

(2) 다중 인터페이스

- 다중 데이터 표시 : 최대 16채널까지는 동시에 시간파형과 스펙트럼을 동시에 표시할 수 있어야 하며, 최대 32채널까지는 overall치(실효치 등)의 표시가 가능해야 한다. 모드 시험뿐만 아니라, 대상 기계의 진단을 위한 진동의 심각도를 평가하기 위한 용도의 사용에도 필요하다.
- 설정정보 관리 : 설정정보들은 별도로 저장/관리되어 재사용 가능하여야 한다.
- 기하학적 형상정보 설정 : 형상(geometry) 기반의 정보를 이용하여 측정점의 위치와 센서의 설치 방향 등의 정보를 입력가능 해야 한다.

(3) 신호 계측

실제로 측정을 수행하는 모듈이다. AD 변환 기능과 DA 변환 기능의 2가지 범위로 구분할 수 있다.

- 시계열 기반 측정 : 시계열 신호 측정 및 평균화, 자기상관(auto correlation) 및 상호 상관(cross correlation)
- 주파수 기반 측정 : 스펙트럼, 주파수응답함수, 코히어런스(coherence)

- 가진 기능(excitation) : 가진기를 이용한 시험을 위한 가진 신호 생성
- 과도상태 신호계측 기능 : 회전속도가 변화하는 과도상태의 데이터를 측정 기능이다. 차수 성분의 추출 기능, 차수 스펙트럼의 표시 기능 및 보데 선도 등의 기능을 제공하여야 한다.

(4) 계측기 설정 기능

- 샘플링 주파수 : 주파수 또는 최대 FFT 주파수를 이용한 지정 가능
- 트리거 방법 : manual, channel, data, external source, pre/post trigger
- 자동 범위(auto-range) : 측정되는 전압의 범위를 자동으로 조정하는 기능
- Windowing, 평균 : overlap기능을 포함한 평균화(averaging) 기능

(5) 채널 설정 기능

입력 채널, 측정 위치, 변환기(센서)에 대한 정보가 표(table) 형태로 일목요연하게 표현되어야 한다. Tree 형태의 구조적 표현보다는 표 형태의 표현이 현장에서의 반복적인 사용시에 가독성이 높다.

- 채널 표 : 전압 범위, coupling 등의 정보를 표시
- 변환기 표 : 변환기(센서)의 정보, serial 번호 등의 정보가 미리 입력되어 있어야 한다.

3) 모드 시험 모듈

(1) 모드 해석(modal analysis) 기능

기계 구조물의 거동을 표현하는 모드해석용 모델을 구축하는 기능을 수행하는 모듈이다. 즉, 공진주파수, 감쇠, 모드 형상 등의 모드 파라미터를 추출해야 한다. 이를 위해서는 향상된 모드 파라미터의 추출을 위한 곡선 적합(curve-fitting) 기능, 국소/ 전역 모드 파라미터 및 형상 추정(shape estimation), 단일 또는 복수 기준데이터 지원, 모드 형상(mode shape)을 정규화하고, 모드 질량을 구하는 기능 등의 구성 요소를 반드시 포함해야 한다.

(2) 기하학적형상 정보 입력 및 3차원 표시 기능 (기본 모듈의 기능)

(3) 운전 변형 형상(operational deflection shape : ODS) 기능

운전 변형 형상은 특정 운전 상태의 구조물 또는 회전체의 거동을 파악하는데 사용된다. 진동의 측정은 상이한 측정 위치와 방향에서 수행되며, 애니메이션화되어 표현된다.

(4) 운전 모드해석(operational modal analysis : OMA) 기능

운전 모드해석은 특정 상태 하에서 운전되고 있는 구조물 또는 회전체의 모드 파라미터(고유진동수, 감쇠비 등)를 추출하기 위한 기능이다. 즉, 현실적으로 외부에서 가해지는 힘으로 가진하는 것이 어렵거나 불가능할 때, 입력 노이즈원(input noise source)을 가진원으로 간주함으로써, 측정되는 진동 값만을 이용하여 모드 파라미터를 추출하는 방법이다. 단, 가진원이 넓은 주파수 범위를 가지고 또한 Gaussian 분포의 성질을 가져야 하는 조건이 필요하다.

2.8.2 하드웨어 기능

1) Main Frame과 Body

장비의 크기 선정에는 장비 이동시의 운반 효율성을 고려하는 것도 중요하다. 경험적으로 200 × 300 × 400 mm 정도의 크기이면, 이동성에는 큰 문제가 없는 것으로 알려져 있다. 장비의 무게 역시 장비의 이동과 관련된다. 경험적으로 대략 5 ~ 10 kg이면, 이동에 적절한 것으로 알려져 있다.

전원으로는 외부 AC 전원(100 ~ 240 V)을 AC 어뎁터를 통하여 공급받으면 된다. 단 battery pack 기능을 지원하여 현장에서의 공급 전원의 수를 줄이는 것이 계측 편리성의 한 요소이다.

슬롯(slots) 수는 main frame에 장착되는 모듈의 최대 수를 의미한다. 통상 4 ~ 8개 정도(1개의 입력 모듈 당 4개의 채널 지원 기준)이면 충분하다.

PC 인터페이스 통신규약(protocol)으로는 PCI 방식, IEEE 1394 방식, TCP/IP 방식, SCSI 방식 등이 있다. 가장 전송속도가 빠르고 안정적인 방식은 SCSI 와 PCI 방식이다. PCI 방식은 현재 Desktop PC에만 부착할 수 있는 단점이 있다. TCP/IP는 외란에 의한 통신의 단절이 발생할 가능성이 있다.

2) 입력 모듈(input module)

채널의 수는 main frame이 장착 가능한 모듈의 수를 감안하여 최소 16채널 이상을 지원해야 한다. 연결 유형으로는 BNC 케이블 형식을 기본적으로 지원해야 한다. 별도의 breakout box(또는 터미널 board)를 이용하는 방식은 과다한 케이블의 노출로 이동 효용성과 장비 관리에 있어 불리한 점이 되므로 가능한 지양하도록 한다.

입력신호의 유형으로는 하나의 입력 모듈에서 ICP 또는 전압 신호를 동시에 지원하도록 한다. 즉, 소프트웨어에서 ICP/전압의 선택 기능을 지원해야 한다.

입력전압의 범위는 최소 －0.1 ~ 0.1 V에서 －10 ~ 10 V를 지원해야 한다. 최소 전압범위가 －0.1 ~ 0.1 V인 경우는 AD 변환 분해능이 최소 16bit를 지원하여야 스트레인 게이지와 같은 낮은 전압 범위를 갖는 신호처리에 있어 충분한 수치적 정밀도를 얻을 수 있다. 통상 24bit 이상의 AD 변환 분해능이 권장된다.

샘플링 주파수(sampling frequency)는 채널당 최대 샘플링 주파수가 최소 65 kHz는 되어야 한다. FFT를 수행했을 때의 최대 주파수 범위가 25.6 kHz인 경우를 포함한 경우이다. 구름요소베어링의 변조주파수의 검지나 소음신호 처리를 가능하도록 하는 최소 주파수 범위의 요구조건이 된다.

데이터 전송 속도는 Frontend에서 PC 인터페이스로의 통신규약과 관련되어 있는 것으로, 이는 샘플링 주파수와도 밀접한 관련이 있다. 샘플링 주파수가 높다고 하더라도 데이터의 전송속도가 낮게 되면 제대로 전송하지 못한다. 이는 USB 1.0 방식이나 serial port를 통한 전송방식을 지양해야 하는 이유가 되기도 한다. USB 2.0 방식은 속도나 안정성 측면에서 많은 개선이 이루어지고 있고, 이를 채택하는 계측기도 그 간편성으로 인해 점차 늘어나는 추세이다.

AD 변환기의 분해능(resolution)은 입력전압의 범위와도 관련되어 있다. 만약 실제 측정되는 전압의 범위가 매우 낮은 범위이고, 입력전압 범위가 이 낮은 범위를 좁게 포괄하지 못한다면, 디지털화한 데이터의 해상도가 매우 낮게 된다. 따라서 낮은 범위의 전압을 다룰 수 있는 부가적인 입력모듈이 필요하게 된다. 12 bit인 경우는 4,096 단계, 16 bit인 경우는 65,536 단계, 24 bit인 경우는 무려 166,777,216 단계를 표현이 가능하므로, AD 변환의 분해능은 24 bit 이상을 기본으로 선택하는 것이 매우 유리하다.

DC 신호를 제거하는 기능은 특히 변위 센서로부터 취득한 신호를 주파수 변환하는 경우나, 강체모드의 영향을 받는 저주파 신호를 분석할 때 필요한 매우 기본적인 기능이다. DC 신호를 제거하는 기능이 이론적으로 0 Hz 성분을 제거하는 것이라면, 고주파수 통과 필터(high pass filter) 기능은 사용자가 원하는 주파수로 고주파수 통과 필터 기능을 적용하는 것이다. 통상 두 기능이 결합되어 사용되기도 한다.

TEDS(Transducer Electric Data Sheets) 기능은 사실 계측기의 기능이라기 보다는 변환기의 기능에 가깝다. 이는 변환기 내부에 ID, 감도, 동적 범위, 측정점 정보 등을 기록해놓는 규약이다. 다수의 변환기를 관리하는데 편리하며, 표준국제규약이 National Instrument, B&K 등의 계측기 제조업체를 중심으로 현재 급속히 진행 중에 있다.

3) 출력 모듈(output module)

채널 수는 출력신호원(output signal source)을 이용한 가진 기능을 사용할 경우에 필요한 기능이다. 일반적인 진동 계측 및 진단을 위해서는 1 ~ 2개 정도의 채널을 지원하면 충분하다. 연결(connection) 방식으로는 통상적으로 BNC 형식을 지원하면 된다.

2.9 측정시의 주의사항

축의 중요한 측정 점에 대한 진동을 올바르게 평가할 수 있도록 변환기를 그 점에 위치시킨다. 상대적인 측정과 절대적인 측정이 이루어지도록 2개의 변환기가 각 기계 베어링에 또는 그 부근에 위치하도록 한다. 이들은 축 중심선(shaft axis)에 수직인 동일 횡평면에 반경 방향으로 설치하여야 하지만, 실제로는 반경 평면에 대해 ±5° 이내로 설치되어도 무방하다. 두 변환기는 동일 베어링에 90° ± 5° 떨어져 설치되는 것이 좋으며, 선택된 위치는 각각의 베어링에서 동일하여야 한다.

단일 변환기는 만약 축 진동에 대한 적절한 정보를 제공한다고 생각되면, 한 쌍의 직교 변환기 대신에 각 측정 면에 사용될 수 있다. 진동에 의해 발생하지 않는 전체 런 아웃(run-out)을 결정하기 위해서 특별한 측정이 권고된다. 런 아웃 벡터는 통상 축 표면의 금속적인 비균질이나 국부적인 잔류 자기(magnetism), 기계적인 런 아웃에 의해 야기된다. 비대칭 회전체의 경우 중력 효과가 잘못된 런 아웃 신호를 발생할 수 있으므로 주의가 필요하다.

2.9.1 상대 진동

상대 진동의 측정은 일반적으로 기계의 회전축과 구조물의 부재, 예로 베어링 하우징 사이의 진동 변위를 감지하는 비접촉 변환기를 이용하여 수행된다. 이 변환기는 베어링 하우징에 암 나사를 낸 구멍에 설치되거나 베어링 하우징에 인접한 강한 브래킷(bracket)에 설치된다. 변환기가 설치되는 저널 베어링에는 유막 내의 쐐기 효과(wedge effect)에 의해 발생하는 압력과의 간섭이 없도록 위치해야 한다. 브래킷에 설치된 변환기에서는 상대 축 진동을 측정하는 변환기의 능력에 영향을 미치지 않도록 브래킷의 고유 진동수를 멀리 떨어지도록 한다.

변환기 위치의 축 표면은 모든 열 조건하에서 잘못된 신호를 일으키는 국부적인 잔류 자기와 금속학적인 비균질성, 어떤 기하학적인 불연속성(키 홈, 급유 홈, 나사산 등)으로부터 자유롭고 매끄러워야 한다. 어떤 환경 하에서는 전기 도금되거나 표면 경화가 허용될 수 있다. 이 때에는 다시 교정(calibration)하여야 한다. 변환기의 측정 시에는 전기적 런 아웃과 기계적 런 아웃의 합이 허용 진동 변위의 25% 또는 6 μm를 초과해서는 안 된다.

2.9.2 절대 진동

접촉식 변환기(shaft rider)를 이용하여 직접 절대 축 진동을 측정하거나, 지지대의 진동을 측정하는 사이즈믹(seismic) 변환기와 비접촉식 상대 진동 변환기를 조합하여 사용하는 경우가 있다. 후자의 경우, 절대 진동은 두 변환기의 출력을 벡터적으로 합성하여 얻어진다.

비접촉식 변환기에 대한 요구 사항들은 상대 진동 부분에서 이미 설명하였으며, 부가적으로 사이즈믹 변환기는 비접촉 변환기에 근접하여 기계 구조물(예로 베어링 하우징)에 강하게 부착한다. 그러므로 두 변환기는 동일한 측정 방향으로 지지 구조물의 동일한 절대 진동을 받게 된다. 이 두 신호를 벡터적으로 합성함으로써 절대 축 진동을 정확하게 측정된다.

2.10 요약

- 기계의 상태 평가를 위한 진동 측정 파라미터로는 변위, 속도 또는 가속도가 있고, 기계의 특성에 따라 결정된다.
- 진동 변환기는 측정 파라미터, 주파수 응답범위, 변환기 감도, 신호대 잡음비(S/N비), 변환기 크기, 기계의 구조와 지지 베어링의 종류, 운전속도 등에 따라 선택되어야 한다.
- 변위계에는 와전류형과 정전용량형 비접촉식 변위계가 널리 사용되며, 베어링 하우징에 대한 상대적인 회전축의 정적 및 동적 변위를 측정한다.
- 속도계는 동전형 변환기가 널리 사용되며, 케이싱이나 베어링 하우징의 절대진동 속도 값을 측정한다.
- 가속도계는 압전형 가속도계가 널리 사용되며, 케이싱이나 베어링 하우징의 절대진동 가속도 값을 측정한다.
- 신호의 감도는 선택된 측정 파라미터와 주파수 범위에 의해서 결정된다.
- 변위 신호는 높은 주파수 대역에서 작고, 가속도 신호는 낮은 주파수 대역에서 작다.
- 가속도 신호를 적분하면, 저주파수 대역에서 큰 잡음이 발생될 수 있다.
- 주파수 응답은 주어진 주파수 범위 내에서 진동의 크기를 재생성하는 변환기의 능력을 나타낸다.

- 변환기의 위치는 베어링이나 베어링에 최대한 가까이 설치되어 관심 있는 주파수영역의 데이터가 얻어지도록 한다.
- 변환기의 설치에는 손 고정, 영구자석, 접착제, 절연나사 및 강 나사를 이용한 방법이 사용되고, 설치 고유진동수가 최대 관심주파수의 3배 이상이 되도록 선택한다.
- 불평형, 축 정렬불량, 헐거움과 같은 운전주파수(1X)에서의 진동은 반경 방향으로 상태가 감시되고, 반경 방향과 축 방향에 대해서 분석한다.
- 구름요소베어링과 기어에 의한 진동은 축 방향으로 측정한다.
- 상태감시에서는 결함 초기단계에서 결함 성분을 파악하는 것이 중요하므로, 진폭은 선형척도보다는 대수 척도를 이용한다.
- 발생되는 모든 진동 현상이 잘 측정되도록 적절한 주파수 범위와 분해선의 수를 설정한다.
- 주파수 범위는 통상 최소 회전주파수의 0.2배에서 최대 가진주파수의 3.5배까지를 포함하도록 한다.
- 분석이 쉬운 데이터가 출력되도록 데이터 수집기의 취득 방법을 설정한다.
- 계측기는 상태감시 및 진단 목적에 부합하도록 소프트웨어와 하드웨어의 기능을 선택하여야 한다.

참고 문헌

[1] API 670, Vibration, Axial Position, and Bearing Temperature Monitoring System, 2nd, American Petroleum Institute, Washington, D.C., 1986

[2] API 678, Accelerometer-Based Vibration Monitoring System, API, Washington, D.C., 1981

[3] Crawford, A.R. and Crawford, S., The Simplified Handbook of Vibration Analysis, Volume One, Computational Systems, Inc., 1992

[4] 각종 측정 장비 제작사의 카탈로그 및 사용 설명서

[5] ISO 7919-1:1996, Mechanical vibration of non-reciprocating machines- Measurements on rotating shafts and evaluation criteria- Part 1: general guidelines

[6] ISO 10816-1:1995, Mechanical vibration- Evaluation of machine vibration by measurements on non-rotating parts- Part 1: general guidelines

[7] ISO 13372:2004, Condition monitoring and diagnostics of machines- Vocabulary

[8] ISO 13373-1, Condition monitoring and diagnostics of machines- Vibration condition monitoring- Part 1: general procedures

[9] ISO 13374-1:2003, Condition monitoring and diagnostics of machines- Data processing, communication and presentation - Part 1: general guidelines

[10] Eshleman, R. L., Machinery Vibration Analysis I, Vibration Institute, 1990

제 3 장

신호 처리

기계에서는 구조, 작동 환경, 고장이나 결함 유무, 부품의 열화 정도 등에 따라 다양한 진동이 발생한다. 설비의 상태 감시 및 진단이란 이들 설비에서 발생하는 진동을 측정하여, 설비의 정상 및 이상, 열화의 정도, 이상의 상태 등을 파악하고, 나아가 설비에 고장이 발생하기 전에 적절한 조치가 취해지도록 하는 것이다.

따라서 다양한 원인에 의해 발생하는 진동을 정도 좋게 검출하는 계측 기술, 계측된 신호 중에서 상태 감시와 진단에 필요한 신호만을 추출하는 신호 처리 기술과 처리된 신호 등의 정보를 분석하기 위한 신호 분석 기술이 필요하다.

최근에는 신호 처리를 높은 정도로 짧은 시간에 수행하고 필요로 하는 정보를 인간이 이해하기 쉬운 형태인 그래프나 그림으로 표시하여 상태 감시를 자동적으로 실시하고, 이상으로 판명되는 경우 이에 대한 수정 조치를 위한 적절한 조언을 제공할 수 있는 장비도 판매되고 있다. 이러한 기술들의 상호 보완적인 결합은 결함의 원인과 심각도(severity)를 더욱 명확하게 설정하게 하고, 운전과 보수 조치의 타당성을 제공할 수 있을 것이다.

기계 설비에서 얻어지는 진동 신호를 직접 처리하는 것이 가장 바람직하지만, 측정된 신호 파형에 포함된 무의미하거나 유해한 잡음(noise) 성분을 필터링(filtering), 포락선 처리(enveloping), 평균 가산법 등의 전처리(preprocessing) 과정을 통하여 제거하고, 상태 감시 및 진단의 목적 혹은 신호의 특성에 따라 정밀 분석에 편리하도록 시간 영역, 주파수 영역 및 공간 영역 해석을 통하여 이상을 표시하는 각종 특징 파라미터를 추출하는 것이다.

이 장에서는 기계의 상태 감시 및 진단을 위해 일반적인 진동 측정에서 사용되는 신호 처리 방법에 대해 평이하게 설명한다.

3.1 신호 처리 및 분석

고도의 신호 처리를 위한 기초가 되는 것은 컴퓨터를 중심으로 한 **디지털 신호 처리**(digital signal processing : DSP) 기술이다. 물론 아날로그 신호를 이용한 평균치, 실효치, 대역 통과 필터 등의 신호 처리 기술도 오래 전부터 이용되어 왔다. 그러나 이들 방법은 얻어지는 정보가 극히 한정되고, 그 판단도 많은 경험을 쌓은 숙련자가 긴 시간에 이용하여 수행하지 않으면 안되었다. 이에 큰 변혁을 가져온 것은 1960년대의 디지털 신호를 사용하여 컴퓨터에서 신호 처리를 수행하는 장치의 발명이다. 이 장치를 이용함으로써 종래 아날로그 신호 처리에서는 생각할 수 없었던 정도로 매우 고도의 신호 처리를 할 수 있는 가능성을 열었다.

기계의 결함에 의해 발생하는 각종 진동 신호를 분석하는 방법에는 여러 가지가 사용될 수 있고, 그 중 하나는 그림 3.1과 같은 **오실로스코프**(oscilloscope)를 사용하여 진동 현상이 시시각각으로 변화하는 것을 관측하고 판단하는 방법이다. 이것은 신호를 진폭 대 시간으로 취하는 것이며, 시간을 중심으로 하는 분석 방법이다. 그러나 이러한 시간 영역의 분석에서는 주파수를 정량적으로 파악할 수 없다. 이는 그림 3.2와 같이 대부분의 진동 신호는 단일 주파수로 구성되지 않고, 많은 주파수 성분이 포함되어 복잡한 현상을 나타내기 때문이다. 그러므로 대단히 복잡한 계산이 되는 **푸리에 변환**(Fourier transform)을 수행하지 않으면 안 된다. 따라서 변환기로부터 취득된 신호를 분석할 때에 시간 영역, 주파수 영역, 진폭 영역의 3가지 측면에서 표현 방법을 택할 수 있다. 최근에는 **웨이블릿 변환**(wavelet transform)과 같은 시간-주파수 영역의 표현방법도 널리 사용되기 시작하고 있다.

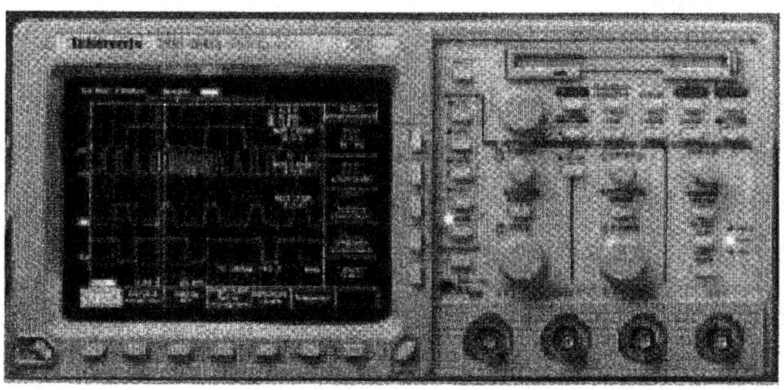

그림 3.1 오실로스코프(Tektronics, TDS460A)

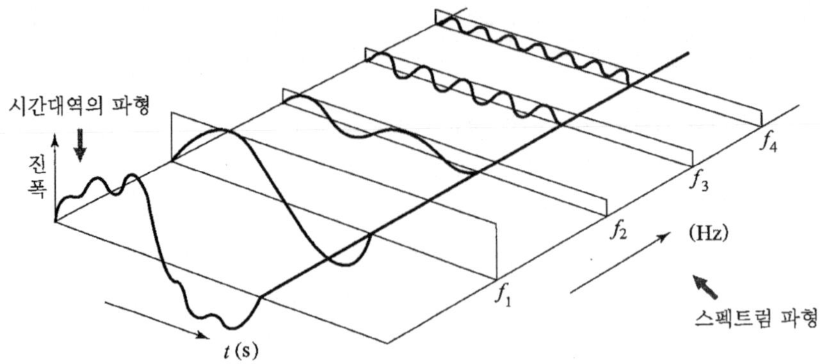

그림 3.2 시간 대역의 신호와 주파수 대역의 신호

시간 영역의 표시란 이들 신호를 오실로스코프에 입력하여 관측하는 경우와 같으나, 신호의 진폭이 시간과 함께 어떻게 변화하는가를 나타내는 표시 방법이다. 디지털 FFT 분석기에는 시간 영역의 표시뿐만 아니라, 그 신호로부터 나오는 특징적인 성분을 각 주파수마다의 레벨(level)로 분해하고 표시하는 주파수 영역도 표현할 수 있다. 이러한 시간 영역의 신호를 주파수 영역의 신호로 변환하는 것을 **주파수 분석**(frequency analysis)이라고 한다. 주파수 영역의 정보는 시간 영역의 신호를 보다 이해하기 쉬운 형태로 변환한 것이기 때문에, 설비에서 계측한 진동 신호를 이용하여 설비의 이상을 파악하는 목적에는 실제로 보다 적합한 데이터라고 할 수 있다.

3.1.1 신호 처리 시스템

시스템의 입구에 해당하는 것이 기계에서 발생하는 진동, 압력 등과 같은 물리량을 검출하여 전기 신호로 변환하는 **센서**(sensor), 즉 **변환기**(transducer)이며, 이에는 많은 종류가 있다. 단, 이들의 대부분은 물리량의 크기에 비례한 아날로그 전압을 발생하는 점에서는 공통되고 있다. 다음 단계가 검출기에서 나오는 신호를 증폭하거나 1차 가공을 하는 **증폭기**(amplifier)이다.

증폭기나 변환기에서 나오는 신호 그 자체는 숙련자가 듣고 있는 소리와 거의 같은 상태이다. 이 신호를 분석하는 FFT분석기의 부분이 경험에 비추어서 숙련자가 머리 속에서 정보를 처리하고 판단하는 부분의 일부라고 말할 수 있다. FFT분석기는 신호가 가지고 있는 다방면의 정보, 예를 들면 성분이 되는 주파수나 그 크기 등을 디지털로 처리하고 정리하여 표시하는 것이다.

이러한 데이터는 신호 그 자체를 보는 것만으로는 알 수 없는 기계의 정보가 많이 포함되어 있으므로, 한번 표준화하면 누구든지 기계의 상태를 점검(판단)할 수 있다. 분석된 데이터는 기록을 하기 위하여 디지털 플로터로 보내거나, 다시 고도의 처리를 하기 위하여 상위 컴퓨터에서 실행할 수도 있다.

3.1.2 신호 처리의 기능

일반적으로 각종 신호를 분석하는 경우, 복잡한 신호의 분석에서 요구되는 시간 영역, 주파수 영역 및 전달 특성 등의 각종 해석을 분석기 1대로 수행할 수 있다. 2채널 FFT분석기의 측정과 해석 기능은 일반적으로 다음과 같은 형태로 분류할 수 있다.

(1) 신호 내의 필요한 성분과 불필요한 성분의 분리

- 시간 평균(time averaging)
- 스펙트럼 평균(spectrum averaging)
- 자기 상관 함수(auto-correlation function)
- 자기 파워 스펙트럼(auto-power spectrum)

(2) 신호 내의 주파수 성분 측정

- 자기 상관 함수
- 자기 파워 스펙트럼

(3) 신호원(signal source)과 측정 점의 분리, 추출

- 상호 상관 함수(cross-correlation function)
- 상호 파워 스펙트럼(cross-power spectrum)
- 기여도 함수(coherence function)

(4) 전달 특성의 파악

- 전달 함수(transfer function)

3.1.3 디지털 신호 분석

신호 분석의 기본적인 방법인 푸리에 변환은 1965년 Cooly와 Tukey에 의해 제안된 고속 푸리에 변환 (fast Fourier transform: FFT) 알고리듬과 최신 디지털 기술을 신호 분석에 도입하고 신호를 높은 정확도와 고속으로 처리하는 방식이 디지털 신호 분석이다. 디지털 기술이 발전하기 이전에는 아날로그(analog) 기술에 의하여 푸리에 변환을 처리하였기 때문에 본래의 푸리에 변환이 충분히 이루어지지 않았다. 디지털 기술을 응용하면 신호를 고속으로 처리할 수 있고, 분석 주파수의 범위를 쉽게 변경할 수가 있다.

푸리에 변환을 정식으로 디지털 계산기로 수행하는 경우, 그 신호 데이터 수가 증가함에 따라 푸리에 변환의 연산 시간은 대단히 길어지고 실용상 기억 장치의 용량도 아울러 문제가 생기게 된다. 이것은 입력 신호를 시간 축 상에서 N개의 샘플(sample)로 분할하고, 한정된 푸리에 변환을 N^2에서 $(N/2)\log_2 N$회로 감소시킬 수 있다. 그리고 이러한 처리 방식을 일반적으로 FFT라고 한다. 또한 아날로그 처리에서 항상 문제가 되는 저주파수 대역의 해석에서도 디지털 기술을 사용하면 DC 성분의 높은 분해능과 안정도로 해석되며, 더욱이 확장성과 데이터 취급의 용이도 및 응용성 등 아날로그 해석 기술로는 수행하지 못했던 많은 이점을 얻을 수 있다. 그리고 이러한 계측기나 계측 시스템을 디지털 신호 분석기 또는 FFT 분석기라고 한다.

3.1.4 디지털 신호 처리

컴퓨터를 이용하여 어떤 신호로부터 원하는 정보를 추출하기 위해 신호 처리를 수행할 때는 먼저 A/D 변환기(A/D converter)를 사용하여 연속 신호(continuous signal 또는 analog signal)를 디지털 수치 신호인 이산 신호(discrete signal 또는 digital signal)로 바꾸어야 한다. 아날로그 파형을 디지털 값의 계열로서 나타내는 데는 샘플링과 양자화(quantization)가 필요하고, 통상 이 두 가지를 포함하여 디지털화(digitization)라 한다.

그림 3.3(a)의 실선과 같은 연속 파형을 가로의 시간 축에서 일정한 시간 간격 Δt로 이산 점에 대한 값으로 대표시키는 조작을 샘플링(sampling) 또는 표본화라 하고, 샘플링된 이산 신호의 각각의 값을 데이터(data)라 부른다.

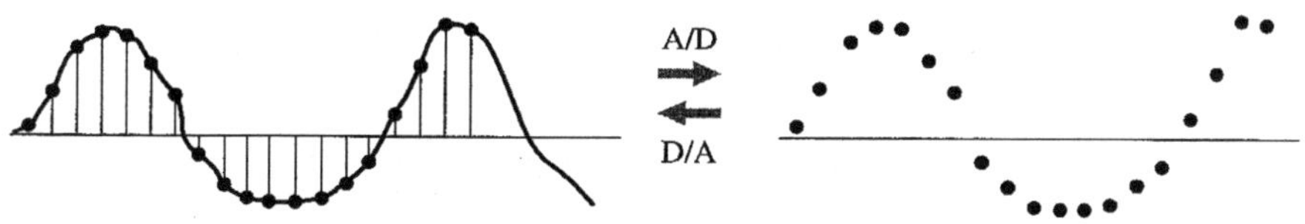

(a) 아날로그 신호 (b) 디지털 신호

그림 3.3 A/D 변환과 D/A 변환

A/D 변환기의 성능은 신호의 크기 변화의 감지 정도를 의미하는 **분해능**(resolution)과, 신호 수집의 시간 간격을 의미하는 **샘플링 주파수**(sampling frequency)에 의해 평가된다. 따라서 단순히 일정한 시간 간격으로 데이터를 샘플링 하면 되는 것이 아니라

- 샘플링 시간은 얼마로 해야 할 것인가?
- 원하는 정보의 값을 비교적 정확히 알기 위해 어느 정도의 데이터 개수가 필요한가?
- 신호에 포함된 가장 높은 주파수는 얼마인가?
- 신호 처리의 주파수 대역은 얼마인가?

등을 파악하여 연속적인 신호를 이산적인 신호로 변화시켜 신호 처리를 하는데 발생하는 여러 가지 문제점을 해결하여야 한다.

아날로그 신호를 디지털 신호로 변환할 때, 분해능으로 인해 발생하는 오차를 **양자화 오차**(quantization error) 또는 정량적 오차라 한다. 디지털 변환에서 발생할 수 있는 오차로는 변환기(센서)와 증폭기의 비선형성과 잡음, 디지털 샘플링으로 인한 엘리어싱 오차 및 샘플링 간격의 불균일로 인해 시간축 신호파형이 떨리는 지터(Jitter) 현상이 있다. 이와 같이 본격적인 신호 처리를 수행하기 전에 선행되는 처리를 신호의 **전처리**(preprocessing)라 한다.

1) 샘플링 시간(sampling time)

샘플링 시간이 큰 경우, 그림 3.4에서 보는 바와 같이 높은 주파수 성분의 신호를 낮은 주파수 성분으로 인지할 수가 있다. 이런 영향을 **엘리어싱**(aliasing)이라 부른다. 엘리어싱 현상을 방지하기 위해서는 샘플링 시간을 작게 잡아야 한다. 그러나 샘플링 시간을 지나치게 작게 하는 경우, 필요한 데이터의 수가 많아져 계산 시간이 많이 걸리게 되고, 또한 필요 이상으로 작은 샘플링 시간은 높은 주파수 영역에서의 잡음(noise)의 영향을 배제할 수가 없다.

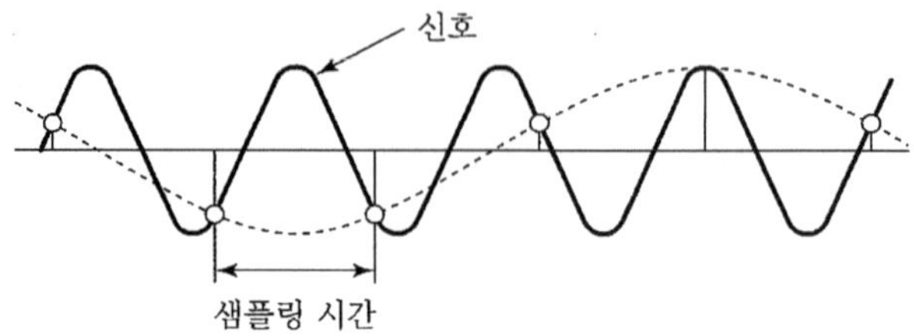

그림 3.4 엘리어싱(aliasing)

어떤 아날로그 신호의 데이터에 포함된 가장 높은 주파수를 f_{max}라 할 때, 변환된 디지털 신호로부터 원래 아날로그 신호를 완벽하게 재현할 수 있는, 즉 엘리어싱 영향을 제거하기 위한 샘플링 시간 Δt 또는 샘플링 주파수 f_s는 나이퀴스트 샘플링 정리(Nyquist sampling theorem)에 의하여 다음 식과 같이 주어진다.

$$\Delta t = \frac{1}{f_s} \leq \frac{1}{2f_{max}}$$

샘플링 정리란 샘플 값의 계열이 원래 파형에 포함되는 정보를 모두 갖도록 샘플 간격을 규정한 것으로, 이 정리에는 시간 함수 $x(t)$가 주파수 f_{max}이상의 성분을 가지지 않을 때, $x(t)$는 $1/(2f_{max})$보다 작은 일정 시간 간격 Δt에서 샘플링 되는 값으로 완전히 결정된다는 시간 영역의 정리와, $-T<t<T$ 사이 이외에서 $x(t)$가 0이면, 그 푸리에 변환 $X(\omega)$는 π/T보다 작은 일정 주파수 간격의 대표 점으로 정확히 결정된다는 주파수 영역의 정리가 있다.

샘플링에 관련된 매개 변수의 관계식으로는 나이퀴스트 주파수 $f_n = f_s/2$, 주파수 간격(분해능) $\Delta f = f_s/N$, 샘플링 간격 $\Delta t = 1/f_s$, 시간 데이터 길이 $T_r = N\Delta t$가 있고, 여기서 N은 데이터의 개수이다. 시간 영역에서 N개의 샘플링 데이터를 취득하면, 주파수 영역에서 $N/2+1$개의 주파수 눈금을 얻게 된다. 예로 샘플링 주파수를 1 kHz로 하고, 1,024개의 데이터를 이용하면, f_n = 500 Hz, Δf = 1,000/1,024 = 0.9765 Hz, Δt = 1/1,000 = 0.001 s, T_r = 1,024 × 0.001 = 1.024 s가 된다.

2) 데이터 개수

결론적으로 말해서 샘플링 데이터의 개수는 많을수록 좋다. 그러나 데이터의 개수가 많아지면 컴퓨터의 메모리 용량과 신호 처리 시간이 증가하는 문제점이 발생하므로, 어느 정도 제한을 두어야만 한다. 그러면 얼마 정도의 데이터 개수를 수집하여야만 필요로 하는 정보를 비교적 정확하게 획득할 수 있을까 하는 것이 문제로 된다.

이것은 신호를 수집하는 대상, 즉 시스템의 대역폭(bandwidth)에 달려있다. 이론적인 이유는 생략하고 그 결과만을 서술하면 데이터의 수 N이 아래와 같이 주어질 때, 3 dB 대역폭을 B라 하면

$$N = \frac{4}{B\,\Delta t}$$

상대적인 바이어스 오차(bias error)는 2% 정도가 된다. 예로서, 1 자유도를 갖는 진동계에서는 $B = 2\alpha f_n$이 되고, 여기서 f_n은 공진 주파수, α는 감쇠비이다. 이때는

$$N = \frac{4}{2\alpha f_n \Delta t} = \frac{2}{\alpha f_n \Delta t}$$

로 하면 된다.

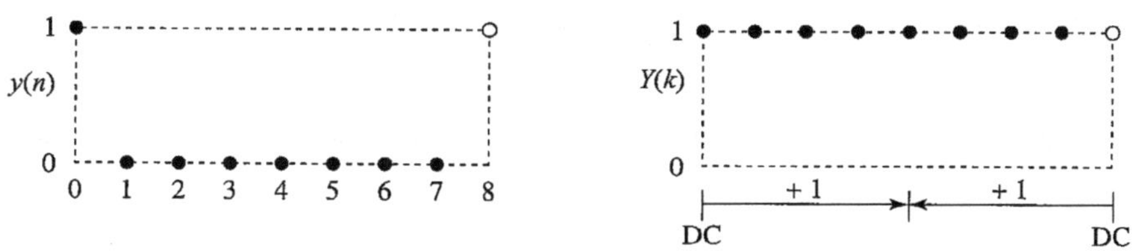

(a) 가진 신호

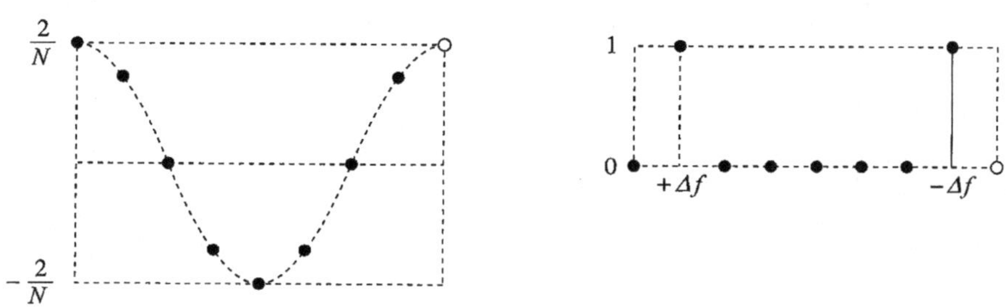

(b) 여현(cosine) 곡선

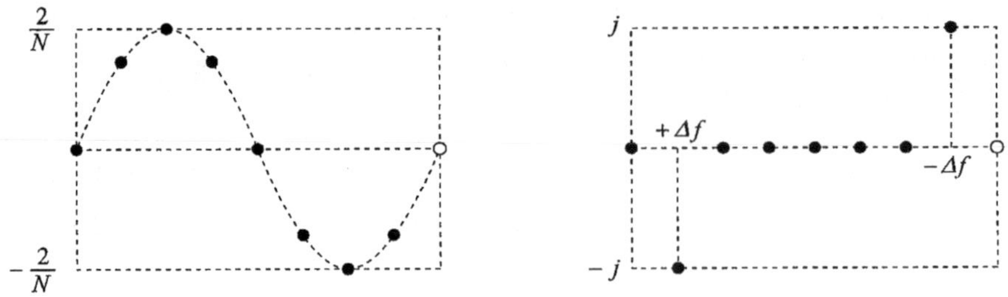

(c) 정현(sine) 곡선

그림 3.5 샘플링 데이터의 개수($N=23$)

3) 데이터의 경향(trend) 제거 방법

때로 수집된 데이터에는 $T = N\Delta t$ 보다 긴 주기를 갖는 낮은 주파수 성분의 신호나 또는 변환기의 부정확한 조절 등으로 인하여 일정한 상수 값이 포함되는 경우가 있다.

이와 같이 여러 가지 원인으로 인하여 신호에 어떤 일정한 경향을 띠게 되는 경우에는 이런 경향을 제거해야만 한다. 일반적으로 데이터의 경향을 제거하는 방법은 최소자승법(least square method: LSM)을 이용하는 것이 보통이다. 그림 3.6은 경향 제거의 예를 나타낸다.

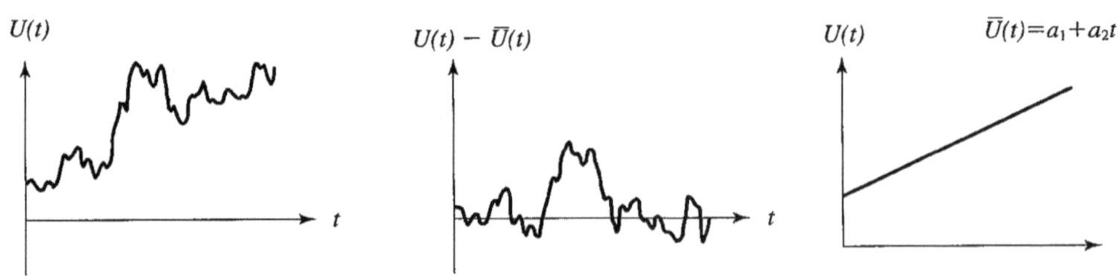

(a) 경향 제거 전 (b) 경향 제거 후 (c) 최소자승법에 의한 직선화

그림 3.6 1차적인 경향을 제거한 데이터의 예

3.2 실효치 및 피크 검지

3.2.1 실효치 검지(rms detection)

실효치(rms치)란 신호의 레벨을 제곱하여 더하고 그것을 가산 시간 T로 나눈 것으로 제곱평균치(mean square value)라 하고, 이의 제곱근을 실효치 또는 rms치라 부르며 x_{rms}로 표현한다. 실효치를 얻기 위해 입력전압을 제곱한 후 평활화하여 평균화하고 제곱근을 취하는 신호 처리를 수행하며 이러한 rms 회로를 rms 변환기(converter)라 한다.

3.2.2 피크 검지(peak detection)

파형 피크(peak)의 자동 검출은 진동 계측에 있어서 빼놓을 수 없는 처리의 하나이다. 대부분의 계측 파형은 피크의 위치와 높이에 의해 특징 지워진다. 특히 분석기에서는 정성 분석이나 정량 분석에 직접 이용되는 일이 많다. 피크의 높이는 계측 장치 고유의 특성에 따라 왜곡을 받을 수 있고, 동일한 시료라도 측정 장치에 따라 그리고 동작 파라미터에 따라 다른 값으로 될 수 있다. 이에 반해 피크의 위치는 측정기가 올바르게 교정되어 있으면, 장치 사이에서의 차는 거의 나타나지 않는다. 또 장시간 사용에 의한 측정기의 어긋남에 대해서도 표준 시료의 측정 피크를 검출하는 것에 의해 완전히 교정될 수 있다.

컴퓨터를 이용하여 간단히 피크 검출을 하는 데는 계측 파형에 따라서 순서대로 그 기울기, 즉 직전의 값과의 차분(differentiation)을 조사하고 극대치를 취하는 위치를 찾으면 된다. 매끄러운 파형이라면 이 방법에 의해 피크를 검출할 수 있으나, 실제 계측된 파형은 잡음 성분의 영향으로 무수히 많은 극대치가 나타난다. 따라서 이 경우에는 파형의 기울기를 구하는 차분 연산에 적당한 평활화 처리(smoothing)를 병용할 필요가 있다. 평활화 처리에는 여러 방법이 있으나, 피크 검출 처리에는 최소자승법을 이용한 Savitzky와 Golay의 평활화 미분법을 이용하는 것이 편리하다. 이 평활화 미분에 이용하는 가중치 계수는 1차식으로 되고 이 가중치를 데이터에 따라 컨벌루션 하는 것에 의해 미분 파형이 얻어진다. 이 미분 파형의 부호가 양에서 음으로 변화하는 점이 피크 위치로 된다. 그러나 좌우 비대칭인 피크에서는 이 점은 실제 피크 위치로부터 어긋난다. 이것을 보정하고, 또한 잡음 피크를 구별하기 위해 다음과 같은 처리가 필요하다.

- 부호가 변하는 점 주위 몇 개의 점에서 순차 측정치를 조사하여 피크를 찾는다.
- 이 피크치가 일정 한계치 이하의 피크에 대해서는 잡음으로 간주하여 무시한다.
- 계측 파형이 overflow를 일으키고 있는 경우는 근사적으로 그 중심을 피크 위치로 한다.

이 방법에서는 평활화 미분 점수의 선택이 중요하고, 잡음의 분산에 대응하여 그 범위를 변화시킬 필요가 있다. 또한 미분계수가 0인 근방에서 생 데이터의 검색에 의한 피크 위치 보정은 잡음 피크를 검출할 가능성도 있고, 특히 잡음이 많은(S/N비가 낮은) 파형에 대해서는 일단 평활화 처리를 하고, 이 평활화 파형에 대해 피크 검출을 실행하는 것이 바람직하다.

3.3 A/D 변환기

자연계에서 얻을 수 있는 모든 신호는 **연속 신호**(analog signal)의 형태를 취하며, 이를 인간이 좀 더 편리하게 처리하기 위해 샘플링 하여 얻어내는 신호가 **이산 신호**(digital signal)이다. 컴퓨터 기술의 발달에 따라 숫자화 되어 저장될 수 있는 이산 신호의 처리가 현재 널리 각광을 받고 있다. A/D 변환은 아날로그 신호를 디지털 수치 신호로 변환하는 것으로, 각종 디지털 신호 처리를 위해 사용된다.

A/D 변환기(Analog/Digital converter)는 A/D 변환을 수행하는 장치로서, 변환기의 성능은 신호의 크기 변화를 감지하는 정도를 의미하는 분해능과 신호 수집의 시간 간격을 의미하는 샘플링 주파수에 의해 평가된다. n 비트(bit)의 A/D 변환기에서는 입력된 아날로그 신호를 2^n의 단계의 수치 신호로 변환시킨다. 여기서 비트는 2진 숫자(binary digit)의 준말로서 컴퓨터 기억용량의 단위로 사용되며, 1개의 비트는 2가지 상태(0과 1)를 나타낼 수 있다. 따라서 8비트 변환기의 경우, 입력 신호를 2^8(= 256) 구간으로 나누고, 입력 신호 범위가 ±5 V일 경우의 A/D 변환에 의해 발생할 수 있는 오차 정도는 $10/2^8$이 되는 것을 알 수 있다. 대부분의 주파수 분석기는 12비트의 A/D 변환기를 내장하고 있고, 이는 12개의 2진수(0과 1) 값이 진폭을 나타내기 위해 사용되는 것을 의미한다. 예로 13의 값은 000000001101 = 8 + 4 + 1 = 13과 같이 쓰여질 수 있다. 또한 측정될 수 있는 최대 값은

100000000000 = 2048
010000000000 = 1024
001000000000 = 512
000100000000 = 256
000010000000 = 128
000001000000 = 64
000000100000 = 32
000000010000 = 16
000000001000 = 8
000000000100 = 4
000000000010 = 2
000000000001 = 1

111111111111 = 4095

로 되어 2,048 + 1,024 + 512 + ... + 2 + 1 = 4,095가 된다. 동적 범위는 20 log (4,095/1) = 72 dB이다.

최근에는 다수 채널을 동시 샘플링할 수 있는 A/D 변환기도 널리 이용되고 있다. 한편 D/A 변환기는 A/D 변환기의 반대되는 개념으로 이산신호처리를 끝낸 이산 신호를 연속 신호로 만드는 것을 말한다.

3.4 데이터 샘플링

샘플링이란 연속적인 신호를 이산화 하여 처리하기 위해, 불연속적으로 신호를 채집하는 것을 말한다. 이때 **샘플링 주파수**(sampling frequency)와 샘플링에 의한 주파수 분해능(resolution)에 따라 연속적인 신호를 표현할 수 있는 정도가 결정된다. 샘플링 주파수 f_s는 샘플링 시에 신호를 채집하는 주파수를 나타내고, "샘플링 주파수 = 1/샘플링 주기"의 관계가 있다. 즉, 연속적인 신호를 이산화 하여 처리하기 위하여 그림 3.7과 같이 신호를 채집하였을 때, 각 샘플 사이의 간격을 **샘플링 주기** T_s라 한다.

샘플링 주파수의 절반에 해당하는 주파수를 **나이퀴스트 주파수**(Nyquist frequency)라고 하며, 이 주파수의 크기가 오류 없이 신호를 채집할 수 있는 범위를 결정한다. 샘플링 원리에 의하면, 샘플링 주파수 f_s는 신호의 최대 주파수 성분의 2배 이상이 되어야 한다. 이는 $f_s/2$ 이상의 주파수 성분에서는 중첩(folding) 현상이 발생하여 앨리어싱(aliasing) 현상이 발생하기 때문이다. 이때 $f_s/2$를 나이퀴스트 주파수 또는 중첩 주파수라 한다. 디지털 신호분석 시, 입력 신호를 A/D 변환기에 의해 디지털화할 때

N개의 이산화 값(discrete value)으로 기록된다. 샘플링 주파수 f_s, 나이퀴스트 주파수 f_n 및 분해능 주파수 Δf 사이의 기본적인 관계식은 다음과 같다.

$$f_n = \frac{f_s}{2}, \quad \Delta f = \frac{f_s}{N}$$

분해능은 이산 신호의 주파수 변환에 따른 스펙트럼 선(spectral line) 사이의 주파수 간격을 말한다. Δt의 간격으로 N개의 이산화된 신호를 취하면, 주파수 분해능은 $\Delta f = 1/(N\Delta t)$가 된다. 분해능의 증가, 즉 상세한 스펙트럼 선을 얻기 위해서는 $N\Delta t$, 즉 전체 신호의 길이가 길어야 함을 알 수 있다.

그림 3.7과 같이 변환기로부터 전달된 아날로그 입력 신호는 FFT 처리하기 전에 디지털 처리되어, N개의 샘플로 구성된 시간 기록으로 변환된다. 컴퓨터는 동일 간격으로 배열된 N개 샘플들의 X(진폭), Y(시간) 성분을 기록하게 된다. 그림 3.8은 N개의 동일 간격 샘플들이 L개 분해선 혹은 bins의 스펙트럼으로 변환되는 것을 나타내고 있다. Bins로 나타나는 주파수 분해능은 샘플링 시간의 역 수 ($1/T_s$) 또는 최소 분해 가능 주파수를 기본으로 한다. 분석기 버퍼 내의 정보가 불완전하기 때문에 $1/T_s$보다 작은 주파수 간격으로 분해될 수는 없다. 분석기나 데이터 수집기에 따라서 달라지지만, 스펙트럼의 분해능은 N개의 샘플에서 얻어진 L개의 bins으로 결정되며, 대개 100 ~ 6,400 정도의 범위를 갖는다. 400 bins로 설정되면 샘플의 수는 1,024가 된다.

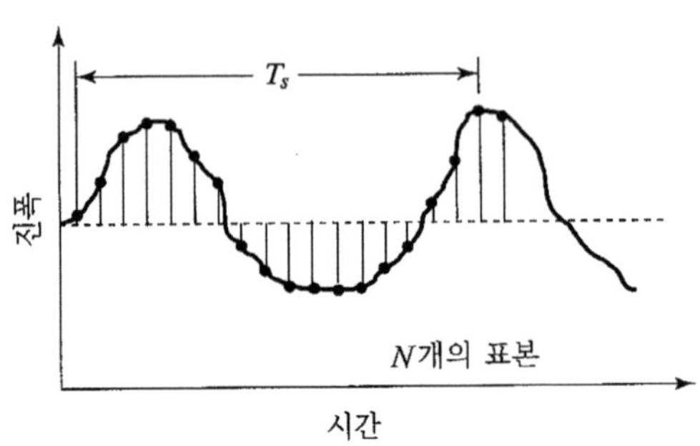

그림 3.7 FFT 샘플링

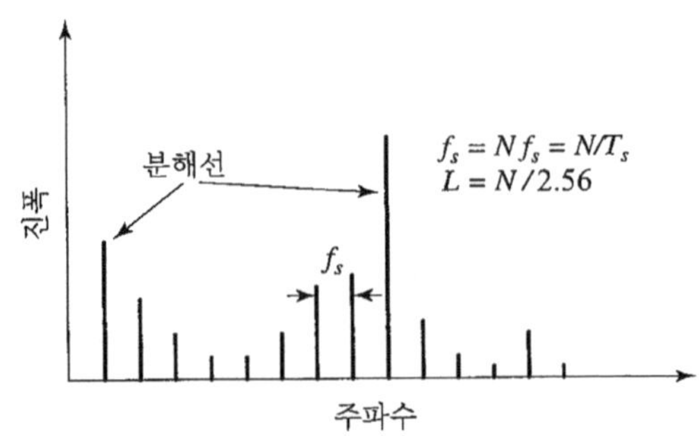

그림 3.8 최소 분해 가능 주파수

데이터 취득 시간 동안에 얻어지는 샘플들의 수를 조절하기 위해 디지털 필터 처리를 하며, 얻어지는 샘플의 수는 인자 2.56과 선택한 분해선 수에 의해 결정된다. 다음으로, 선택된 데이터 취득 시간동안에 필요한 수의 샘플(L/f_{max})들을 얻기 위하여 분석기의 데이터 샘플링 비율을 조정한다. 최고 주파수와 데이터 수집 시간과의 관계식은 $f_{max} = L/$(데이터 취득 시간)이 된다. 분석기에서 f_{max}값이 설정되면, 자동적으로 적절한 범위의 시간 파형이 화면에 출력된다(그림 3.9). 이러한 관계는 컴퓨터의 속도와는 상관없이 데이터 취득에 필요한 시간에 의해 설정된다.

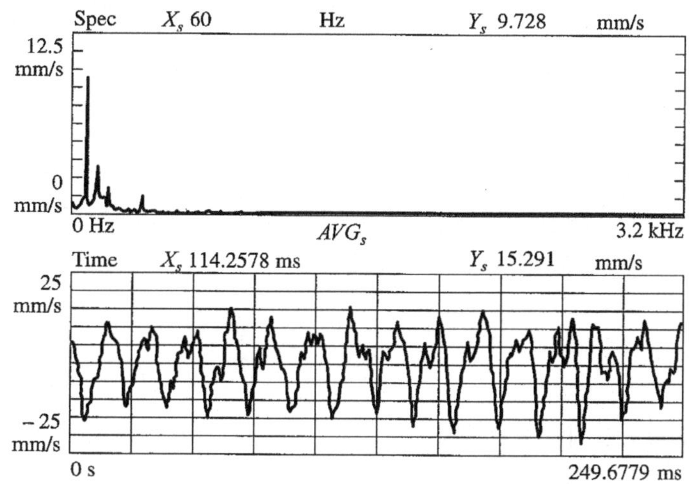

그림 3.9 FFT 스펙트럼 분석 화면 예

3.5 시간 영역 해석

기계의 상태 감시와 진단을 위해서는 먼저 측정된 진동 파형에 포함된 진단에 불필요한 성분이나 유해한 잡음 성분을 제거하기 위한 신호의 전처리 과정을 거친 뒤 시간 영역 해석이나 주파수 영역 해석을 통하여 진단에 필요한 증상인 신호의 특징(feature)을 추출한다. 시간 영역 해석에는 통계량, 상관해석, 확률밀도해석 등이 이용된다.

3.5.1 통계량 해석

진동 신호가 가지는 파라미터 중에서 가장 의미 있는 것은 역시 진폭이다. 진폭만을 해석하는 경우에는 위상이나 주파수가 가지고 있는 정보는 필요가 없고, 이들을 제거하지 않으면 안 된다. 그 방법에는 몇 가지가 있고, 통계량을 이용하는 방법은 신호 처리의 기본이 된다. 시간 파형으로부터 특징을 분석하는 가장 기본적인 방법은 확률 기본량을 계산하는 것이다. 진동 파형 $x(t)$의 샘플링 값을 $x_1, x_2, \ldots, x_N$이라 하면, 통계 기본량으로서 설비 진단에 널리 사용되는 다음 식을 계산할 수 있다.

1) 평균치(mean value)

평균치 처리는 신호 중에서 관측시간 T에 대해 충분히 짧은 주기(높은 주파수) 성분을 제거하고, 관측 시간에 있어서 직류 성분을 구하는 것이다. 즉, 평균치는 관측 시간에 대해 충분히 긴 주기(낮은 주파수) 성분의 일부이다. 단, 진동 가속도 등과 같이 항상 양과 음으로 변동하는 신호에 대해서는 절대치 또는 편파 정류한 파형에 대해 처리된다. 진폭이 1인 정현파의 평균치는 $2/\pi$가 된다. 평균은 시계열 신호의 전체를 대표하는 값으로써 다음식과 같다.

$$\bar{x} = \frac{x_1 + x_2 + \cdots + x_n}{N} = \frac{1}{N}\sum_{i=1}^{N} x_i \tag{3.1}$$

평균은 모든 관측 값들에 포함된 정보에 기초하지만, 극단적인 관측 값의 영향에 민감하다. 즉, 다음과 같은 성질을 가지고 있다.

① 시계열 신호의 각각의 값들의 편차의 합은 0이다.

$$\sum_{i=1}^{N}(x_i - \bar{x}) = 0$$

② 평균에 대한 시계열 신호의 각각의 값들의 편차의 제곱 합은 다른 임의 값에 대한 각각의 값들의 제곱 합보다 작다.

$$\sum_{i=1}^{N}(x_i - \bar{x})^2 \le \sum_{i=1}^{N}(x_i - a)^2$$

평균에는 식 (3.1)과 같은 단순 가산 평균 이외에, 과거의 정보일수록 가중치를 적게 하고, 최신의 측정치에 가장 큰 가중치를 곱하는 등의 다른 가중치를 적용하는 다음식과 같은 하중 평균도 있다.

$$\bar{x}_i = (\bar{x}_{i-1} + x_i)/2$$

단, $\bar{x}_i = x_i\,(i \geq 2)$이다. 단순 가산 평균과 하중 평균은 신호가 가지는 특징에 따라 선택된다.

2) 표준 편차(standard deviation)

시계열 신호의 산포(scatter)를 측정하는 척도로 분산(variance)과 표준 편차를 사용할 수 있지만, 표준 편차가 분산에 비해 의미가 있는 척도이다. 분산은 관측 값들의 제곱한 단위를 사용하지만, 표준 편차는 관측 값과 같은 단위를 사용한다. 따라서 표준 편차를 이용해서 시계열 신호의 구조를 해석하기가 용이하다.

$$\sigma = \sqrt{\frac{1}{N}\sum_{i=1}^{N}(x_i - \overline{x})^2} \tag{3.2}$$

3) 실효치(rms : root mean square)

실효치에는 평균치의 정보와 산포 정도의 정보(분산)가 포함되어 있고, 신호가 가지는 에너지의 평방근을 의미한다. 따라서 신호의 진폭 크기, 즉 물리량을 직접 나타내는 값으로서 가장 잘 이용된다. 진동의 심각한 정도를 나타내는 특성인 진동 진폭을 정량화 하는 하나의 방법으로써 rms값을 사용하고 있다. 이는 시간에 대한 변화량을 고려하고 진동의 파괴적 능력을 나타내는 에너지량과 직접 관련된 진폭을 표시하므로 진동 크기의 표현에 가장 적절하다.

$$x_{\mathrm{rms}} = \sqrt{\frac{1}{N}\sum_{i=1}^{N}x_i^2} \tag{3.3}$$

정현파에서 실효치는 피크치의 $1/\sqrt{2}$이다.

4) 형상 계수(SF : shape factor)

형상 계수는 파형률로도 불리며, 실효치에 대한 평균값의 비를 나타낸다. 이는 주로 얻어진 신호의 정현파형으로부터의 왜곡을 나타낸다. 사각파와 정현파에서는 각각 1.0, 1.11로 되고, 백색 잡음(white noise)은 1.25로 된다.

$$SF = \frac{x_{\mathrm{rms}}}{\overline{x}} \tag{3.4}$$

5) 왜도(skewness)

시계열 신호에 대한 관측 값들의 확률밀도함수 분포의 비대칭 정도와 방향을 나타내는 값을 왜도라고 한다. 즉, 평균치를 중심으로 하여 진동 파형의 왜곡된 정도를 나타낸다. 진동 파형이 대칭이라면, $\beta_1 = 0$이 되고, $\beta_1 > 0$이면 양의 방향으로 $\beta_1 < 0$이면 음의 방향으로 왜곡된 것을 나타낸다. 평균과 분산이 차원을 가지는 양이지만, 왜도는 무차원 양이다. 만일 하나의 봉우리를 갖는 형태의 분포에서 긴 왼쪽 꼬리를 가지면 음의 왜도(negative skewness)를 가지며 좌 비대칭이라 하고, 오른쪽으로 긴 꼬리를 가지면 양의 왜도를 가지며 우 비대칭이라 한다. 왜도는 왜도 계수의 절대치가 커질수록 비대칭 정도가 커짐을 의미하고 우 비대칭이면 양수, 좌 비대칭이면 음수, 대칭이면 0의 값을 가진다. 왜도를 계산하는 방법은 다음과 같다.

① Pearson 방법

평균과 중앙값(또는 최빈값)의 차이를 표준편차 σ로 나눈 값으로 구하는 방법이다.

$$\beta_1 = \frac{\bar{x} - \text{mode}}{\sigma} \approx \frac{3(\bar{x} - \text{median})}{\sigma} \tag{3.5}$$

여기서 mode는 최빈값, median은 중앙값을 의미한다.

② 평균에 대한 표준편차의 비를 이용한 방법

왜도의 적률 계수(moment coefficient 혹은 anomaly)를 구하는 방법으로 가장 많이 사용된다. 평균으로부터 편차를 세제곱하여 표준 편차의 세제곱으로 나눈 값이다.

$$\beta_1 = \frac{\frac{1}{N}\sum_{i=1}^{N} x_i^3}{\sigma^3} \tag{3.6}$$

6) 첨도(kurtosis)

시계열 신호의 확률밀도함수 분포가 갖는 첨예의 정도를 나타내는 척도이다. 앞에서 설명한 평균, 표준 편차, 왜도가 모두 같다고 하더라도 데이터의 분포 형태가 다른 경우가 있을 수 있으며, 따라서 데이터의 양적 구조를 나타내기 위해 관측 값들이 중심에 집중되는 정도를 나타내는 값인 첨도가 필요하게 된다.

이는 진동 파형이 얼마나 충격적인가, 즉 파형이 얼마나 예리한가를 나타내는 값이다. 구름 베어링이나 기어 장치에 국부 결함이 발생하면, 그 진동은 충격적으로 된다. 따라서 이 값은 구름 베어링이나 기어 상자의 진단에 널리 이용되고 있다. 첨도는 파형의 4차 모멘트를 표준편차 σ의 4승으로 나누어 규격화한 값이다.

$$\beta_2 = \frac{\frac{1}{N}\sum_{i=1}^{N} x_i^4}{\sigma^4} \tag{3.7}$$

파형 진폭의 크기와 관계없고 파형의 형태에 의해 결정된다. 예로 정현파와 삼각파에서는 각각 1.5, 1.7로 되고, 가우스 분포의 백색 잡음에서는 3.0이 된다. 시계열 신호가 정규 분포를 가질 경우 첨도 계수는 3이며, 첨도 계수가 3 이상일 경우 정규 분포보다 뾰족한 분포가 되고(급첨: leptokurtic), 3보다 작을 경우 완첨(platykurtic)이 된다.

첨도는 둔감한 저차 모멘트와 민감한 고차 모멘트 사이의 절충된 척도로서, 이 값은 충격적인 신호 파형에서만 얻어지고, 베어링의 결함(crack, spalling 등) 진단에 효과적인 방법이다.

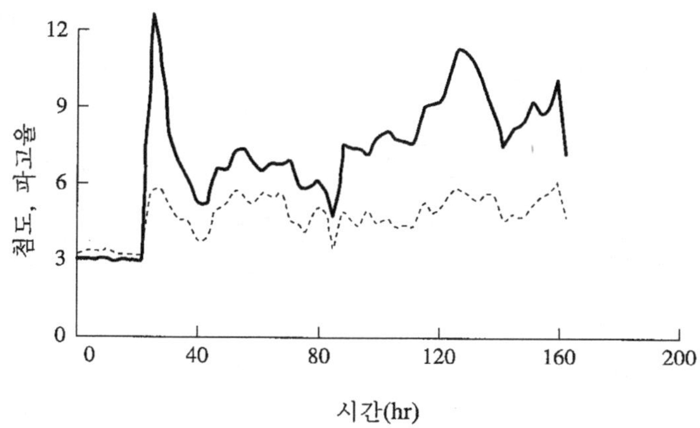

그림 3.10 베어링 외륜 결함 시의 첨도(실선)와 파고율(점선)의 비교

그림 3.10은 구름 베어링의 외륜 손상 시의 첨도 및 파고율(crest factor)을 비교한 것이다. 그림에서 실선은 첨도, 점선은 파고율을 나타낸다. 양호한 상태에서는 일반적으로 불규칙한 파형 특성을 나타내고, 첨도 값은 근사적으로 3을 표시하며, 손상된 상태에서는 특히 첨도의 경향은 급격히 증가하고 피크 값은 약 13까지 증가한다. 그러나 손상의 진전에 따라 계속 이 값이 증가하지는 않는다. 이는 신호 내의 충격 성분이 점차 감소하기 때문이다. 첨도는 비록 몇몇 결함의 진단에는 유용하나, 베어링의 상태 예지 목적의 경향 관리에는 신뢰할 수 없다. 파고율의 경향 곡선은 첨도와 매우 유사하다.

7) 파고율(CF : crest factor)

파고율은 시계열 신호의 피크치 x_p와 실효치 x_{rms}의 비를 나타낸다. 이 값은 신호를 검출하는 변환기나 사용되는 증폭기의 이득(gain)과 관계없고, 파형이 가지는 특징을 나타낸다. 사각파와 정현파에서 각각 1.0, 1.41로 된다. 베어링이나 기어의 결함을 식별하는데 주로 사용되고 있다.

$$CF = \frac{x_p}{x_{rms}} \tag{3.8}$$

일례로 결함 실험 장치로부터 취득된 각종 결함에 대한 진동 가속도의 시간 파형을 그림 3.11에 나타내고, 이들 데이터를 이용하여 계산된 통계량의 해석 결과를 표 3.1에 비교하여 나타낸다. 이들 데이터로부터 결함에 따른 특징량으로서의 뚜렷한 차이를 보이고 있다. 특히 베어링 결함의 경우, 결함 부위를 통과할 때마다 발생하는 충격 진동에 의해 첨도 값이 급격히 증가하는 것을 보이고 있다. 불평형과 정렬 불량의 경우에는 첨도는 거의 정규 분포의 특징을 보이고, 평균 값이 비교적 크게 성장하고 있다.

표 3.1 각 결함에 따른 진동 가속도의 통계량 비교

통계량	불평형	정렬 불량	내륜 결함	외륜 결함	볼 결함
평균	0.084	0.051	0.013	0.034	0.008
표준 편차	0.217	0.183	0.158	0.151	0.079
왜도	0.062	0.160	0.171	− 0.679	− 0.013
첨도	3.137	3.432	6.822	9.869	24.432

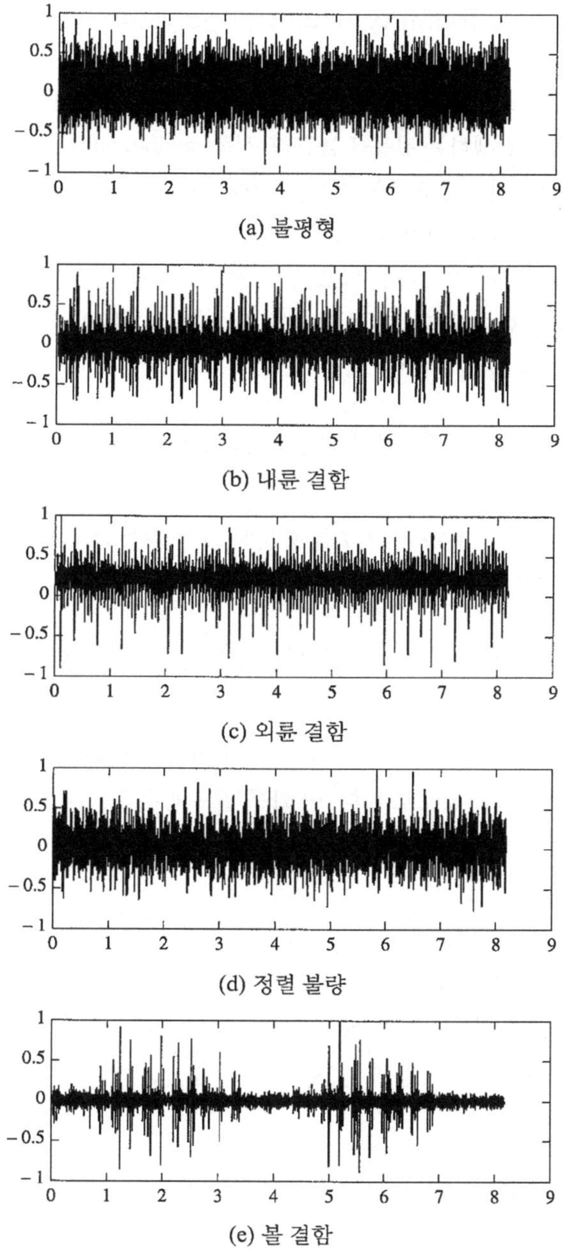

그림 3.11 각 결함에 따른 진동 가속도의 시간 파형

3.5.2 확률 밀도 해석(probability density analysis)

진동 진폭이 주기적으로 변하지 않고 다음 진폭이 어떻게 될지를 전혀 예측할 수 없는, 즉 시간에 대해 진폭이 불규칙적으로 발생하는 진동을 불규칙 **진동**(random vibration)이라 한다. 주기 진동이 진폭, 진동수 및 위상각으로 완전하게 표현할 수 있는 것에 비해, 불규칙 진동은 통계적인 평균치, 예로 실효치(rms치)나 확률 밀도 함수로서 밖에는 표현할 수 없다. 이러한 불규칙 진동의 예로는 구름 베어링이나 기어의 결함 진동, 유체 중에 포함된 기포의 발생과 소멸에 따른 진동 등이 있다.

진동 파형의 확률 밀도 함수를 정의하면 다음과 같다. 그림 3.12와 같은 진동 파형의 진폭이 x와 $x + \Delta x$ 사이에 존재하는 확률을 고려하면

$$\frac{(\Delta t_1 + \Delta t_2 + \ldots + \Delta t_n)}{T} = \frac{\Sigma \Delta t_i}{T}$$

으로 된다. 정상 진동의 경우는 관측 시간 T를 충분히 크게 취하고($T \to \infty$) 진폭 Δx를 작게 취하면 ($\Delta x \to 0$), 위의 값은 일정한 값에 접근하는 것이 알려져 있다. 즉,

$$p(x) = \lim_{\Delta x \to 0} \frac{p_r(x \le x(t) < x + \Delta x)}{\Delta x} = \lim_{\Delta x \to 0} \lim_{T \to \infty} \frac{\Sigma \Delta t_i}{T \Delta x} \tag{3.9}$$

이 $p(x)$를 진동 파형의 **확률 밀도 함수**(probability density function)라 한다. 진동 파형이 불규칙하면, 확률 밀도 함수 $p(x)$는 정규 분포로 된다. 이 확률 밀도 함수 $p(x)$를 사용함으로써 진동 파형의 특징을 통계적으로 취급할 수 있다.

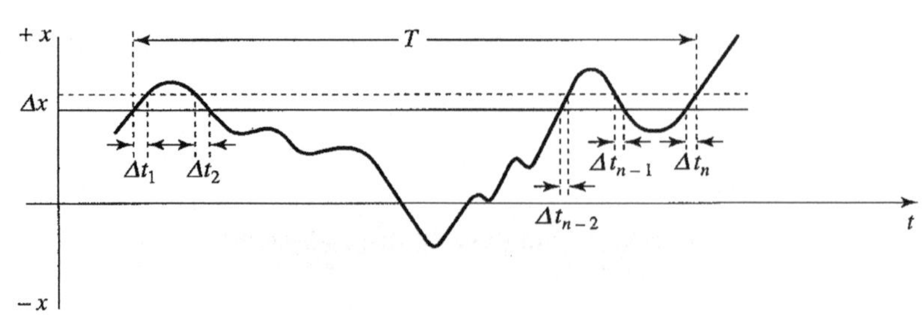

그림 3.12 확률 밀도 함수의 정의

확률 밀도란 어느 진폭 구간 내에서 구간의 크기로 나눈 순간 진폭 값을 찾을 확률로서, 모든 진동 신호는 특징적인 확률 밀도 곡선의 형상을 가진다. 따라서 기계의 진동 신호로부터 얻어진다면, 이들 곡선은 기계의 상태 감시에 사용할 수 있다. 이 방법의 주요 적용 예로는 그림 3.13과 같은 구름 요소 베어링의 손상 검지용 감시가 있다. 그림에서 수직 축은 대수 척도로 나타낸 확률 밀도, 수평 축은 표준 편차 σ로 정규화한 진동 가속도의 신호이다.

통계학의 표준 편차는 진동 파형의 실효치(rms치)와 같다. 따라서 통계학에서 설명하듯이, 진폭이 $\pm\sigma$ 이내, 즉 실효치 이하에 있을 확률은 68.3%, $\pm 2\sigma$ 이내(실효치의 2배 이하)에 있을 확률은 96.4%, $\pm 3\sigma$ 이내(실효치의 3배 이하)에 있을 확률은 99.7%이다. 실선은 기준선 데이터(baseline data)로 사용되는 양호한 베어링이고, 점선은 손상된 베어링의 확률 밀도이다. 결함이 없는 정상 베어링은 불규칙한 파형 특성, 즉 정규 분포(종 형상의 곡선)와 유사한 확률 밀도 곡선을 가진다. 그러나 손상된 베어링은 중앙 부분에서 높은 확률 밀도의 레벨을 가지고 낮은 확률에서는 크게 분산되는 형상을 나타낸다. 이는 전동체가 결함 부위를 통과할 때 충격에 의해 발생하는 매우 충격적인 시간 응답 파형에서 나타나는 특징이다. 이 방법은 진폭의 변화보다는 확률 밀도 분포의 형상 변화를 기준선 데이터와 비교에 기초하여 기계 상태를 진단할 수 있다.

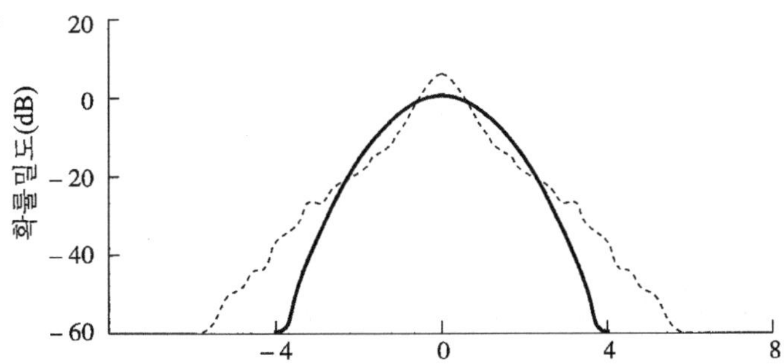

그림 3.13 베어링 진동 가속도 진폭의 확률 밀도 분포 예

확률 밀도 함수 $p(x)$를 이용하여 앞 절에서 설명한 기본 통계량을 다음 식과 같이 간단히 구할 수 있다.

$$\text{평균치 } \bar{x} = \int_{-\infty}^{\infty} x\, p(x)\, dx, \qquad \text{실효치 } x_{\text{rms}} = \left[\int_{-\infty}^{\infty} x^2 p(x)\, dx\right]^{1/2}$$

$$\text{왜도 } \beta_1 = \int_{-\infty}^{\infty} (x-\bar{x})^3 p(x)\, dx / x_{\text{rms}}^3, \qquad \text{첨도 } \beta_2 = \int_{-\infty}^{\infty} (x-\bar{x})^4 p(x)\, dx / x_{\text{rms}}^4$$

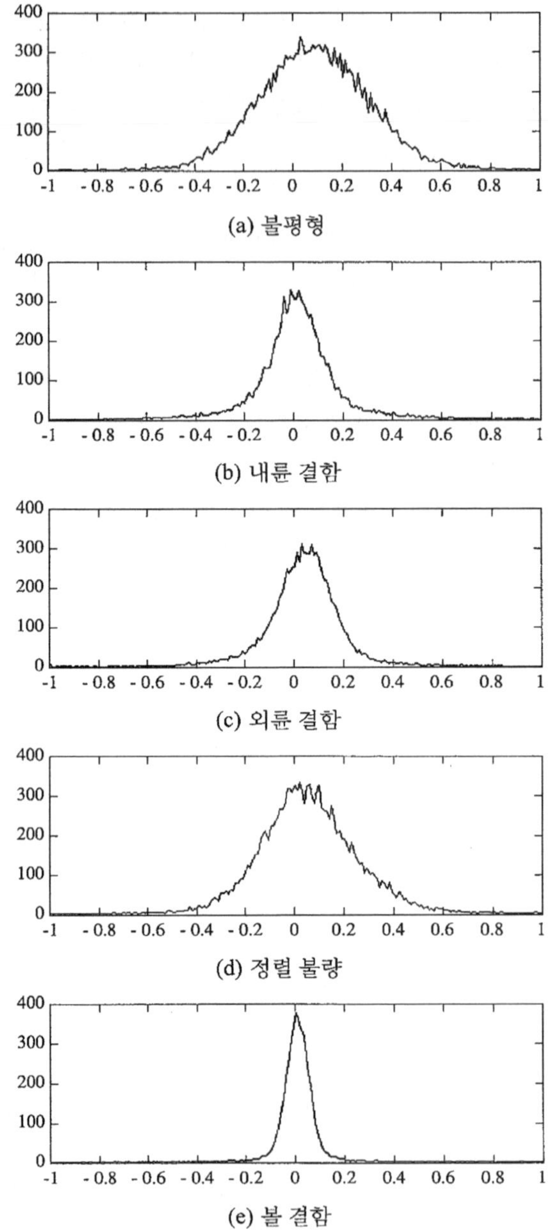

그림 3.14 각 결함에 따른 확률 밀도 곡선

그림 3.14는 그림 3.11의 각종 결함에 따른 진동 가속도 파형을 이용하여 확률 밀도의 분포를 계산한 결과이다. 결함의 종류에 따라 확률밀도의 분포가 다르게 나타나고, 이를 상태 감시 및 진단에 이용할 수 있다.

확률 밀도 곡선을 캐스케이드 선도(cascade plot)나 폭포 선도(waterfall plot)와 같은 형태로 나타낼 수 있다면, 경향 관리에 유익하게 사용할 수 있다. 그림 3.15는 저널 베어링의 하우징에서 측정한 진동 가속도의 확률 밀도 곡선을 시간대 별로 나타낸 3차원 선도로서 축 접촉(rubbing)의 영향을 나타낸다. 기준선 곡선(초기 시간대의 곡선)은 축 접촉에 의해 확률 밀도의 형상과 진폭 모두 뚜렷한 변화를 나타내고 있다.

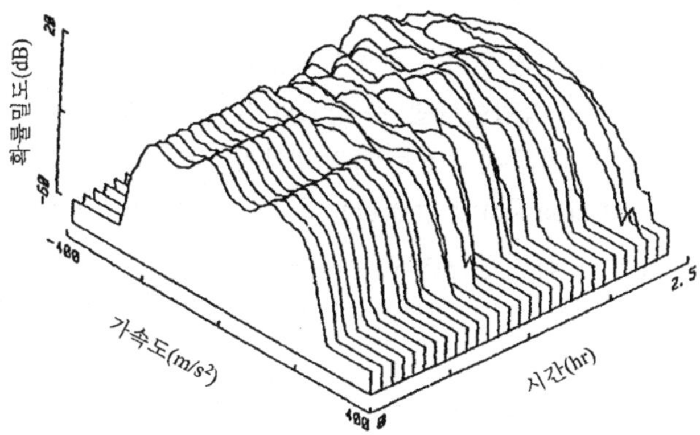

그림 3.15 확률밀도 캐스케이드 선도

3.5.3 상관 해석(correlation analysis)

상관 함수는 두 신호 또는 한 신호의 시간 영역에서의 상관성을 나타내는 함수로서, 자기 상관 함수(auto-correlation function)와 상호 상관 함수(cross-correlation function)가 있다. 이들은 주파수 영역의 역 FFT로 변환될 수 있으므로, 이들의 계산은 FFT 스펙트럼 분석기에서 쉽게 실행될 수 있다. 자기 상관 함수는 1 채널 분석기로 가능하고, 상호 상관 함수는 2채널 분석기가 필요하다.

1) 자기 상관 함수

자기 상관 함수는 자기 자신의 신호가 어느 시간 경과했을 때에 얼마만큼 원래의 자기 신호와 비슷한가를 나타내는 함수이다. 경과된 시간은 시간 지연(time lag)이라 하고 τ로 표시한다. 즉, 시간 t에서의 신호 파형의 진폭 $x(t)$가 τ 시간 후의 진폭 $x(t+\tau)$와의 사이에 어느 정도 상사성(similarity)이 있는가를 나타내는 시간 함수이다.

자기상관함수 $R_{xx}(\tau)$는 두 진폭 값의 곱을 충분히 큰 시간 T에 걸쳐 평균한 값으로서 다음과 같이 정의된다. 이때 지연 시간 τ는 양 또는 음의 값이 될 수 있다.

$$R_{xx}(\tau)=\frac{1}{T}\int_0^T x(t)\,x(t+\tau)\,dt$$

따라서 진폭 $x(t)$와 τ 시간 후의 진폭 $x(t+\tau)$이 상사이면, 자기 상관 함수의 값은 크게 된다.

자기 상관 함수를 이용하면 진단에 불필요한 잡음(noise)이 포함된 신호 중에서 진단에 필요한 성분의 추출에 이용될 수 있다. 특히 회전 주파수 성분과 같은 주기적인 신호 성분의 추출에 효과적이다. 계측된 진동 신호 $x(t)$ 중에 추출하기 원하는 신호 파형을 $s(t)$, 잡음을 $n(t)$이라 하면, $x(t)=s(t)+n(t)$로 나타낼 수 있다. 이들이 서로 독립이라면, 즉 신호와 잡음이 상관이 없다면 이 자기 상관 함수는 $R_{xx}(\tau)=R_s(\tau)+R_n(\tau)$ 로 되고, 이들 사이에 큰 특징의 차가 있다면 분리가 가능하다.

여기서 신호를 $s(t)=A\sin(\omega t+\phi)$ 로 표현되는 주기 신호라 하고, 잡음 $n(t)$를 백색잡음(white noise)에 가까운 잡음이라 한다. 이때 $R_n(\tau)$는 $\tau\to\infty$에서 0에 접근하지만, $R_s(\tau)$는 $R_s(\tau)=A^2/2\cos\omega\tau$로 된다. 따라서 $\tau\to\infty$에서는

$$R_{xx}(\tau)\approx R_s(\tau)=\frac{A^2}{2}\cos\omega\tau$$

로 하여 신호 성분이 추출된다.

2) 상호 상관 함수

자기 상관 함수가 자기 자신의 신호에 대해 시간이 경과함에 따라 원래 신호와의 관계를 나타내는데 반해, 상호 상관 함수는 두 신호 사이의 관련성을 나타낸다. 자기 상관 함수와 마찬가지로, 상호 상관 함수도 역 FFT로서 2 채널 스펙트럼 분석기로부터 쉽게 계산된다. 즉, 상호 상관 함수의 푸리에 변환을 상호 스펙트럼(cross spectrum)이라 한다.

상호 상관 함수는 2개의 신호 파형 $x(t)$와 $y(t)$ 사이의 상관(correlation)을 나타내고, 시간 t에서의 $x(t)$와 시간 $t+\tau$에서의 $y(t+\tau)$의 곱을 충분히 긴 시간 T에 걸쳐 평균한 값으로서 다음식과 같다.

$$R_{xy}(\tau)=\frac{1}{T}\int_0^T x(t)\,y(t+\tau)\,dt$$

자기 상관 함수 $R_{xx}(\tau)$는 $x(t)=y(t)$인 경우의 상호 상관 함수 $R_{xy}(\tau)$의 특수한 경우로 간주할 수 있다.

상호 상관 함수는 진동원인 가진력과 결과인 진동 응답 사이의 상관, 입력과 출력의 상관 등을 나타낼 때, 또는 진동을 다른 두 지점에서 계측하였을 때 두 지점사이의 관련성을 조사할 때 사용된다. 아울러 충격 응답을 구하거나, 상호 상관 함수를 이용하여 진단에 불필요한 배경 잡음(background noise)을 포함하는 계측 파형 중에서 목적하는 신호 파형을 검출하는 것이 가능하다. 이는 통신 공학에서 이용되고 있는 Matched filter의 원리를 이용한 것이다. 진동 파형 $x(t)$ 중에 검출하고자 하는 신호 파형 $s(t)$가 강도 a로 포함되고 또한 잡음 성분 $n(t)$가 더하여져 있다고 하면, $x(t)=a\,s(t)+n(t)$로 표현된다. 이 때 $x(t)$와 $s(t)$의 상관을 구하면

$$R_{xs}(\tau)=\int x(t)\,s(t+\tau)\,dt=a\,R_s(\tau)+R_{ns}(\tau) \quad (-\infty<t<\infty)$$

여기서 $R_s(\tau)$는 $s(t)$의 자기 상관 함수, $R_{ns}(\tau)$는 신호와 잡음의 상관 함수를 나타낸다. 신호와 잡음이 상관이 없으면, $R_{ns}(\tau)\to 0(\tau\neq 0)$으로 되고 목적의 신호 파형의 자기 상관 함수 $R_s(\tau)$가 검출될 수 있고, 동시에 그 강도 a도 구해진다. 단, 실제로는 $R_{ns}(\tau)$가 완전히 0으로 되는 일은 거의 없고, 이 방법을 적용할 수 있는 경우는 제한된다.

3.6 주파수 영역 분석과 FFT 분석기

80년대 중반까지는 설비의 상태 감시 및 결함 진단을 위한 가장 간단한 방법으로 시간 영역에서 측정된 진동 신호의 합성 파형에 대한 양진폭 $A_{p\text{-}p}$을 이용하여 평가하였다. 그러나 전체 진동(overall vibration) 값만으로는 기계의 상태를 적절하게 평가하기 어려운 경우가 많다. 즉, 진동의 전체 주파수 성분의 벡터 합인 이 시간 영역에서 표현되는 전체 진동의 진폭이 같다고 해도 주파수 영역에서 보면, 진동 신호에 포함되어 있는 주파수 성분의 변화를 알 수 없고 판단은 운전자의 경험과 지식에 의존할 수 밖에 없었다.

최근에는 계측 장비의 눈부신 발전에 따라 주파수 분석기의 기능이 다양하고 보급도 보편화되어 주파수 영역에서 진동 신호를 분석하고 설비의 상태를 평가할 수 있도록 되었다. 주파수 영역 해석에는 주파수 분석, 차수비 분석, 캠벨 분석 등이 있고, 현재 가장 유용하게 활용되고 있는 신호 해석 기술은 고속 푸리에 변환(Fast Fourier Transform : FFT)에 의해 시간축의 진동 파형을 주파수 영역으로 변환하고, 주파수 성분이나 위상을 관찰하는 주파수 해석 방법이다.

주파수 분석(frequency analysis)이란 FFT 분석 결과로부터 측정된 진동이 어떠한 주파수 성분을 포함하고 있는지를 분석하고, 이들 주파수가 발생하는 원인을 조사, 검토 및 고찰하여 설비의 이상 내용을 추정하는 방법이다. 또한 좁은 의미로는 FFT 분석만을 의미하고, 넓은 의미로는 이상의 원인 추정을 포함한 전체를 말한다.

FFT분석기는 컴퓨터 기반의 디지털 장비로, 아날로그 데이터를 메모리에 고속으로 취득하고 아날로그 신호를 디지털 신호로 변환하는 AD변환기(AD converter)에서 디지털 처리된 데이터 블록들은 스펙트럼을 만들기 위한 고속 푸리에 변환(FFT) 알고리즘으로 처리되고, 그 결과를 display 장치를 내장하여 보기 쉽도록 한 장비이다. 디지털 처리된 데이터 블록으로부터 시간 파형이 재구성된다. 2채널 FFT 스펙트럼 분석기에서는 두 신호사이의 관계를 나타내는 특성과 위상을 구할 수 있다. FFT 분석기는 높은 AD분해능을 가지고 있지만, 진폭 정밀도와 추적 시간을 적절히 조절해야 한다. 분석기의 사양에 14비트, 16비트라고 하는 것은 AD변환기의 분해능으로 데이터 1개를 몇 비트로 표현하는가를 나타내고, 이것에 의해 데이터의 분해능이 결정된다. 예로 14비트이면, 1/2의 14승, 즉 $(1/2)^{14}$으로 1/16,384가 분해능이 되고, 16비트이면 $(1/2)^{16} = 1/65,536$으로 된다. 분석기는 측정하는 최고 주파수의 범위에 따라 초당 200,000 샘플 이상의 샘플링 비율로 하나의 데이터 블록을 취득한다. 분석기에서 어떠한 데이터가 FFT 처리가 되기 이전에, 반드시 데이터 블록 내의 신호가 하나의 완벽한 사이클을 완료하여야 한다. 다시 말하면, 10 Hz 미만의 저주파들에 대해서 FFT처리가 시작되기 전에, 오랜 샘플링 시간이 필요하다는 것을 의미한다.

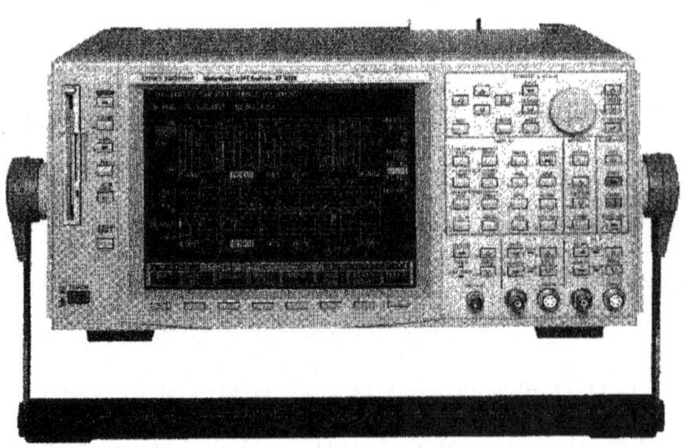

그림 3.16 FFT 분석기 (ONO SOKKI, CF5220)

3.6.1 푸리에 분석

기계 설비에서 발생하는 가진력(exciting force)은 단일 가진 주파수로 구성되는 $F(t)=F_{max}\cos\omega t$와 같은 조화 가진력보다는 여러 주파수 성분들이 합성되고 주기적으로 반복되는 주기적인 가진력이 많다. 따라서 이러한 가진력에 의해 발생하는 진동 응답도 주기적인 시간 응답 파형을 나타낸다. 주기적인 응답은 다음과 같은 조건을 만족하여야 하고, 이러한 함수를 주기 함수라 한다.

$$f(t)=f(t\pm T)$$

여기서 T는 주기이며, $f(t)$가 다시 반복되어 나타나는데 필요한 최소의 시간이다.

1) 푸리에 급수

이러한 주기성을 가지는 시간 데이터는 다음 식과 같이 **푸리에 급수**(Fourier series)로 표시할 수 있다.

$$\begin{aligned} f(t) &= a_0+\sum_{n=1}^{\infty}(a_n\cos n\omega t+b_n\sin n\omega t) \\ &= a_0+a_1\cos\omega t+a_2\cos 2\omega t+a_3\cos 3\omega t+\cdots \\ &\quad +b_1\sin\omega t+b_2\sin 2\omega t+b_3\sin 3\omega t+\cdots \end{aligned} \tag{3.10}$$

여기서 n은 양의 정수, a_n과 b_n은 다음에 정의되는 무한 급수인 푸리에 계수이다.

$$a_0=\frac{1}{T}\int_0^T f(t)\,dt,\quad a_n=\frac{2}{T}\int_0^T f(t)\cos n\omega t\,dt,\quad b_n=\frac{2}{T}\int_0^T f(t)\sin n\omega t\,dt$$

a_0는 $f(t)$의 평균값으로 상수이다. 주기 함수의 기본 주파수는 $\omega/2\pi$이고, $n=1$에 해당된다. n차 조화 진동 주파수는 $n\omega/2\pi$이고, $n>1$에 해당된다.

그림 3.17은 일 예로 1개의 실린더를 가지는 엔진의 출력 토크에 대한 8차($n=8$)까지의 푸리에 분석 결과를 나타낸다. 왼쪽 그림은 기본파 성분인 1차부터 8차 조화 성분까지를 나타내고, 우측 그림은 이들을 순차적으로 합성한 결과를 보인다. 8차 성분까지 합성한 결과를 보면 원 신호와 비슷한 것을 알 수 있다. 더욱 고차 성분까지 고려한다면, 더욱 원 신호와 유사하게 될 것이다. 현실적으로는 무한대(∞)의 차수까지 분해할 수는 없고 필요한 일부 저차 성분까지를 분석한다.

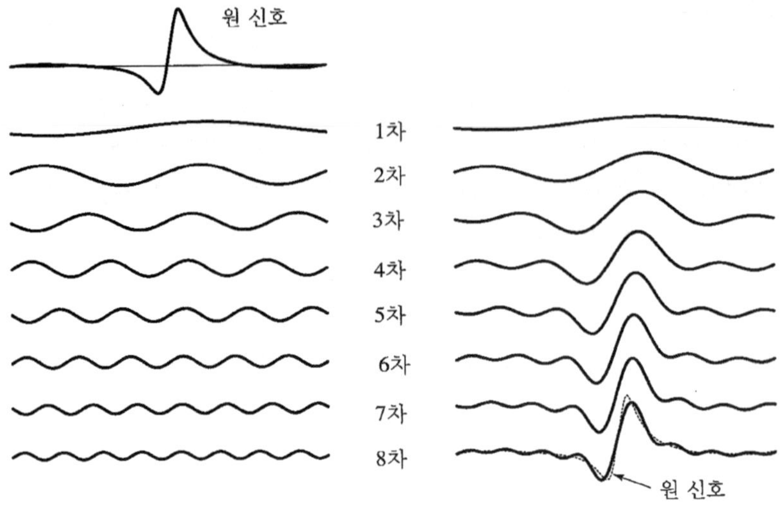

그림 3.17 단 기통 엔진의 출력 토크의 푸리에 분석 예

2) 연속 신호의 푸리에 변환

연속 신호의 푸리에 변환(Fourier transform)은 푸리에 급수에서 주기 T를 무한 값까지 확장한 것으로 다음 식과 같이 정의된다.

$$X(\omega) = \int_{-\infty}^{+\infty} x(t)\, e^{-i\omega t}\, dt$$

시간 영역 신호를 주파수 영역으로 변환시킨 푸리에 변환을 시간 영역으로 다시 되돌리는 역 푸리에 변환 식은 다음과 같다.

$$x(\omega) = \int_{-\infty}^{+\infty} X(t)\, e^{i\omega t}\, dt$$

본래 푸리에 변환 $X(\omega)$는 상기 식에서 알 수 있듯이 과거의 시간 무한대($-\infty$)에서 미래의 시간 무한대($+\infty$)까지를 고려한 것으로, 그것도 연속적인 현상에 대해 성립하는 것이다. 그러나 진동 신호를 무한대로 측정할 수 없으므로, 이는 실제적으로 불가능하다. 따라서 먼저 시간적으로 구간을 설정하여 유한 시간을 고려한다. 즉, 그림 3.18과 같이, 무한히 계속되는 신호 파형 중의 일부 신호 $x_T(t)$를 취득하게 된다.

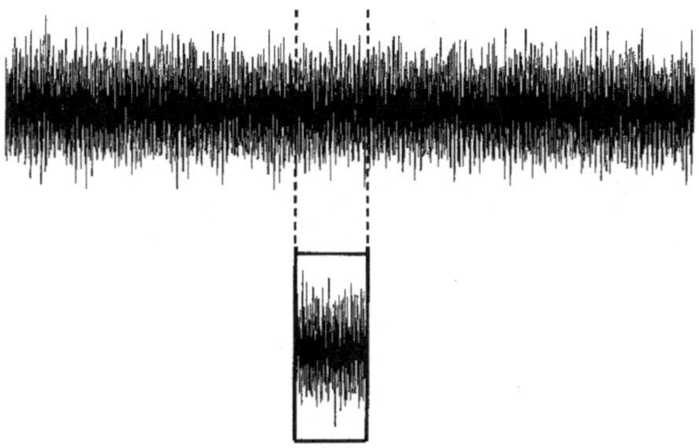

그림 3.18 유한 시간의 데이터 취득

3) 유한 연속 신호의 푸리에 변환

연속 신호의 일부인 유한 신호 $x_T(t)$를 푸리에 변환하는 것은 창 함수 $w(t)$를 원 신호에 곱한 $x(t)$ $w(t)$의 함수를 푸리에 변환하는 것이다. 파형 $x(t)$의 구간 $0 \leq t \leq T$의 부분 파형을 $x_T(t)$라 한다. 이를 푸리에 변환한 것을 $X_T(\omega)$라 하면

$$X_T(\omega) = \int_0^T x(t)\, e^{-i\omega t} dt = \int_{-\infty}^{+\infty} x(t)\, w(t)\, e^{-i\omega t} dt$$

여기서 사각 창 함수 $w(t)$는 다음과 같다.

$$\begin{aligned} w(t) = 1 &: \quad 0 \leq t \leq T \\ 0 &: \quad t > T \end{aligned}$$

4) 이산 신호의 푸리에 변환

또한 FFT 분석기는 연속 신호가 아닌 디지털 신호(이산 신호)를 취급하기 때문에 이산화된 데이터를 이용한다. 따라서 정확히는 유한 이산 푸리에 변환(finite discrete Fourier transform, DFT)을 이용하여 데이터 처리를 수행하는 것으로 FFT 분석기에서 분석하는 것은 DFT의 계산을 하는 것이다. 한 주기 T에서 샘플링 간격 h로 N개의 데이터 $x(m)$, $m = 1, 2, ..., N$을 가졌다면, 이산 푸리에 변환 $X(k)$은

$$X(k) = h\sum_{m=0}^{N-1} x(m)\, e^{-i2\pi km/N}, \quad k = 0, 1, 2, \cdots, N/2$$

이산 주파수 함수인 복소수 $X(k)$의 특징으로는

$X(k) = X^*(N - k)$: 나이퀴스트 주파수의 전후 대칭
$X(0) = X^*(0) = X(N)$: 실수, DC 성분
$X(N/2) = X^*(N/2)$: 실수

여기서 *은 공액을 나타낸다. 따라서, 의미 있는 주파수 성분의 정보는 시간 데이터와 같이 N개가 존재한다. 또한 복소수 $X(k)$를 $X(k) = R(k) + iI(k)$와 같이 실수 성분과 복소수 성분으로 나누어 표현하면, $x(m)$가 우함수인 경우 $R(k)$는 우함수, $I(k) = 0$이 되고, $x(m)$가 기함수인 경우는 $R(k) = 0, I(k)$는 기함수가 되는 특성이 있다.

3.6.2 파워 스펙트럼

FFT 분석기에 의한 주파수 분석 결과로 얻어진 각 주파수 성분들의 분포를 나타내는 것을 **파워 스펙트럼**(power spectrum) 또는 **평균 스펙트럼**(average spectrum)이라 한다. 이는 측정 파형의 스펙트럼 강도, 즉 각각의 주파수 성분들의 세기를 나타내며, 일련의 연속된 순시 스펙트럼의 진폭을 제곱하여 평균한 것이다.

구간 $0 \leq t \leq T$의 부분 시간 파형 $x_T(t)$의 유한 푸리에 변환한 것을 $X_T(\omega)$라 하면, 이의 제곱 평균치가 파워 스펙트럼 $S_x(\omega)$이다.

$$S_x(\omega) = \lim_{T\to\infty} \frac{1}{T} |X_T(\omega)|^2$$

여기서 각 주파수 ω는 $2\pi f$와 같다.

파워 스펙트럼은 순시 스펙트럼의 제곱을 취하기 때문에, 허수 부분이 실수 값으로 되어 단지 실수 부분만을 가진다. 이는 제곱 양이므로, 단위는 진동 가속도는 g^2, 진동 속도는 $(mm/s)^2$로 되는 것에 주의한다. 대부분의 분석에서는 제곱 단위를 사용하는 것이 불편하므로, 실효치(rms치)로 나타내는 **rms 스펙트럼**이 이용된다. 이 역시 파워 스펙트럼을 이용하므로 주파수에 대한 실효치의 실수 값으로 표현된다. 또 다른 표현으로는 파워 스펙트럼의 대수 진폭(log magnitude)을 이용하는 dB 스펙트럼이 있다.

rms 스펙트럼: $\sqrt{S_x(\omega)}$

dB 스펙트럼: $10\ \log_{10} S_x(\omega)$ 또는 $20\ \log_{10} \sqrt{S_x(\omega)}$ (dB)

파워 스펙트럼은 초기 위상 정보를 잃어버리므로, 파워 스펙트럼으로부터 원래의 시간 신호로 다시 복구하는 것은 불가능하다. 파워 스펙트럼 $S_x(\omega)$과 자기 상관 함수 $R_x(\tau)$는 서로 푸리에 변환의 관계가 있고, 다음과 같이 표현된다.

$$S_x(\omega) = \int_{-\infty}^{+\infty} R_x(\tau)\, e^{-i\omega\tau} d\tau, \quad R_x(\tau) = \frac{1}{2\pi} \int_{-\infty}^{+\infty} S_x(\omega)\, e^{i\omega\tau} d\omega$$

이 관계를 Wiener-Khintchine의 관계라 부른다. 백색 잡음(white noise)과 같은 무상관 잡음의 자기 상관 함수는 $\tau = 0$에서만 값을 가지고, 나머지 부분에서는 모두 0이 된다. 이것의 파워 스펙트럼은 전 주파수 영역에 걸쳐 일정한 값을 가진다.

3.6.3 기여도 함수

기여도(coherence)란 관계의 긴밀함이라는 의미를 가지고 있고, 기여도 함수는 측정된 두 신호 $x(t)$, $y(t)$ 사이의 유사성(similarity)을 나타내는 지표 또는 더욱 특수하게 한 신호에 대한 다른 신호의 선형 종속성(linear dependence)의 지표로서, 주파수의 함수이고 다음과 같이 표현된다.

$$0 \le \gamma^2(f) = \frac{|S_{xy}(f)|^2}{S_{xx}(f)\, S_{yy}(f)} \le 1$$

여기서 $S_{xx}(f)$, $S_{yy}(f)$는 각각 $x(t)$, $y(t)$의 자기 스펙트럼(auto-spectrum)이고, $S_{xy}(f)$는 상호 스펙트럼(cross spectrum)이다.

자기 스펙트럼 중에 어떤 것이 비상관 잡음을 포함하는 경우, 상호 스펙트럼의 제곱한 크기는 자기 스펙트럼들의 곱보다 작게 된다. 이는 비상관 잡음의 기여는 상호 스펙트럼에서 평균되어 없어지기 때문이다. 따라서, 잡음이 없으면 1이며, 순수 잡음인 경우는 0으로 나타난다. 그림 3.19는 기여도 함수 값의 일 예를 나타낸다. 그림에서 두 신호 사이가 완전한 선형 관계인 경우($\gamma^2 = 1$), 비선형성에 의한 약한 관계의 경우($\gamma^2 = 0.6$) 및 잡음에 의해 두 신호 사이에 거의 상관 관계가 매우 약한 경우($\gamma^2 = 0.2$)를 나타낸다.

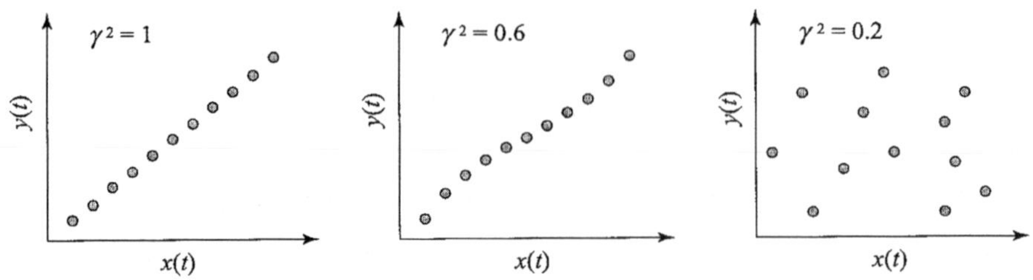

그림 3.19 기여도 함수 값의 예

상태 감시 및 진단을 위한 진동원을 조사하는 경우에도 기여도 함수를 이용할 수 있다. 진동원의 파악에는 일반적으로 두 가지 경우가 있을 수 있다. 첫째로는 공장 내에 유사한 여러 대의 기계가 설치되어 있는 경우, 여러 대중에 어느 기계가 과도한 소음을 일으키는 지를 결정하는 것이고, 둘째 경우는 어느 기계에서 과도한 진동이 발생하였을 때, 기계 자체에서의 가진력이나 공진에 기인하는지 또는 인접한 기계에 의해 가진되는지를 파악하는 것이다. 전자에 대해 설명하면, 먼저 3대의 유사한 기계가 공장 부근에서 운전되고 있다고 한다. 기여도 함수는 문제를 야기하는 기계 또는 기계들을 결정하는데 이용될 수 있다. 2채널 FFT 분석기의 한 채널에 마이크로폰을 설치하고, 다른 채널에 기계 1에 설치된 가속도계를 연결하고 기여도를 측정한다. 만일 기계 1이 높은 소음 레벨의 원인이라면 그 주파수들에서 기여도는 높게 된다. 기계 2의 가속도계를 연결하고 기여도를 측정하며, 기계 3의 가속도계에 대해서도 반복한다. 3개의 기여도 선도를 비교하고, 가장 폭 넓은 주파수에 걸쳐 가장 높은 기여도 값들을 가지는 기계가 마이크로폰의 음 에너지에 가장 크게 기여하는 것이 되고, 이 기계가 가진원으로 결정할 수 있다. 동일한 방법이 둘째 경우에 대해서도 적용될 수 있다. 이 경우에는 과도한 진동이 발생하는 기계의 진동 센서를 하나의 채널에 연결하고 다른 채널은 인접한 기계의 진동센서를 연결한다.

또한 기여도 함수는 입력과 출력 신호들 사이의 선형 관계를 평가하는 수단으로 사용된다. 측정 대상 계가 선형계이면, 입력과 출력의 관계는 선형이므로 모든 주파수에서 기여도 함수 값은 1이 될 것이다. 그러나 일반적으로는 계의 비선형성, 잡음, 해석 오차 등으로 1보다 작게 된다.

일 예로서 그림 3.20과 3.21은 3상 유도 전동기(5 HP)에 대한 초기 건강 상태와 베어링 손상에 의한 공극 편심이 있는 경우, 진동 가속도의 시간 파형과 주파수 스펙트럼을 나타낸다. 고정자 전류 신호에 대한 진동 신호의 영향을 파악하기 위해, 한 상에 대한 전류 신호의 시간 파형과 전원 주파수(60 Hz) 주위에 60 Hz ± 20 Hz 확대 주파수 분석한 스펙트럼을 각각 그림 3.21과 3.22에 나타낸다. 그림 3.22에서 측대역 성분인 52.1 Hz, 56 Hz, 63.8 Hz 및 68.1 Hz의 진폭이 증가하는 것을 알 수 있다.

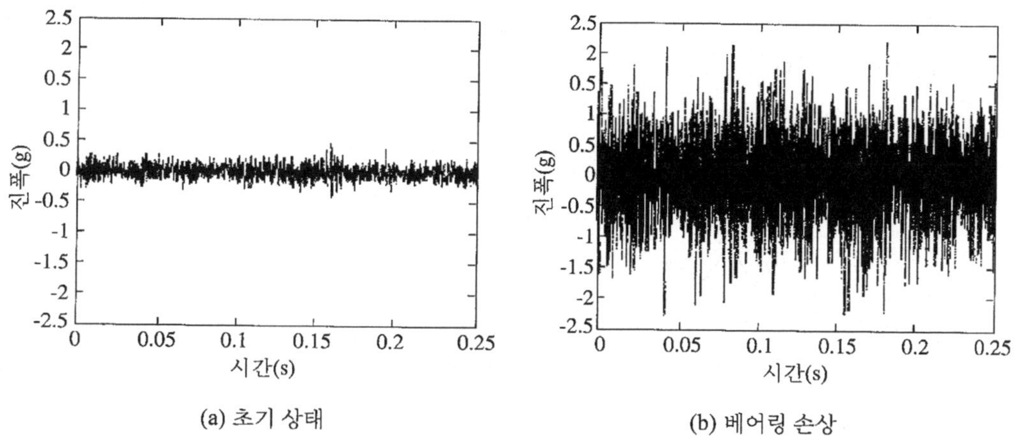

그림 3.20 전동기 진동 가속도의 시간 파형

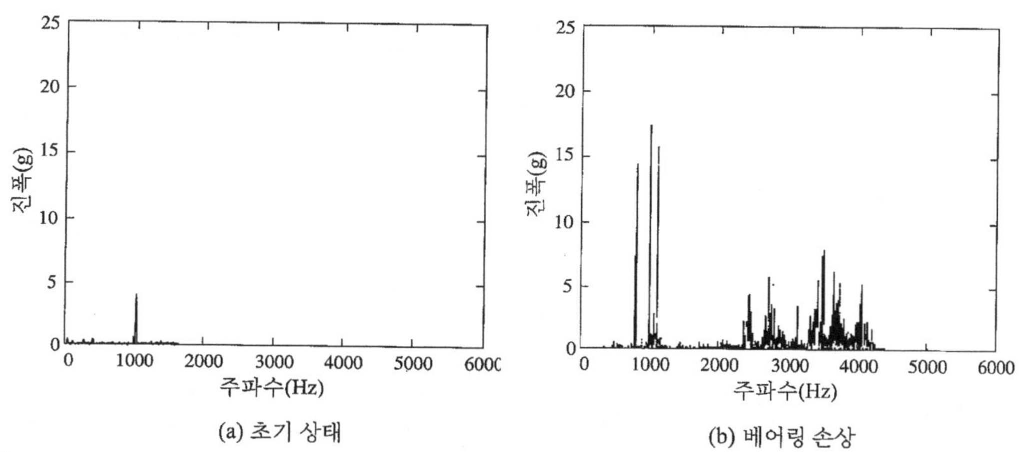

그림 3.21 전동기 진동 가속도의 주파수 스펙트럼

정확한 고장 원인을 판정하기 위해, 진동 신호와 전류 신호 사이의 기여도 함수가 사용될 수 있다. 초기 상태와 베어링 손상에 의한 공극 편심 상태에 대한 상호 스펙트럼의 기여도를 그림 3.23에 보인다. 그림 3.23의 진동 신호와 전류 신호 사이의 기여도 계산으로부터 전동기의 초기 상태와 손상 상태와 관련된 몇몇 주파수에서 중요한 차이를 보인다. 이들 주파수의 진폭을 평가하면, 공극 편심과 관련된 주파수와 베어링 결함의 위치를 검지할 수 있다. 그림 3.22(b)에서 가장 탁월한 주파수가 234 Hz와

469 Hz에 위치하는 것을 파악할 수 있다. 234 Hz는 공극 편심에 의한 결함 주파수이고, 469 Hz 성분은 이의 2차 조화 성분이다.

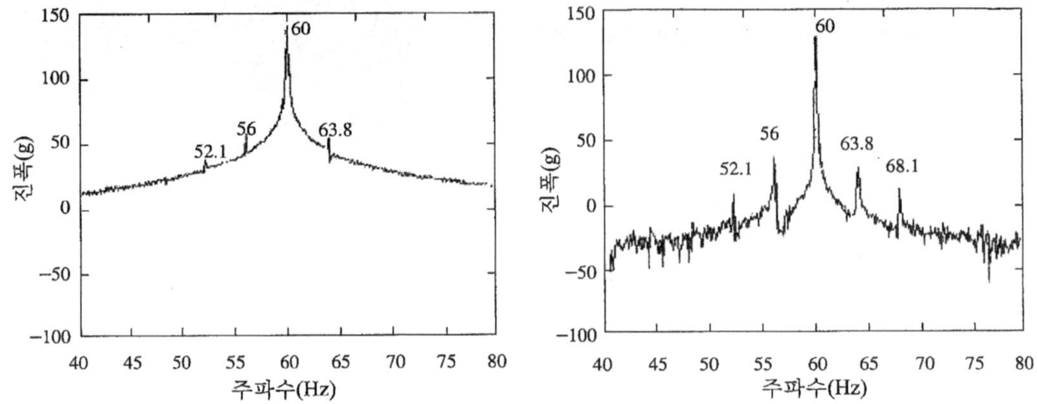

(a) 초기 상태 (b) 베어링 손상

그림 3.22 전동기 고정자 전류의 확대 주파수 스펙트럼

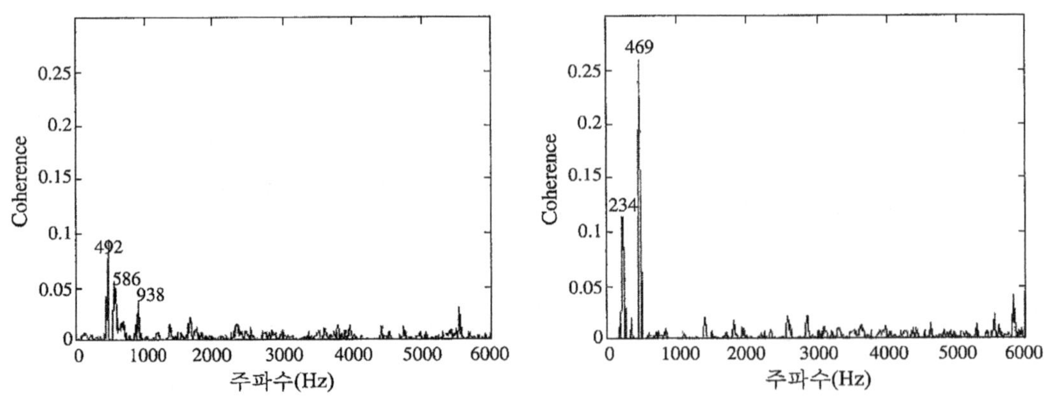

(a) 초기 상태 (b) 베어링 손상

그림 3.23 기여도(coherence)

3.7 시간 창 함수와 가중치 함수

진동 신호를 FFT분석기로 분석하고자 할 때에 기본적인 처리로서 **창 함수**(window function) 처리가 있다. 실제적인 푸리에 변환은 무한히 긴 데이터의 일부분 만을 취득하여 유한 푸리에 변환을 수행한다. 즉, 무한히 긴 데이터에 대하여 한정된 길이의 데이터만을 추출하고, 이것을 입력의 샘플 블록으로 하여 주파수 스펙트럼을 계산하는 것이다. 무한히 긴 데이터의 일부만을 이용하는 것은 무한히 넓은 경치를 창문에서 바라보면 그 일부만이 보이는 것을 예로 든 표현이다. 따라서 사용되는 창의 형태에 따라 다소 다르다.

창의 종류에는 크게 나누어 시간 영역에서의 **데이터 창**, **래그 창** 그리고 주파수 영역에 대한 **스펙트럼 창**이 있다. 데이터 창은 무한히 연속인 데이터의 일부를 취득하는 것으로, 일종의 데이터 창을 부착한 것으로 해석된다. 또한 래그 창은 상관 함수에 대해 사용된다. 스펙트럼 창은 문자 그대로 스펙트럼에 부착하는 창이다. 대부분의 FFT 분석기에는 다음과 같은 여러 종류의 시간 창을 준비하고 있다.

- 직사각형 창(rectangular 또는 uniform window)
- 삼각형 창(triangular window)
- 플랫탑 창(flattop window)
- 해닝 창(hanning window)
- 해밍 창(hamming window)
- 미니멈 창(minimum window)
- 힘 창(force window)
- 지수 창(exponential window)

이들을 푸리에 변환하면 스펙트럼 창이 얻어진다. 직사각형 창과 해닝 창이 가장 일반적으로 과도 신호와 연속 신호의 창으로 사용된다. 미니멈 창은 근접한 스펙트럼 피크를 분리할 때, 플랫탑 창은 고차 조화 파형 분석 등의 레벨을 해석할 때 이용된다. 무한히 계속되는 현상의 일부를 추출하여 해석하는 것 자체는 데이터 창의 하나인 직사각형 창을 부착한 것과 같다. 힘 창과 지수 창은 충격 시험을 수행할 경우 등에 창의 범위 내에서 진동 파형이 수렴하지 않을 때 사용된다.

또한 FFT 알고리듬은 입력 신호를 주기화 하는 신호로서 처리한다. 즉, 시간 기록이 반복된다는 가정에서 신호 분석이 이루어진다. 이것을 그림 3.24에 나타낸다. 따라서 그림 3.25와 같이 시간 기록이 입력 신호의 주기에 대해 정수 배이면, FFT 알고리즘의 가정은 입력 파형과 정확하게 일치한다. 이와 같은 입력 파형을 시간 기록 안에서 주기화 되고 있다고 한다. 그런데 주기화 되지 않은 파형은 FFT 분석기 안에서 참의 입력 파형과 다른 그림 3.26과 같이 왜곡된 파형으로서 계산, 처리하게 된다. FFT 알고리즘은 그림 3.26과 같이 데이터 샘플의 시작과 끝이 같은 진폭을 가져야 한다.

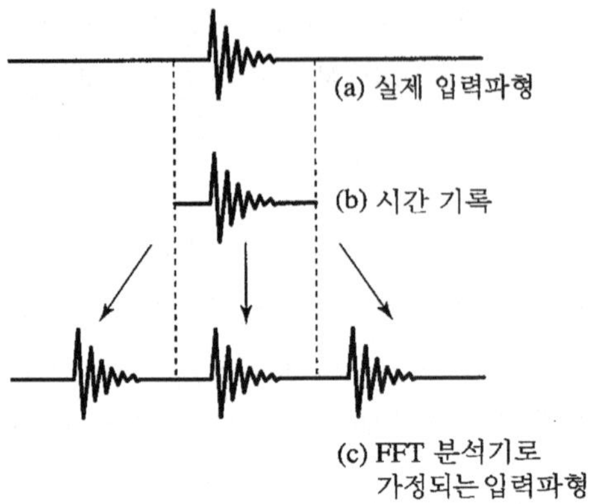

그림 3.24 FFT 알고리듬의 가정(시간기록을 1주기로 신호가 반복되는 가정)

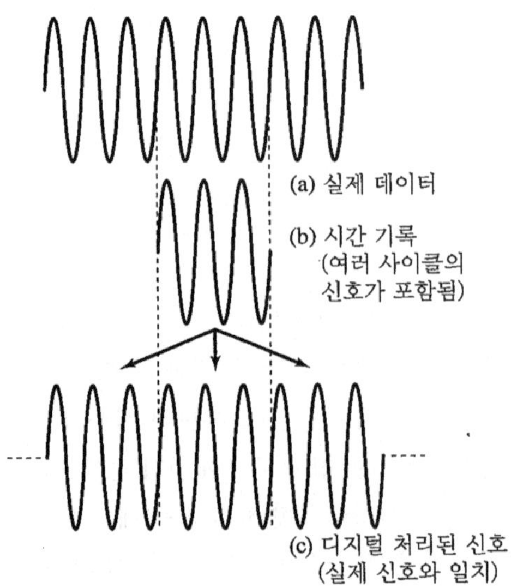

그림 3.25 주기적인 입력 신호의 시간 기록

디지털 처리가 되어 재구성된 파형은 샘플링 되기 이전의 아날로그 신호와 같아야 한다는 것을 명심해야 한다. 그림 3.26에서는 시작과 끝이 동일하지 않은 진폭으로 샘플링 되어, 재구성된 시간 파형을 나타내고 있다. 디지털 처리된 파형을 살펴보면, 에너지가 좀 더 고주파 영역으로 퍼지게 되는 누설(leakage) 현상이라 불리는 스펙트럼 상의 에러가 발생된 것을 확인할 수 있다. 결과적인 스펙트럼은 그림 3.27에서 보여주듯이 충격이나 헐거움을 의미하게 된다.

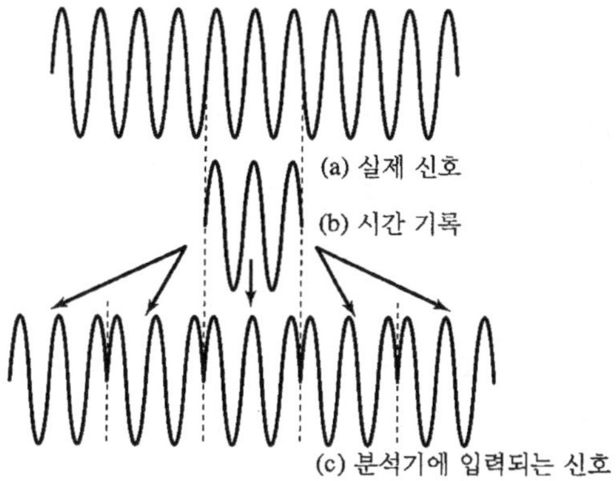

그림 3.26 비주기적인 입력 신호의 시간 기록

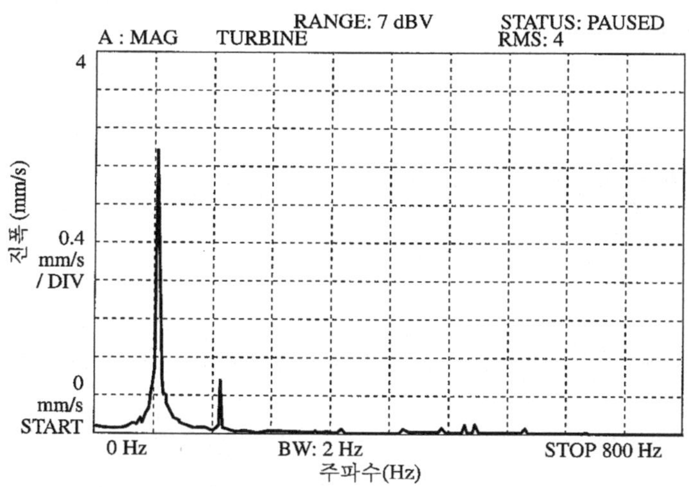

그림 3.27 누설된 시간 파형의 스펙트럼

주기적으로 샘플링이 되도록 데이터 샘플링을 조정할 수 없기 때문에, 그림 3.28과 같이 데이터의 양 끝을 0으로 맞추기 위해 창(가중치 함수)이 사용된다. 데이터 양쪽 끝이 0인 시간 기록을 얻기 위해 각 신호 샘플에 가중치를 곱한다. 시작 점과 끝 점이 0인 과도 데이터가 처리될 때는 가중치가 필요하지 않으며, 사용되지 말아야 한다. 과도 신호를 측정하는 경우에 해닝(hanning) 윈도우를 사용하면, 그림 3.29와 같이 데이터 블록 초기의 의미 있는 부분이 제거되어 과도 신호의 일부를 손상시킬 수가 있다. 따라서, 과도 신호를 측정하는 경우에 단일(uniform) 또는 자체 가중치 함수(self-windowing)가 사용되어야 한다.

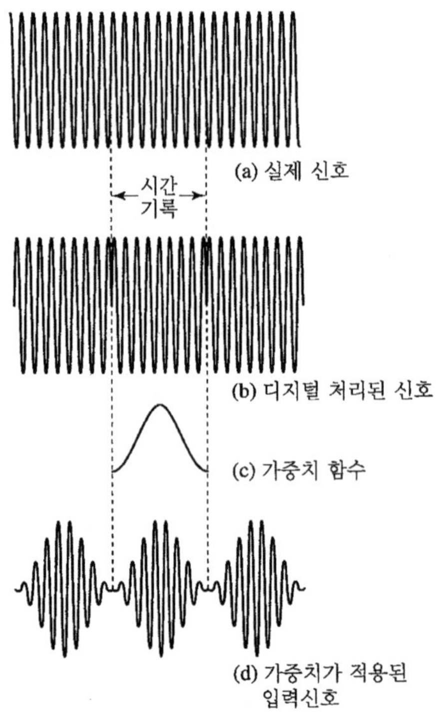

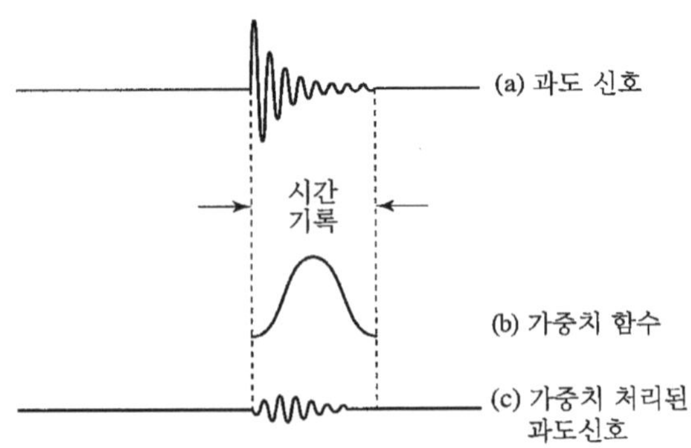

그림 3.28 파형에 가중치 적용 효과 **그림 3.29** 가중치 적용한 과도 현상의 결과적인 정보 유실

그림 3.30과 같이 해닝 가중치는 bins 혹은 분해선 안에서 양호한 분해능 특성을 가지는 협대역 필터 특성을 갖는다. 그러나 bins의 필터 대역이 좁기 때문에 주파수 성분이 bins의 모서리에 위치하면 진폭의 부정확성(때로 대역폭의 부정확성이라 불림)이 그림 3.31과 같이 1.5 dB(18.8%) 정도로 높아진

다. 플랫 탑(flat-top) 가중치는 분해능이 부족하지만, 단지 0.1 dB (1%)의 진폭 부정확성을 갖는다. 따라서, 플랫 탑 가중치는 높은 진폭의 정확성이 요구되는 주파수 성분을 가지고 있는 신호의 처리에 사용되며, 해닝 가중치는 여러 주파수 성분을 가지는 정상 상태 신호의 처리에 사용된다.

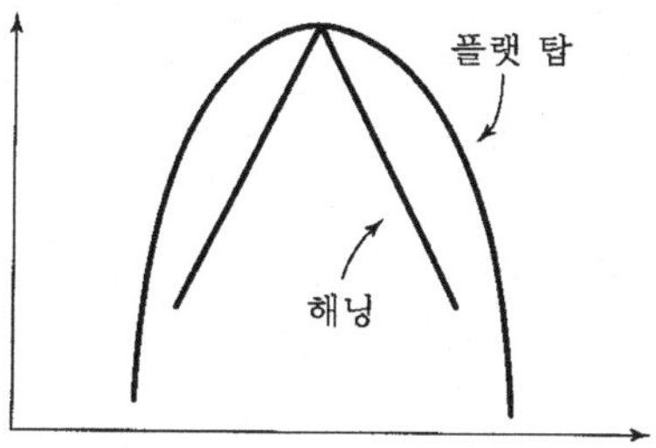

그림 3.30 플랫 탑 가중치에서 감소된 분해능

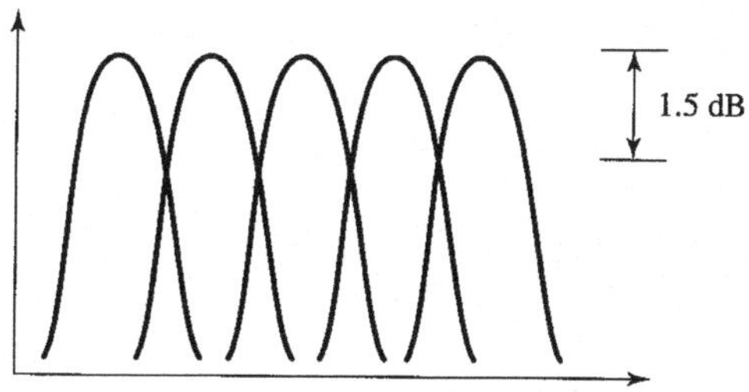

그림 3.31 해닝 대역 통과 형상

표 3.2 FFT 가중치의 설정

가중치 함수	용 도	진폭 부정확성	가중치 인자(WF)
Uniform	가진 시험	56.5%	1
Hanning	결함 분석	18.8%	1.5
Flat top	상태 평가	1%	3.8

주) 분해능 또는 대역폭 = (2 × 주파수 범위 × WF) / (분해선의 개수)

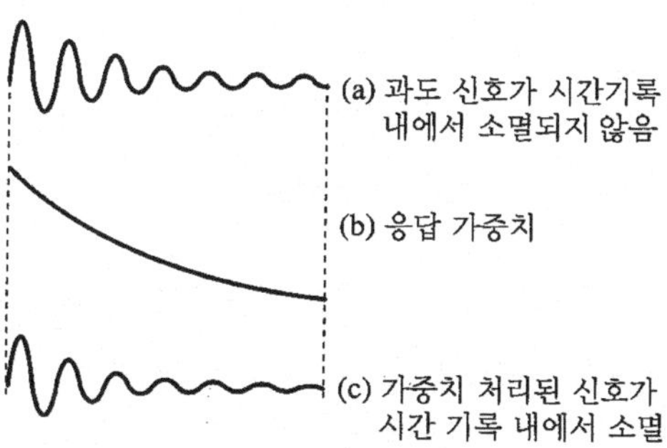

그림 3.32 응답 가중치의 사용

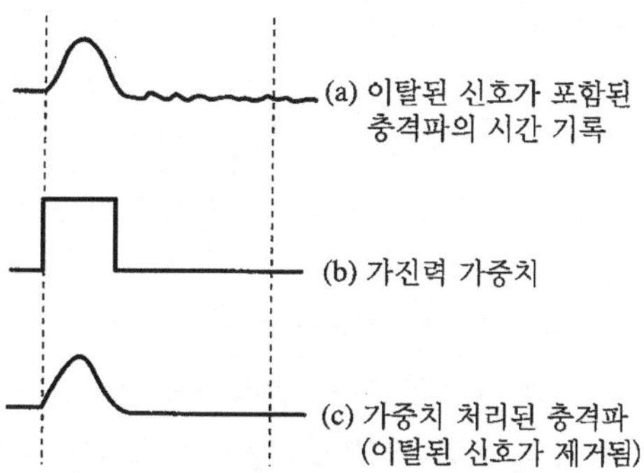

그림 3.33 가진 가중치(force window)의 사용

각 가중치의 실제적인 해상도는 표 3.2에 제공된 가중치 인자(window factor)를 사용하여 계산될 수 있다. 신뢰할 수 있는 분석기의 분해능은 선택된 분해선 개수로 주파수 범위를 나누고, 가중치 인자를 곱한 것이다. 단일 혹은 직각(rectangular) 가중치는 샘플 내에서 데이터 값이 0으로 감쇠된다면 충격 시험(impact test)에 대한 응답 신호의 처리에 사용된다. 그림 3.32의 지수 가중치(exponential window)는 시간 기록 내에서 데이터를 0으로 감쇠시키기 위해서 사용될 수 있다. 그림 3.33의 2채널 분석기를 사용한 충격시험에는 해머 신호(hammer signal)에 대해서는 가진 가중치(force window)가 필요하다.

3.8 필터링(filtering)

기계에서 발생하는 진동 신호는 통상 여러 가지 원인에 의한 여러 주파수 성분과 외부로부터의 진단에 필요 없는 잡음(noise) 등이 포함되어 있다. 또한 기어, 베어링과 같은 기계 요소나 진동 원인에 따라 발생 주파수 대역이 다르게 되는 경우가 많다. 그러므로 진단 시에는 필요한 주파수 대역의 정보만을 추출하기 위해, 전체 신호로부터 어느 주파수 범위만의 신호를 추출할 필요가 있다. 이러한 작업을 필터링(filtering)이라 하고, 그 기능을 가진 신호 처리기를 필터(또는 여파기)라 한다. 따라서 필터는 진동 신호로부터 원치 않는 주파수 성분을 제거하고, 진단에 필요한 주파수 대역의 신호를 출력하기 위해 사용되는 장치나 알고리듬을 통칭하는 말이다.

통상 설비 진단에서는 측정계의 잡음뿐만 아니라 목적으로 하는 진단에 도움이 되지 않는 성분도 잡음으로 간주한다. 필터링 과정에서 원치 않는 잡음과 함께 유용한 데이터까지 제거될 수도 있다. 예를 들어, 적분기와 함께 저주파 제거용 고주파 통과 필터(high-pass filter)를 사용하면 원치 않는 적분 잡음뿐 아니라 필요한 데이터까지 제거된다. 통상 이 작업 후에 다시 신호 레벨을 구하거나, 주파수 분석 등을 수행하기 때문에 필터링은 신호 처리의 전처리 과정의 하나가 된다.

필터는 물리적인 형태에 따라 전기식, 기계식, 정수압식 등으로 구분된다. 전기식 필터는 어느 주파수 성분을 필터링 시키느냐에 따라 여러 용도에 사용되며 다음과 같이 구분된다.

- 저대역(저역) 통과 필터(low pass filter : LPF) : 설정 주파수 이하의 신호(주파수성분)를 통과시킴
- 고대역(고역) 통과 필터(high pass filter : HPF) : 설정 주파수 이상의 신호를 통과시킴
- 대역 통과 필터(band pass filter : BPF) : 설정 주파수들 사이의 대역 신호를 통과시킴
- 대역 소거 필터(band reject filter : BRF 또는 band elimination filter : BEF) : 설정 주파수들 사이의 대역 이외 부분의 신호를 통과시킴

필터는 그림 3.34에 나타내듯이 차단 주파수(cut-off frequency)라 하는 어떤 주파수에서부터 감쇠 특성을 가지게 하여 불필요한 주파수를 감쇠시킨다. 감쇠 특성의 기울기가 필터의 차단을 나타내고 있고, −24 dB/옥타브, −36 dB/옥타브 등으로 표시하며 수치가 클수록 차단 특성이 좋게 된다. 감쇠 특성의 기울기가 우 하향 또는 좌 하향으로 저역 통과(low pass) 또는 고역 통과(high pass)의 특성으로 된다.

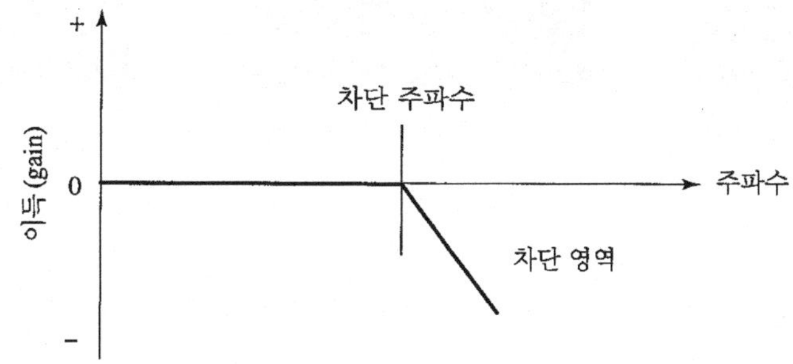

그림 3.34 저역 통과 필터의 특성

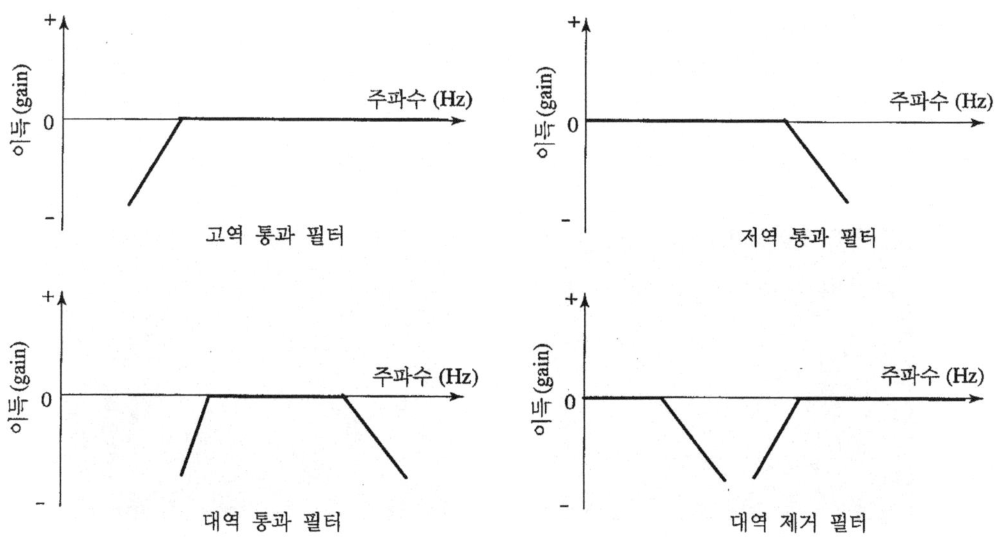

그림 3.35 각종 필터 특성

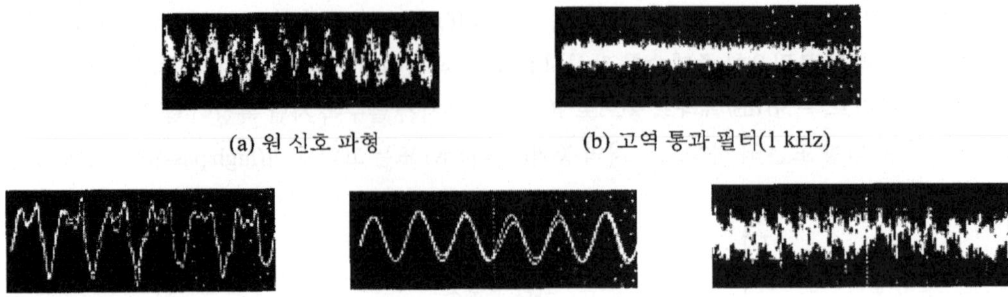

(a) 원 신호 파형 (b) 고역 통과 필터(1 kHz)

(c) 저역 통과 필터(1 kHz) (d) 대역 통과 필터(10~100 Hz) (e) 대역 제거 필터(10~200 Hz)

그림 3.36 원래 신호 파형과 필터링된 파형의 예

대역 통과 필터는 저역 통과 필터와 고역 통과 필터를 직렬로 접속하고, 대역 제거필터는 병렬로 접속하여, 각각의 특성을 얻는다(그림 3.35). 그림 3.36은 실제 진동에 각종 필터를 이용할 때의 파형이다. 상태 감시 및 진단용으로 사용되는 필터는 통상 대역 통과 필터가 주로 이용되고, 주파수 영역은 수 Hz에서 50 kHz까지, 또한 감쇠 정도는 −24 dB/옥타브 이상이면 충분하다. 또 진동 파형의 관측은 진단의 기본이라고도 할 수 있고, 고장의 부위, 요인에 따라서는 필터의 사용에 의해 매우 효과가 크게 되는 경우가 있기 때문에 소홀히 할 수 없다.

그림 3.37~3.39는 필터링 효과를 비교하여 나타낸 것이다. 그림 3.37은 기계적 불평형 진동에 의해 발생된 진동 변위의 수평과 수직 방향 신호의 시간 파형과 궤도(orbit)를 원 신호와 비교하여 나타낸다. 회전 주파수 (1X) 성분만이 깨끗하게 나타나는 것을 확인할 수 있다.

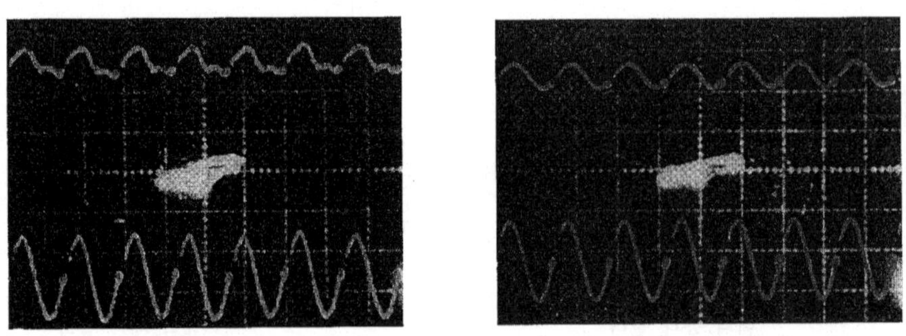

(a) 원 신호 (b) 필터링된 신호

그림 3.37 불평형 진동의 시간 파형과 궤도의 비교

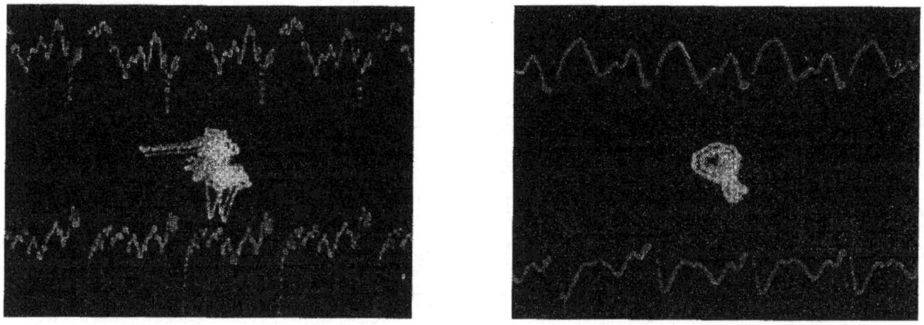

(a) 원 신호 (b) 저역 통과 필터링된 신호

그림 3.38 축 진동 변위의 시간 파형과 궤도의 비교

그림 3.38은 축 진동 변위 신호에 대해 저역 통과 필터링을 실시한 경우이다. 고주파수 성분의 잡음이 제거되고 회전 주파수의 저차 조화 성분들이 합성된 파형으로 표현되는 것을 알 수 있다. 그림 3.39는 회전 주파수(1X)에 대한 대역 통과 필터링을 실시한 경우이다. 복잡한 파형의 원 신호에 비해 회전 주파수 성분만이 깨끗하게 추출되고 있다.

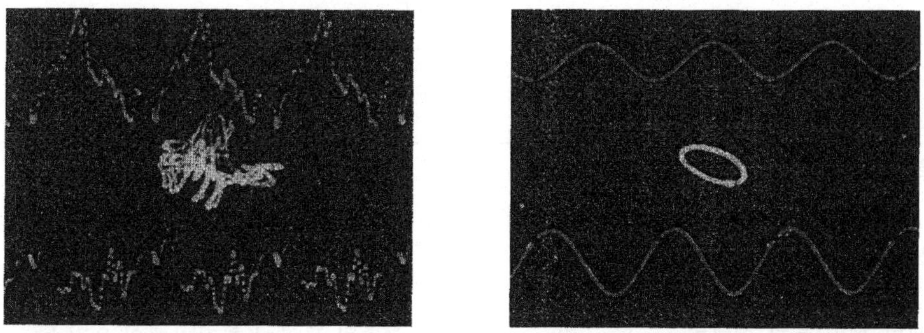

(a) 원 신호 (b) 1X 대역 통과 필터링된 신호

그림 3.39 축 진동 변위의 시간 파형과 궤도의 비교

3.8.1 소인 필터 분석기

대역 통과 필터를 사용할 때에 시간에 따라 변화하는 신호의 스펙트럼을 만들어내기 위해서 소인

필터 분석기(sweep filter analyzer)를 사용할 수 있다. 일반적으로, 시간파형을 구할 수 없으며, 주어진 주파수 범위에서 분해능이 제한되어 있다.

그림 3.40에 고역 통과 필터와 저역 통과 필터(low-pass filter)를 동시에 사용한 예를 나타내었다. 이런 형태의 필터는 중심 주파수 대역 부근에 있는 주파수 성분들만을 통과시킨다. 필터의 대역폭은 -3 dB(최고 진폭의 70.7%)까지의 주파수 범위이다. 대역폭이 넓어질수록 분석기의 분해능이 제한되며, 대역폭이 좁아질수록 완전한 진폭을 나타내기 위해 필터의 포화에 필요한 시간이 길어진다. 완전한 진폭을 얻기 위해 필요한 최소 시간은 대역폭의 역수이다. 선택된 주파수 범위에 대해 필터가 소인되는 비율인 분석기의 소인율(sweep rate)은 필터의 대역폭으로 결정된다.

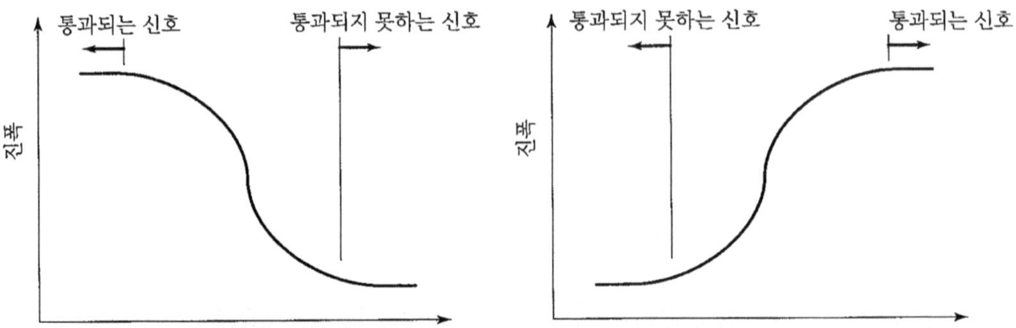

(a) 저역 통과 필터　　(b) 고역 통과 필터

그림 3.40 여러 종류의 필터

3.8.2 트래킹 필터

트래킹 필터(추적 여파기, tracking filter)는 트리거 신호를 통하여 회전기계의 운전속도를 찾아내고, 속도가 변화할 때 이를 추종하는 협대역(narrow band) 필터의 일종이다. 일반적으로 회전기계의 진동 분석에 많이 이용되며, 회전속도(회전주파수)가 변함에 따라 필터의 주파수 대역도 같이 이동하므로 진동 신호의 회전 주파수 성분만을 분석할 수 있도록 한다. 이 필터는 회전속도가 변화할 때 회전체가 어떻게 응답하는가를 파악하기 위해 기동 또는 정지 동안에 유용하다. 트래킹 필터는 대역 통과 필터의 중심 주파수가 외부 신호 발생원의 트리거(trigger)에 의해서 제어된다는 점을 제외하면 소인 필터와 비슷하다. 트리거는 일반적으로 비접촉 변위계나 광 센서를 사용한다. 기계의 전체 운전범위 내에서 필터가 변화되는 과도 신호를 추적하여 진동을 측정하게 된다. 트래킹 필터를 제어하는 규칙은 소인 필터에 대한 것과 비슷하다. 슬루 율(slew rate)은 필터 내에 전체 진동 신호가 구성된 이후, 진동 신호 내에서 트래킹 필터가 추적하는 주파수 성분을 처리하는 비율이다. 일부 추적 필터들은 보데 선도(Bode plot)와 극좌표 선도(polar plot) 기능을 제공한다.

3.9 엘리어싱

3.9.1 엘리어싱 현상

엘리어싱(aliasing) 현상이란 아날로그 신호를 샘플링하여 디지털 신호로 변환시킬 때샘플링 주파수의 한계로 원하지 않는 고주파 성분이 마치 저주파 성분인 것처럼 나타나는 주파수의 반환 현상을 말하며, 어떤 최고 입력 주파수를 설정했을 때에 이 보다도 높은 주파수 성분을 가진 신호를 입력한 경우에 생기는 문제이다. 즉, 분석하고자 하는 신호를 샘플링 주파수 f_s로 샘플링 하여 주파수 분석을 하였을 때, 샘플링 주파수의 절반($f_s/2$), 즉 나이퀴스트 주파수 이상에 해당하는 주파수 성분이 나이퀴스트 주파수 이하의 성분으로 겹쳐 나타나게 되는 현상을 엘리어싱이라 한다. 이러한 현상을 피하기 위해서는 샘플링 주파수를 최대 분석주파수의 최소 2배 이상으로 하고, 또한 샘플링 하기 전에 저주파 통과 필터를 사용하여 최대 분석 주파수 이상의 신호를 소거할 필요가 있다.

샘플링 정리에 의하면 샘플 율(sample rate)은 샘플링되는 신호에서 가장 높은 성분의 2배 이상 이어야 한다. 즉, 각 주파수의 한 사이클에 대하여 2점 이상의 샘플점이 필요하다. 이것은 다음과 같은 식으로 표현된다.

$$f_{\max} < \frac{\Delta t}{2}$$

이것은 일반적으로 샘플링 주파수를 f_s로 하여, 다음과 같은 형태로 취급된다.

$$f_{\max} = \frac{\Delta t}{2} = \frac{f_s}{2}$$

엘리어싱 현상의 특징으로는

- 원래의 신호에 나이퀴스트 주파수보다 높은 주파수가 존재할 때만 나타난다.

- 디지털 변환하면 나이퀴스트 주파수 이상의 높은 주파수 성분들이 스펙트럼에 겹쳐서 나타난다.
- $0 \le f \le f_n$ 영역의 임의 주파수 성분에 엘리어싱 되는 높은 주파수 성분은

$$2f_n \pm f,\ 4f_n \pm f,\ \cdots,\ 2kf_n \pm f$$

- 이 효과는 나이퀴스트 주파수 부근에서 가장 심하다.

이 현상을 줄이기 위한 대책으로는 다음을 고려할 수 있다.

- 샘플링 주파수를 높이면, 이 효과를 줄일 수 있으나, 근본적으로 배제하기 어렵다. 또한 많은 양의 샘플링을 해야 하므로, 데이터 개수가 증가하고 따라서 신호 처리에 필요한 시간이 급격히 증가한다.
- 샘플링 전에 저역 통과 필터인 엘리어싱 방지 필터(anti-aliasing filter)를 사용하여 나이퀴스트 주파수 이상의 높은 주파수 성분을 배제하는 것이 현실적이다.

엘리어싱을 구체적인 예를 들어 설명한다. 샘플링 주파수 100 kHz의 A/D 변환기를 갖는 FFT 분석기는 50 kHz 이하의 성분은 정확히 분석된다. 그러나 그 이상의 주파수 성분은 엘리어싱에 의하여 저주파로 변환하게 된다. 그림 3.41에서 실선의 파형은 샘플링 되는 입력 파형이며 83 kHz이다. 이것은 점선으로 나타낸 바와 같이 100 kHz로서 샘플링 되고 있다. 이 경우에는 각 사이클에 대해 2회 이하의 샘플링이므로, 각 샘플링 점을 사인파(sine wave)의 형태로 연결한 것으로 되어 결과적으로 그 주파수는 실제보다 낮은 17 kHz로 된다. 즉, 83 kHz의 성분이 100 kHz에서 샘플링될 때에 그것은 17 kHz의 성분으로 나타난다.

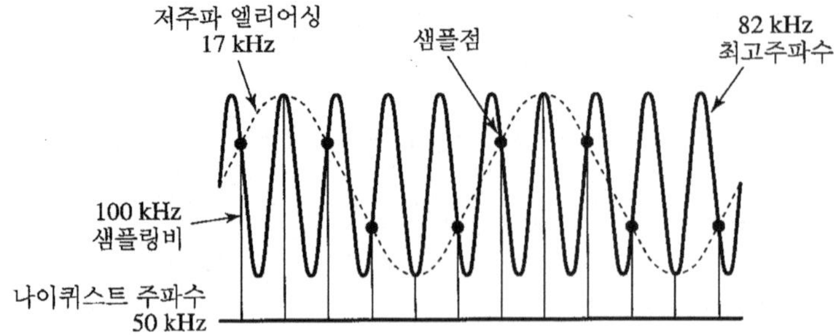

그림 3.41 언더 샘플링(under-sampling)

그림 3.42와 같이 샘플링 주파수의 절반인 50 kHz를 반환점으로 하여 반환된다. 이것은 100 kHz의 신호를 100 kHz의 샘플링 주파수로 샘플링할 때에 모든 사이클로 동일한 점에서 한 회가 샘플링 되기 때문에 이것을 연결할 것은 직선, 즉 DC 성분이 되는 것으로 보아도 직관적으로 알 수 있다.

그런데 실제의 측정에서는 입력 신호의 주파수 대역을 완전하게 한정시키는 것은 어렵다. 이것을 방지하는 데는 엘리어싱 방지 필터라고 하는 저역 통과 필터(low pass filter)가 있으며, 샘플러(sampler)와 A/D변환기 앞에 설치해서 입력 신호의 주파수 범위를 한정시켜야 한다.

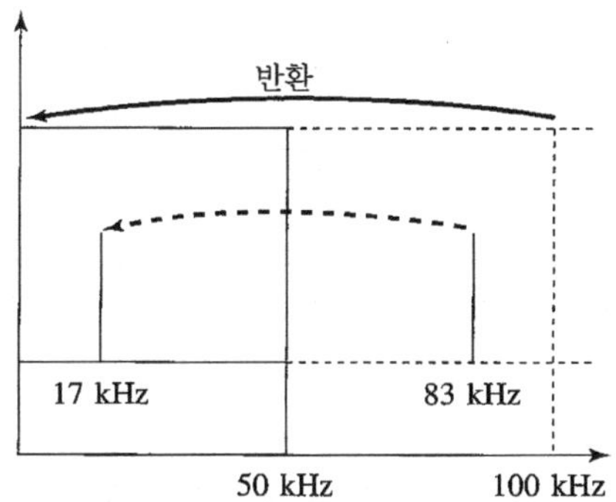

그림 3.42 f_{max} = 50 kHz에 대한 엘리어싱

3.9.2 엘리어싱 방지 필터

신호 취득 시 샘플링에 의해 나타나는 엘리어싱을 방지하기 위해 아날로그 필터를 사용하여 주파수 범위가 원하는 주파수 내에 존재하도록 구현한 필터이다. 샘플링 주파수(100 kHz)의 1/2 주파수(50 kHz)에서 직각으로 감쇠하는 이상적인 저역 통과 필터는 불가능하다. 실제로는 그림 3.43과 같이 점차적인 로울 로프(roll off)와 입력 신호를 한정시키는 차단(cut-off) 주파수에 관한 특성을 갖는다. 천이 대역(transition band)내에 충분히 감쇠되지 않은 큰 신호는 이 경우에도 입력 주파수의 절반이 아니고 그 이하가 된다. 이것은 샘플 율(sample rate)을 최대 입력주파수의 3 ~ 4배로 한다는 의미에서 25 kHz의 해석 대역을 갖는 FFT 분석기라면 100 kHz의 A/D 변환기가 필요하게 된다.

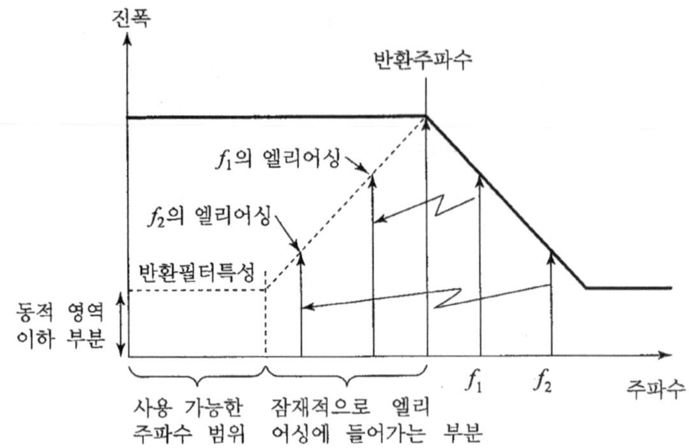

그림 3.43 엘리어싱 방지 필터의 로울 오프와 동적 범위

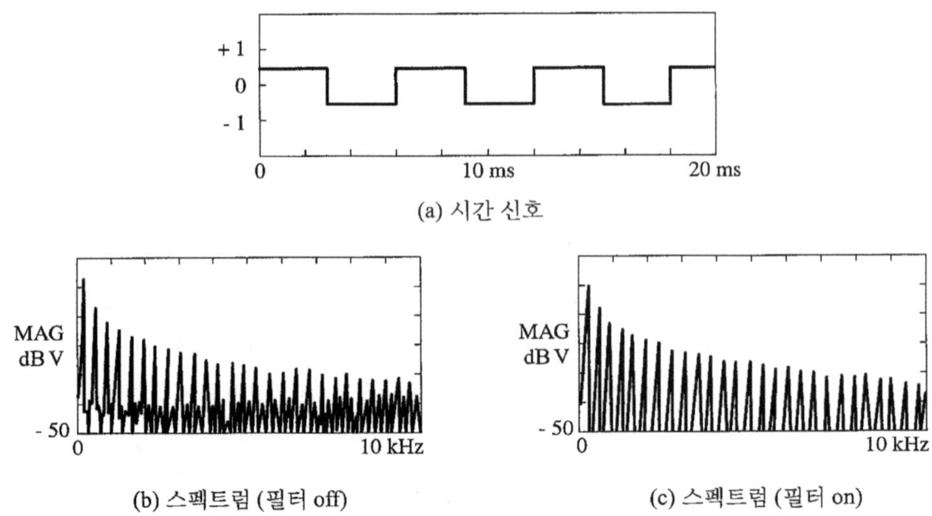

그림 3.44 엘리어싱 필터의 효과

3.10 변조(modulation)

변조란 어떤 신호 파형의 성질(진폭, 주파수, 위상)이 다른 파형의 성질에 따라 변화하는 현상 또는 일정 진폭의 보다 높은 주파수를 갖는 전송 신호(carrier signal)를 주파수가 낮은 신호에 따라서 그 진폭, 주파수 또는 위상을 변화시키는 현상을 말한다. 전송 주파수(carrier frequency)는 저주파수의 신호 파형을 실어서 전송하기 위해 사용하는 고주파를 말하며, 일반적으로는 신호를 변조하는 변조 주파수를 말한다. 변조에는 진폭 변조(amplitude modulation: AM), 주파수 변조(frequency modulation: FM) 및 위상 변조(phase modulation: PM)가 있다. 변조된 파(피변조파)로부터 원래의 데이터를 복원해내는 과정을 복조(demodulation)라고 한다.

3.10.1 진폭 변조(amplitude modulation: AM)

고주파의 전송파를 저주파의 신호파에 곱하여 진폭이 변조되는 것을 말한다. 이때 주파수 영역에서는 전송파의 주파수 성분과 이를 중심으로 양측에 신호파와의 합(sum) 및 차(difference) 성분에 의한 측대역 파(sideband wave)가 발생한다. 예를 들면, 임의의 신호 $f(t)$를 $\cos \omega_0 t$의 전송파로 진폭 변조한 $f(t)\cos \omega_0 t$의 신호는 주파수 영역에서의 승적(convolution)에 의해 $\pm\omega_0$ 주파수를 기준으로 $F(\omega \pm\omega_0)$가 되는 현상을 갖는다. 이를 좀더 구체적으로 설명하면, 다음과 같다. 조화 진동의 진폭을

$$x(t) = a\cos(\omega t - \alpha) \tag{3.11}$$

로 표현하고, 최대진폭 $a(t)$가 시간에 따라 변화하는 경우에는 다음과 같이 표현할 수 있다.

$$a(t) = k(1 + m\cos\omega_m t) \tag{3.12}$$

여기서 k는 정수, m은 차수(= 1, 2 등)이며, ω_m은 변조주파수이다. 식 (3.12)를 식 (3.11)에 대입하여 정리하면

$$x(t) = k\{\cos(\omega t - \alpha) + \frac{m}{2}\cos[(\omega - \omega_m)t - \alpha] + \frac{m}{2}\cos[(\omega + \omega_m)t - \alpha]\} \tag{3.13}$$

식 (3.13)은 전송파 성분 $k\cos(\omega t - \alpha)$와 측대역파 성분 $mk/2\cos[(\omega \pm \omega_m)t - \alpha]$로 구성되는 것을 알 수 있다.

그림 3.45는 주파수가 300 Hz인 전송파와 측대역파 30 Hz로 진폭 변조된 시간 파형과 이의 주파수

스펙트럼을 보인다. 스펙트럼에서 알 수 있듯이, 전송 주파수 300 Hz의 좌우에 30 Hz의 폭을 갖는 측대역 주파수 성분(270 Hz, 330 Hz)이 나타남을 알 수 있다. 여기서 **포락 신호**(envelop signal)는 그림 3.45의 좌측 시간 파형에서 신호의 최대값들을 연결하여 구성된 신호를 말한다. 임의의 신호에 대한 포락 신호는 수학적으로 **힐버트 변환**(Hilbert transform) 등에 의해 얻을 수 있다.

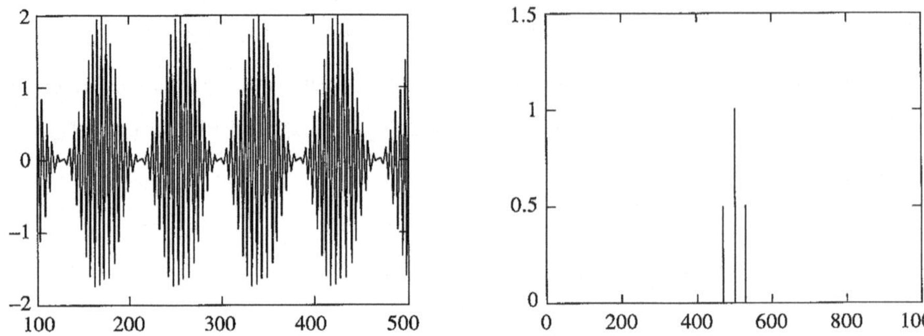

그림 3.45 진폭 변조된 시간 파형과 주파수 스펙트럼 예

3.10.2 주파수 변조(frequency modulation: FM)

주파수 변조는 전송파의 진폭을 일정하게 유지한 채 전송파의 주파수를 신호파에 따라 변화시키는 것이다. 전송파를 $e_c = E_c \sin \omega_c t$, 신호파를 $e_s = E_s \cos \omega_s t$라 하면, 전송파의 각주파수 ω_c를 중심으로 신호파에 비례하는 양 $kE_s \cos \omega_s t$ 만큼 변동시키면 순시 각주파수는

$$\omega = \omega_c + k E_s \cos \omega_s t \tag{3.14}$$

식 (3.14)에서 ω는 신호파에 따라 변화하고 있으므로, 전 각변위를 θ라 하면,

$$\omega = \frac{d\theta}{dt} = \int_0^T \omega \, dt = \omega_c t + k \frac{E_s}{\omega_s} \sin \omega_s t \tag{3.15}$$

가 된다. 따라서 주파수 변조된 파형 e_{fm}은

$$e_{fm} = E_c \sin(\omega_c t + k \frac{E_s}{\omega_s} \sin \omega_s t) = E_c \sin(\omega_c t + m_f \sin \omega_s t) \tag{3.16}$$

와 같으며, 여기서 m_f는 주파수 변조 지수를 의미한다.

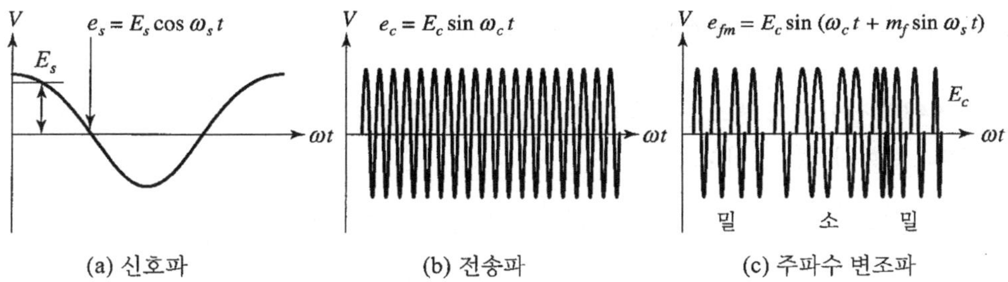

그림 3.46 주파수 변조 파형의 구성

주파수 변조된 파형은 f_c를 중심으로 $\pm f_s$, $\pm 2f_s$, 등으로 분리되어 무수한 측대역파를 갖는다. 따라서 넓은 대역폭을 점유하게 된다.

그림 3.47은 주파수 변조 지수 m_f 가 0.5, 1, 2 및 3일 때의 주파수 스펙트럼을 나타낸 것으로, 변조지수 m_f가 증가할수록 측대역파의 수도 증가한다. 즉, $m_f = f_d/f_s$에서 m_f가 증가할수록 측대역파는 무수히 많아져 무한대의 대역폭을 가진다. 그러나 ω_s가 작을 때, m_f가 커지고 측대역파는 무수히 많이 생기지만, ω_s가 작기 때문에 대역폭은 그다지 넓어지지 않는다. 반대로 ω_s가 커지면, m_f가 작아져 측대역파의 수는 작아 진다. 따라서, 대역폭이 넓어질 염려가 없고 점유 대역폭을 일정 범위 내로 억제할 수 있는 것이다.

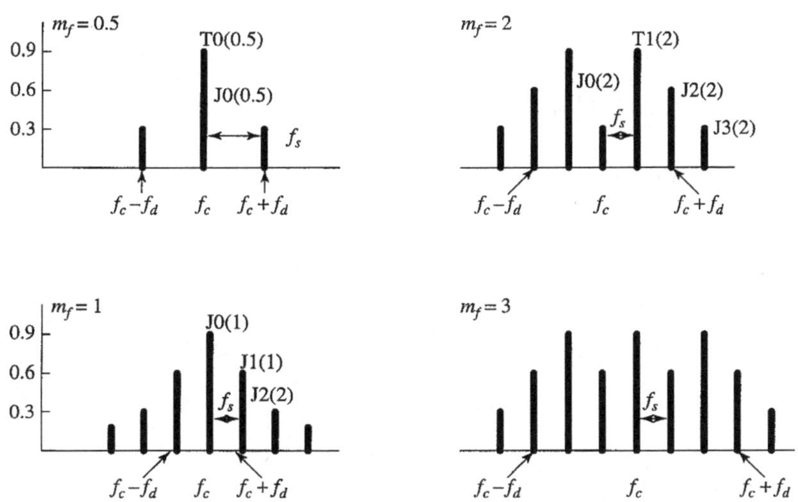

그림 3.47 주파수 변조 파형의 주파수 스펙트럼 예(m_f = 0.5, 1, 2, 3)

3.10.3 위상 변조(phase modulation: PM)

그림 3.48과 같이 위상 변조는 전송파의 진폭을 일정하게 유지한 채로 전송파의 위상을 신호파의 진폭에 따라 변화시키는 것이다.

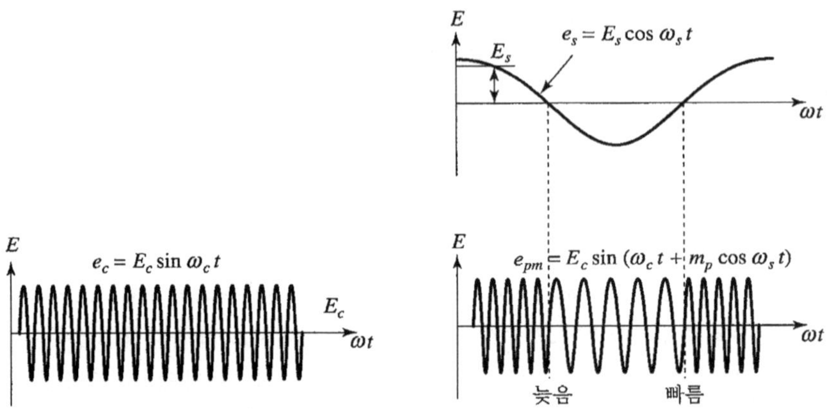

(a) 전송파 (b) 신호파와 위상 변조파

그림 3.48 위상 변조

전송파를 $e_c = E_c \sin(\omega_c t + \theta_c)$, 신호파를 $e_s = E_s \sin \omega_s t$라 하고, 전송파의 위상을 신호파의 진폭 E_s에 비례하는 양 KE_s 만큼 ω_s에 따라 변화시키면, 위상 순시치 θ_c는

$$\theta = \Theta_c + KE_s \cos\omega_s t = \int_0^T \omega_c dt + \Theta = \omega_c t + \theta_c + KE_s \cos\omega_s t \tag{3.17}$$

로 되어 전체 각변위 θ를 구할 수 있다.

식 (3.17)에서 Θ_c는 $t = 0$일 때의 위상각으로, t의 기준을 정리하는데 따라 결정되므로, $\Theta_c = 0$이라고 가정하면 $e_{pm} = E_c \sin(\omega_c t + m_p \cos \omega_s t)$로 된다. 여기서 m_p를 위상 변조 지수라 한다.

$$m_p = KE_s = \Delta\Theta \tag{3.18}$$

3.10.4 주파수 변조와 위상 변조의 차이점

진폭 변조는 변조 신호의 스펙트럼을 전송파의 주파수 부근으로 옮기는 것 외에 새로운 주파수의 발생이 없으므로 선형 변조(linear modulation)라고도 부르며, 선형 변조의 주파수 대역폭은 변조 신호(정보)의 대역폭의 2배를 초과하지 않는다. 또한 수신된 신호의 S/N비는 전송된 신호 전력의 증가에 의해서만 개선될 수 있다.

주파수 변조와 위상 변조를 합쳐서 각 변조라 하며, 일반적으로 각 변조는 변조 신호의 대역폭 보다 훨씬 큰 대역폭을 갖으며, 새로운 주파수 성분을 발생하는 성질을 가지므로 비선형 변조(nonlinear modulation)라고도 부른다. 따라서 각 변조는 대역폭이 넓고 시스템이 복잡하지만, 수신된 신호의 S/N비는 그만큼 개선되는 특징이 있다.

주파수 변조와 위상 변조는 근본적으로 다른 점은 없으나, 위상 변조의 경우에는 피 변조파(변조된 파)의 순시 위상이 변조 신호(정보 신호)에 비례하고, 순시 주파수는 변조 신호의 미분(파형의 기울기)에 비례하는데 비하여 주파수 변조의 경우는 피 변조파형의 순시 위상은 변조 신호의 적분 값에 비례하고, 순시 주파수는 변조 신호에 비례한다. 따라서 신호를 적분한 후 위상 변조하면, 주파수 변조파형이 되고, 미분한 후 주파수 변조하면 위상 변조 파형이 된다. 주파수 변조와 위상 변조의 차이점은 주파수 변조 파형의 최대 주파수 편이(Δf)는 변조 신호의 진폭에만 비례하는데 비해, 위상 변조 파형의 경우는 변조 신호의 진폭뿐만 아니라 변조 신호의 주파수에도 비례한다.

3.10.5 실제 예

회전기계에서 발생하는 진동 신호에는 그림 3.49에 보이는 것과 같은 진폭 변조를 받은 파형이 많이 관찰된다. 기어 장치에 불평형이나 정렬 불량이 존재할 때 특히 현저하게 나타난다. 기어 장치에 불평형이 있을 때를 고려하면, 기어 맞물림 진동이 회전주파수에 의해 변조된다.

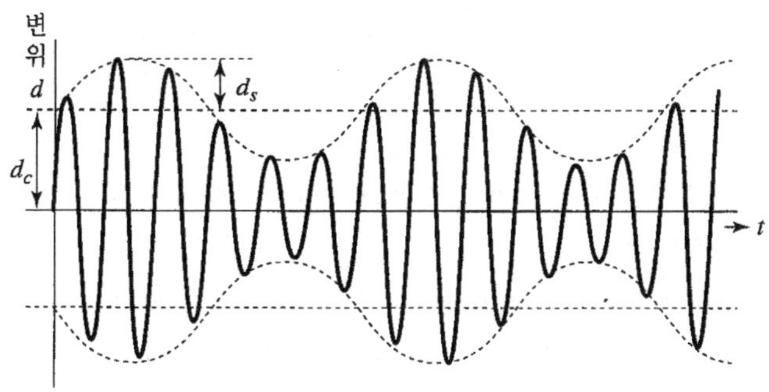

그림 3.49 진폭 변조된 시간파형

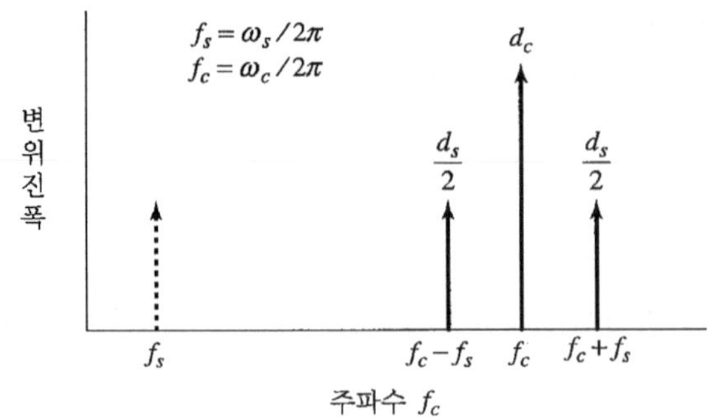

그림 3.50 진폭 변조된 진동의 주파수 스펙트럼

이러한 파형을 주파수 분석하여 보면, 그림 3.50에 보이듯이 중심 주파수 f_c의 양측에 $f_c \pm f_s$의 측대역파가 나타난다. 이 측대역파의 유무와 이 성분들의 크기가 중요한 진단 정보가 된다. 따라서 주파수 분석 결과를 관찰할 때에는 주 성분의 주변에 측대역파의 유무를 확인함과 동시에 주파수 분석 전의 시간 파형에 주기적인 변조의 유무를 조심스럽게 관찰하는 것이 매우 중요하다.

3.10.6 포락선(포락) 처리

기계로부터 계측된 진동 신호가 결함 원인에 따라 주파수 대역이 다른 여러 성분들의 합으로 이루어지는 경우는 필터에 의한 전처리가 효과적이다. 그러나 주파수 성분들이 곱으로 이루어진 경우는 필터에 의한 처리만으로는 유용한 결과를 얻을 수 없다. 예로 베어링 외륜에 결함이 발생한 경우, 볼이 결함 부위를 통과할 때마다 충격력이 가진력이 되어 베어링의 고유진동수에 대응하는 진동이 발생한다. 이 경우 가진력의 반복 주파수(외륜결함주파수)와 베어링의 고유진동수는 크게 다르다. 즉, 얻어진 진동파형은 베어링의 고유 진동에 의한 파형을 결함에 의한 반복 주파수로 진폭 변조된 것으로 된다. 설비 진단에 필요한 정보는 베어링의 고유 진동이 아니고 결함에 의해 발생한 진동 성분이다. 이와 같이 변조 주파수와 피 변조 주파수 사이의 비가 큰 신호로부터 변조주파수 성분의 정보를 얻는 데는 포락선 처리(enveloping)가 효과적이다.

즉, 포락선 처리는 진폭 변조된 신호 데이터에서 측대역파의 주파수인 변조 주파수 성분 ω_m을 검출하는데 유익한 기법이다. 이 기법은 구름요소베어링 결함뿐만 아니라 기어의 결함과 같은 충격적인 진동이 발생하여 진폭 변조된 경우에 적용이 가능하다.

포락선 처리는 복잡한 신호 파형을 매끄럽게 연결하는 것에 의해 필요한 정보를 추출하는 방법이다. 이에는 몇 가지 방법이 있으나, 절대치 검파와 저역 통과 필터를 이용하는 방법과 zero cross검출과 sampling hold를 이용하는 방법이 일반적이다.

통상은 전자가 주로 사용되고, overall 값과 피크 값의 비인 파고율(crest factor)이 큰 신호에는 후자가 이용된다. 처리 방법은 그림 3.51과 같이 진동 신호를 증폭기에서 증폭하고 파악하고 싶은 진동수 범위를 대역 통과 필터(BPF)를 이용하여 선택한다. 그리고 진폭의 양의 부분만으로도 좋지만, 음의 부분의 영향도 고려할 필요가 있으므로, 절대치 회로를 통과하여 파형의 음 부분을 양으로 전환하여 파형의 밀도를 높이고 저역 통과 필터(LPF)를 통과하면 밀도가 높은 파형에 관한 포락 부분 만이 남는다.

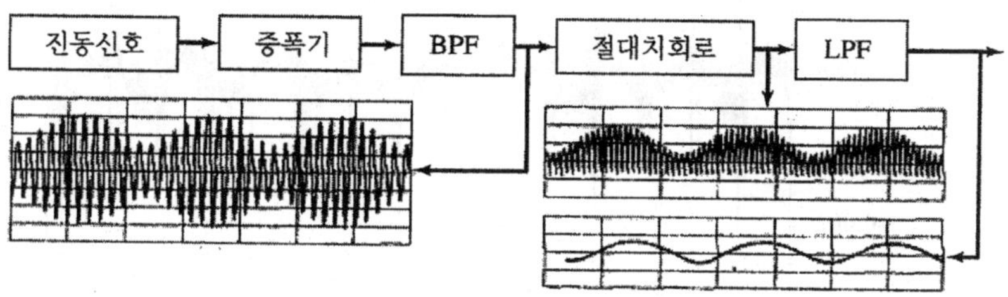

그림 3.51 포락선 처리 회로와 파형

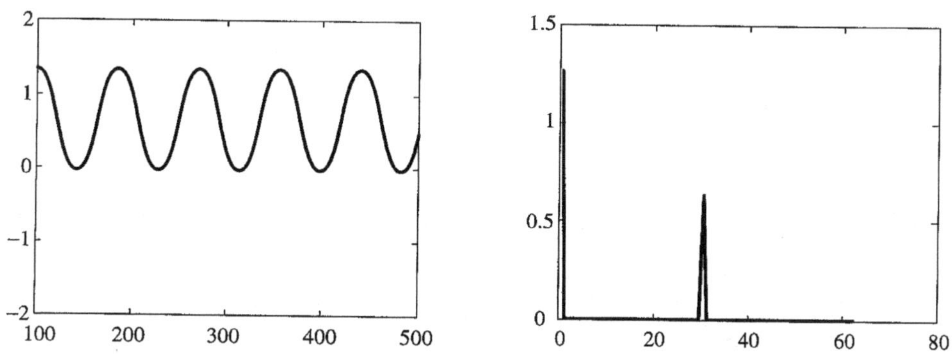

그림 3.52 포락선 처리 후의 시간 파형과 주파수 스펙트럼

그림 3.52는 이 진폭 변조 신호인 그림 3.49를 Matlab을 이용하여 포락선 검출한 결과를 나타낸다. 30 Hz의 신호에 대한 시간 파형과 주파수 성분을 분리함을 확인할 수 있다.

다음으로 깊은 홈 단열 볼 베어링(#6204)에서 외륜 결함이 발생한 경우의 결함 주파수를 포락선 처리를 통하여 검출한 예를 나타낸다. 운전속도는 2,100 rpm(35 Hz)이고, 계산된 외륜 결함 주파수는 106.8 Hz이다. 그림 3.53은 결함 베어링의 진동 가속도의 시간 파형과 주파수 분석 결과를 나타낸다. 그림 3.53(b)의 주파수 스펙트럼 선도를 보면 외륜 결함주파수 성분인 106.8 Hz 성분이 명확히 나타나지 않음을 알 수 있다.

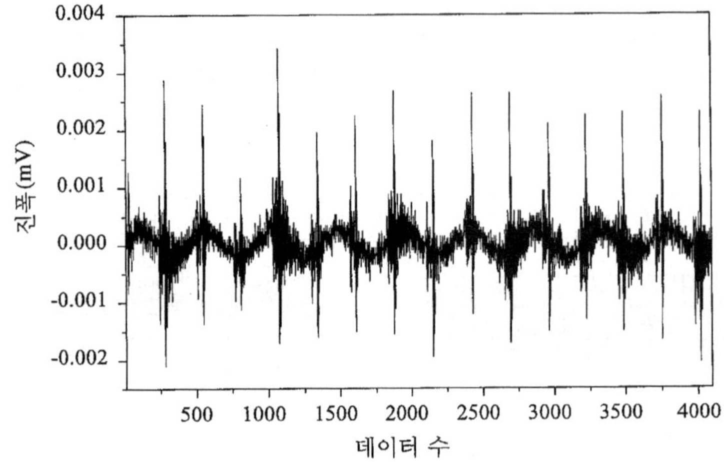

(a) 외륜 결함의 시간 신호

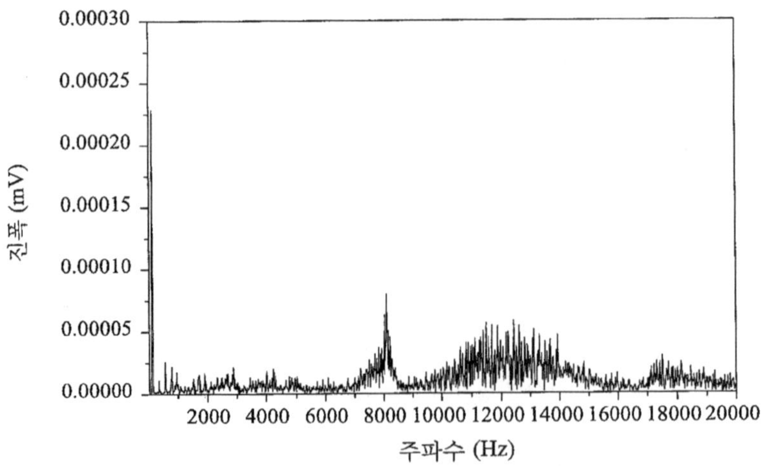

(b) 주파수 분석 결과

그림 3.53 베어링 외륜 결함 시의 시간 파형과 스펙트럼

이에 그림 3.51에서 설명한 포락선 처리 방법을 이용하여 신호 처리를 수행한 과정을 그림 3.54에 순서대로 나타낸다. 먼저 그림 3.53의 시간 신호에 대해 관심 주파수 대역인 10 ~ 500 Hz 대역에 대한 대역 통과 필터(BPF)를 통과한 후의 시간 파형을 그림 3.54(a)에, 그리고 이의 절대치를 취한 결과를 그림 3.54(b)에 나타낸다.

그리고 이 시간 파형을 저역 통과 필터(LPF)를 거친 후의 시간 파형을 그림 3.54(c)에 보인다. 최종적으로 이 파형을 주파수 분석을 하면 그림 3.54(d)에서 보이듯이 외륜 결함 주파수 성분(BPFO)과 이의 배수 성분이 명확히 나타남을 확인할 수 있다.

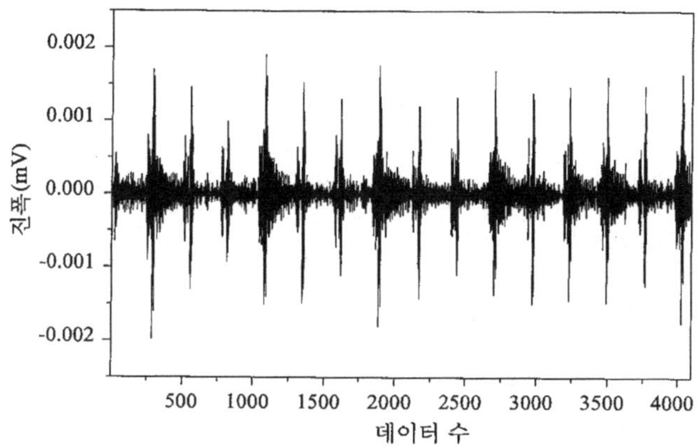

(a) BFP 통과 후의 시간 파형

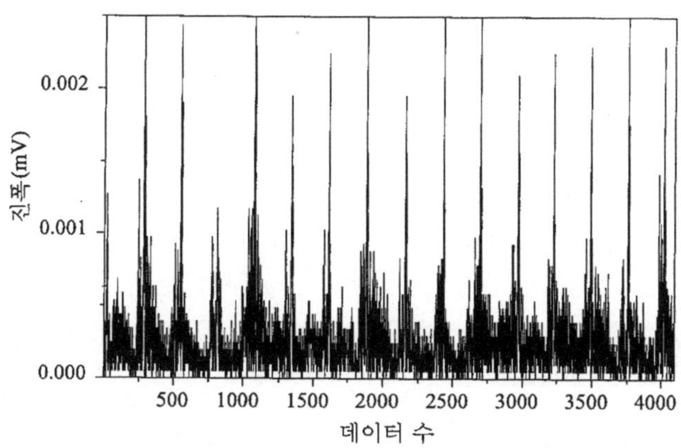

(b) 절대치 처리 후의 시간 파형

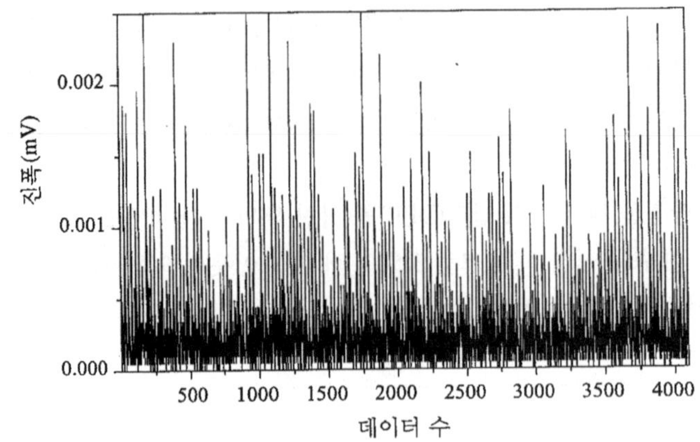

(c) LPF 통과 후의 시간 파형

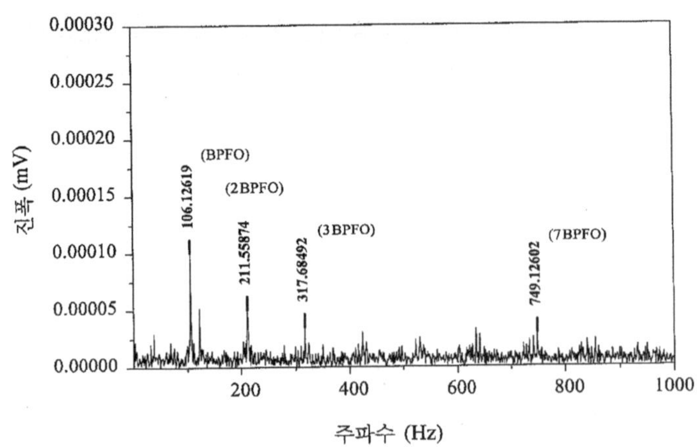

(d) 포락선 스펙트럼

그림 3.54 외륜 결함 베어링 신호의 포락선 처리 과정

3.11 분해능과 확대 분석

FFT 분석기와 데이터 수집기의 측정 방법을 설정하는 목적은 기계의 상태와 결함에 관련하여 경제적인 결정을 할 수 있도록 적절한 데이터를 얻기 위한 것이다. 그런 결정을 하기 위해서는 결함 주파수

성분, 고유진동수 성분 및 치명적인 결함을 나타내는 진폭 등과 같은 대상 설비에 대한 지식이 필수적이다. 기계가 처음으로 감시되거나 분석될 때에는, 이러한 모든 데이터들이 준비될 수 없다는 것은 잘 알려져 있다.

그러나, 분석자가 설비 기계에 관해서 작업하는 시간이 경과되면서 경험이 축적되면, 결함이 발생하여 파손으로 발전되는 진폭에 대한 정보들이 얻어지게 될 것이다. 축 회전속도에 관련된 결함, 베어링 결함주파수, 깃 통과 주파수 그리고 기어 맞물림 주파수 등에 관련된 주파수 정보가 상태 감시나 분석의 도입 초기에 유용하게 사용될 수 있다. 따라서, 기계의 설계 데이터만으로도 적절한 측정 방법을 설정하는 것이 가능하다. 설정 시에 반드시 고려되어야 할 두 가지 사항은 분해능(주파수)과 동적 범위(진폭)이다.

3.11.1 분해능(resolution)

데이터 표본들에 관련되어 있는 스펙트럼의 분해능은 FFT계산에 쓰이는 분해선의 수, 주파수 범위 그리고 선택된 가중치 함수에 의해서 결정된다. 데이터 블록의 처리를 위해 필요한 데이터 수집시간은 분해선의 수와 주파수 범위에 의해 결정되며, 최소 분해 가능 주파수는 데이터 수집시간의 역 수이다. 달리 말하면, 스펙트럼에서 관심의 대상인 주파수 성분이 관찰되기 이전에, 반드시 이 신호 성분의 완전한 샘플(한 주기) 데이터가 데이터 블록 내에 존재하여야 한다. 예를 들면, 운전속도 1,800 rpm (30 Hz) 주파수 성분의 데이터가 분석되려면, 최소한 33 ms(1/30 Hz = 0.0333초/사이클) 동안의 데이터가 얻어져야 한다. 그렇지 않으면, 데이터가 취득 과정에서 30 Hz 성분의 진동이 구해지지 않는다.

분해선 사이에 존재하는 어떤 주파수 성분도 분해되어 표현될 수 없다. 이것은 최소 분해 가능 주파수와 관련되어 매우 중요한 사실이다. 400개의 분해선이 선택되었다면, 설정된 주파수 범위의 스펙트럼은 400개의 구분된 점으로 나뉘고, 분해선 사이에 위치한 주파수 성분들이 근접한 분해선에 포함된다. 분석기는 각 bins의 중심 주파수로 주파수 성분들을 표시한다. 예를 들어, 1,000 Hz의 주파수 범위에서 최소 분해 가능 주파수는 2.5 Hz (1000 Hz/400 분해선)가 될 것이다. 그러므로 400 ms(1/2.5 = 0.40 s)의 데이터가 취득 된 후에, 30 Hz 성분이 표현될 수 있을 것이다.

FFT 처리 과정에서 가중치가 사용되면, 오차와 잡음이 발생하므로, 신뢰 할만한 분해능을 계산하기 위해서는 가중치 인자(잡음 인자)를 측정 주파수 범위를 선택된 분해선의 수로 나눈 이론적인 분해능에 곱해주어야 하며, 이 경우 분해능은 저하된다(예제 3.1).

결함 진단이나 상태 평가를 수행하기 위해 데이터 수집기가 사용될 때, 각 스펙트럼에 대한 시간 파형도 저장되어야 한다. 데이터를 테이프 레코더에 저장한다면, 원하는 주파수 범위와 분해능을 가지고

FFT 분석이 수행되도록 데이터가 충분히 길게 저장되어야 한다. 일부 장비 판매자에게 신뢰할 수 있는 분해능 또는 대역폭이라 하는 분해능은 다음과 같다.

분해능 = [2 × (주파수 범위) × (가중치 인자)] / 분해선의 수

데이터 취득 시간은 분해선의 수를 주파수 범위로 나눈 것이다. 예제 3.1, 3.2 및 3.3은 데이터 수집기의 설정에 관련된 것이다

예제 3.1 분해능과 데이터 취득 시간의 계산

□ 120 Hz 진동으로 공극(air gap) 문제가 의심되는 2극 전동기에서 데이터가 취득되고 있다. 전동기는 3,580 rpm으로 운전된다. 운전속도의 2배는 7,160 cpm(119.3 Hz)이며, 전원 주파수의 2배 성분인 120 Hz와는 0.7 Hz의 차이가 있다. 측정주파수 범위를 500 Hz로 정하고, Hanning 가중치를 사용한다면, 어느 정도의 분해선이 필요한가? 그리고 데이터의 취득 시간은 얼마가 될 것인가?

분해선의 수 = 2 × (주파수 범위/대역폭) × (가중치 인자) = 2 × (500/0.7)(1.5) = 2,143
따라서 3,200개의 분해선이 요구된다.
취득시간 = 분해선의 수/주파수 범위 = 3,200/500 Hz = 6.4 s

예제 3.2 분해선의 수와 데이터 취득 시간의 계산

□ 956 rpm으로 운전되는 홴(fan)으로부터 데이터가 취득되고 있다. 이 홴 주위에 970 rpm으로 운전되는 홴이 설치되어 있다. Hanning 가중치를 사용하고, 측정주파수 범위가 운전속도의 10배인 9,700 cpm이라면, 축 주파수를 분해하기 위해 요구되는 분해능은 얼마인가? 운전속도의 10배(9,700 cpm)인 주파수 범위에서 축 주파수를 분해하기 위해 필요한 분해능이 얼마인가?

사용되는 데이터 수집기에서 사용 가능한 주파수 범위가 12,000 cpm이므로, 이 범위를 선택한다.

필요한 분해능 = 970 cpm − 956 cpm = 14 cpm
그러므로 14 cpm = [(2 × 12,000 cpm) × 1.5] / 분해선의 수
또는 분해선의 수 = (2 × 12,000 cpm × 1.5) / 14 cpm = 2,572

그러므로, 그 다음으로 높은 3,200개의 분해선을 선택하여야만, 이 경우 데이터 수집기에서 사용 가능한 충분한 범위의 분해능을 제공해 준다.

예제 3.3 데이터의 취득 시간

□ 예제 3.2에서 사용된 FFT 설정에 10회의 25%의 중첩을 사용한다면, 데이터 취득 시간은 얼마인가?

취득 시간 = 3,200분해선 / (12,000 cpm / 60) = 3,200 / 200 = 16 s(첫 번째 샘플)

데이터 취득 시간 = (16 s)(1.0 − overlap) = 두 번째에서 10번째 샘플링

전체 데이터 취득시간 = 16 s + (0.75 × 16 × 9) = 124 s

3.11.2 확대 분석(zooming)

확대 분석은 매우 근접하게 위치한 주파수 성분들을 분리하는데 유용하도록 스펙트럼을 일부를 확대하기 위한 능력이다. FFT 분석기를 이용하여 스펙트럼 분석을 하는 경우, 주파수 분석 결과는 FFT의 화면상에 표시된다. 이때 주파수 범위에는 관계없이 400분의 1의 분해능으로 표시되기 때문에 최대 주파수가 1 Hz이라면 스펙트럼 선(spectrum line) 사이의 주파수 간격은 25 Hz (1000 Hz/400 = 25 Hz)로 되고 그 결과 스펙트럼이 25 Hz 이내의 서로 근접한 주파수 성분들을 가지고 있다면 분할할 수 없고 연속된 하나의 스펙트럼 선으로 보이게 된다.

기계 설비에서 얻어지는 신호에는 진폭 변조나 주파수 변조 또는 인접한 주파수의 합으로 이루어진 신호들이 많고, 이러한 변조 주파수들은 진단을 위한 중요한 특징으로 진단 결정에 크게 도움이 되는 경우가 많다. 이 예로는

- 고유진동수 성분과 이에 근접한 회전주파수를 가지는 공진 영역의 경우
- 4극 유도전동기에서 전원주파수(60 Hz)와 회전주파수(전동기의 슬립에 의해 60 Hz보다 약간 작은 주파수가 됨)의 경우
- 진폭 또는 주파수 변조로 측대역파(sidebands) 성분이 발생하는 경우

등과 같이 시간 파형에서는 울림(beat)현상의 파형이 뚜렷하게 보이지만 만일 분해능이 좋지 않으면, 이들 주파수 성분은 합쳐서 나타나므로 진동 원인을 분석하는데 중요한 정보를 놓치기 쉽다. 또한 비교적 큰 주파수 성분을 내포하는 신호를 매우 작은 분해능으로 해석하고자 할 때 데이터의 개수 N이 매우 커야만 한다. 그러나 FFT 분석을 행할 때 PC에서는 보통 데이터 개수가 2,048개를 넘을 수가 없다. 이런 문제점을 극복하는 방법이 데이터의 확대분석(zooming)이다.

FFT에서 주파수 영역에서의 주파수 분해능은 이산 신호의 주파수 변환에 따른 스펙트럼 선 사이g

의 주파수 간격을 말하고, $\Delta f = 1/(N\Delta t)$)로 주어진다. 한편 분석 가능한 최대 주파수는 샘플링 주파수(샘플링 주기의 역 수)의 1/2이다. 따라서 분석하는 주파수 대역의 상한이 정해져 있을 때, 주파수 분해능을 높이기 위해서는 데이터 수 N을 증가시켜 관측시간을 길게 하던가 또는 샘플링 간격 Δt를 크게 해야 한다. 그러나 데이터 수 N을 증가시키는 것은 메모리 및 처리 시간의 관계로 제한이 있으므로 Δt를 크게 하여야 한다. 한편 FFT에서 주파수 대역은 $f_c = 1/(2\Delta t)$로 주어지므로, Δt가 증가하면 f_c가 작아진다. 예로 그림 3.55와 같이 관심을 가지는 어느 주파수 대역 $f_L \sim f_H$를 선택해서 화면 전체에 표시하면 $f_{max}/400$는 $(f_H - f_L)/400$로 분해능력이 향상되고 선 스펙트럼으로 보인다. 이러한 방법을 **주파수 확대** 또는 줌밍(zooming)이라 한다.

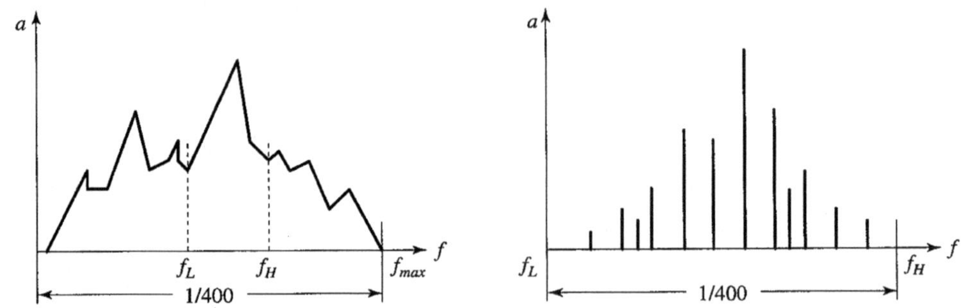

(a) 넓은 주파수 범위의 주파수 분석 (b) 확대 분석한 스펙트럼

그림 3.55 주파수 확대 분석

주파수 확대의 과정은 먼저 주파수 분해능을 높이고 싶은 주파수 대역($f_L \sim f_H$)의 거의 중심 주파수를 f_c로 하고, 시간 신호 $x(t)$에 $\exp(-2\pi f_c t)$를 곱한다. 이로부터 f_c를 중심으로 하는 성분은 주파수 축상에서 낮은 대역으로 이동되어 직류 성분으로 되고, 그 전후의 주파수 성분도 저주파수 대역으로 이동된다. 단, 원래의 시간 신호는 실수이지만, $\exp(-2\pi f_c t)$를 곱한 후의 신호는 복소수로 된다. 그 후 디지털 처리에 의한 저역 통과 필터(LPF)에서 높은 주파수 성분을 제거한다. 필터링 후의 신호에는 낮은 주파수 성분만이 포함되어 있기 때문에 데이터의 재샘플링(resampling)을 하고 데이터 수를 적게 하여 이것에 대해 역 푸리에 변환을 한다. 최종적으로 이 데이터에 대해 FFT 처리를 하는 것에 의해 f_c를 중심으로 한 주파수 대역의 스펙트럼을 원하는 분해능으로 구할 수 있다. 즉, 재샘플링에 의해 FFT의 데이터 수가 같아도 관측 시간은 길게 되어 주파수 분해능이 높아지게 된다.

그림 3.56은 펌프 구동용 전동기의 회전자 편심에 의해 발생한 진동 스펙트럼을 분석한 예이다. 그

림 3.56(a)의 광대역(wideband) 스펙트럼 분석 결과를 보면, 매우 높은 진폭의 진동이 발생하고 한계치를 초과한다. 전원 주파수 성분(f_L)인 3,600 cpm(60 Hz)이 0.220 in/s(5.59 mm/s), 이의 2배 성분($2f_L$ = 120 Hz)이 0.162 in/s(4.11 mm/s)로서 overall치인 0.295 in/s(7.39 mm/s)의 대분을 차지하는 탁월 주파수 성분이다.

그러나 광대역 스펙트럼에서는 회전 주파수 성분(f_r)과 전원 주파수 성분 그리고 회전주파수의 2배수 성분과 $2f_L$ 성분의 구별이 불가능하다. 그림 (b)의 확대 스펙트럼 결과를 보면, 58 Hz의 극 통과 주파수(극수 × 슬립 주파수) 성분이 $2f_L$의 좌우에 발생하고 있고, 이는 편심 회전자를 암시하는 증상 주파수이다.

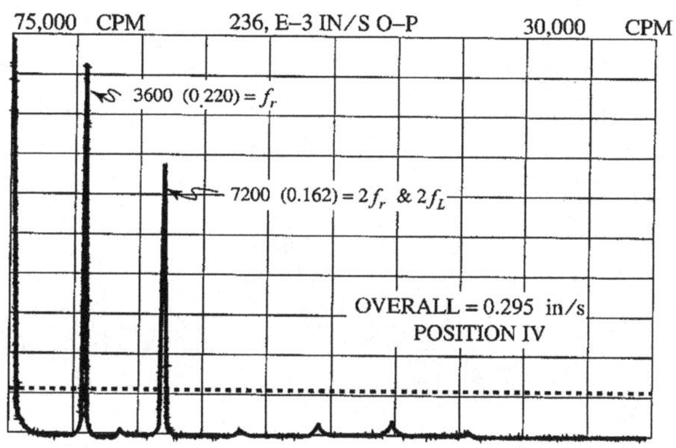

(a) 광대역 스펙트럼

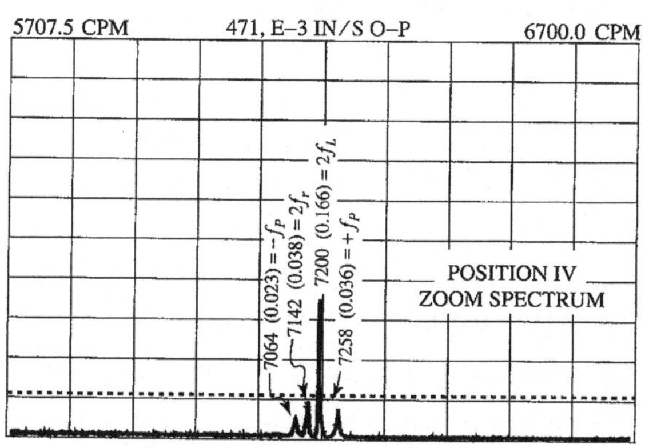

(b) 확대 스펙트럼

그림 3.56 펌프 구동 전동기의 편심 회전자 진동

그림 3.57은 소형 유도 전동기의 회전자 봉(rotor bar) 파손시의 고정자 전류 스펙트럼을 40 ~ 80 Hz로 확대 분석한 결과이다. 전원주파수(60 Hz) 좌우로 회전자 봉 결함의 특징 주파수인 2배 슬립 주파수($2sf_L$) 성분의 측대역파(sidebands) 성분인 52.83 Hz와 62.07 Hz 성분이 잘 나타나는 것을 확인할 수 있다. 특히 유도 전동기의 결함 분석에는 전원 주파수(f_L)와 회전 주파수가 그리고 전원 주파수의 2배수($2f_L$)에서는 회전 주파수의 2배수 성분이 매우 근접하게 위치하기 때문에 기계적 요인과 전기적 요인을 구별하여 올바른 분석을 하기 위해서는 필히 확대 분석을 수행하여야 한다.

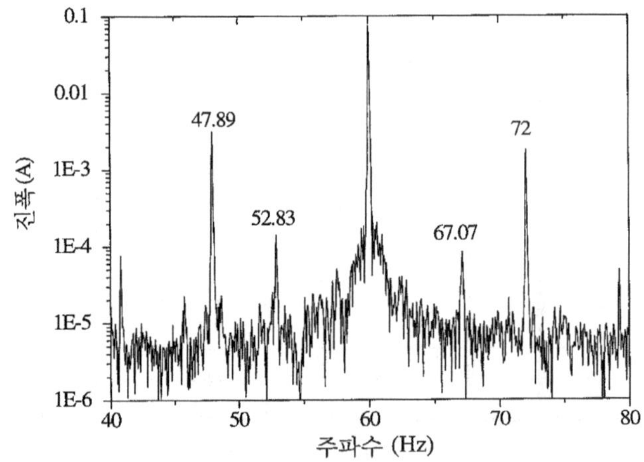

그림 3.57 전동기 회전자 봉 파손의 전류신호 스펙트럼 예

3.12 잡음의 저감

진동 계측에 의한 출력은 시간적으로 연속인 파형으로 얻어진다. 이 중에는 측정 대상으로부터의 참 신호 이외에도 각종 신호 성분이 포함되어 있다. 이들은 측정 대상 이외로부터의 거짓 신호, 측정 환경의 변동에 의한 변환기 감도의 변동, 동기 회로나 증폭 회로 등의 전기 계통의 온도 변동, A/D변환에서 양자화 오차 등 다양하다. 이러한 측정 대상으로부터의 참 신호 이외의 불필요한 신호 성분을 모두 잡음(noise)으로 취급한다. 원하는 신호(signal)와 원하지 않는 신호 혹은 잡음(noise)의 비를 신호대 잡음비(signal-to-noise ratio), 보통 줄여서 S/N비라 한다. 따라서 S/N비가 클수록 양호한 신호라 할 수 있다. S/N비는 일반적으로 dB로 표시하며, S/N비를 높이기 위해 다수의 신호를 취득하여 평균을 구하는

방법이 많이 사용된다. 여기서는 잡음을 제거 또는 저감하기 위한 각종 방법을 간단히 설명한다.

현실적으로 각종 잡음 성분을 포함한 측정 파형으로부터 목적으로 하는 신호 성분만을 엄밀하게 추출하는 것은 거의 불가능하다. 그러나 신호와 잡음의 각각의 성질을 어느 정도 알고 있으면, 잡음 성분을 제거 또는 경감하여 참 신호라 할 수 있는 것을 추출할 수 있다. 잡음을 제거하기 위해서는 먼저 신호와 잡음이 가지는 여러 가지 성질에 대해 알 필요가 있다. 이들 중에 특히 양자 사이의 다른 특징을 가지는 것에 주목하여 서로 분리하고 잡음 성분만을 제거하면 좋다. 잡음 성분의 크기는 통상 S/N비로 평가되고, 실제로 이루어지는 잡음 제거 방법은 모두 이 S/N비의 개선을 목표로 하고 있다. 그러나 대부분의 방법에서는 사용법을 잘못하면 잡음의 제거와 함께 신호 성분도 왜곡되는 효과를 가지고 있다. 따라서 실제로 이들 방법을 사용할 때에는 각종 계산 방법의 특징과 그 적용 범위를 올바르게 파악하고, 개개의 측정 파형에 대해 적절한 잡음 제거 방법을 사용할 필요가 있다.

잘 이용되는 잡음 제거 방법으로는 전기적인 아날로그 필터 회로를 이용하는 방법과 아날로그 신호를 일정 시간 간격으로 샘플링하여 디지털 양으로 변환한 후 컴퓨터를 이용하여 연산 처리를 하는 방법이 있다. 아날로그 필터는 신호와 잡음의 주파수 특성에 큰 차가 있는 경우에는 간단한 회로에서도 큰 효과를 낼 수 있다. 그러나 이 필터 특성을 신호와 잡음의 성질에 대응하여 임의로 변화시키는 것은 지극히 곤란하다. 한편 연산 처리 방법은 필터 특성을 임의로 주는 것이 가능하고, 통상은 전 측정 파형을 일단 메모리에 기억하고 나서 처리를 하므로 하나의 파형에 대하여 다른 처리 결과를 비교하고 최적인 것을 선택할 수 있는 등의 융통성과 유연성이 풍부하다.

일반적으로 널리 이용되는 연산 처리에 의한 잡음 제거 방법은 평활화(smoothing)와 평균화(averaging)로 구분된다. 평활화는 원리적으로는 아날로그 필터와 같고, 하나의 측정 파형만을 대상으로 하여 이곳에 포함되는 신호 성분과 잡음 성분의 주파수 특성에 차가 있는 경우에 효과적이다. 이 연산에는 얻어진 측정 파형을 직접 처리하는 이동 평균법과, 푸리에 변환을 이용하여 일단 주파수 영역으로 변환한 후에 처리하는 주파수 영역 방법이 있다. 이동평균법이 가장 일반적으로 사용되며 수 많은 방법이 제안되어 있다. 그 대부분은 주파수 영역에서의 저역 통과 필터에 상당하는 것으로, 높은 주파수 성분을 갖는 불규칙 잡음에 파묻힌 비교적 부드러운 저 주파수의 신호를 추출하는 것을 목적으로 하고 있다. 한편 평균화는 반복이 가능한 측정을 여러 차례 실시하고 얻어진 파형을 평균화 하는 방법이다. 이 방법에서는 신호와 잡음의 주파수 특성의 차를 필요로 하지 않고, 신호의 추출 능력도 높으나, 반복이 가능한 측정의 경우에만 대상으로 된다.

3.13 평균화(averaging)

진동 데이터는 통상 안정적이지 않고 항상 변화한다. 그리고 오차가 상당히 포함되어 있어 1회만의 측정으로 그림을 그리면 매우 거친 모양이 된다. 이러한 경향은 특히 고 주파수 영역에서 두드러지게 나타난다. 이 때문에 **통계 평균**이나 **분할 평균** 또는 **주파수 평균**을 하여 매끄럽게 함으로써 정도를 높일 필요가 있다. 이러한 과정을 **평균화**(averaging) 또는 **평활화**(smoothing)라 한다. 평균화는 평균에는 주파수 영역의 평균과 시간 영역의 평균이 있다. 주파수 영역 평균은 기계의 상태 감시 및 분석에 가장 일반적으로 사용되는 방법이다. 통계 평균은 동일 조건에서 몇 번 측정하여 그 평균치를 구하는 것이고, 분할 평균은 모든 데이터를 얼마간의 부분으로 분할하여 그 각각의 스펙트럼 평균을 구하는 것이다. 또한 주파수 평균은 실제 스펙트럼 추정치에 스펙트럼 창을 부착하여 평활화 하는 방법이다.

3.13.1 주파수 영역 평균

주파수 영역 평균(frequency domain averaging)은 주어진 평균 회수(일반적으로 정상상태 분석에는 6~8회가 적절)로 각 스펙트럼 선이 연속된 스펙트럼에서 동일한 스펙트럼 선으로 평균화하는 과정이다. 주파수 평균은 시간 평균과 달리 기준 입력(reference input)을 필요로 하지 않는다. 그러나 많은 회수의 평균과 변속 기계의 조건에서는 기준입력과 차수 정규화된 스펙트럼이 권장된다. 이 두 조건 하에서는 평균화 과정동안 미소한 속도 변화일 지라도 스미어링(smearing)을 야기하고, 이에 따른 진폭 정도에 손실이 발생할 수 있다. 여기서 스미어링은 회전주파수 및 관련된 성분들이 여러 선으로 나타나는 현상을 말한다. 주파수 평균은 낮은 레벨의 잡음은 제거할 수 없지만, 잔류 실효치는 크게 감소시킬 수 있다. 주파수 영역에서 위상 기준(차수 정규화된) 평균 평형잡기나 장기간 경향 관리에 필요한 위상의 정확한 측정을 제공한다. 위상 측정 그 자체는 진폭 측정보다 더욱 큰 불확실성을 가지고 있으므로, 대등한 정도를 얻기 위해서는 보다 많은 평균이 요구된다.

그림 3.58은 저널 베어링의 하우징에서 계측된 진동 가속도 신호의 순간 스펙트럼과 8회 평균한 스펙트럼을 나타낸다. 평균화된 스펙트럼에서는 불규칙 잡음이 제거되고, 스펙트럼에 남아있는 피크들은 정상 상태 운전시의 진동을 대표하는 것이다. 기계에 어떠한 변화도 없다면, 이후에 계측된 평균화된 스펙트럼은 매우 유사할 것이다.

이러한 가산(summation) 평균 모드는 기계의 상태 감시에 통상 사용되고 있고, 안정된 스펙트럼을 얻기 위해서는 8회에서 16회 정도의 평균이 필요하다. 특히 예지 정비 프로그램에서 사용되는 주기적인 감시에서는 가산 평균이 강력히 권장된다.

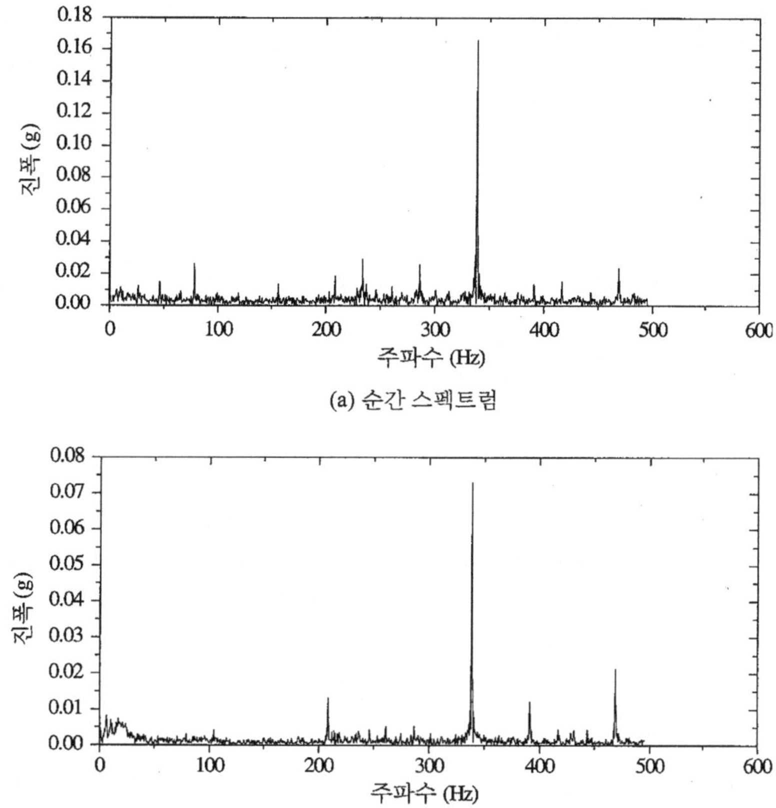

(a) 순간 스펙트럼

(b) 평균 스펙트럼

그림 3.58 순간 스펙트럼과 평균화된 스펙트럼의 비교

3.13.2 시간 평균(time averaging)

시간 평균(time averaging)은 시간 가산(summation), coherent 평균 등으로 불리어지고, 잡음(noise) 중에 묻혀 있는 주기 신호를 추출하여 데이터의 신호에 대한 잡음의 비(S/N 비)의 향상을 위한 기술이다. GE사가 개발한 동기 가산(同期加算)이 진단에 효과적이다.

FFT 스펙트럼 분석기는 데이터가 취득된 후에 즉시 FFT 선도로 나타내기보다는, 몇 가지의 평균화 모드를 설정하여 데이터 질의 향상, 즉 S/N 비를 향상시켜 사용할 수 있다. 실효치, 피크 유지(peak hold), 동기 시간 (synchronous time), 중첩(overlap) 등의 평균화 모드가 있다.

시간 평균은 신호 분석 시 랜덤 오차를 최소화하기 위하여 일정 시간 동안의 신호를 여러 번 취득하여 각각의 분석된 결과에 대한 평균을 구하는 것을 말한다. 특히 주파수 분석 시에 가능한 여러 번의 신호를 취하여 평균을 구하면 신뢰성 있는 주파수 분석이 가능하다.

시간 가산의 예로 6 V의 실효치를 가지는 순수 신호의 8개에 대한 가산평균 집합과, 1, 3, 2, 6, 9, 8, 3 및 5 V의 8개의 랜덤 값을 고려한다. 순수 신호는 평균을 취하면 (6 + 6 + 6 + 6 + 6 + 6 + 6 + 6)/8 = 6로 일정한 값을 취하고, 잡음 값은 평균을 취하면 (1 + 3 + 2 + 6 + 9 + 8 + 3 + 5)/8 = 4.625가 되어 양의 수는 어느 안정된 값으로 수렴하게 된다. 모든 신호는 관심을 가지는 정상 성분과 불필요한 랜덤 성분으로 구성된다. 그러므로 위에서 예를 들은 시간가산 평균방법은 어떤 통계적 신뢰도를 가지는 관심 신호로 맞추는데 도움이 될 수 있다. 취득 값의 통계적 신뢰도는 평균값의 제곱근을 취하면 증가된다.

또 다른 평균으로 **지수 평균**(exponential average)이 있다. 이는 가장 최근의 데이터가 총 정보의 "1/평균의 수"에서 가중되도록 연속적으로 향상시키는 시간가산 방법이다. 일 예로 8개의 시간가산 평균으로 시작되는 8개의 지수 평균을 고려하자. 첫 번째 데이터는 제거되고 9번째 데이터를 취한다. 이어서 두 번째가 제거되고 10번째를 취하는 방식이다. 각각의 새로운 데이터는 평균의 1/8로 계산된다. 이는 속도의 변동과 같이 상태가 변화하는 동안에 언제 상태가 안정화되고 이 상태에서의 값을 알고자 할 때 유용하다.

실효치 진폭의 평균값은 가중치 함수의 적용 여부와 상관없이, 각각의 데이터 블록이 처리되면서 bins 내의 데이터가 평균화 되어 구해진다. 피크 유지 기능은 각 bins 내의 최대값이나 실효치 진동의 최대값을 유지한다. 과도 시험에 피크 유지 평균화 모드가 사용된다. FFT 분석기를 사용하여 과도 시험을 하는 경우에 가장 큰 단점은 데이터 취득에 긴 시간이 필요하다는 것이다. 데이터 블록이 화면에 출력되기 이전에 반드시 신호 처리가 되어야 한다. 과도 시험을 하기 위해서 분석기를 설정하는 경우에 고려할 사항들로는 분해선 혹은 bins의 수, 주파수 범위 그리고 중첩 처리 여부 등이다.

3.13.3 동기 시간 평균(synchronized time averaging)

위에서 설명하였듯이 시간 평균은 신호에 대한 잡음의 비를 향상시킨다. 동기 시간평균은 특히 제지 기계(paper machine)에서 다른 롤(roll)들로부터 구조적으로 전달되는 복잡한 가진으로부터 어느 하나의 롤에 의해 발생하는 가진 성분만을 추출하는 것이 필요한 경우의 진단 능력 향상에 유용하다.

동기 시간 평균은 일련의 위상 기준 시간 파형 신호에 대해서 수행된다. 동기 시간 평균은 분석되는 축과 동기인 기준 트리거와 많은 평균 회수가 필요하다. 이 과정을 통하여 동기 성분은 크게 향상되고, 비동기 성분과 잡음은 0으로 된다. 트리거 신호에서 입력 신호를 시간 블록으로 나누고, 이들을 차례로 더하여 가는 방법이다. 이것에 의해 그 블록의 주기 또는 그 정수 분의 1 주기를 가지는 신호가 더하여 강조되고, 불규칙 성분이나 다른 주기 성분은 점차 소거되어 버린다. 비접촉 변위계 혹은 광 센서를 이용하여 분석기에 축 회전주파수를 기준으로 트리거 신호를 전달한다. 분석기는 축 회전속도로 트리거된 연속적인 데이터 조합들을 평균한다. 이 과정은 축 회전주파수의 동기 신호는 강조되고, 비동기적인 신호를 제거하는 경향이 있으며, 데이터의 잡음에 대한 신호의 비율을 높인다. 통상 평균화 과정이 완료되면 결과는 주파수 영역으로 변환된다.

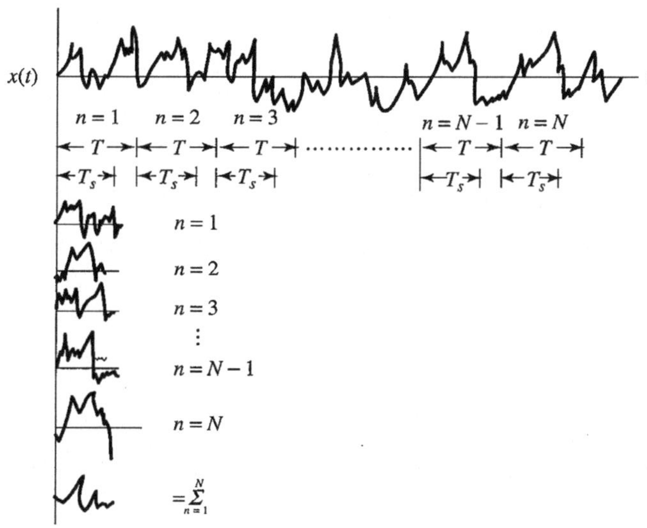

그림 3.59 시간 평균화 처리

그림 3.58은 실제 동기 가산의 과정을 나타낸다. 먼저 신호를 시간 길이 T에서 N개의 블록으로 나눈다. 이 때 통상은 회전축으로부터 1회전에 1회의 트리거(작동) 신호를 받는다. 그러므로 T는 1회전에 필요한 시간으로서, 예를 들어 회전수가 3000 rpm이라면 60/3000 = 0.02 s = 20 ms이다. 이대로 더하여 가면 20 ms의 주기 및 그것보다 짧은 주기의 것이 강조된다. 일반적으로는 메모리시간 또는 샘플링 시간 블록 T_s(샘플링 주기 × 점수)를 T 블록의 시작부터 취하고 이들을 차례로 더하여 간다. 그리하면, T_s를 m개로 분할한 각 시간 $\tau = m\,\Delta t/2$ (m = 1, 2, ..., M)의 시간평균 $F(\tau)$는 다음과 같다.

$$F(\tau) = \frac{1}{N}\sum_{n=1}^{N} x\{m\Delta t + (n-1)T\} \quad (m = 0, 1, 2, ..., M)$$

여기서 N은 데이터 분할 수, T는 전 데이터 분할시간, m은 메모리 시간 분할 수$(0 \sim M)$, T_s는 메모리 시간$(= m\,\Delta t)$이고 Δt는 샘플링 시간이다.

어느 위치 t_1에서 i회째의 측정 결과 $x_i(t_1)$에 포함되는 신호 성분을 s_i, 잡음 성분을 n_i라 한다. 이 때 N회의 측정 결과에 대한 신호 성분의 합은 다음 식과 같다.

$$\sum_{i=1}^{N} s_i = Ns$$

한편 잡음 세기에 대해서는 다음 식과 같이 그 분산의 평방 평균으로 평가할 수 있다.

$$\sqrt{\sum_{i=1}^{N} n_i^2} = \sqrt{N}n$$

여기서 s, n은 각각 신호와 잡음의 평균 진폭이다. 따라서 최종적인 동기 신호 데이터를 원하는 신호라 하고, 비동기 신호를 제거하기 위한 잡음(noise)이라 한다면, 잡음에 대한 신호의 비(S/N 비)는

$$\frac{Ns}{\sqrt{N}n} = \sqrt{N}\frac{s}{n}$$

로 되고, N회의 평균화에 의해 S/N비는 $\sqrt{N}$ 배 개선된다. 그러나 S/N비는 25회 이상의 평균에서는 그 효과가 점차로 약하게 되고, 측정에 필요한 시간도 길게 되기 때문에 적당한 회수를 정할 필요가 있다. 반복 측정에 있어서 동기가 불완전한 경우에는 신호 파형에 대한 왜곡이 크게 되기 때문에 동기 정밀도를 고려해야 한다.

동기 시간 평균을 이용하면, 평형잡기를 위한 위상 정확도의 향상, 인접한 기계로부터의 가진과 같은 외부 가진 효과의 제거, 제지 기계의 롤 또는 복잡한 기어내의 특정 축과 같은 특정 기계 성분의 격리 및 잡음 또는 높은 레벨의 성분을 포함한 신호에서 매우 낮은 레벨의 동기성분 추출 등의 많은 장점이 있다. 그림 3.60은 잡음을 포함한 원 신호를 각각 5회, 10회 및 100회 평균을 취한 결과를 나타낸다.

그림 3.61과 3.62는 블라인드 드릴 롤(blind drill roll)에서 측정된 데이터를 실효치 평균한 예와 동기 시간 평균한 예를 나타내고 있다.

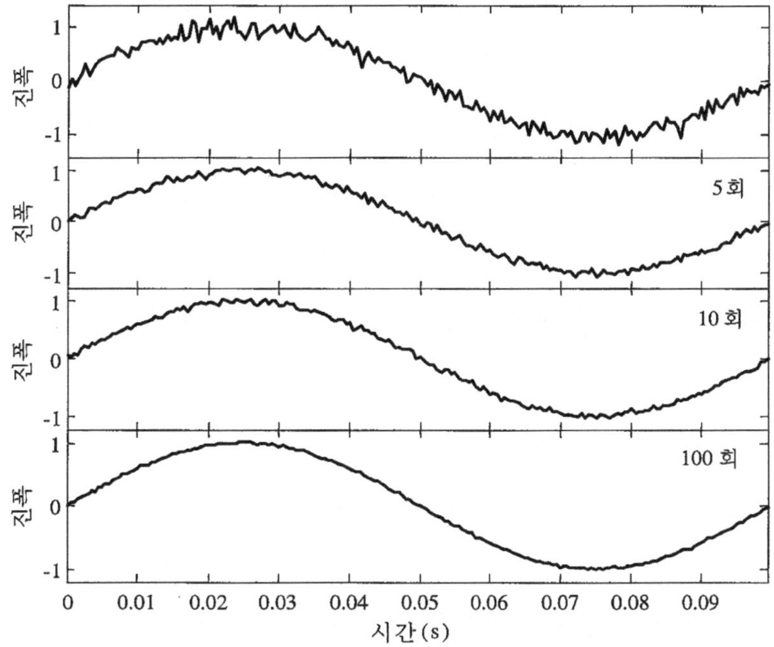

그림 3.60 동기 시간 평균의 예

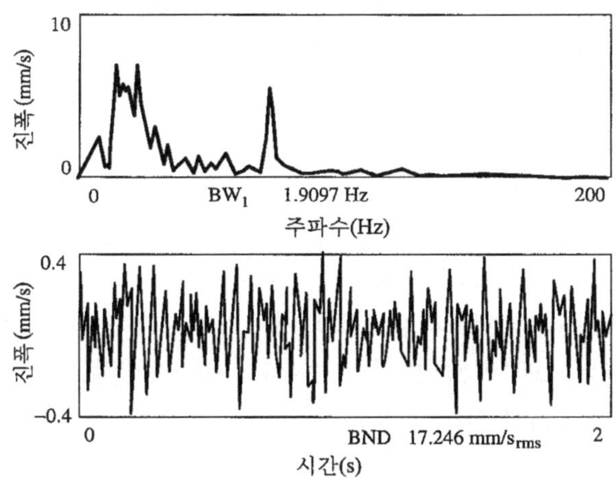

그림 3.61 블라인드 드릴 롤의 실효치 평균화 된 진동

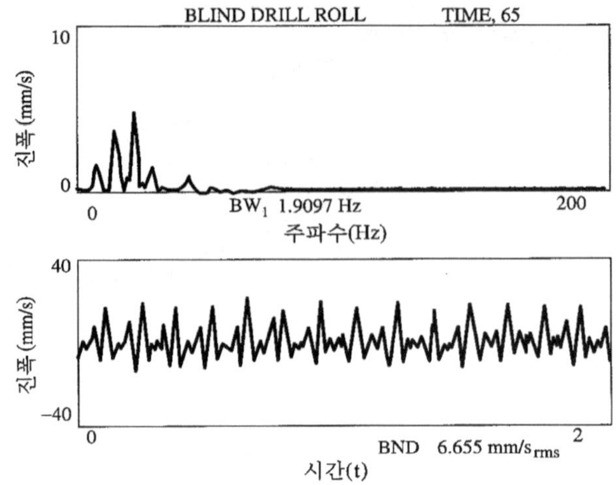

그림 3.62 블라인드 드릴 롤의 동기시간 평균화 된 진동

3.14 힐버트 변환

힐버트 변환(Hilbert transform)은 원 신호의 순시(instantaneous) 진폭과 위상을 결정하는데 사용될 수 있다. 측정된 신호를 $x(t)$라 하면, 실 함수인 $x(t)$의 힐버트 변환된 함수 $\overline{x}(t)$ 는 다음과 같이 정의된다.

$$\overline{x}(t) = H\left[x(t)\right] = \frac{1}{\pi}\int_{\infty}^{-\infty} \frac{x(u)}{t-u} du = x(t) * h(t)$$

여기서 $h(t) = 1/\pi t$이다. $h(t)$의 푸리에 변환은

$$H(i\omega) = \begin{cases} -i & \omega > 0 \\ +i & \omega < 0 \end{cases}$$

따라서 $\overline{x}(t)$ 의 진폭은 $x(t)$의 진폭과 같고, $\overline{x}(t)$ 에서 임의 양의 주파수 성분의 위상각은 $x(t)$의 대응하는 성분의 위상으로부터 $-90°$ 이동하며, 음의 주파수 성분의 위상각은 $+90°$ 이동하는 것을 의미한다.

이 때 실 함수 $x(t)$ 와 $\overline{x}(t)$ 에 의해 구성된 복소 함수

$$Z(t) = x(t) + i\overline{x}(t) = A(t)e^{i\phi(t)}$$

를 해석 함수라 한다. $A(t)$는 $x(t)$의 순시 진폭이다. 입력 신호 $x(t)$의 순시 위상각은 해석 함수의 각도로 주어진다.

$$\phi(t) = \tan^{-1}\left(\frac{\bar{x}(t)}{x(t)}\right)$$

단지 양의 주파수 성분만을 이용하여 힐버트 계수(Hilbert modulus)를 정의하면,

$$H_m = x(t)^2 + \bar{x}(t)^2$$

힐버트 변환은 시간에 따라 변화하는 신호의 해석에 주로 이용되며, 포락선(envelope)을 구하는데 사용될 수 있다. 즉,

$$Z(t) = A(t)\, e^{i\phi(t)}$$

여기서 $A(t) = \sqrt{x^2(t) + \bar{x}^2(t)}$, $\phi(t) = \tan^{-1}\bar{x}(t)/x(t)$ 로 다시 쓸 수 있고, 따라서 포락선 $A(t)$ 와 신호의 위상 $\phi(t)$ 를 구할 수 있다.

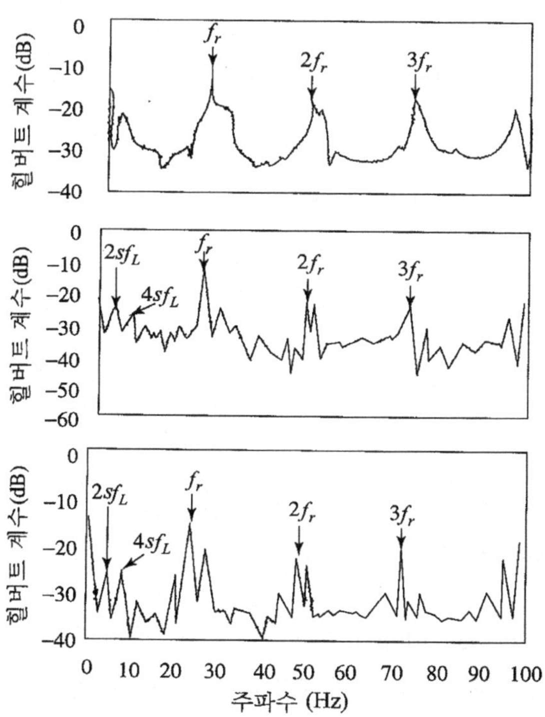

그림 3.63 전동기 회전자 봉 파손과 공극 편심의 주파수 스펙트럼 예

그림 3.63은 소형 유도 전동기(2.2 kW)에서 공극 편심 상태, 회전자 봉이 1개 및 2개 파손과 공극 편심된 경우에 대한 힐버트 변환을 이용한 주파수 스펙트럼을 나타내고 있다. 공극 편심이 발생하는 경우의 특징 주파수는 전원 주파수(f_L)의 좌우에 회전 주파수(f_r)와 이의 정수 배 성분의 측대역 성분($f_L \pm mf_r$)이 발생한다.

3.15 주파수 대역별 실효치 계산

진동 상태감시 및 진단를 위해서는 통상 대상 기계의 건전도를 나타내는 지표를 설정하고, 이를 정량적인 값으로써 감시 및 진단에 사용되어야 한다. 일반적으로는 속도의 실효치(rms치)로써 회전기계의 베어링 하우징의 수직, 수평 및 축방향에서 측정한 데이터를 10 Hz ~ 1 kHz 영역만을 필터링해서 사용하게 된다(ISO 10816). 그러나 이러한 평균적인 전체(overall) 값은 관심의 대상으로 하는 전체 주파수 영역을 전부 평균화한 것으로서 전체적인 경향은 나타낼 수 있으나, 특정 주파수 영역의 절대적 값의 크기 및 변화량을 세밀하게 평가할 수 없다. 따라서 다음과 같은 조건을 만족하는 일반적인 실효치의 계산 방법이 필요하다.

- 가속도계로 취득한 진동 데이터를 1회 적분한 속도 값과 2번 적분한 변위 값으로 평가가 가능해야 한다.
- 가속도, 속도, 변위 값에 대해 각각 실효치와 peak-to-peak치를 산출할 수 있어야 한다. 가속도와 속도는 실효치, 변위는 peak-to-peak치가 표준적인 평가기준이다.
- 전 주파수 영역이 아닌 임의의 특정 주파수 대역만을 필터링하여 실효치와 peak-to-peak치를 계산하여야 한다.
- 실시간 계산을 위해 계산 속도가 고속이어야 한다.

3.15.1 시간 영역 계산 방법

시간영역의 계산 방법은 실효치와 peak-to-peak치를 계산하기 위해 필요한 기준 데이터가 시간영역의 데이터로만 처리하는 것이다. 시간영역 데이터로만 처리하기 때문에 적분도 시간영역의 적분으로 계산해야 하며, 특히 필터링의 경우도 시간영역에서 convolution 계산 처리를 수행해야 한다. 속도이든 가속도이든 자유롭게 실효치와 peak-to-peak치를 계산할 수 있으나, 적분과 필터링 처리에 많은 계산 부하가 필요하게 된다.

만약 적분의 경우, 신호 조정기(signal conditioner)에서 처리한다면 계산 부하가 줄어든다. 그러나 1번의 측정으로 속도와 변위의 실효치를 한꺼번에 얻기 위해서는 1채널에 대해 신호 조정기에서 3개의 적분 회로가 들어가므로 효율적이지 않다. 필터링의 경우도 마찬가지이다. 필터링 주파수를 신호 조정기에서 처리한다면 필터링 주파수를 하드웨어에서 지정해 놓은 대역의 경우만 가능하게 된다.

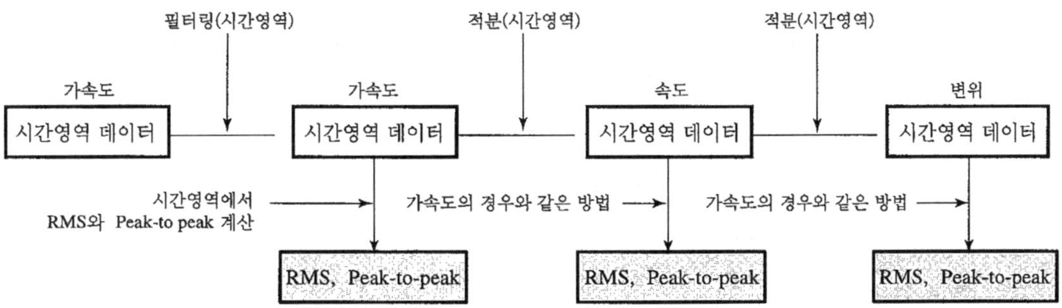

그림 3.64 시간영역 계산 방법의 흐름도

이 방법은 측정 파라미터가 가속도, 속도 또는 변위 중 하나일 경우와 필터링 주파수가 고정되어 있는 경우에 유리하며, 단순 휴대용 진동계측기의 초기 모델에서는 이 방법을 이용하여 측정 파라미터를 계산하였다. FFT와 같이 디지털 신호처리를 하지 않으므로 단순 계측기에서의 하드웨어 조건에 부합한다.

3.15.2 시간-주파수 영역 계산 방법

이 방법은 시간영역에서 적분을 수행하는 것은 시간영역 계산방법과 동일하지만, 필터링을 convolution에 의한 디지털 신호처리 또는 신호 조정기에 의존하는 것이 아니고, 주파수영역에서 필터링을 수행하는 것이다. 즉, 복소 주파수 스펙트럼에서 관심 영역 밖의 주파수성분을 0으로 채운 다음 이를 역 FFT를 하게 되면, 시간영역에서 convolution을 수행하는 것보다 계산속도가 수배에서 수십배 빨라지게 된다. 이는 시간영역의 convlution은 일단 처리되어야 될 데이터가 기본적으로 FFT 라인 수에 2.56을 곱한 것이며, convolution은 곱하기 연산이 많이 들어가기 때문에 계산 속도가 느리다. 그러나 주파수영역에서의 필터링을 사용하게 되면 기본적으로 FFT와 역 FFT를 1회만 수행하면 되고, FFT

와 역 FFT의 처리 속도는 상대적으로 고속이기 때문에 계산 속도가 매우 빨라지게 된다.

그러나 이 기법은 FFT의 계산 기법에 의존하기 때문에 FFT 라인 수가 적으면 적을수록 적분 오차가 누적된다. 그러나 약 800 라인 이상의 충분한 FFT 라인 수가 확보되면 시간영역에서의 필터링의 결과가 큰 차이가 없다. 여기서 언급하는 스펙트럼은 RMS 스펙트럼으로 한다.

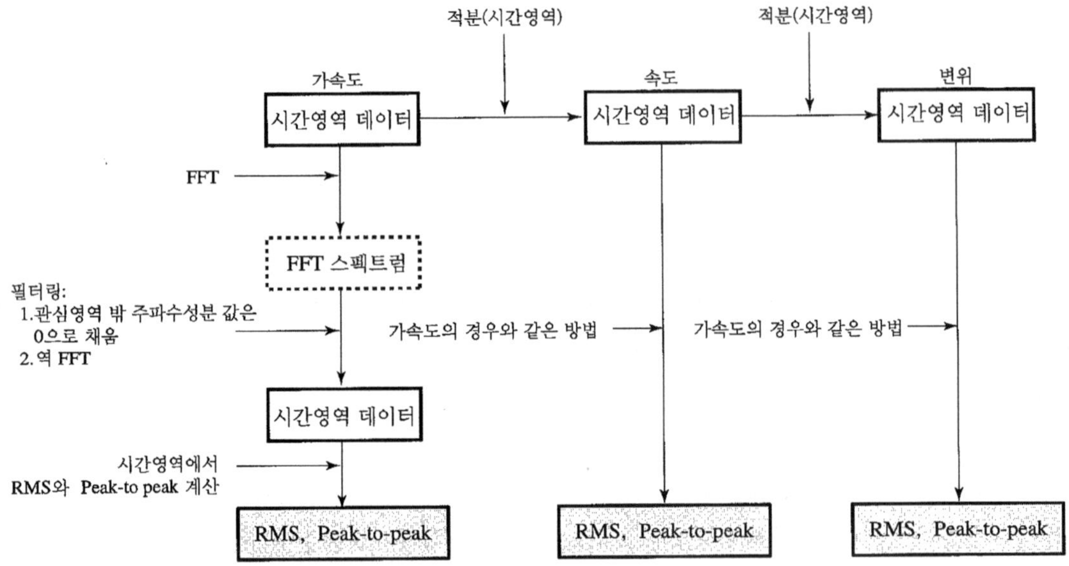

그림 3.65 시간-주파수영역 계산방법의 흐름도

3.15.3 주파수영역 계산 방법

이 방법은 적분과 필터링을 모두 주파수영역에서 수행하는 것이다. 이는 시간영역 계산방법과 시간-주파수영역 계산방법과는 달리 적분을 주파수영역에서 수행하며, 이는 주파수 스펙트럼의 각 주파수 성분은 정현파(또는 여현파)로 표현할 수 있다. 이를 1회 또는 2회 적분할 경우, 그 진폭값의 절대값은 적분할 때마다 $\omega(=2\Delta f)$로 각각 나누면 되는 것에 착안한 것이다. 그러나 낮은 주파수 영역일수록 ω 값이 작아져서 적분값이 점점 커지고 0 Hz로 갈수록 이론적으로는 무한대가 된다. 이를 피하기 위해 통상 10 Hz 이하의 주파수 성분은 0으로 채우고, 나머지 주파수 영역만 ω 값으로 나누어주면 실제 시간영역에서 적분한 결과와 비교하여도 큰 차이는 없다.

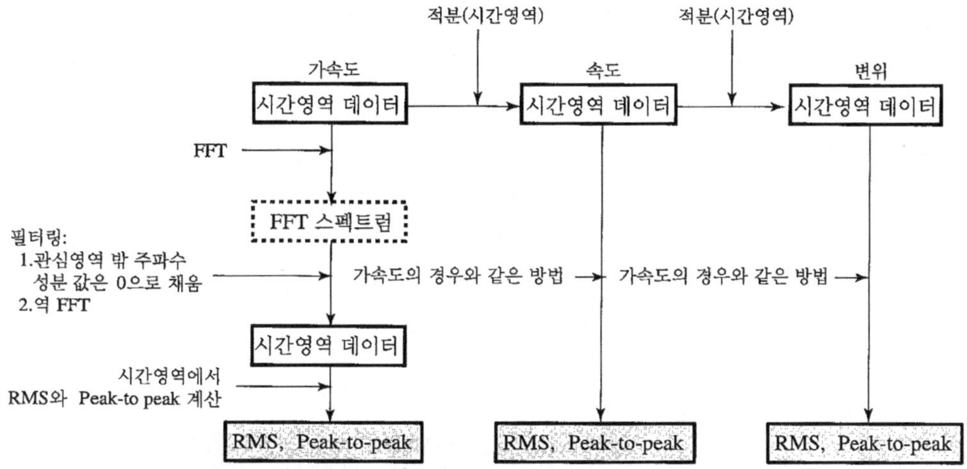

그림 3.66 주파수영역 계산방법의 흐름도

FFT 스펙트럼에서 실효치를 계산하는 방법은 아래 식에 따라 계산한다.

$$BAND\ \ RMS = \sqrt{\frac{\sum x_i^2}{WF}}$$

여기서 x_i는 관심 주파수 범위 내에서의 주파수 성분들의 진폭이고, WF는 가중치 계수(weighting factor)로서 표 3.2에 나타낸 FFT 가중치의 설정 값에 의해 창(window)의 종류에 따라 상이하게 적용한다.

이 방법의 단점은 주파수영역 적분을 수행할 때 위상 정보를 고려하지 않고 스펙트럼 성분의 크기만을 고려하여 처리하기 때문에 적분된 시간영역 데이터를 구할 수 없다. 따라서, 시간영역 데이터가 필요한 peak-to-peak치의 정보는 얻을 수 없다.

3.16 차수 분석

차수 분석(order analysis)과 조화 분석(harmonic analysis)은 많은 공통점을 가지고 있다. 조화(harmonic)라는 용어는 회전 주파수(1X)의 정수 또는 분수배의 주파수를 말한다. 회전 기계에서 베어링, 기어, 블레이드와 관련된 소음과 진동은 회전속도의 조화성분을 가진다. 회전속도와 관련된 조화 성분은 차수(order)로도 불린다. 조화 분석과 관련된 이러한 분석을 차수 분석이라 한다. 회전속도와 같은 주파수에서의 조화성분을 1차, 회전속도의 두 배수를 2차 등으로 표현할 수 있기 때문에, 차수 분석은 회전기계에서 조화 분석의 적용으로서 고려될 수 있다.

그림 3.67의 첫째 그림은 3,000 rpm으로 회전하는 기계의 진동신호를 나타내고 있다. 회전속도는 2번째 그림의 회전계(tachometer) 신호에서 계산된다. 3번째 그림은 주파수 영역의 스펙트럼, 4번째 그림은 차수 영역의 스펙트럼을 나타내고 있다. 데이터가 측정되는 동안 회전속도가 일정하다고 가정하면, 차수 성분은 주파수 성분을 회전주파수 성분으로 나눔으로써 얻을 수 있다. 예로 3,000 rpm으로 회전하는 회전체의 100 Hz은 100/(3,000/60) = 2, 즉 차수는 2이다.

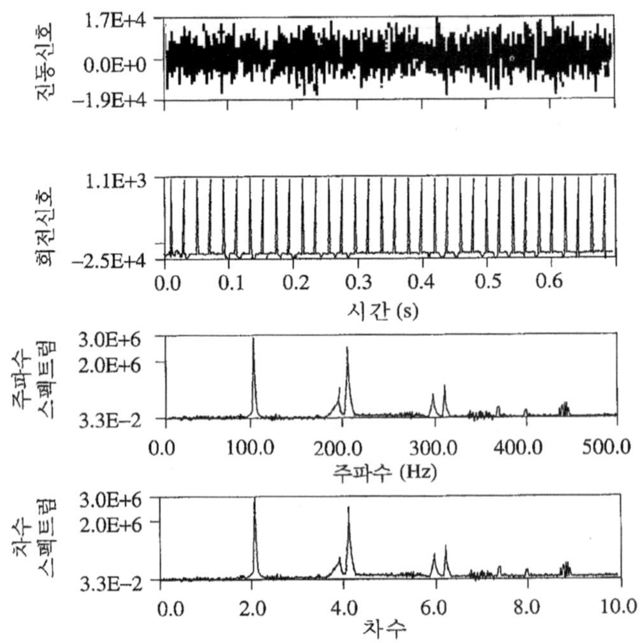

그림 3.67 축 회전속도(3,000rpm)의 차수와 주파수 영역

3.16.1 조화 분석과 차수 분석의 비교

조화 분석(hamonic analysis)은 회전속도가 일정한 회전기계에서 가장 좋은 결과를 얻을 수 있다. 만약 다른 속도에서 측정하고 싶다면, 기계를 그 속도로 운전하고 별도의 측정을 실시해야한다. 회전

수가 변화하는 경우에 조화 분석을 실시하면, 주파수의 조화성분이 스펙트럼에서 스미어링(smearing) 되어 정확한 분석이 어렵게 된다. 대안으로 가능한 이산적인 회전속도의 증가 시험은 시간적인 측면에서 효율적이지 못하다. 이산적인 회전속도의 증가 시험은 정확하지 않거나, 기계의 회전속도를 잘 조절할 수 없다면 불가능하게 될 가능성이 매우 높다. 또한 일반적으로 위험속도영역에서 충분한 시간동안 운전되는 것은 허락되지 않는다.

차수 분석은 기동이나 정지와 같이 회전수가 변화하는 과도상태(transient state)에서도 주파수의 조화성분을 정확하게 추적할 수 있다. 따라서 회전수가 변하는 과도상태에서 측정하는 경우에는 반드시 차수 분석을 실시하여야 한다.

3.16.2 차수 분석의 방법

기본적인 차수 분석 기술은 회전 속도계(tachometer)나 엔코더(encorder)로부터 회전축의 동기속도 및 시간신호를 얻어야한다. 차수 분석에는 스펙트럼 영역에서의 주파수가 차수로 대체된다. 재샘플링(resampling) 방법, Gabor 변환방법 및 적응필터(adaptive filter) 이용방법의 3가지 방법이 차수 분석에 사용될 수 있다.

1) 재샘플링 방법

재샘플링 방법은 가장 널리 사용되는 차수 분석 방법이다. 그림 3.68은 이 방법의 개요를 나타내고 있다. 재샘플링 방법에서는 초기에 취득된 시간영역 데이터의 시간(time) 축이 회전에 대한 각도(angle) 축으로 변환된다. 변환된 시간영역 데이터는 회전에 대해 같은 간격의 물리적 신호가 된다. 이 시간영역 데이터는 A/D 변환 트리거를 이용하여 하드웨어적으로도 얻을 수 있고, 보간법을 이용하여 소프트웨어적으로 얻을 수 있다. 현재 출시된 대부분의 계측기와 관련 소프트웨어는 이 변환된 시간영역 데이터를 소프트웨어적으로 얻도록 되어 있다. 재샘플링 방법은 다음과 같은 단계로 진행된다.

(1) 시간영역 신호와 회전 속도계의 신호를 측정한다.
(2) 회전 속도계 펄스 사이에서 동시에 일어나는 각도를 결정하기 위해, 보간법 또는 곡선적합(curve fitting) 방법을 이용한다.
(3) 회전에 대해 동기화된 시간영역 데이터를 이용하여 FFT를 수행한다.

이 방법은 회전에 대해 동기화된 시간영역 데이터를 수치적인 방법에 의해 구하기 때문에, 회전수가 수 초 내에 급격하게 증가하거나 감소하는 경우에는 오차가 포함될 수 있다. 이러한 경우는 Gabor 변환이나 적응필터기법을 이용하여 특정 차수만을 정밀하게 추출할 수 있다. 그러나 이 경우는 차수 스펙트럼은 얻을 수 없다.

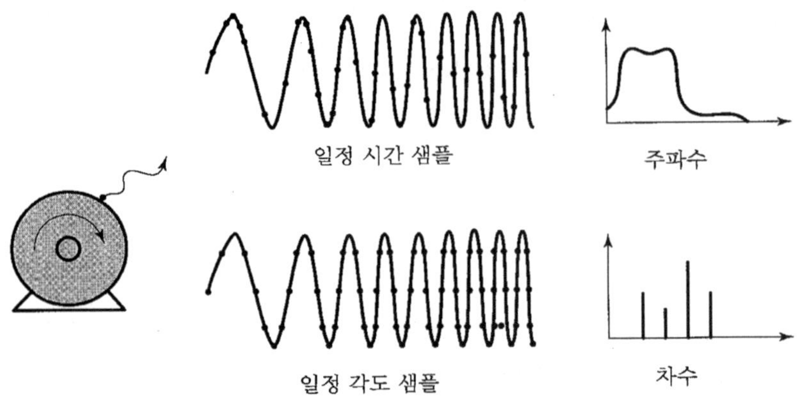

그림 3.68 재샘플링(resampling) 방법의 개요

2) Gabor 변환방법

Gabor 변환은 시간-주파수의 역변환과 관련되어 있다. 이 역변환을 적용하여 특정 차수에 관련된 시간영역 데이터로 신호를 복원할 수 있다. Gabor 변환의 결과를 Gabor 계수라 한다. Gabor 역변환은 Gabor 확장(expansion)으로도 알려져 있고, 또한 Gabor 변환은 특정한 단시간 푸리에 변환(STFT, short time Fourier transform)이라고도 생각할 수 있다. 이 방법은 시간영역에 특정한 창(window)을 설정하여 STFT 변환하는 과정과 유사하다. 이 방법을 이용하면 적응 필터방법과 마찬가지로 회전수의 급격한 증가나 감소 정도에 상관없이 특정 차수 성분을 정밀하게 추출할 수 있지만, 차수 영역의 스펙트럼인 차수 스펙트럼은 구할 수 없다.

3) 적응 필터방법

회전속도의 변화로 차수 요소의 주파수가 변화함에도 불구하고 상대적으로 짧은 시간 간격에서 일정하게 남아있는 회전속도와 차수 요소의 주파수를 고려할 수 있다. 차수 분석의 적응 필터는 회전속도에 따른 대역통과필터(bandpass filter)를 사용하여 차수를 필터링한다. Vold-Kalman 차수추적필터(order tracking filter)는 적응 필터의 대표적인 예이다. 정확한 동기속도 신호에서 Vold-Kalman 차수추적필터는 2개의 차수가 근접해 있어도 정확하게 추출할 수 있다. Gabor 변환과 마찬가지로 특정 차수의 변화 추이를 정밀하게 추적할 수는 있으나, 차수 스펙트럼은 얻을 수 없는 단점이 있다.

3.17 요약

- 오실로스코프는 수평 증폭기의 시간 기반을 설정함으로써, 축 또는 베어링 지지대 운동의 궤도(x-y)를 나타낼 수 있다.
- 축 회전속도와 진동 사이클당의 축 회전 속도는 오실로스코프의 z축 기준 신호 입력을 사용하여 나타낼 수 있다.
- 변위계나 광 센서에서 얻어지는 트리거 신호는 데이터 수집의 시작과 조정에 사용된다.
- 필터는 진동 신호에서 원치 않는 잡음(noise)이나 신호를 제거하는 용도로 사용된다.
- 트랙킹 필터는 일반적으로 축 속도와 동일한 트리거 주파수를 기준으로 진동 데이터를 얻어낸다.
- 트랙킹 필터는 비정상 데이터를 취득하는 용도로 사용된다. 일부 트랙킹 필터는 보데 선도(Bode plot) 또는 극 좌표 선도(polar plot) 기능을 제공한다.
- FFT 분석기는 디지털 처리된 데이터 블록으로부터 시간 파형이나 주파수 스펙트럼을 나타낸다.
- FFT 스펙트럼 분석기에서 각 주파수 성분들은 구분된 분해선으로 표시된다. 이 분해선들 사이에 존재하는 주파수 성분들은 정확히 구분될 수 없다.
- 최소 분해 가능 주파수는 데이터 취득시간에 의해 결정된다.
- 스펙트럼을 만들기 위해, FFT분석기를 사용한 데이터 블록의 취득 시간은 분해선 수를 Hz 단위의 주파수 범위로 나눈 값과 같다.
- 샘플링 주기가 부족하여 발생되는 현상인 엘리어싱은 스펙트럼상에 잘못된 주파수 성분이 나타나게 한다.
- 엘리어싱 현상을 피하기 위해서는 데이터 내에 있는 최대 주파수 성분에 대해서 최소한 2.56배 이상의 데이터가 샘플링 되어야 한다.
- 진동 신호가 완벽한 주기성을 갖지 않으면 스펙트럼에서 고차 조화 성분이 발생되는 누설 현상이 발생된다.
- 가중치 함수는 분석기에서 데이터 블록의 시작점과 끝점을 0으로 맞추기 위해 사용된다.
- Hanning 가중치는 일반적인 데이터 수집에 사용된다. 진폭의 정확성과 주파수 분해능 모두에 뛰어난 특성을 가지기 때문이다.

- Uniform 가중치는 충격 시험에 사용된다. 샘플링된 초기 데이터를 조정하지 않아도 진폭이 0으로 시작되어 끝나기 때문이다.
- 변조란 어떤 신호 파형의 진폭, 주파수 및 위상이 다른 파형의 성질에 따라 변화하는 현상을 말하며, 진폭 변조, 주파수 변조 및 위상 변조가 있다.
- 변조 파형을 주파수 분석하면, 중심 주파수의 좌우에 측대역 성분들이 나타난다.
- 분해능은 스펙트럼의 주파수 축과 관련이 있고, 진단에 필요한 정보를 얻기 위해서는 적절한 분해능을 확보하여야 한다.
- FFT 분석기의 분해능은 측정되는 주파수 범위를 설정된 분해선의 수로 나누고, 가중치 인자를 곱해서 계산이 된다.
- 확대 분석(zooming)은 매우 근접한 주파수 성분들을 분리하여 표현하도록 스펙트럼의 일부분을 확대하는 방법이다.
- 동적 범위는 스펙트럼에서 각 주파수 성분의 진폭을 적절하게 분해할 수 있는지의 여부를 결정한다.
- 결함의 조기 진단을 위해서는 결함 초기에 발생하는 결함 주파수의 작은 진폭을 검지할 수 있도록 동적 범위가 설정되어야 한다.
- FFT 분석기의 동적 범위 설정은 큰 진폭의 주위에서 작은 진폭이 분해될 수 있도록 대수 척도를 이용한다.
- 진단을 위해 필요한 신호와 필요하지 않은 신호 또는 잡음과의 비를 신호대 잡음비(S/N 비)라 한다. S/N비가 클수록 양호한 신호이다.
- 불필요한 잡음을 제거하는 방법으로 평균화가 널리 사용된다.
- 평균화는 시간 파형과 스펙트럼 내의 데이터를 강화시키는 목적으로 사용된다.
- 실효치의 평균화에 의해서는 스펙트럼의 잡음이 제거되는 것은 아니고, 통계적으로 평균화 된다
- 시간 파형에서의 시간 동기 평균화는 트리거와 무관한 모든 잡음을 제거한다.
- 피크 유지는 FFT 분석기의 각각의 bins 내에서 처리되는 데이터의 최대값을 유지시키기 위해 사용된다.
- 힐버트 변환은 시간에 따라 변화하는 원 신호의 순시 진폭과 위상을 결정하는데 사용되며, 포락선을 구하는데 이용된다.
- 주파수 대역별 실효치는 대상 기계의 건전도를 나타내는 지표로 사용될 수 있고, 계산에는 시간영역, 시간-주파수영역 및 주파수영역 계산방법이 이용될 수 있다.
- 차수 분석은 회전수가 변하는 과도상태에서도 조화성분을 정확하게 파악할 수 있다.

참고 문헌

[1] R.L. Eshleman, Basic Machinery Vibration, An Introduction to Machine Testing, Analysis, and Monitoring, VIPress, 1999

[2] The Fundamentals of Signal Analysis: Application note 243, Hewlett-Packard, 1982

[3] 윤영로, 송태경, 임재중 역, 디지털 신호 처리, 사이텍미디어, 2000

[4] S.W. Smith, Digital Signal Processing, California Technical Publishing, 1997

[5] 양보석 역, 진동법에 의한 설비 진단의 실제, 일오출판사, 1999

[6] 南 茂夫, 과학 계측을 위한 파형 데이터 처리, CQ출판사, 1986

[7] S. Goldman, Vibration Spectrum Analysis: A practical Approach, Industrial Press Inc., 1991

[8] R.B. Randall, Frequency Analysis, Bruel & Kjaer, 1987

제 4 장

상태 감시 프로그램

상태 감시 프로그램은 기계의 운전을 책임지고 있는 사람에게 기계의 상태를 명확하게 이해하고 올바른 의사 결정을 하는데 유용한 정보를 제공할 수 있도록 설계되어야 한다. 모든 사람이 이해할 수 있는 일반적인 상세 정보보다는 시간 변화에 따른 진동 상태의 변화율이나 변화 값이 중요하다. 즉, 기계를 얼마나 오랫동안 안전하게 운전을 지속할 수 있는가를 나타내는 심각도(severity)의 추정이 무엇보다 중요하다.

기계의 진동 상태 감시(vibration condition monitoring)의 중요한 목적은 작동 상태에서 진동 신호의 정보를 이용하여 기계를 보호하고, 예지 보전(predictive maintenance) 및 결함 진단을 위한 유용한 정보를 제공하는 것이다. 이 과정에서 중요한 것은 작동 중인 기계의 진동 상태를 올바르게 평가하는 것이다. 기계의 결함 진단이나 승인 시험(acceptance test)의 목적을 위해 사용되는 엄밀한 진동 시험과는 대조적으로, 상태 감시에서는 짧은 측정 시간 내에 비교될 수 있는 유용한 데이터의 취득 능력과 어느 특정 진동 그 자체보다는 오히려 진동의 시간 변화에 중점을 두게 된다.

일반적으로 기계에서 발생하는 진동의 변화는 전형적으로 불평형, 정렬 불량, 저널이나 구름 베어링의 마멸 및 손상, 기어 및 커플링의 결함, 축, 블레이드 등의 균열, 과부하, 유체 기계의 유동 교란, 전동기와 발전기의 과도적인 여자, 접촉 및 기계적인 느슨함 등의 요인들에 의해 야기된다.

진동 신호를 이용한 상태 감시는 설비 보호의 강화, 사람을 위한 안전성의 향상, 정비 순서의 향상, 문제의 조기 발견, 파괴적인 손상의 회피, 설비 수명의 연장 및 효율적인 운전 등의 목적을 위한 유용한 정보를 제공할 수 있다.

기계 진동을 이용한 주기적인 상태 감시는 1970년대부터 시작되어, 많은 산업 분야에서 예지 정비 프로그램의 중요한 부분으로 이용되고 있다. 또한 간편한 데이터 수집 장치(data collector)의 출현은 일상적인 데이터의 수집, 경향 관리 및 데이터의 분석을 간편하며 경제적으로 수행할 수 있고, 많은 기계의 상태를 효과적으로 감시할 수 있도록 하였다. 이에 따라 지속적인 상태 감시를 통하여 중요 설비를 보호하고 상태를 평가할 수 있다.

상태 감시 프로그램에서는 진동 신호 분석과 함께 윤활유 분석, 온도 및 고정자 전류의 상태 감시 등의 여러 방법들이 정확도를 향상시키도록 함께 이용될 수 있다. 다양한 기계들이 상태 감시의 대상으로 선정되며, 상세한 계획안이 수립되기 이전에 이들 기계를 감시하기 위한 우선 순위가 결정된다. 기준선 데이터(baseline data)는 기계의 정상적인 운전 조건을 정의하고, 효과적인 상태 감시에 필요한 데이터를 얻기 위해서 이용될 수 있다.

모든 상태 감시 프로그램의 목표는 복잡하거나 과도하지 않게 적절한 방법으로 데이터 처리를 수행하면서, 기계의 상태 변화를 가장 민감하게 나타내는 측정 방법을 결정하는 것이다. 상태 감시 프로그램을 도입할 때에는 각 기계에 대한 측정 방법이 결정되어야 하고, 이는 새로운 정보가 얻어짐에 따라서 수정될 수 있다. 기본적인 상태 감시의 설정은 일반적으로 기계의 각 베어링에서 서로 90° 간격을 기준으로 수평, 수직 및 축 방향의 측정 점에서 측정되는 전체(overall) 진동 값을 이용한다. 어느 정도의 기간 동안 데이터가 취득된 후에 중요도에 따라 데이터 측정 점의 수는 줄이거나 늘릴 수도 있고, 또한 더욱 빈번하게 취득해야 하는 경우도 있다. 아울러, 선정되는 측정 변수도 피크 값이나 실효 값(rms치)과 같은 단순한 값에서부터 지정된 대역에 대해 필터 처리된 값이나 주파수 스펙트럼에서 중요 성분들의 평가 등과 같이 복잡해질 수도 있다. 이러한 결정은 프로그램을 진행시켜 가면서 얻어지는 경험에 따라서 이루어진다.

상태 감시 프로그램의 도입에 의한 경비 절감 효과와 성능 향상에의 기여 효과를 경영진에게 정기적으로 보고하는 작업도 매우 중요하다. 그렇지 않으면, 경영진이 프로그램에 대한 흥미를 잃고 경비를 삭감하거나 프로그램 자체를 없앨 수도 있기 때문이다.

이 장에서는 상태 감시 시스템 및 프로그램의 설정에 관련된 개략적인 내용을 체계적으로 설명한다.

4.1 고장 모드

일반적으로 모든 기계와 프로세스 제어 요소를 포함하는 기계나 기계들의 그룹을 설비(equipment)라 한다. 설비 전체 혹은 설비를 구성하는 구성품(components) 중에 부품(parts)이나 조립물(assembly)에 하중, 온도, 압력, 열 등에 의한 각종 응력(stress)이 작용하고 허용 범위를 초과하게 되면, 고유의 손상 발생 기구에 의해 균열(crack), 박리, 파편, 마멸(wear), 변색, 변형 등의 손상(damage)이 발생하고 성장한다. 동시에, 이들 손상에 의해 진동, 발열, 이상음, 음향 방출 등의 2차적 현상으로 증상(symptom)이 발생한다. 또한 손상의 발생을 거치지 않고 체결 부분의 느슨함, 반응 장치의 이상 반응과 같은 이상 현상(abnormality)이 발생하고, 이것에 의해 진동이나 소음, 발열 등이 나타난다.

일반적으로 응력이 가해지면, 손상이나 이상이 발생하고 성능 저하로 이어지며 기능 상실을 통해 고장(failure)에 이른다. 부품이나 구성품이 최종 고장에 이르는 단계는 초기 고장(incipient failure), 초기 손상((incipient damage), 피로(distress), 열화(deterioration), 손상(damage) 및 최종 고장(final failure)의 순으로 이어진다. 즉, 기계의 사용 중에 기계를 구성하는 어느 구성품이 설계에서 의도한 기능의 일부 또는 전부를 일어버릴 때 이를 고장이라 하고, 고장의 상태를 고장 모드(failure mode)라 한다. 고장에는 돌발적으로 시스템의 기능이 손실되는 파국적인 고장, 기기의 기능 저하에 의한 기능 고장 및 장치가 정상적으로 동작 중에도 사람이 부득이 동작을 정지하는 경우를 포함한다.

표 4.1은 고장에 대한 분류를 정리한 것이다. 고장이라는 용어는 성능의 저하가 그 전체의 기능적인 능력에 미치는 영향의 크기에 따라 여러 가지로 사용된다. 경제성, 안전성, 기술적인 복잡성, 진행 속도, 인과 관계 등이 고장을 기술하는 분류 기준을 제공한다.

고장의 유형은 그림 4.1과 같이 초기 고장(early-life failure), 우발 고장(random/mid-life failure) 및 마멸 고장(wear-out failure)으로 구별할 수 있다. 초기 고장은 조립 결함, 설치 오차, 불량 부품, 절연 불량, 용접 불량, 불량 재료 등의 주로 제작 및 설치 과정에서의 결함으로 비교적 운전 초기에 많은 고장이 발생한다. 우발 고장은 초기 길들이기 운전 이후에 안정된 운전 기간을 거쳐 외부로부터의 부하 등으로 인해 발생하는 중년기 고장으로 주로 우발적으로 발생하므로 고장 원인을 발견하기 힘든 경우가 많다. 마멸 고장은 기계적 마멸, 피로, 부식 등으로 부품이 쇠약해져 열화로 인한 고장이 많이 발생한다.

표 4.1 고장의 분류

발생 상태	간헐 고장	극히 단시간, 기계 요소의 어느 기능이 손실되지만, 또 즉시 원래의 상태로 돌아오는 고장
	영구 고장	기계 요소의 어느 기능을 잃어버리고, 그 기계 부품의 일부가 교환될 때까지 그 상태가 계속되는 고장
고장 정도	완전 고장	설정된 기능이 완전히 손실된 고장
	부분 고장	규정된 기능이 완전히 손실된 것은 아니고, 일부의 기능이 손실된 고장
진행 속도	돌발 고장	사전의 점검이나 시험에서도 예측이 불가능한 고장
	점진 고장	사전의 점검이나 시험에 의해 예측 가능한 고장
고장 정도와 진행 속도의 조합	파국 고장	돌발 고장에 또한 완전 고장
	열화 고장	부분 고장에 또한 점진 고장
고장 원인	마멸 고장	설계 시에 예측된 정상인 마멸 현상에 기인하는 고장
	오용 고장	사양 값을 초과한 부하가 부가되는 것에 의한 고장
	선천 고장	시스템 혹은 기계 부품의 설계나 조립 불량에 기인하는 고장으로 부가된 부하가 규정 한도 내에서도 발생하는 고장
위험도	위험 고장	필요한 때에 안전 장치가 기능 되지 않는 고장
	안전 고장	필요하지 않을 때 안전장치가 작동하는 고장

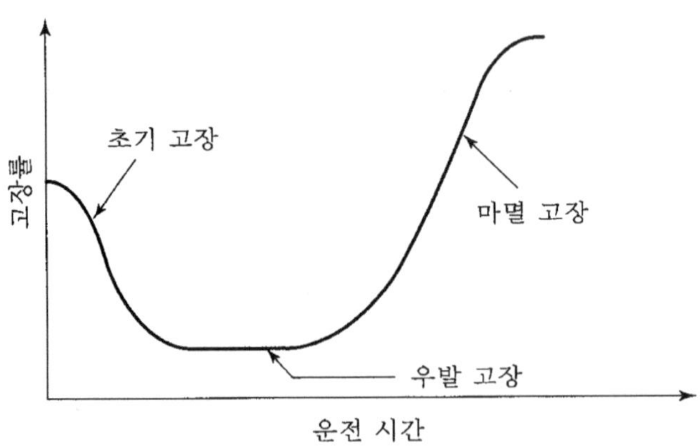

그림 4.1 고장의 유형

고장 모드에는 변형, 균열, 파손, 마멸, 부식, 표면 균열, 느슨함, 탈락, 고착, 소손, 이물질, 오염, 누설, 침식, 변질, 개방, 단락, 잡음(noise) 등이 있다. 이들 고장 모드와 그 발생 원인의 규명은 고장 해석과 진단의 중요한 문제이다.

어느 부품에 고장이 발생하였을 때 그 부품이 포함되는 조립품, 시스템에 이르기까지 어떠한 영향을 받는 경우가 많다. 일반적으로 장비의 구성품은 기계계, 전기계, 전자계를 포함하지만, 고장 모드를 고려하는 경우에는 구성품 자체의 고장만이 아니고, 구성품 사이의 기능적 접속 부분, 구성품의 부착 부분 등에 대해서도 필요한 범위에서 검토하여야 한다.

기계의 수명(life cycle) 동안에 발생할 수 있는 고장 원인으로는

- 설계 상의 결함: 설계 실수, 도면의 준비 부족 및 실수
- 재료 결함: 부적절한 재료 선정
- 제작 및 조립 상의 결함: 가공법의 결함, 조립 실수
- 품질 관리 상의 결함: 검사의 불충분 또는 실수, 공정 관리의 부적합
- 설치 상의 결함: 부적절한 설치
- 사용 상의 결함: 부적절한 운전, 설계 조건과 다른 사용
- 정비 상의 결함: 정비 작업 실수, 정비 매뉴얼의 준비 부족

등을 들 수 있다.

표 4.2 고장 메커니즘

Stress	손상/고장 모드	이상 현상	증상(symptom)
• 회전 • 하중 • 온도 • 압력 • 속도 • 가속도 • 자속 • 환경	• 균열 • 박리 • 변형 • 파손 • 마멸 • 고착 • 부식 • 단락	• 서징(surging) • 수격현상(water hammer) • 캐비테이션(cavitation) • 울림(beat) • 휘돌림(whirling) • 느슨함(looseness) • 막힘	• 진동 • 소음 • 발열 • 발광 • 초음파 • 음향 방출(AE) • 전류 • 전압

기계에 고장이 발생하였을 때, 조사 방법의 주요 원칙으로 Meyer는 다음 사항을 제안하고 있다.

- 고장 조사의 착수가 빠를수록 참 원인을 파악할 수 있는 기회가 많게 된다.
- 사고나 고장의 발생 현장에 손을 대거나, 정리한다든지 하여 증거를 파손하지 않는다. 특히 파괴된 단면이나 그 부근에 손을 접촉하지 않도록 한다.
- 완전한 기록(보고서, 사진 등)을 작성한 후에 비로소 증거에 손을 댄다. 분해한 부품들은 필히 각각 확인하고, 각각 원래의 위치로 바르게 조립하여 놓는다. 증거품은 각각 변형되지 않도록 주의 깊게 취급하고 포장한다.
- 파손된 부위를 그 주변 상황으로부터 분리하여 좁은 범위로 한정하지 않는다. 주위의 상황 증거로부터 최대한의 정보를 수집할 수 있도록 서서히 고장의 핵심부에 접근하도록 한다. 직접적인 원인이나 부분적인 고장 원인은 다른 원인으로부터 일어날 수 있고, 중요한 고장의 단순한 실마리뿐일 가능성이 있다. 복수의 고장 원인이 연쇄적으로 결합되어 일어나는 경우가 일반적이다.
- 안이하게 결론을 예단하거나 추측하지 않는다. 모든 사실을 수집하고, 그 후에 중요하지 않는 사실은 버린다. 기억에 의존하지 말고 사진이나 기록, 스케치를 이용한다. 고장 원인은 그것이 발견되었을 때만이 아니고, 기타 모든 원인의 가능성이 없어졌을 때 비로소 확정되는 것이다.
- 대상이 되는 증거나 사정의 청취로부터 모든 사실을 수집하고, 고장에 이르는 올바른 경과를 얻을 수 있도록 한다. 사람의 추측이나 의견을 충분히 검토하지 않고 바로 인정해서는 안 된다. 인간의 지각이나 판단, 결정은 잘못된 경우가 많고, 선입견에 사로잡히기 쉽다. 특히 혼자 수긍하지 않도록 한다.

4.2 상태 감시의 설정

4.2.1 상태 감시 파라미터

상태 감시에 이용되는 모든 측정은 일반적으로 이상이 발생하였을 때의 진단에 적절하여야 한다. 진단에는 원래의 측정 파라미터보다는 특징 설명 인자가 결함에 대한 높은 선택성(selectivity)을 제공하기 때문에 선호된다. 예로써, 표 4.3은 기계의 유형별 상태 감시와 진단에 사용되는 다양한 측정 파라미터들의 예를 나타낸다. 표에서 • 표시는 상태 감시에 적용 가능한 파라미터임을 나타낸다. 진동 상태 감시에서는 주로 진동 변위, 속도 및 가속도가 이용된다.

표 4.3 상태 감시 파라미터의 예

파라미터	기계 유형								
	전동기	증기 터빈	항공기 가스 터빈	산업용 가스 터빈	펌프	압축기	발전기	왕복 엔진	팬
온도	•	•	•	•	•	•	•	•	•
압력		•	•	•	•	•		•	•
양정					•				
압력비			•	•		•			
공기 유동			•	•		•		•	•
연료 유동			•	•				•	
유체 유동		•			•	•			
전류	•						•		
전압	•						•		
저항	•						•		
입력 동력	•				•	•	•		•
출력 동력	•	•	•	•			•	•	
소음	•	•	•	•	•	•	•	•	•
진동	•	•	•	•	•	•	•	•	•
음향 기술	•	•	•	•	•	•	•	•	•
기름 압력	•	•	•	•	•	•	•	•	•
기름 소비	•	•	•	•	•	•	•	•	•
트라이볼로지	•	•	•	•	•	•	•	•	•
토크	•	•		•		•	•	•	
속력	•	•	•	•	•	•	•	•	•
길이		•							
효율		•	•	•	•	•		•	

4.2.2 특징 설명 인자

특징 설명 인자(descriptors)는 사람이 관찰하거나 직접 측정한 결과 또는 상태 감시 시스템으로부터 처리된 자료로부터 도출된 특징 양으로서, 증상을 설명하거나 증상과 이상 상태를 나타내는데 사용된다. 진단을 위해 사용되는 특징 설명 인자는 일반적으로 상태 감시 시스템으로부터 얻어진다. 그러나 다른 측정치나 운전 변수들도 특징 설명 인자로 고려될 수 있다. 특징 설명 인자가 더욱 많은 선택성을 가질수록 보다 많은 증상들을 선택할 수 있고, 더욱 용이하게 진단을 수행할 수 있다. 특징 설명 인자의 선택성은 증상으로부터 결함을 추정할 경우, 결함 가설(fault hypothesis)의 수를 줄일 수 있다. 특징 설명 인자의 예로는, 축 진동 변위의 1차 조화 성분 진폭, 진동 가속도의 파고율(crest factor), 회전 속도, 구름 베어링의 손상 계수(damage factor), 적외선 열 탐상의 온도 기울기 등을 들 수 있다.

4.2.3 증상의 표현

증상(symptom)이 나타나면 하나 이상의 결함이 발생되었을 가능성을 나타내고, 다음과 같은 용어를 이용하여 보다 구체적이며, 체계적으로 증상을 표현할 수 있다.

a) 시간 특성(선택 사항) : 특징 설명 인자의 진전을 나타내기 위한 시간 상수
   예) 1시간, 10일, 2주 등
b) 변화(필수 사항) : 결함 진전의 형태와 크기
   예) 있음, 없음, 규칙적인 증가, 감소, 안정, 10 mm/s 이하, 200 μm 이상
c) 특징 설명 인자(필수 사항) : 사용되는 특징 설명 인자
   예) 진동 변위의 1X 성분, 2X 성분, 기어 맞물림 주파수 등
d) 위치(필수 사항) : 증상을 관찰할 수 있는 기계에서의 위치
   예) 3번 베어링의 수직 방향, 2번 베어링 지지대(pedestal), 고압 케이싱 등
e) 환경(필수 사항) : 증상이 나타나는 운전 조건
   예) 운전 정지 시, 기동 후 1시간 이내, 100% 동력 등

선택 사항으로 나타낸 일부 증상들도 맹목적으로 정해지는 것을 피하기 위해 가능한 사용이 권장된다. 결함에 대한 증상을 선택할 때는 서로 상관성이 높은 증상들을 고려하는 것은 피하도록 해야 한다. 상호 의존적인 증상들을 이용하는 것은 평가에 유용한 보다 많은 정보를 제공하지 못하고, 진단을 어렵게 하기 때문이다.

증상의 예로는 축 변위의 1X 성분이 느리며 규칙적인 진전, 정격 운전 조건에서 베어링 온도가 통상 값보다 10°C 높은 온도, 베어링 지지대의 진동 속도에서 2 mm/s의 순간적인 변화, 진동 변위의 1X 성분의 주기적인 진전(기계에 동력 공급 후 10 μm 이내), 비정상 소음, 탁한 색의 윤활유 등을 들 수 있다.

4.2.4 결함의 표현

기계의 부품이나 조립품의 상태가 열화되거나 비정상적인 거동을 보일 때 발생하는 결함은 다음과 같은 용어를 이용하여 구체적으로 표현할 수 있다.

a) 기계(필수 사항) : 기계의 이름이나 인식 표시
   예) 1번 터빈, 2번 보일러 급수 펌프, BFW PU2, 순환 펌프, 5번 분쇄기 등
b) 구성품(필수 사항) : 결함이 발생한 기계 구성품의 명칭 또는 인식 표시
   예) 3번 베어링, 피스톤, 저압 몸체, 2번 실(seal) 등
c) 고장 모드(필수 사항) : 기계 구성품의 성능 저하를 나타내는 열화 유형
   예) 마멸, 횡방향 균열, 마찰, 박리, 불평형, 정렬 불량 등
d) 심각도(선택 사항) : 열화 또는 고장 모드의 크기를 대표하는 정수
   예) 1 = 정상 상태, 2 = 경미한 열화 또는 초기 고장, 3 = 중간 열화, 4 = 진전되었으나 안정된 열화, 5 = 진전되고 발산되는 열화, 6 = 거의 파괴적인 고장

4.2.5 운전 파라미터(operational parameter)

운전 파라미터는 진단을 위해 흔히 사용된다. 이것은 몇몇 특징 설명 인자의 설정과, 증상이 나타나는 운전 조건(상황)의 설정에 이용된다. 운전 파라미터를 고려할 때는 다음 사항에 주의가 필요하다. 운전 파라미터가 특징 설명 인자일 때 또는 특징 설명 인자의 계산에 사용될 때, 운전 파라미터는 출력이 된다. 운전 상태의 특성을 설명할 때는 입력이 된다. 특징 설명 인자로서 운전 상태를 사용하는 것은 주의를 요한다. 예를 들어, 터빈 본체의 온도는 본체를 감시하고 진단할 때는 하나의 특징 설명 인자가 된다. 그러나 베어링의 기능에 영향을 미치는 파라미터에 대하여 베어링을 감시할 때 파라미터는 운전 상태가 되지만, 운전 파라미터는 더 이상 베어링의 결함을 나타내지는 않는다.

4.2.6 기계 데이터(machine data)

감시되는 대상 기계에 대한 특정 정보와 데이터가 상태 감시와 진단을 위해 필요하다. 최소한의 기본 정보에 대한 예를 표 4.4에 나타내었다. 진단을 위한 기계 데이터로는 예로 진동의 경우, 회전 속도, 펌프의 깃(vane) 수, 기어 이 수, 볼 베어링의 형상 데이터 및 특징 주파수와 같은 기계 부품의 운동에 관련된 데이터들이 있다.

특징 설명 인자의 처리를 위해 사용되는 기술에 관련된 데이터와 기계의 배치에 관련된 데이터 사이는 구별되어야 한다. 진단 목적을 위해 이들 두 가지의 데이터를 기록하는 것이 중요하다. 특징 설명 인자를 상세히 설명할 때, 진단 요구 사항 내에서 상태 감시 기술에 관련된 기계 데이터를 기록하는 것이 바람직한 것처럼 기계 배치와 관련된 데이터는 일반적으로 기계 파일에 기록된다.

표 4.4 감시 대상 기계의 최소 한의 기본 정보 예(ISO 17359)

항목	예
• 기계 식별 인자	• 장비 코드 또는 태그(tag) 번호
• 기계 유형	• 전동기/발전기/터빈/압축기/펌프/송풍기
• 정격 속도	• rpm 또는 Hz
• 정격 동력	• kW
• 배치	• 직결, 벨트, 기어
• 기계 지지 조건	• 강 지지 또는 탄성 지지
• 축 커플링	• 강 또는 탄성 커플링
• 구동 동력원	• 전기/증기/가스/디젤/수력
• 기능	• 구동기 또는 피동기
• 구성품	• 베어링/실/기어/회전차
• 유체 유형	• 윤활제/냉각제/유체

4.2.7 기계 이력(machine history)

결함의 발생은 운전과 관련이 있을 뿐만 아니라, 또한 기계의 정비에도 관련이 있다. 결함은 개방검사(overhaul) 기간이나 또는 특정 상황 동안에 처음으로 발생할 수도 있다. 그러므로, 진단에 이러한 사실들을 고려하기 위하여 기계에 발생한 결함 이력, 운전 이력 및 정비 이력을 기록하고, 지속적으로 유지하는 것이 중요하다.

4.2.8 상태 감시 및 진단 시스템의 요구 사항

진단은 운전과 정비 업무의 의사 결정에 중요한 역할을 담당하기 때문에, 기계에서 발생할 수 있는 잠재적인 결함의 가능성에 따라 진단의 절차가 효율적으로 구성되어야 할 필요가 있다. 따라서, 기계의 상태 감시 및 진단 시스템을 위한 요구 사항을 준비할 때에는 사전 검토를 수행할 것을 ISO 13379 규격에서는 강력히 권고하고 있다.

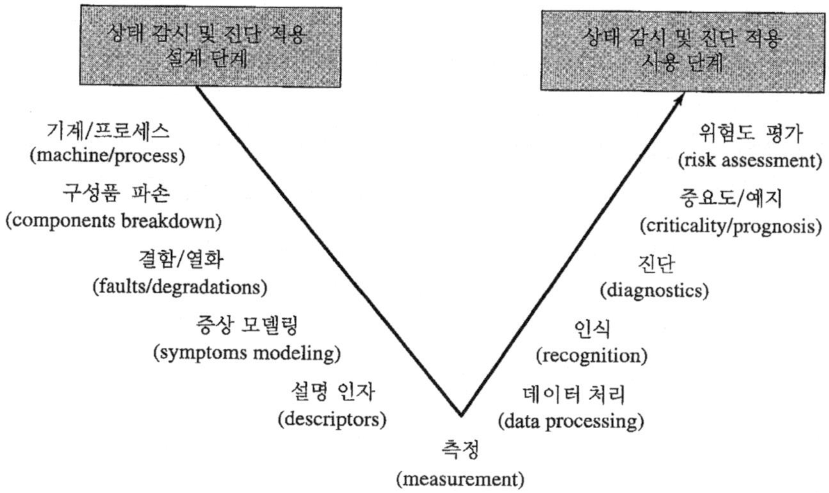

그림 4.2 상태 감시와 진단 사이클(ISO 13379)

이러한 사전 검토 항목에 대한 절차를 그림 4.2에 보인다. 그림은 V자 형태를 나타내고, 높은 레벨은 정비(기계/프로세스, 중요도 평가), 낮은 레벨은 측정(감시, 주기적 검사, 데이터 처리)을 나타낸다. 그림의 왼쪽 부분은 특정 대상 기계에 대해 상태 감시와 진단에 필요한 자료를 준비하기 위한 사전 검토 항목을 나타내고, 오른쪽 부분은 기계가 설치된 후에 정상적으로 수행되는 상태 감시와 진단 활동을 나타낸다. 각각의 층은 왼쪽의 사전 설계 단계와 오른쪽의 사용 단계로 구성되어 있다.

진단을 위한 사전 검토에 대한 일반적인 절차는 다음 내용을 포함한다.

(1) 기계의 가용도(availability), 보전도(maintainability) 및 중요도(criticality) 분석
(2) 주요 구성품 및 그 기능의 작성
(3) 부품 결함의 고장 모드와 그 원인 분석
(4) 안전도(safety), 가용도, 정비 비용(maintenance cost), 생산 품질(production quality)을 고려한 중요도 표현
(5) 진단에 어떤 결함들을 포함할 지의 결정
(6) 어느 운전 조건에서 각기 다른 결함들을 최상으로 관찰될 수 있는지 결정, 기준 상태(reference condition)의 정의
(7) 기계 상태의 평가에 제공될 수 있고, 진단에 사용할 수 있는 증상의 표현

(8) 각각의 증상 평가에 사용될 수 있는 특징 설명 인자의 작성
(9) 특징 설명 인자의 유도나 계산에 필요한 측정과 변환기의 확인

상기 내용 중에 (1) ~ (4)항에 주어진 단계들은 각각 영국 규격 BS 5760 및 IEC 60812(KS A IEC 60812) 규격에 주어진 고장 모드 및 영향 분석(FMEA, failure modes & effects analysis)과 FMEA와 중요도 분석을 이용한 분석법인 고장 모드, 그 영향 및 중요도 분석(FMECA, failure modes, their effects & criticality analysis)과 같은 정비 최적화 방법을 이용한 후에 이루어진다. 또한 신뢰성 중심 정비(RCM, reliability centered maintenance)와 같은 더욱 일반적인 정비 최적화 과정으로 수행될 수 있다. (3) ~ (9)항에 주어진 단계들은 다음에 설명하는 고장 모드 증상 분석(FMSA, failure mode symptoms analysis) 방법을 이용함으로써 수행될 수 있다.

4.2.9 기계 중요도 분석

모든 기계의 중요도(criticality) 결정은 상태 감시 프로그램에 포함되는 기계에 대해 우선순위 목록을 만들기 위해서 권장된다. 우선순위의 결정은 기계 고장 시간의 비용 또는 생산비용의 손실, 고장율(failure rates), 평균 수리 시간(mean time to repair), 1차 또는 2차 피해 정도, 기계의 교체 비용, 수명 주기 비용, 진단 시스템의 비용 및 안전과 환경의 영향 등과 같은 요인을 고려한 간단한 평가에 의해 이루어진다.

생산 능력에 미치는 충격이나 정비 비용에 따른 기계의 중요도에 기초하여 기계들을 계층 구조로 분류하여야 한다. 기계들은 일반적으로 평가된 중요도에 따라 다음의 4가지 등급으로 분류된다.

- Class AA : 핵심 기계(essential machinery)
- Class A : 중요하며 고장 가능성이 큰 기계(critical machinery)
- Class B : 예비 기계가 준비된 중요 기계(serious machinery)
- Class C : 중요하지 않은 기타 기계

Class AA는 기계의 구성 요소 중 어느 하나의 손상이 전체 플랜트의 사용 불능을 초래할 수 있고 전체 생산 손실을 일으킬 수 있는 핵심 설비로서, 연속 온라인 감시가 이루어져야 한다. 또한 과대한 보수 비용(repair cost)이나 보수 부품의 발주에서 배달까지의 준비 기간(lead time)이 과대한 장비 역시 이 분류에 포함된다.

Class A는 손상이 발생되면, 심각하게 생산 능력이 제한을 받는 중요 기계나 장비에 해당된다. 대략적으로 중요 기계의 고장은 30% 이상의 생산 능력을 감소시킬 수 있다. 만성적인 정비 이력을 갖고 있거나, 높은 수리 및 교체 비용을 가지는 기계나 장비도 이 분류에 포함된다.

Class B는 생산에 극적인 영향을 미치지는 않지만, 정비 비용에 기여하는 주요 기계를 포함한다. 예로는 교체용 예비 기계를 가지고 있거나 과잉 예비 부품을 가지고 있는 시스템이 있다. 이 예비 부품으로 인해 생산을 지속할 수 있고, 따라서 한 구성품의 손상은 생산에 영향을 미치지 않는다. 그러나 고장은 정비 비용에 직접적인 영향을 미친다.

Class C는 생산이나 정비 비용에 영향을 미치는 이력을 가지는 기타 설비들을 포함한다. 이 분류 내의 모든 설비들은 정기적인 감시가 비용 대비 효과적인지를 결정하기 위해 평가되어야 한다. 어떤 경우에는 교체 비용이 이 분류에 속하는 기계를 감시하기 위해 요구되는 1년 비용보다 낮을 수 있다.

표 4.5는 일 예로 석유화학산업에서 개발되어 사용되고 있는 분류 방법의 예이다. 기계의 무력화가 플랜트의 이용도(availability)와 프로세스 효율에 심각한 영향을 미칠 수 있는 모든 기계 및 시스템들은 완전한 목록 내에 포함되어야 한다.

표 4.5 상태 감시를 위한 설비 분류의 예

등급	설비의 분류	고장의 결과
AA	핵심 설비	예기치 못한 정지나 고장은 치명적인 생산 손실을 초래
A	중요하며 고장 가능성이 큰 설비	예기치 못한 정지나 고장은 위험하며 생산에 차질을 초래
B	예비 설비가 준비된 중요 기계	운전 불편을 야기하지만, 생산에는 차질이 없음. 소요 수리비용으로 감시 시스템의 설치가 어느 정도 정당화 될 수 있음
C	중요하지 않은 기계	고장이 생산에 미치는 영향은 없으므로, 이런 설비에는 감시 시스템이 요구되지 않음

설비의 중요도는 설비가 돌발적인 고장을 일으켰을 때의 생산 손실, 품질 손실, 재해 손실 및 복구 비용의 크기 등에 의해 평가된다. 해당 설비가 가동 중에 돌발 고장을 일으켰을 때, 발생할 수 있는 손실의 크기가 설비의 중요도를 결정하는 지표가 된다. 중요도가 클수록 정비나 설비의 상태 감시 및 진단에 많은 비용을 지불하여야 함을 나타낸다. 관리 주기를 결정하는데 가장 중요한 요인은 설비의 중요도이다. 이는 설비에 고장이 발생하였을 때, 생산에 미치는 정도, 품질에의 영향 정도, 복구(수리) 비용의 크기 및 안전과 재해에 미치는 영향 등으로 평가된다. 따라서 핵심 설비는 이들 값이 가장 큰

설비이다.

표 4.6은 이들 항목을 점검하는 평가 점수의 예를 나타낸다. 평점의 합계가 높을수록 중요 설비가 되고, 빈번한 관리 주기와 고도의 정비 방법을 채용하여야 한다. 통상은 이 합계 점수가 높은 순서로 설비를 표 4.7과 같이 4개의 등급으로 분류한다.

표 4.6 설비의 중요도 평가 항목 및 평가 내용의 예

평가 항목	평가 내용	평점
생산 영향도	• 당해 설비가 정지되면 전체 플랜트가 정지 • 당해 설비가 정지되면 전체 플랜트가 감산 운전 • 당해 설비가 정지되어도 생산에는 영향이 없음	5 3 0
품질 영향도	• 당해 설비의 고장이 품질에 크게 영향을 미침 • 당해 설비의 고장이 품질에 영향을 미침 • 당해 설비의 고장이 품질에 영향을 미치지 않음	5 3 0
정비(복구) 영향도	• 돌발 고장이 발생하면 큰 수리비용이 필요 • 중간 정도의 수리비용이 필요 • 수리비용은 거의 문제가 되지 않음	5 3 0
안전(재해) 영향도	• 가연성, 유해성, 폭발 등의 위험이 있음 • 설비의 고장이 사람에 재해를 미칠 가능성 있음 • 위험성이나 2차 재해의 가능성이 없음	5 3 0
사용 년수	• 20년 이상 경과 • 10년 이상 ~ 20년 이내 경과 • 10년 이내	5 3 0

표 4.7 설비의 중요도 구분 및 정비 방법 예

구분	등급	평가 점수	정비 방법
최중요(핵심) 설비	AA	20점 이상	상시 감시 시스템
중요 설비	A	15 ~ 20점	정기적인 간이 진단 + 정밀 진단
보통 설비	B	10 ~ 15점	예방 정비(preventive maintenance)
중요하지 않은 설비	C	10점 이하	사후 정비(breakdown maintenance)

4.2.10 고장 모드 증상 분석(FMSA)

이 과정의 목적은 어떠한 주어진 고장 모드의 진단과 예지에서 신뢰도가 최대가 되도록 감시 기술과 감시 전략을 선택하는 것이다. 이 방법은 주어진 증상의 검지와 변화율(rate of change)에 대한 최대한의 민감도(sensitivity)와 변화율을 제공할 수 있는 감시 기술의 선택을 지원하도록 설계된다. 감시 기술에 대한 신뢰도와 진단 및 예지 결과에 대한 정확성이 의문스러운 경우에는 그 이상의 상관 관계(correlation)를 확보하기 위하여 부가적인 기술의 사용이 권장된다.

이 과정은 본질적으로 각각의 규명된 고장 모드에 의해 발생하는 증상과 가장 적절한 검지와 감시 기술 및 감시 전략의 부차적인 선택에 초점을 두는 고장 모드, 영향 및 중요도 분석(FMECA) 방법의 변형이다. 이 방법은 가능한 고장 모드를 미리 규명하고 분류하는 FMECA 해석과 연계해서 사용되어야 한다.

사용을 위한 지침으로, 이 과정은 표 4.8의 FMSA 분석 표에 가장 잘 표현되어 있다. 이를 위한 필수적인 요소로는 다음 사항이 포함된다.

- 포함된 요소들의 기록
- 각 요소에 대하여 가능한 고장 모드의 기록
- 각 고장 모드의 영향 및 원인 기록
- 각 고장 모드에 의해 야기되는 증상 기록
- 검지, 심각도, 감시 우선 번호(priority number)가 되는 진단 신뢰와 예지 신뢰에 의한 각 고장 모드의 분류
- 가장 적절한 감시 기술 및 상관 기술 기록
- 감시의 추정 빈도 기록
- 상관 기술에 대한 감시의 빈도 기록

사용에 있어서 가장 큰 어려움은 고장 모드, 영향 및 원인에 대한 정확한 용어를 설정하는데 있다. 고장 모드의 정의로는 예로 굽힘, 부식 등의 고장이 어떻게 관찰될 것인가 이다. FMSA 과정 이전에 수행되어야 하는 FMECA 과정에는 고장 모드, 영향 및 원인에 대해 사용되는 용어들 사이에 중복되는 영역이 있다. 하나의 부품을 고려할 때 한 곳에서는 "고장의 원인"으로 나타나는 항목이 다른 곳에서는 "고장 모드"로 나타날 수 있다. 용어는 또한 하나의 부품을 취급할 때에 한 곳에서는 "영향"으로, 조립체(assembly)를 다룰 때에는 "고장 모드"로 나타날 수도 있다. 이것은 FMSA 과정에 대해서도 또한 마찬가지이다.

표 4.8 FMSA 분석 표(sheet)

Part or Assembly Name________________ Suppliers____________ FMSA Number______________________
Part or Assembly Number________________________________ Sheet________________ of ____________
Drawing Issue________________________________

Amendments	1	2	3	4	5	6	7	8	9	10
Date										

FMSA Committee______________________
FMSA Approved__________ Date__________
Name________________ Signature__________

항목	부품번호, 이름	기능/프로세스	고장모드	고장영향	고장원인	고장증상	주기술	감시빈도	기본 감시 우선 번호					상관기술	감시빈도	상관 감시 우선 번호				
									검지	심각도	진단	예지	감시우선번호			검지	심각도	진단	예지	감시우선번호

FMSA Number______________________
Sheet______________ of______________

항목	부품번호, 이름	기능/프로세스	고장모드	고장영향	고장원인	고장증상	주기술	감시빈도	기본 감시 우선 번호					상관기술	감시빈도	상관 감시 우선 번호				
									검지	심각도	진단	예지	감시우선번호			검지	심각도	진단	예지	감시우선번호

같은 곳에서 고장 모드와 원인의 중복을 피하기 위한 주의가 요구된다. 어떤 하나의 항목에 대하여, 고장 모드, 영향 그리고 원인은 페이지 전체를 통하여 논리적으로 표현되어야 한다. "고장 모드"는 "원인"에 의하여 "영향"으로 나타날 수 있다.

감시 전략을 고려할 때, 다음의 형식이 또한 사용될 수 있다.

- "고장 모드"는 "주요 감시 기술"에 의하여 가장 잘 검지될 수 있는 "증상"을 야기하며, 이는 주어진 "감시 빈도"에서 감시될 때 높은 진단과 예지 결과를 산출한다.

- 향상된 진단과 예지 신뢰는 주어진 "감시 빈도"에서 감시될 때 "상관 기술"을 사용함으로써 얻어질 수 있다.

평점(rating)은 검지, 심각도, 진단 및 예지 가능성의 정도를 평가하는 표의 각각의 열에 표시된다. 사용자가 전체적인 분석을 통하여 일정한 평점을 적용하면, 더 높은 위험 영역은 더 높은 감시 우선 번호를 반영한다.

검지의 가능성에 대한 평점은 1에서 5까지의 등급으로 분류되고, 다음 단계의 진단이나 예지의 정확성과는 관계없이 고장 모드의 전체적인 검지 가능성을 반영하도록 설정된다. 이 평점은 다음과 같은 고장 모드를 강조하도록 지정된다.

- 검지될 수 있으나, 반복될 수 없는 증상
- 검지될 수 없는 증상
- 실제적으로 계측 불가능한 증상
- 다른 고장 모드의 증상들에 의해 감춰져 구분할 수 없는 증상

이들은 다음과 같은 의미를 갖는 1부터 5의 평점으로 검지 가능성이 평가된다.

- 1 : 이 고장 모드의 검지 가능성은 미약
- 2 : 이 고장 모드의 검지 가능성은 낮음
- 3 : 이 고장 모드의 검지 가능성은 보통
- 4 : 이 고장 모드의 검지 가능성은 높음
- 5 : 이 고장 모드의 검지는 확실함

이 평점은 이전의 FMECA 분석을 반영해야 하고 위험에 의한 개별적인 고장 모드에 평점을 매길 수 있도록 고안되었다. 이것은 아래와 같은 의미를 갖는 1에서 4의 평점으로 고장의 심각도(severity)가 평가된다.

- 1 : 시스템 성능의 기능 저하를 야기하며, 시스템이나 주변 환경에 무시할 만한 손상을 초래하는 어떤 사건(event). 생명이나 사지(limb)에 어떠한 손상이 없음
- 2: 시스템 또는 생명 아니면 사지에 심각한 손상이 없이 시스템 기능의 저하를 초래하는 사건

- 3 : 잠재적으로 주요 시스템 기능 손실을 야기할 수 있고, 그 시스템이나 주변 환경에 심각한 피해. 생명이나 사지에 무시할 수 있는 위험을 초래하는 사건
- 4 : 주요 시스템의 기능 손상을 야기할 수 있어 시스템이나 그 환경에 심각한 손상을 야기하고 또는 생명이나 사지의 손상을 초래하는 사건

예상되는 진단의 정확성에 대한 신뢰도(confidence)는 또한 아래와 같이 1에서 5까지 평가된다. 이 평점은 1) 고장 모드가 검지될 수 있으나, 반복될 수 없는 증상, 2) 검지될 수 없는 증상, 3) 실제적으로 계측 불가능한 증상, 4) 다른 고장 모드 증상들로부터는 구분할 수 없는 증상들을 규명하도록 고안되었다. 이것은 다음과 같은 의미를 갖는 1부터 5등급으로 평가된다.

- 1 : 이 고장 모드의 정확한 진단 가능성은 미약
- 2 : 이 고장 모드의 정확한 진단 가능성은 낮음
- 3 : 이 고장 모드의 정확한 진단 가능성은 보통
- 4 : 이 고장 모드의 정확한 진단 가능성은 높음
- 5 : 이 고장 모드의 진단 정확성은 확실함

예견된 예지의 정확성도 다음의 1에서 5까지의 평점으로, 4개의 고장 모드인 1) 검지될 수 있으나, 반복될 수 없는 증상, 2) 성능 저하 변화에 민감하지 않는 증상, 3) 실제적으로 계측 불가능한 증상, 4) 다른 고장 모드 증상들로부터 구분할 수 없는 증상들을 규명하도록 고안되었다. 이것은 아래와 같은 의미를 갖는 1부터 5등급으로 평가된다.

- 1 : 이 고장 모드의 정확한 예지 가능성은 미약
- 2 : 이 고장 모드의 정확한 예지 가능성은 낮음
- 3 : 이 고장 모드의 정확한 예지 가능성은 보통
- 4 : 이 고장 모드의 정확한 예지 가능성은 높음
- 5 : 이 고장 모드의 예지 정확성은 확실함

감시 빈도(frequency) 또한 예상되는 예지의 정확성을 결정하는 데에 기여한다. 예를 들면 사용되는 감시 빈도가 높을수록 예상되는 고장율과 예지에서의 신뢰는 더 높게 된다.

감시 우선 번호(monitoring priority number, MPN)를 나타내는 평점은 앞에서 정의한 표 4.9와 같은

4가지 종류, 즉 검지 가능성, 고장의 심각도, 진단 및 예지 가능성에 대한 각각의 평점을 곱한 값으로 정의되며, 각 고장 모드의 전체적인 평점이 된다. 높은 MPN 값의 지정된 기술이 관련되는 고장 모드의 검지, 진단 및 예지에 가장 적당하다는 것을 나타낸다. 낮은 MPN의 수치는 감시가 필요 없는 것이 아니라, 오히려 지정된 감시 기술과 감시 빈도로 측정되는 검지, 분석, 예지에 대한 낮은 수준의 신뢰도가 예상된다는 것을 의미한다. 최악의 경우는 높은 심각도, 검지, 진단 및 예지의 낮은 가능성을 갖는 고장 모드이다. 최상의 경우는 낮은 심각도, 쉬운 검지 가능성, 알려진 고장 모드들과 그와 관련된 패턴으로 높은 진단과 예지 신뢰도 수준을 갖는 고장 모드이다.

표 4.9 감시 우선 순위 평점의 기준

항 목	내 용	평점
검지 가능성	미약	1
	약함	2
	보통	3
	높음	4
	확실함	5
고장의 심각도	기능 저하 초래	1
	심각한 손상이 없이 시스템 기능 저하 초래	2
	잠재적으로 주요 시스템 기능 손실, 심각한 피해 및 위험 초래	3
	주요 시스템의 기능 손상, 시스템이나 그 환경에 심각한 손상 야기 또는 생명이나 사지의 손상을 초래	4
진단 가능성	미약	1
	약함	2
	보통	3
	높음	4
	확실함	5
예지 가능성	미약	1
	약함	2
	보통	3
	높음	4
	확실함	5

FMSA의 재 조사와 감시 시스템 설계의 구현에는 각 고장 모드의 안전 위험도(safety risk), 고장 모드의 예상 열화율, 개개의 고장 모드에서 고장 사이의 평균시간, 2차로 일어나는 고장 모드, 고장 모드

의 상호 관련성, 정비에 필요한 준비 기간(lead time), 잉여 부분의 유용성 및 필요한 신뢰성과 유용성과 같은 요건을 고려함으로 수행된다. 새로운 시스템의 설치에서 얻어지는 경험과 수정이 행해질 때, 연속적인 재 평가가 이루어져야 한다.

4.2.11 진단 요구 사항 보고서

이상에서 종합된 사전 검토의 내용은 진단 요구 사항 보고서로서 기록하도록 권장된다. 이 보고서에는 일반적으로 다음과 같은 내용을 포함한다.

(1) 채택된 기계의 고장을 적당히 부품 내에 표시
(2) 이들 부품에 관련된 결함들의 목록 작성
(3) 각 결함에서 잠재적으로 관찰할 수 있는 증상 제시
(4) 사용될 상태 감시용 특징 설명 인자의 명명
(5) 특징 설명 인자의 계산을 위해 사용될 방법과 파라미터 표시

상태 감시에 의해 모든 중요 결함들이 다 포함되는 것이 아니므로, 경우에 따라서는 진단할 수 없는 경우도 발생할 수 있다. 이 때문에 보고서에는 제시될 수 있는 결함과 그렇지 않은 결함들을 확실하게 제시하도록 강력히 권고된다. 또한, 진단 시스템의 성능 개선에 관한 내용도 포함시킨다. 공식적으로는 진단 요구 사항 보고서는 1) 4.2.8절의 (1)에서 (4)까지의 항목에 해당하는 기계의 설명 부분, 2) 4.2.8절에 기재된 (3)에서 (9)까지의 항목에 해당하는 고장 모드/증상 분석으로 고장 모드, 증상, 진단에 사용될 측정과 특징 설명 인자의 두 부분으로 구성된다. (2)항은 표 4.8에 주어진 FMSA 분석 표를 이용하여 쉽게 수행될 수 있다.

4.3 기계의 상태 평가 과정

기계의 파국적인 고장을 피하기 위한 상태 감시 활동에서 취득된 정보를 가장 효과적인 방법으로 분석하기 위해서는 적절한 데이터 처리와 분석 과정이 필요하다. 전통적으로 기계의 상태를 평가하는 가장 일반적인 방법은 특정 변환기 값에 대해 단순히 한계치(threshold value)를 설정하고, 이와 비교하는 것이었다. 하지만, 복잡한 통합된 시스템의 출현으로 단일 값을 이용한 감시 방법은 더 이상 사용이

어렵게 되었다.

하나의 평가 기술만을 이용하는 상태 감시는 기계를 정지시키거나 필요한 정비 조치를 취하는 결정을 내리기에는 충분한 정보를 제공하지 못한다. 예로 유도 전동기에서 진동 신호의 분석 만으로는 부족하고 고정자 전류 신호의 분석 기술이 함께 사용되어야 한다. 이러한 기술간의 상호 보완적인 결합은 결함의 원인과 심각도를 더욱 명확하게 설정할 수 있고, 상태 기반 정비에 의한 정비 조치의 타당성을 제공할 수 있도록 한다.

상태 기반 정비를 성공적으로 수행하기 위해서는 수동적이든 자동적이든 그림 4.3과 같은 형태의 체계적인 정보 흐름의 과정이 도입되어야 한다. 이 보기에서 논리적인 흐름은 하부의 이용 가능한 다양한 기술(진동, 온도, 기름 분석 등)에 의해 입력된 데이터로부터 시작하여 최종적으로 정비 및 운전 요원에 의해 취해지는 여러 조치에 까지 이른다. 통상적으로 중요 기계에서는 온라인 데이터 취득 및 분석 시스템을 보유하고 있으며, 보통 그래프와 경향 곡선으로 조합된 일련의 상태 변수를 사용자에게 제공한다. 이들 데이터는 수동적으로 분석되고, 그 결론은 사람의 판단에 의해 적절한 정비 조치로 이루어진다.

ISO 13374의 데이터 처리 및 분석 과정에 대한 일반적인 지침을 규정한 규격에서는, 기계의 상태 평가에 대한 전 과정을 그림 4.3에 나타내듯이 다음과 같은 5개의 구분된 단계로 구성하고 있다.

- 문제 탐지 : 정상 상태로부터의 이탈 여부
- 결함과 결함 원인의 진단(diagnostics)
- 향후 결함의 진행에 대한 예지(prognostics)
- 문제의 해결 또는 대책을 위한 조치(action)
- 사후 분석(postmortems)

이하에서는 이들 각 단계에 대해 간략히 설명한다.

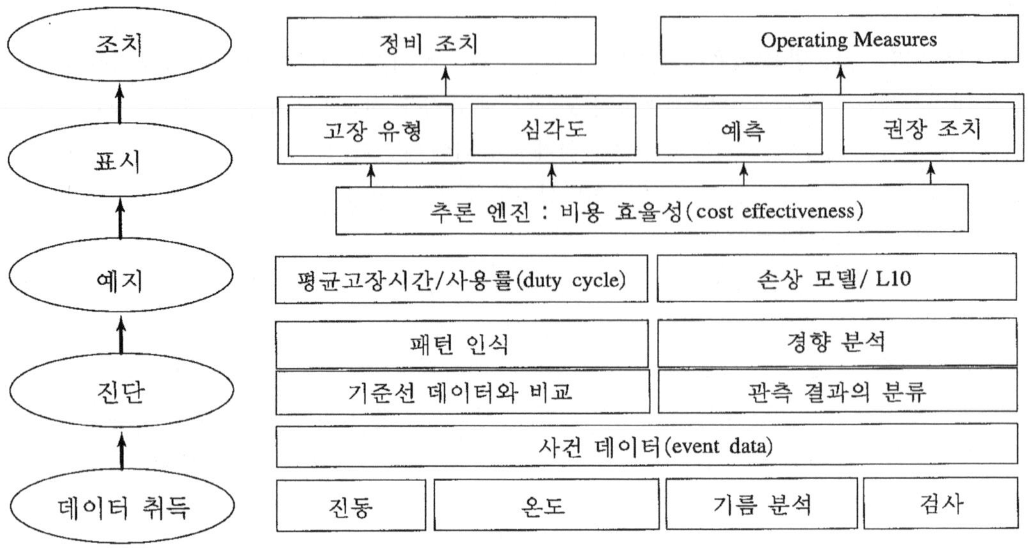

그림 4.3 운전 및 정비의 정보 흐름(ISO 13374)

4.3.1 데이터 취득

첫 단계는 기계의 상태 감시 및 진단에 사용되는 진동 신호에 대한 신호 처리와 데이터의 분석 기능을 요구하는 데이터 취득(data acquisition)과 관련된 기술이다. 그러나 필요에 따라서는 진동 이외에 적외선 온도 기록(infrared thermograph), 트라이볼러지(tribology), 성능 감시, 초음파, 소음 분석, 전동기 전류 감시, 운전 변형 형상(operational deflection shapes), 시각 검사 및 모드 해석(modal analysis) 등의 부가적인 기술이 포함될 수 있다.

데이터 수집에 대한 일반적인 절차는 대상 기계의 적절한 측정 점에서 진동을 측정하고 유사하거나 동일한 기계에 대한 이력 경향, 기준선 데이터와 비교하는 것이다. 상태 감시를 위한 데이터 수집 절차의 관리는 종종 설비에서 정기적 또는 수시 측정이 이루어지도록 함으로써 이루어진다. 이 때 정기적인 측정은 초기에는 일정한 주기로 수행되도록 계획된다.

데이터 취득과 관련된 기술이 제공해야 하는 기본적인 기능으로는, 감시를 위한 측정 위치 및 측정 점의 결정, 특정 변환기의 선정, 설치 및 교정, 기타 관련 데이터의 구성, 데이터 취득 및 데이터 처리가 있다.

상태 감시 프로그램은 대상 기계로부터 정확하고 재현성이 있는 데이터를 자동적으로 취득할 수 있고, 제 2장과 3장에서 설명한 각종 데이터의 취득과 신호 처리 기법을 바탕으로 데이터의 정밀도를 향상시킬 수 있다. 데이터의 자동 취득은 사람이 가지는 잠재적인 실수, 인적 자원(manpower)의 저감 및 가능한 데이터 취득의 자동화를 통하여 실행 가능한 데이터베이스를 제공하도록 하는 것이다. 그러므로 시스템은 사용자의 입력 없이 감시 파라미터들을 자동적으로 선정하고 설정할 수 있어야 한다.

상태 감시 프로그램을 지원하기 위해 취득되는 데이터의 양은 통상 대규모이고, 프로그램의 수명 동안 지속적으로 증가될 수 있다. 따라서 감시 시스템은 많은 양의 데이터를 취득하고 저장할 수 있어야 한다. 시스템은 프로그램에 포함되는 모든 대상 기계의 상태를 사용자가 감시하고, 경향을 파악하며, 분석할 수 있도록 다양한 형식(format)으로 데이터를 저장하고, 경향을 나타내며, 복구될 수 있어야 한다. 시스템에서 이용될 수 있는 기억 용량은 최소한 데이터를 호스트 컴퓨터에 전송하기 전에 8시간 정도를 저장할 수 있어야 한다. 기억 용량에 대한 요구 사항은 취득되는 데이터의 유형에 따라 다르다. 일 예로 진동 데이터의 취득에 사용되는 시스템은 약 1,000개의 수치 또는 400개의 완전한 신호를 저장하기에 충분한 메모리를 필요로 할 것이다.

데이터 취득 장치는 일반적으로 장기간 동안 데이터의 저장을 위한 목적으로 사용되지는 않는다. 그러므로 데이터를 호스트 컴퓨터에 건실하게 전송할 수 있어야 한다. 데이터 전송 작업 동안에는 부가적인 데이터의 취득에 사용될 수 없으므로 전송 시간은 최소로 유지되어야 한다. 이용되고 있는 대부분의 시스템들이 19,200보드(baud)까지의 데이터 처리 속도로 데이터를 전송할 수 있는 RS 232 통신 규약(communication protocol)을 사용하고 있다. 이 처리 속도에서 특정 마이크로프로세서의 전체 메모리를 출력하기 위해 요구되는 시간은 약 30분 이상이 될 수 있다. 일부 시스템은 전체 불감 시간(dead time)을 제거하도록 독립적인 전송 데이터 방법을 기억장치에 포함시키고 있다. 이들 시스템은 RS 232 링크를 바이패스 하여 데이터 기록 장치(data logger)로부터 배터리 내장 메모리로 저장된 데이터를 전송한다. 이 기술을 사용하면, 데이터는 350,000보드 이상으로 전송될 수 있고, 불감 시간은 수분 이내로 감소될 수 있다.

통상 나머지 단계는 기계의 현재의 건강 상태를 평가하고, 장래의 결함을 예측하며, 운전 및 정비 요원에 권장 조치 단계를 제공하기 위해 감시 기술들을 조합하는 시도이다. 이들을 지원해야 하는 이들 3개의 단계와 기능들은 다음과 같다.

4.3.2 진단(diagnostics)

먼저 경계(alert) 또는 경보(alarm) 기준과 측정 데이터의 비교를 통한 데이터의 상태 감시를 수행한다. 측정치가 경계 또는 경보 기준에 비해 허용할 만 하다면, 측정치의 기록과 계속적인 상태 감시 이외의 어떠한 조치도 요구되지 않는다. 측정치가 경계 또는 경보 기준을 초과하여 허용될 수 없다면, 진단 절차가 시작되어야 한다. 그러나 정지 전에 기계의 상태를 사전에 조사할 필요가 있는 경우와 같이 기계의 건강에 대한 평가와 결정이 필요한 경우에는, 어떠한 이상 현상이 의심되거나 검출되지 않더라도, 진단과 예지를 수행하는 경우가 있을 수 있다.

진단 과정은 일반적으로 상태 감시로부터 비정상인 이상 상태의 검출에 의해 시작된다. 이러한 검출은 기계의 기존의 특징 설명 인자와 기준치인 기준선 데이터와 비교를 통해서 수행된다. 기준치는 경험치, ISO를 비롯한 각종 규격, 제작사의 기준, 권한이 있는 기관의 시험 등으로부터 선택되거나, 장기간 취득된 데이터의 평균 등의 통계 데이터로부터 얻어진다. 또한 기계의 진단을 위해 다른 방법이 사용될 수 있다.

기계의 건강 상태를 분석하고, 이상이 발생한 경우에는 결함의 종류 및 원인을 진단하고, 모든 상태를 고려한 장비/프로세스의 현재의 건강 상태와 고장 모드를 평가한다. 고장 모드의 분석은 기계에서 발생하는 특정 문제 또는 고장 모드를 확인하는 것이다. 기계에서 발생하는 문제의 원인을 확인하기 위해 통상 기계의 진동 신호와 기계의 설계 및 운전 정보에 대한 데이터가 요구된다.

진단은 현실적인 문제에 대한 근본 원인과 심각도를 파악하는 과정이며, ISO 13379규격에 따르면, 결함/증상 진단 방법(fault/symptoms diagnostic approach)과 원인 진단 방법(causal diagnostics approach)이 사용될 수 있다. 결함/증상 진단 방법과 원인 진단 방법을 요약하여 설명하면 다음과 같다.

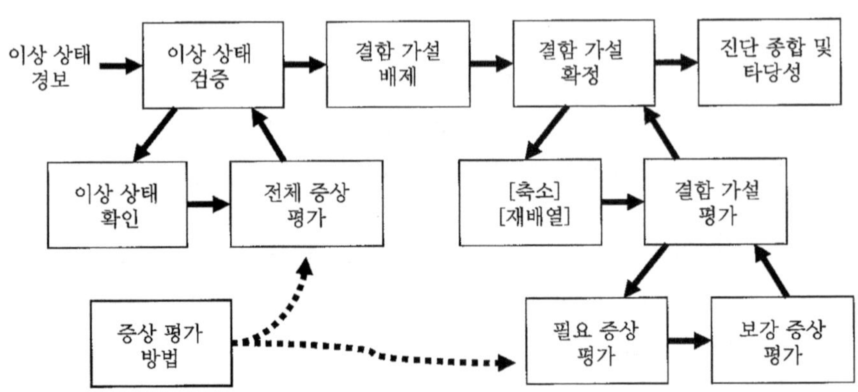

그림 4.4 결함/증상 진단 방법의 실시 단계(ISO 13379)

결함/증상 진단 방법은 결함과 증상 사이의 관계에 기초하여 진단을 수행하는 방법으로, 결함과 증상 사이에는 일반적으로 서로 연관된 지식 모델이 알려져 있다. 그림 4.4는 결함/증상 진단 방법의 실시

단계를 나타낸다.

진단 과정은 1) 실제 이상 상태, 경계, 경보 신호 또는 비정상적인 거동이 존재하거나, 2) 기계의 상태를 평가하기 위해 이상 상태로 표현되는 의심스러운 증상이 발생하였을 때 시작된다.

진단의 첫 번째 단계는 검출된 이상 상태를 검증하는 과정으로, 이상 상태의 확인과 결함 가설을 나타내는 데 사용되는 전체적인 증상(global symptoms)의 평가에 대한 조치로 구성된다. 이상 상태의 확인은 다음과 같은 사항으로부터 파악이 가능하다.

- 진동, 운전 데이터 등의 특징 설명 인자로부터 유도
- 경고(경계, 경보) 레벨에는 이르지 않았으나, 경고를 상세히 설명하기 위해 사용되는 데이터의 비정상적인 변화
- 기계의 변화에 대한 인간의 지각(소음, 냄새, 온도, 습도, 누설 등)

전체적인 증상의 평가 단계는 결함 가설의 생성을 가능하도록 의도되고, 대역적인 증상들의 각 부분들이 평가된다. 결함 가설은 증상을 설명하기 위해 우선 이용하는 아직 증명되지 않은 가정으로, 이것이 확정되면 가설의 범위를 벗어나 보편타당한 결함이 된다. 개략적인 증상이 평가되면, 증상과 결함 사이의 관계는 결함 가설의 목록을 만드는데 이용된다. 결함 가설의 확정 단계가 진단의 주된 작업으로, 그 목적은 필요한 증상과 일치하지 않는 각 가설을 배제하는 것이다. 이에는 결함 가설 목록의 축소 및 재배열(reordering) 그리고 필요한 증상을 우선적으로 각 결함 가설을 평가하는 2개의 단계로 구성된다. 결함 가설 목록의 축소 및 재배열 단계는 선택 사항으로, 진단 시간을 줄이도록 구성된다. 발견된 결함 가설의 완전한 목록으로부터 축소 또는 재배열은 동일한 종류의 기계에서 동일한 서비스와 운전 조건에서 수집된 데이터로부터의 결함의 발생 확률과, 치명도 해석으로부터 결함의 심각도를 고려하여 수행된다. 결함 가설의 수를 줄일 때, 결과가 결함 가설의 사전 배제(priori rejection)가 될 수 있기 때문에, 전문적인 기술에 의존하여 결정되어야 한다.

다음으로 결함 가설의 평가 단계에서는 각 결함 가설은 모든 가능한 증상이 존재하는지에 대한 관찰을 통하여 평가된다. 결함 가설을 확정하기 위해 필요한 증상이 확인되지 않은 경우에는 보강 증상(reinforcing symptom)의 평가는 의미가 없으므로, 필요한 증상이 먼저 평가된다. 필요한 증상의 평가에서는 요구되고, 반드시 있어야 하는 모든 필요한 증상이 먼저 조사된다. 만약 모든 필요한 증상이 확인된다면, 결함 가설은 확인된다. 만약 하나 또는 그 이상의 필요한 증상이 확인되지 않았다면 결함 가설은 거부된다. 몇 가지의 증상 평가 방법이 존재하는 경우에는 가장 좋은 성능을 가지는 방법이 선호된다. 보강 증상의 평가는 모든 필요한 증상이 확인되면, 보강 증상의 평가를 시도할 수 있다. 이는 최종

진단 단계에서 특정 결함의 추정을 보강할 수가 있다. 필요한 증상과는 달리, 만약 하나 또는 그 이상의 보강 증상이 확인되지 않더라도, 결함은 거부되지 않는다.

진단 과정의 마지막 단계로서 진단의 종합과 타당성(justification) 검토가 이루어진다. 이 목적은 구현된 진단 결과를 요약하는 것으로, 평가되고 확인된 다음 사항을 공식적인 진단 보고서(diagnosis report)에 포함시킨다.

- 진단의 계기가 된 이상 상태
- 확인된 전체적인 증상
- 확인되지 않은 증상을 갖는 거부된 결함들
- 각각의 확률을 갖는 확인된 결함들

그림 4.5는 참고로 ISO 13379 규격에서 제시하고 있는 진단 보고서 형식의 예를 나타낸다.

진단 보고서 (1/3)	
진단자 :	날짜 :
기계의 ID :	
진단의 계기가 된 이상 :	
확인된 전체적인 증상 1 ...... 2 ...... 3	
결함 No.1(가장 가능성 있는)	
구성품	결함, 고장 모드명 ......
확인된 필요 증상 1 ...... 2 ...... 3	
확인된 보강 증상 1 ...... 2 ...... 3	

그림 4.5 진단 보고서 형식의 예(ISO 13379)

<table>
<tr><th colspan="2">진단 보고서(2/3)</th></tr>
<tr><td colspan="2">결함 No.2(가능성이 낮은)</td></tr>
<tr><td>구성품
……</td><td>결함, 고장 모드명
……</td></tr>
<tr><td colspan="2">확인된 필요 증상
1 ……
2 ……</td></tr>
<tr><td colspan="2">확인된 보강 증상
1 ……
2 ……</td></tr>
<tr><td colspan="2">고장 모드의 원인(들) 또는 근본 원인
고장 모드 No.1
……
……
고장 모드 No.2
……
……</td></tr>
<tr><td colspan="2">기계 이력</td></tr>
<tr><td colspan="2">유사 사례</td></tr>
<tr><td>결함의 중요도
고장 모드 No.1
……
고장 모드 No.2
……</td><td>신뢰 수준
고장 모드 No.1
……
고장 모드 No.2
……</td></tr>
<tr><th colspan="2">진단 보고서(3/3)</th></tr>
<tr><td colspan="2">거부된 결함 가설 및 확인되지 않은 필요 증상</td></tr>
<tr><td colspan="2">제안된 수정 조치
필요한 정비 조치, 정비 조치 전의 최대 지연 기간

잠정 개선 작업</td></tr>
<tr><td colspan="2">결함 회피를 위한 권고 사항</td></tr>
<tr><td>입안자</td><td>서명</td></tr>
</table>

그림 4.5 진단 보고서 형식의 예(ISO 13379)

또한 종합 단계의 마지막 단계에서는 대상 기계의 이력, 경험하였던 유사 사례, 결함의 치명도 및 신뢰 계수(confidence factor)와 같은 다른 요소들을 확인된 추정 내용을 평가하기 위해 보고서에 포함한다.

신뢰 계수는 본질적으로 정확한 진단을 위한 최종적인 확신에 실수 요인(error sources)의 누적된 결과를 나타낸다. 이 계수는 표 4.10에 일 예로 나타낸 가중치를 곱한 평가 시스템에 의해 결정되어야 한다. 전체 신뢰 수준(overall confidence level)은 표 4.4와 같이 동일 기계류에서 동일 결함들에 대한 경험인 정비 이력, 설계 및 결함 모드의 분석, 사용된 설명 인자, 사용된 심각도 한계치, 측정 간격, 데이터베이스 설정, 데이터 취득, 심각도 평가 절차, 경향 평가 및 진단 절차와 같은 요소들로부터 결정된다. 전체 신뢰 수준은 각 항목에 대해 가중치와 정보의 신뢰치를 더한 값을 전체 항목에 대해 합한 값으로 표현된다.

표 4.10 진단 신뢰 계수의 결정 예(ISO 13379)

절차의 활동 단계	실수 원인	가중치	정보의 신뢰치 %	최종 신뢰 계수 %
1	정비 이력	0.15		
2	설계 및 고장 모드 분석	0.10		
3	사용된 특징 설명 인자	0.15		
4	사용된 심각도 한계치	0.10		
5	측정 구간	0.10		
6	데이터베이스 설정(set-up)	0.05		
7	데이터 취득	0.05		
8	심각도 평가 절차	0.05		
9	경향 평가	0.10		
10	진단 절차	0.15		
전체 신뢰 수준(overall confidence level)				
주) 전체 신뢰 수준 = sum (가중치 + 정보 신뢰치)				

깊이 있는 진단이 요구될 때, 위에서 설명한 단순한 결함/증상 진단 방법은 진단적 지식을 표현하는 데 더 이상 만족스럽지 못한 한계가 있다. 이러한 경우 하나의 대안으로 인과 관계(cause-result relation)를 이용한 진단 방법이 사용될 수 있다. 원인 진단 방법, 즉 결함 원인과 증상 사이의 관계인 인과 관계를 이용하여 진단을 수행하는 기법이다.

이 목적을 위해서는 그림 4.6과 같은 인과 트리(causal tree)를 인과 그래프의 모델링으로 사용하고, 인과 트리는 지식을 다음과 같은 방법으로 모델링 한다. 즉, 최초 결함(primary fault)이 시작되는 최초 사건으로 작용하는 근본 원인과 연결된다. 그 다음 최초 결함은 이로부터 야기할 수 있는 연속 결함(consequential fault)들과 연결된다. 결함은 파악된 관계에 따라 각 증상들과 연결된다. 그림에서 a는 $p = 0.75$ 등의 확률을, 그리고 b는 지연되는 기간(예 3일) 등을 나타낸다.

원인 트리 방법 역시 각 결함에 대한 체계적인 증상을 가지고 있지 않으며, 고장 모드의 근본 원인이 항상 알려져 있는 것이 아니기 때문에 완벽하지는 않다.

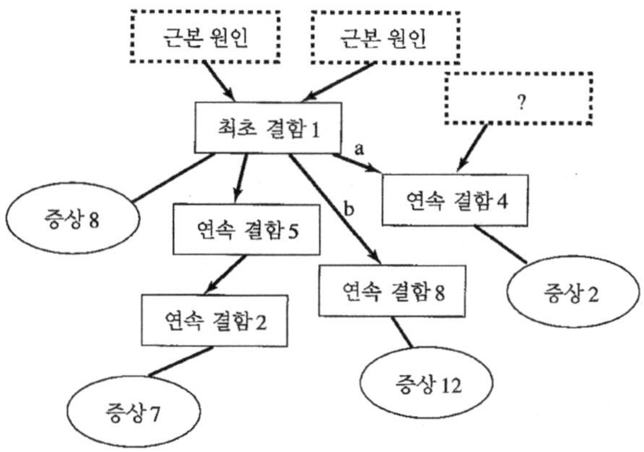

그림 4.6 인과 트리 모델의 구성 예

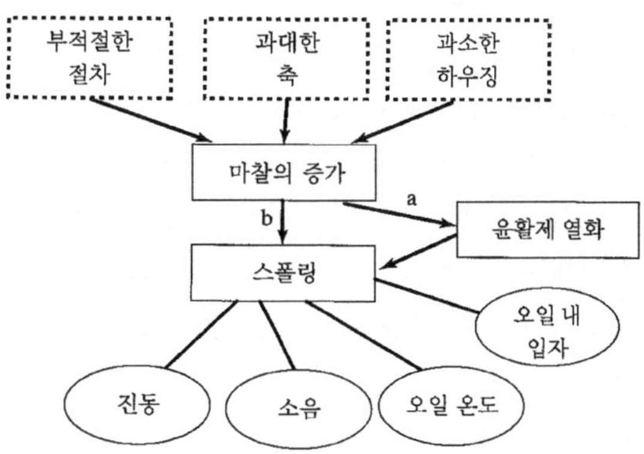

그림 4.7 베어링 스폴링 결함에 대한 인과 트리 모델의 예

그림 4.7은 베어링의 스폴링(spalling) 결함에 대한 인과 트리의 예를 보인다. 부적절한 설치 과정, 과대한 축 및 작은 크기의 하우징이 하나 또는 그 이상의 근본 원인으로 인해 발생한 베어링 틈새의 감소가 마찰의 증가로 인한 구름 표면의 접촉 결함을 야기하고 피로 결함이 진전되어 악화되면 스폴링으로 발전된다.

구름 접촉 마찰은 윤활 특성의 저하를 일으키고 윤활제의 열화를 촉진한다. 이 메커니즘으로 인해 과열, 윤활제의 점도와 유막 두께의 감소가 발생할 수 있다. 이로 인해 발생하는 증상들로는 진동, 소음 및 윤활제 온도의 증가 그리고 윤활제 내에 마멸 입자의 발생 등이 있다. 따라서 진동, 음향 및 오일 분석 기술이 감시 기술로서 사용될 수 있을 것이다. 이 베어링 결함에 대해, 다음과 같은 진단 추론을 제시할 수 있다.

- 한계치를 초과하는 진동이 경고를 발생하였다.
- 베어링 결함 주파수로 변조된 신호는 결함과 관련된 베어링이 존재함을 나타낸다.
- 오일 분석 또는 온도 분석 기술을 사용하여 결함을 확인하고, 특정 베어링의 확인을 지원할 수 있다.

4.3.3 예지(prognostics)

상태 감시 과정은 현존하는 그리고 미래의 결함의 예상되는 진전을 보여줄 수 있다. 이는 **예지**로 알려져 있다. 결함의 예지 과정은 ISO 13381 규격에 따라 수행되어야 한다. 진단과 예지에서의 신뢰성이 낮다면, 그때 추가적인 검증이 요구될 수도 있다. 이 신뢰성이 높다면, 즉각적으로 정비 혹은 수정 작업을 시작할 수 있다.

예지는 현재의 건강 상태에 기초하여 장비/프로세스에서의 유용 하중을 계획하고 장래의 건강 상태와 고장 모드를 결정한다. 즉, 예지는 기계의 **유효 잔존 수명**(useful remaining life)을 예측하는 것으로, 신뢰도 분석(reliability analysis), 확률 평가(probability assessment), 고장 모드와 영향 분석(failure mode and effect analysis), 위험과 유해성 평가(risk and hazard assessment), 손상 초기 시작 분석(damage initiation analysis), 손상 진행 분석(damage progression), 단기 경향 외삽(short term trend extrapolation) 및 단계별 변화 분석(step change analysis) 등의 방법이 이용될 수 있다.

예지 및 진단 결과의 신뢰성을 향상시키기 위해서는 측정과의 확인을 위한 재 측정, 진단을 지원하도록 운전 조건과 기계 형상의 수정, 특정 기계 및 고장 모드에 관한 전문가 호출 등의 조치 중에서 하나 이상을 실시할 필요가 있을 수 있다.

측정과의 확인을 위한 재 측정을 위해서는 1) 과거 이력 경향과 측정 데이터의 비교, 2) 연속적인 계획된 측정 주기의 감소, 3) 같은 위치나 별도의 위치에서의 추가적인 측정, 4) 더욱 복잡한 처리 방법이나 기술의 사용, 5) 상관성에 대한 대안적 기술의 사용 등이 필요하다. 또한 특별한 기계 또는 고장 모드에 대한 관련 전문가의 다른 전문적인 의견을 청취할 수 있다.

4.3.4 표시(display)

다양한 진단과 예지 분석이 수행된 후에 수정 조치를 결정하기 위해서는 앞의 단계에서 얻어진 중요한 정보들을 사용자에게 명확하게 제공할 수 있는 표준화된 형태로 데이터를 표시하는 것이 중요하다. 이를 위해서는 기록된 양식에 의한 표시, 수치적으로 크기 표시, 그래프로 경향 표시 또는 이들 방법의 조합으로 제공할 수 있다. 이들 정보에는 장비/부품, 고장 유형, 결함 유형, 심각도 추정, 상태 예측 및 최종적으로 권장되는 조치 등을 나타내는 적절한 데이터가 포함되어야 한다. 이때에는 비용 요소도 고려된다.

ISO 13374 규격에서 권장하고 있는 출력 표시의 예를 그림 4.8에 나타낸다. 그림은 항공기용 엔진을 예로 5개의 영역으로 나누어 나타낸다. 표 4.11은 각 영역에 대한 속성들을 설명하기 위한 일반적인 정보 표시의 구조를 나타낸다. 이하에 5개의 영역은 간략하게 표현하면 다음과 같다.

1) 영역 1 : 감시(monitoring)

이 표시 영역은 관측된 감시 상태에 특이한 정보 표현을 위해서 지정된다. 예로 운전 시간(hours)에 대한 광대역 주파수의 진폭, 펌프의 운전시간에 대한 성능, 보일러의 누적 운전 시간에 대한 복합 누적 손상 등의 자료를 나타낸다. 모든 정보는 관찰자가 각각의 경우에 있어 감시 상황을 신속히 평가할 수 있는 방법으로 표시된다.

2) 영역 2 : 진단(diagnosis)

이 표시 영역은 분석 결과에 기초하여 기계 진단의 결과를 요약해준다. 왕복 기계이든 회전 기계이든 정렬 불량, 불평형, 스폴링과 같은 베어링 결함 등의 현상은 진동 분석으로부터 평가되며 표시된다. 보일러와 같은 장비의 경우는 손상 해석으로부터 크립(creep) 피로 손상 누적의 백분율(%)과 그 변화율이 검토되고 제공된다.

영역 5 인식 (identification)
장비 ID : 장비 A
구성품 ID : 구성품 D
날짜 : 05/10/05

영역 4 권고 사항 (recommendation)
1. 베어링
2. 오일 교환

영역 3 예지 (prognosis)
A. 기대 수명 188시간
B. 오일 교환에 의해 향상 가능

영역 2 진단 (diagnosis)
심각한 베어링 스폴링(spalling)이 기대됨

영역 1 감시 (monitoring)

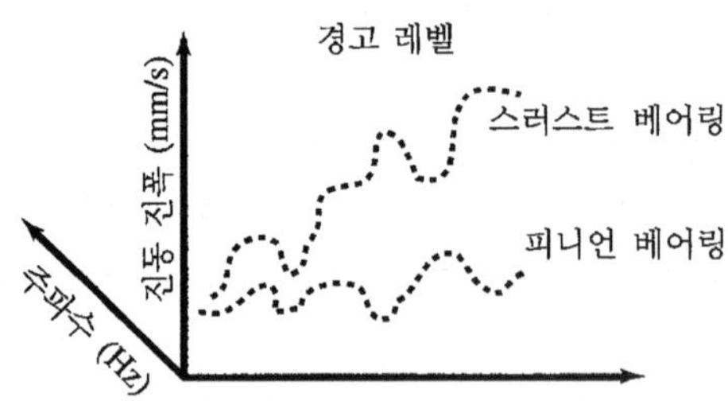

그림 4.8 일반적인 정보 표시의 구조 예(ISO 13374)

3) 영역 3 : 예지(prognosis)

이 표시 영역은 예지의 특정 정보를 포함하고 있다. 만약 장비가 현재와 동일한 조건 하에서 계속 운전된다면, 예상된 운전 시간에 도달하였을 때 고장이 일어날 것이다. 하지만 만약 다른 조건으로 운전된다면, 제안된 안전 운전 시간이 증가될 수도 있다. 운전 조건 예를 들면, 접촉 하중 각도, 윤활, 운전 속도, 부하 주기 등을 알면, 축의 스러스트 베어링의 잔존 수명을 예측하기 위해 통계적인 수명 해석 방법(L10)을 수행할 수 있다. 잔존 수명도 다시 오일 교환, 동력 수준 감소와 같은 몇 가지 운전 조건의 변경에 의해 향상시킬 수 있다.

표 4.11 각 영역의 속성 설명 예(ISO 13374)

장비 번호	50	TEXT	상태 감시하의 장비의 일련 번호 또는 다른 특별한 고유 번호를 포함한 구분 번호
구성품 번호	30	TEXT	상태 감시 중인 장비에 있는 부품의 구분 번호 예 : 베어링 또는 임펠러 등
일자(date)	8	MM/DD/YY	분석, 예지, 권고를 한 일자
권고 사항	3	NNN	표준 권고 목록의 색인 예 : 베어링 교체, 오일 교환, 부하 감소 등
예지	3	NNN	표준 예지 목록의 색인 예 : 예측 수명 nnn시간, 무엇(XXX)에 의해 향상 가능 등
진단	3	NNN	표준 진단 목록의 색인. 예를 들면, 여러 시간 주기에 대해 고차 조화 성분을 보여주는 스펙트럼 분석이나 균열 피로를 위한 손상 해석 예 : 무엇(XXX) 무엇(XXX)이 예상됨
감시	3X30	TEXT/ Graphic	현재 상태를 나타내기 위해 웹 기술에 의해 동적으로 생성된 그래프. 그래프는 2차원 또는 3차원이며, 단위는 미리 표현한 공학적인 해석에 의해 선택

4) 영역 4 : 권고 사항(recommendations)

이상으로부터 취해야 할 조치는 보다 명확해진다. 이러한 결정은 운전 및 정비 비용, 제작 비용, 동력 비용에 기초하고 있으며, 권고 사항은 동력 레벨의 감소와 부품 교체/수리로부터 오일 교환 또는 부하 감소에 이르기까지 가능하다.

또한 수리 및 교체 비용, 임무 성능(mission performance)의 요구 사항 등에 기초하여, 기계 정지와 부품 교체/수리로부터 오일 교환 또는 내부 부품 조사에 이르는 범위의 권고를 할 수 있다. 문제의 심각도에 따라 필요한 조치가 수반될 것이며, 그 심각도는 이 영역에서 판정된다.

5) 영역 5 : 인식(identification)

이 표시 영역은 기계의 종류에 관계없이, 향후의 참고 자료로서 유용한 이력의 기록을 위해 나타낸다. 장비 번호, 구성품 번호, 일자 등에 의해 상태 감시 대상 장비의 고유 인식 ID를 표시한다.

4.3.5 조치(actions)

낮은 중요도를 가지는 기계의 경우, 어떤 상황에서 취해야 할 가장 단순한 조치는 어떤 즉각적인 조치를 수행하지 않고, 통상의 감시 간격으로 감시를 계속하는 것이다. 일반적으로 결함 발생의 진단 및 예지에 대한 신뢰도의 수준에 의존하여, 정비의 결정과 조치는 검사의 착수 또는 수정 작업이 수행되어야만 한다. 만약 경계 또는 경보 기준이 심각한 결함 상태를 가리키면, 즉각적인 정지(shut-down)에 착수하는 것이 필요할지도 모른다. 다른 선택은 기계 부하, 속도 또는 작업 처리량을 줄이는 것이 포함될 수 있다.

정비 조치가 완료되었을 때, 그것은 어떤 정비 활동 및 사용된 예비품(spares), 사용된 기술의 상세 사항을 포함한 기계의 변화, 수리 및 복구 동안에 발견된 다른 결함들을 기록할 것이 권장된다. 이들은 장래의 진단과 예지에 도움을 줄 수 있도록 이력 기록(historical record)의 형태로 피드백 되어야 하고, 역시 상태 감시 절차가 재검토될 때 유용할 것이다

정비 조치가 수행되었을 때, 초기의 진단 또는 예지가 정확하였다는 것을 확인하기 위해 구성품들을 조사하는 것은 유용하다. 반복적인 고장은 시스템의 신뢰도를 낮추고, 운전 비용을 증가시킬 수 있다. 만일 고장의 근본 원인이 확인될 수 있으면, 정비 조치는 재검토될 수 있고, 고장의 영향을 회피하거나 또는 줄이기 위해 최적화될 수 있다. 적절한 정비 조치는 더욱 복잡한 상태 감시 기술을 포함할 수도 있다. 추가적인 정비 작업은 기계 제작자와 논의한 다음에 설계 변경을 실시한다.

권장 조치(recommended actions)는 공정 또는 장비의 수명을 최적화하기 위해 요구되는 정비 방법 또는 운전 조건의 변경 등에 관하여 조치를 취할 수 있는 관련 정보를 제공한다. 제공된 정보에 근거하여 조치 사항은 정비 과정의 증가 혹은 수정에서부터 손상된 기계나 부품을 수리 혹은 교체하는 것까지 다룰 수 있다. 또한, 생산 가동율이나 운전 과정의 조정 등도 결과적인 조치가 될 수 있다.

기계의 운전에 미치는 충격과 비용 때문에, 조치에는 다음 사항이 중요하다.

- 조치를 위한 충분한 기술을 확보할 것
- 데이터가 내실 있게 적기에 수집될 수 있을 것
- 진단과 예지가 가능한 빠르게 이루어질 수 있을 것
- 이러한 모든 정보들이 명확히 제시되어 최적의 조치 결정이 이루어질 수 있을 것

4.4 진동 상태 감시 시스템의 유형

진동 감시(vibration monitoring)는 기계의 지속적인 운전 중에서 기계 "건강"의 평가를 지원하도록 관리된다. 감시되는 기계의 유형과 중요 부품에 따라 하나 이상의 측정 변수 및 적절한 감시 시스템이 선택되어야 한다. 이 프로그램의 목적은 고장이 일어나기 전에 복구 작업(remedial action)을 수행하기에 충분한 시간 내에 "불건강" 상태를 조기에 검지하는 것이다. 부가적으로, 이 감시 프로그램은 효과적인 정비 비용의 계획을 수립할 수 있도록 데이터를 제공한다.

이하에서는 몇 종류의 상태 감시 시스템을 설명한다. 기계, 기계의 상태 및 기타 요인에 따라, 이들 시스템의 어느 하나 또는 이들의 결합이 선택될 수 있다. 상태 감시 시스템은 여러 형태를 취할 수 있고, 이들은 영구적으로 설치되거나, 반영구적 또는 휴대용 측정 장비를 이용할 수 있다. 데이터는 연속적으로 또는 주기적으로 취득될 수 있고, 데이터의 분석은 문제가 발생했을 때 또는 일정 기간마다 이루어질 수 있다.

주기적인 감시 시스템과 연속 감시 시스템 중 어느 것을 선택할 것인가는 기계 운전의 위험 정도, 감시 시스템의 비용, 기계 정지에 따른 손실 비용, 안전도, 파괴적인 손상에 의한 손실, 환경적인 충격 및 원자력 플랜트 또는 다른 원격지에서와 같은 복구와 정비의 용이성과 같은 많은 인자에 따라 결정될 수 있다.

4.4.1 영구 설치 감시 시스템

영구 설치 시스템은 변환기, 신호 조정기(signal conditioner), 데이터 처리 및 데이터 저장 장비가 영구적으로 기계에 설치된 시스템이다. 데이터는 변환기로부터 연속적이거나 주기적으로 수집된다. 통상 영구 설치 시스템은 고가의 중요 핵심 기계에 한정되어 설치된다. 그림 4.9는 영구적으로 설치된 온라인(on-line) 진동 상태 감시 시스템의 개략도를 나타낸다.

4.4.2 반영구 감시 시스템

반영구 시스템은 영구 설치 시스템과 휴대용 시스템의 중간 시스템이다. 이 시스템에서 변환기는 일반적으로 영구적으로 설치되고, 데이터 취득 장비는 간헐적으로 변환기에 연결하여 데이터를 취득한다.

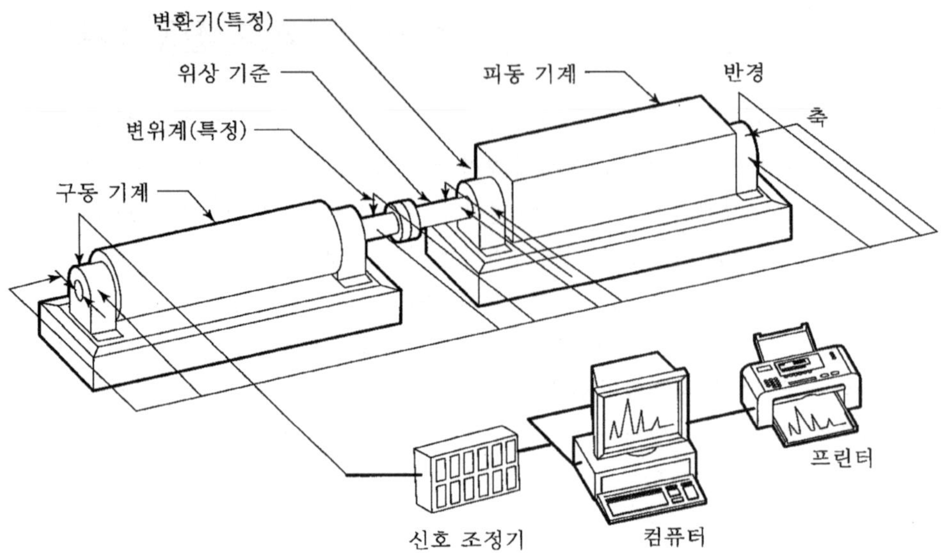

그림 4.9 대표적인 영구 설치된 온라인 진동 상태 감시 시스템의 예

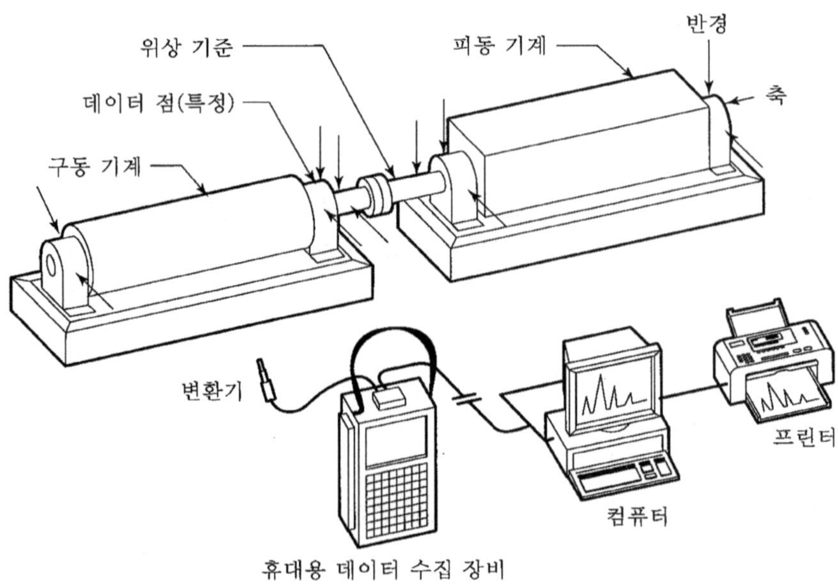

그림 4.10 대표적인 휴대용 감시 시스템의 예

4.4.3 휴대용 감시 시스템

휴대용 감시 시스템(portable monitoring system)은 연속 온라인 시스템과 유사한 기능을 수행하지만, 비교적 덜 정교하고, 저렴한 비용으로 제작된다. 이 감시 시스템에서는 데이터는 휴대용 데이터 수집 장비(data logger)를 이용하여 자동 또는 수동으로 주기적으로 수집된다. 이러한 형태의 시스템을 그림 4.10에 나타내었다.

보다 일반적으로 휴대용 감시 시스템은 사전에 정해진 대상 기계의 위치에서 주기적인 시간 간격(주, 월 단위 등) 동안 수동으로 진동의 측정과 기록을 위해 사용된다. 데이터는 보통 휴대용 데이터 수집 장비에 수록되고 저장된다. 개략적인 예비 분석이 즉시 이루어질 수 있으며, 보다 깊이 있는 데이터 처리와 정밀 분석을 위해 데이터는 적절한 소프트웨어를 가지는 PC에 전송된다.

4.4.4 연속 감시 시스템

연속 감시 시스템은 그림 4.9에서 나타낸 것과 같이 중요 핵심 기계(critical machine)들의 중요한 위치에 진동 변환기가 영구적으로 설치되어 있고, 기계의 운전 중에 진동의 측정이 통상 연속적으로 기록되고 감시되며 저장되는 시스템이다. 중요한 데이터나 경향 데이터가 손실되지 않도록 충분히 빠르게 여러 소스로부터 입력되는 데이터(정보)를 한 출력단을 통해 한 목적지로 전송하는 multiplexing 기능을 제공하는 멀티플렉서(multiplexer, MUX)를 내장한 자동 진동 감시 시스템이 포함된다. 멀티플렉서는 입력되는 신호가 많을 때, 그 신호들을 순차적으로 또는 임의로 선택하여 일정 시간 동안 하나의 신호만을 출력하는 장치이다. 기계적인 장치로는 TV 채널 선택용 rotary 스위치가 일 예이다.

계측된 데이터는 이전에 취득한 데이터와 정기적으로 비교할 수 있도록 기계에 대한 넓은 대역의 정보나 스펙트럼 정보 중 어느 한 쪽을 제공하기 위해서 처리된다. 저장된 데이터에 경계 한계치(alert limits)를 설정하는 것에 의해 운전자에게 기계의 진동 패턴이 변화(증가 또는 감소)하고 있다거나, 진단 절차가 요구된다고 하는 정보들을 제공할 수 있다. 연속 데이터 수집 시스템은 기계의 운전자가 직접 사용할 수 있도록 기계가 설치된 장소에 설치되거나, 중앙 데이터 분석 센터에 데이터를 전송하도록 원격지에 설치할 수도 있다. 연속 시스템의 이점은 실시간(real time)에 온라인으로 기계 상태에 대한 정보를 이용할 수 있다는 점이다. 자동 시스템에 있어서, 진동 변환기는 연속 감시 시스템과 대개 동일한 방법으로 기계에 영구적으로 설치된다. 그러나 시스템은 데이터를 자동으로 기록하고, 저장하도록 프로그램 된다. 최종 데이터는 경보 상태가 발생하는지를 결정하기 위해서 먼저 저장된 이전 데이터와 비교가 이루어진다.

연속 데이터 수집 시스템은 비용적인 측면에서 고가이므로, 다음과 같은 요인들을 고려하여, 시스템의 도입 여부를 결정한다.

- 기계의 운전이 어느 정도 위험한지?
- 기계의 기능 정지가 위험 또는 상당한 손실을 발생하는지?
- 기계는 정비를 위해 쉽게 접근할 수 있는지(즉 원자력 또는 무인 공장 등)?

4.4.5 주기적 감시 시스템

주기적 감시 시스템(periodic monitoring system)은 영구적으로 설치된 온라인 시스템이나 휴대용 장비 또는 임시로 부착된 변환기로부터 수집된 신호를 이용하여 수행될 수 있다. 영구적으로 설치된 온라인의 주기적인 시스템은 여러 종류의 신호들을 같은 시간 간격으로 샘플링 할 때 유용하게 사용되는 멀티플렉서를 가지는 자동 진동 감시 시스템을 포함할 수 있다. 이 경우에 모든 채널들은 off-limit 상태에 대해 차례로 주기적으로 조사된다. 측정 시스템은 영구적으로 작동 상태에 있다. 그러나 감시되는 채널의 수와 채널당의 측정 주기에 의해 각각의 측정 점들을 감시하는 데에는 시간 간격이 필요하다.

이들 시스템은 스캐닝 시스템(scanning system) 또는 간헐 시스템(intermittent system)으로도 불린다. 영구 온라인 시스템이 이용될 수 없는 기계의 경우, 휴대용 시스템이 통상 사용되고, 이들은 대부분의 경우 주기적인 감시에 적절하다. 주기적인 예지 감시는 문제의 진단과 함께 상태 변화의 조기 검지를 제공할 수 있다. 잠재적으로 중대한 결함의 증상을 인지하기 위해서는 상세한 진단 방법을 포함하는 예지 감시가 요구된다.

주기적인 감시 시스템은 고장의 발생 가능성, 갑작스런 발생 확률 및 비용적인 측면에서 연속 감시 시스템을 채용할 수 없는 범용 기계에서 상태 감시, 계획 정비 및 보수를 위한 투자 비용 대비 효과가 가장 양호한 방법이다.

4.5 기계의 평가를 위한 지식

효과적인 진동 분석을 수행하기 위해서는 대상 설비의 특성에 대한 사전 지식을 가지는 것이 필수적이다. 감시 대상 기계의 설계, 구조, 지지 상태 및 운전 상태에 기인하는 응답과 결함으로 인해 발생되는 응답에 관한 정보가 많을수록 결함과 기능 장애에 대한 진단이 용이할 것이다. 운전 중인 모든 대상 설비는 체계적으로 분류되어야 하고, 대상 설비 별로 다음과 같은 중요 데이터가 사전에 정리되어야 한다.

- 회전 주파수, 기어 맞물림 주파수, 깃 통과 주파수, 베어링 결함 주파수, 고차 및 분수 조화 성분 등의 대상 설비에 의해 결정되는 광대역 결함 특징 주파수
- 운전되는 기계 또는 기계 요소의 초기 상태에서의 진동, 온도 기울기, 압력 등
- 특정 기계 유형에 따른 특징
- 고유 진동수와 모드 형상(mode shape)
- 마멸과 운전 조건 변화에 의해 발생하는 불안정성(instability)에 대한 민감도
- 불평형, 축 정렬 불량, 변형 등의 가진원에 대한 진동의 민감도

표 4.8 가진 원인이 되는 기계 요소와 응답 주파수

기계 요소	주파수
구름 요소 베어링	• 외륜 및 내륜의 볼 통과 주파수 • 기본 열 주파수 • 회전 요소 주파수 • 볼 자전 주파수
저널 베어링	• 분수 휘돌림 주파수
기어	• 회전 요소 주파수 • 기어 맞물림 주파수 및 조화 성분 • 조립체의 주파수 • 계의 고유 진동수(기어 이 결함)
블레이드 및 임펠러	• 회전 요소 주파수 • 깃 및 블레이드 통과 주파수 • 깃 및 블레이드 통과 주파수의 조화 성분
회전체	• 부분 내장된 유체의 회전 주파수 • 각 방향의 고유 진동수 • 고차 조화 성분
커플링 및 유니버설 조인트	• 회전 주파수의 차수
왕복 기구	• 회전 주파수 및 차수

불평형, 축 정렬 불량, 마멸에 의해 발생되는 헐거움(looseness)과 같은 결함은 모든 종류의 설비에서 나타나고 있다. 표 4.8과 같이 진동, 온도, 압력 등을 포함하는 임의의 응답들이 베어링(구름 요소 베어링, 저널 베어링, 추력 베어링), 원심 압축기의 평형 드럼, 축류 기계의 깃, 기어 맞물림, 기어 이와 같은 시스템의 기계 요소들과 관련될 수 있다.

결함 주파수와 측대역 성분(sidebands)을 포함하는 관련 성분들은 결함이 발생하고 있음과, 관련된 결함 원인이 존재하는 것을 나타낸다. 베어링 결함 주파수와 깃 통과 주파수는 일반적으로 축의 회전속도 간격으로 측대역 성분이 나타난다. 측대역 성분과 중심 주파수의 진폭은 결함의 심각도가 어느 정도인지를 나타낸다. 온도와 압력 기록은 직류(DC) 성분으로 표현될 수 있다.

표 4.9 기계 종류별 가진 특성과 응답 특성

기계 종류	특 성
원심 펌프	강건한 베어링, 깃 통과 주파수와 배수 성분
원심 압축기	큰 회전체에 대한 케이싱의 무게비, 저널 또는 틸팅 패드 베어링, 임펠러 깃 통과 주파수
송풍기	깃 통과 주파수, 계의 공기역학적 특성, 베어링 지지대 특성
축류 압축기	블레이드 통과 주파수와 배수 성분
기계 구동용 증기 터빈	블레이드 통과 주파수, 운전속도 영역 내의 위험속도, 마찰 및 질량 불평형
발전용 증기 터빈	블레이드 통과 주파수, 저속, 대형 케이싱, 질량 불평형
가스 터빈	블레이드 및 기어 맞물림 주파수, 불안정성과 마찰 문제
기어 상자	기어 맞물림 주파수와 고차 조화 성분, 케이싱 공진, 기어 이빨에 대한 고유진동수의 가진, 피치선 런 아웃, 비틀림 응답
유체 구동기	슬립주파수 가진, 베어링 휘돌림
전동기, 발전기	회전자 봉 결함, 고정자 단락, 전동기 극 여기 구조 진동, 열 여기 진동, 동기 전동기 기동 시 과대 진동
엔진	케이싱 변형, 베어링에서 여기된 기초 구조물의 진동, 관성과 압력에 의한 큰 비틀림 진동
펌프, 압축기	관성과 압력에 의한 큰 비틀림 진동
소형 설비	구름 요소 베어링 결함, 헐거움, 벨트 및 기어 구동 문제

특정 기계에 관련된 특성들은 표 4.9와 같이 목록으로 작성된다. 특히 설비의 고유 진동수와 모드 형상은 기계 문제를 진단하는 동안에 중요한 정보가 될 수가 있다. 즉, 이들 정보는 부품의 마멸, 열화, 부식, 헐거움, 열적 변화 및 다른 고장들을 예측하는 데에 도움이 된다. 따라서 제작자나 사용자는 일반적으로 설계 자료를 이용하여 질량과 탄성 데이터를 계산하고 진동 해석 프로그램을 이용하여 고유 진동수와 모드 형상을 계산할 수 있다.

Survey Request

Plant:________________ by:__________ Date:________

Area:________________ Equipment:______________

General Description: Asset Number:____________

____

____

____

____

Mechanical Component Information:

Roll Diameter: ____________ Average Machine Speed:________

Bearings (Motor, Roll) Motor Nameplate Data:

Inboard:____________ HP:__________ SF:__________

Outboard:____________ rpm:__________ Frame:________

Reducer:		Teeth	Bearings
Type: ______	1st Red:	______	______
Ratio: ______	2nd Red:	______	______
MFG: ______	3rd Red:	______	______
Model #: ______			
Serial #: ______			

그림 4.11 검사 요청서의 예(Mechanical Consultants, Inc.)

이러한 데이터베이스가 사용되기 이전에 각 기계에 대한 상세한 사양이 이용될 수 있어야 한다. 그림 4.11은 검사 요청(survey request)을 위한 데이터 용지의 예이다. 작성자, 데이터 취득 날짜, 설비의 위치와 설비 명을 기입하여야 한다. 예를 들면, 기계와 그 배치를 정확하게 서술하기 위해 이용되는 전문 용어 등과 같은 기계에 대한 일반적인 기술을 하기 위한 공간이 제공된다. 설비의 자산 번호(asset number)들도 이용이 가능하다면, 측정에서 제외되거나 동일한 형태의 기계들과의 혼란을 피하는 데에 도움이 될 수 있다. 기계 요소의 목록은 데이터베이스의 구축과 데이터의 분석 작업에 필수적이다. 예로 전동기의 경우, 최소한으로 요구되는 사항으로는 동력(HP), 운전 속도, 베어링의 정확한 정보 등이 있다. 일반적으로 이들 정보는 명판(nameplate)이나 공급자로부터 구할 수가 있다. 전동기의 종류(교류, 직류, 동기, 유도, 인버터 구동)는 측정 범위의 선택과 기초적인 분석 정보를 제공한다.

통상 감속 기어에 대한 정확한 정보는 일반적으로 구하기 어렵다. 명판 정보(제작 모델과 일련 번호) 이외에 내부 기어의 배치, 베어링과 기어 이 요소들에 대한 정확한 사양 이외의 추가적인 정보는 일반적으로 판매 대리점이나 공급자를 통해서 제작자로부터 구할 수 있다. 각 기계 요소들의 내부 배치를 나타내는 일반적인 설비 도면을 요청하는 것이 바람직하다. 설비의 설치, 취약점, 설비 운전과 진단에 영향을 줄 수 있는 공정 조건 등과 같은 기계에 관련된 어떠한 특이 사항도 반드시 기록되어야 한다.

4.6 상태 감시 프로그램의 설계

감시되는 대상 설비의 선정과 중요도 분류 및 적절한 측정 시스템의 유형을 결정한 후에는 상태 감시 프로그램의 흐름도(flowchart)를 개발할 것이 권장된다. 그러나 각 플랜트와 각 시스템이 독특하므로, 데이터의 흐름은 최대 정비 이익을 제공할 수 있도록 각각에 맞추어 개발되어야 한다.

속도, 부하, 온도 등과 같은 운전 조건의 명확한 설명이 수집된 어떠한 진동 데이터에도 반영되어야 한다. 최소한 축 회전 속도(rpm), 기계의 부하(동력, 유량, 압력 등) 및 측정되는 진동에 영향을 미칠 수 있는 다른 운전 파라미터들도 포함해야 한다.

일반적으로 데이터를 취득하고 있는 동안, 운전 조건이 가능한 기계의 정격 또는 통상 운전에 가까울 것이 강력히 요구된다. 더욱이 데이터는 기계가 동일한 또는 유사한 조건 하에서 운전될 때 그리고 재현성이 알려져 있는 프로세스 파라미터가 취득되어야 한다. 이것이 어려운 경우에는 데이터의 차이를 평가하기 위해 기계의 특성을 잘 숙지하여야만 한다.

상태 감시의 절차는 진동 레벨이 운전 시간과 함께 어떠한 비율로 변화하는가를 조사하는 경향 조사의 과정을 포함한다. 이 변화에 대한 경향 조사가 정확하기 위해서는 연속적인 측정기간 동안 운전 조건이 동일하게 유지되는 것이 필요하다. 예를 들면, 펌프의 경우 진동 레벨은 정상과 비정상의 운전 부하 사이에서 상당히 변화할 수 있다. 이와 같이 운전 조건의 변화에 의한 진동 응답의 변화를 절박한 문제에 의한 변화로 잘못 판단할지도 모른다. 그러므로 데이터의 일관성과 정확한 비교를 보장하기 위해서는, 동일한 또는 거의 가까운 운전 조건 하에서 측정하고 데이터를 기록하는 것이 매우 중요하다. 다른 조건의 데이터도 또한 기계의 복잡성과 측정 목적에 따라서 수집될 필요가 있다. 예로, 불평형, 접촉, 축 균열 또는 oil whirl이 의심되는 경우에는 과도 상태인 기동과 정지 동안의 시험이 권장된다.

4.6.1 감시 파라미터의 기록

감시 파라미터의 측정을 위해 사용되는 측정 일시, 측정 위치, 변환기 유형, 측정 량의 단위, 신호 처리 등의 정보들이 사전에 기록되어야 한다. 표 4.11은 상태 감시용 측정 시스템에서 기록되어야 할 중요 정보의 예를 나타낸다.

표 4.11 측정 시스템에서 기록되어야 할 정보의 예

항목	예
• 측정 일시	
• 장비 유형	
• 측정 위치, 방향	
• 측정 량의 단위	μm, mm/s, m/s^2
• 측정 량의 표시	peak, peak-peak, rms
• 측정 유형	overall, peak, amplitude, spectrum
• 변환기 유형	변위계, 속도계, 가속도계
• 변환기 부착 방법	손 고정, 영구 자석, 접착제, 절연 나사
• FFT 또는 기타 신호 처리	필터, 스펙트럼 선 수, 평균 수, 샘플 수, 창 함수
• 측정 동안의 운전 속도	rpm 또는 Hz
• 측정 동안의 동력	kW
• 샘플링 방법	온라인, 오프 라인
• 다른 중요 운전 파라미터 변환기 교정 일시	온도, 압력 등

4.6.2 측정 경로의 선택과 정의

데이터의 수집을 위한 측정 경로는 설비의 배치와 기계의 배열(공정 흐름), 기계의 종류 및 취득될 데이터의 형태를 기준으로 선택할 수 있다. 설비의 배치와 기계의 배열을 따라서 측정 경로를 선택하는 것이 가장 일반적으로 이용되는 방법이다.

설비의 배치를 기준으로 하는 측정 경로는 공장 바닥에 그려진 배치 도면을 따라서 하나의 기계에

서 다른 기계로 전진하는 형태이다. 기계의 배열을 기준으로 경로를 선택하는 것은 물리적인 위치를 고려하지 않고, 제조 라인상의 모든 기계에서 데이터를 취득하는 것을 의미한다. 예를 들면, 터빈 발전기의 측정 경로에는 보일러 급수 펌프, 윤활유 펌프, 흡출 송풍기 및 순환수 펌프가 포함된다.

기계의 종류를 기준으로 측정 경로를 선택한다면, 같은 종류의 모든 기계 예를 들어, 선택된 크기 혹은 특정 베어링을 가진 전동기들이 포함될 것이다. 유사하게, 수직 다단 펌프들이 하나의 그룹으로 측정될 수 있을 것이다.

취득되는 데이터를 기준으로 선택된 경로에는 유사한 신호 처리(스펙트럼, overall 진동 등)를 하는 모든 점들 혹은 유사한 기계 요소들이 포함된다. 제어실 내에 영구적으로 설치된 변환기들이 이 범주에 포함된다.

모든 측정 경로는 각 베어링 상의 반경 및 축 방향 측정과 같이 기계에서 기계로 측정해나가는 것이 자연스럽고 쉽도록 설정되어야 한다. 여러 형태의 공장 배치와 기계들에 대한 접근 경로는 측정 경로의 선택 과정에서 고려되어야 될 부분이다. 측정 경로는 공장, 설비 그리고 작업자의 요구에 맞추어 설정되어야 한다. 설비의 상태 감시 프로그램이 시작될 때의 초기 측정 경로는 25대 미만의 적은 수의 기계들로 설정되어야 한다.

4.6.3 측정 파라미터와 측정 점

측정 점은 측정 경로가 선택된 후에 결정된다. 각 측정 점의 위치와 방향의 파악은 처음에 기계의 문제를 진단할 때 중요하다. 측정 위치는 결함 발견의 가능성이 가장 높은 부분을 선택하며, 측정 점은 확고히 식별할 수 있는 지점을 택한다. 또 장기적으로 식별할 수 있는 표시를 사용한다. 고려해야 할 요소로는 안전성, 결함 상태에서 높은 감도의 변화, 다른 영향에 의한 감도의 감소, 측정의 반복성, 신호의 손실 및 희박성, 접근성, 환경 및 비용 등이 있다.

진동 상태 감시를 위한 측정 점에 대한 정보는 최근 제정된 ISO 13373-1의 부속서에 자세히 정의되어 있다. 이는 MIMOSA(Machinery Information management Open System Alliance)의 협정에 의해 결정된 규약을 채용하고 있으며, 위치, 변환기 유형 및 방향을 각각 정의하고, 표 4.12와 같이 6 종류로 정의하여 조합하도록 하고 있다.

일 예로, 축 A(SFTA), 하우징 번호 3(003), 1축 가속도계(AC)가 0축으로부터 반시계 방향으로 90°에 위치하고(090), 반경 방향으로 설치되며(R) 정상 운전(N)되면, SFTA003AC090RN으로 표현된다. 이러한 규칙이 모든 기계의 배치를 커버할 수는 없지만, 임의 기계의 어느 측정에 대한 완전한 확인을 보증하는데 도움이 될 수 있을 것이다.

표 4.12 MIMOSA 협정 규칙(ISO 13373-1)

정 의	길 이	예
구성 부품(축, 기어상자, 롤 등)	4개의 알파벳	미지이면, XXXX로 표시
위치 (하우징 번호 지시)	3자리 수	001 ~ 999(그림 4.12)
변환기(센서) 유형 코드	2개 문자	미지이면, XX로 표시(표 4.13)
각 위치	3자리 수	000° ~ 360°, 미지이면 XXX로 표시
변환기 축 방향	1개 문자	미지이면, X로 표시
운동 방향	1개 문자	

그림 4.12는 베어링 하우징 번호를 지시하는 예를 나타낸다. 진동 측정이 기록되는 베어링 하우징의 일련 번호를 좌측의 구동기 무부하 단(non-drive end, NDE)에서 우측의 구동단(drive end, DE)으로, 그리고 피동기 측으로 순서대로 3자리 수로 나타낸다. 수직형 기계에서는 맨 꼭대기의 베어링 하우징부터 시작하여 순서대로 아래로 내려온다. 변환기(센서)의 유형은 표 4.13과 같이 2개의 문자로 축약하여 나타낸다.

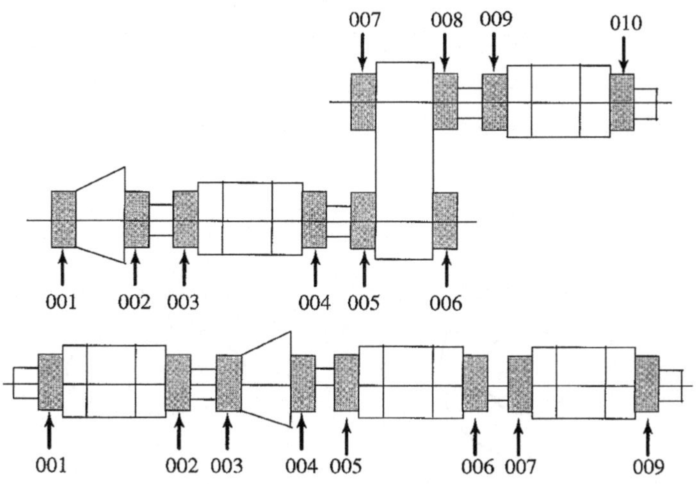

그림 4.12 베어링 하우징 지시의 예(ISO 13373-1)

표 4.13 변환기 유형의 표현 규칙(ISO 13373-1)

코드	센서 유형의 설명	코드	센서 유형의 설명
AC	1축 가속도계	PD	동압(dynamic pressure)
AV	내부 적분을 갖는 1축 가속도계	PS	정압(static pressure)
AT	3축 가속도계	SG	스트레인 게이지
CR	전류계	TC	온도- 열전대(thermocouple)
DP	변위계	TR	온도 - 측온저항센서(RTD)
DR	위상 기준으로 사용되는 변위계	TT	토크 변환기
LT	전위차계(LVDT)	TO	비틀림 변환기
MP	자기 픽업(축 속도/위상 기준)	VL	속도 센서
MI	마이크로폰	VT	전압계
OP	광 센서(optical sensor)	OT	기타

진동 센서의 각 위치(angular orientation)의 표시는 그림 4.13에 나타내듯이, 베어링 하우징 번호 001에서 기계에서 안을 들여다 보았을 때 3시 방향을 제로 기준으로 하여 축의 회전 방향에 관계없이 항상 반시계 방향으로 정의한다. 변환기 축의 방향은 1개의 문자, 즉 반경 방향(R), 축 방향(A), 접선 방향(T), 수평 방향(H) 및 수직 방향(V)로 표시하고 그림 4.14와 같이 측정 위치 표시 정의의 맨 뒤에 나타낸다. 축 진동 변위를 계측하기 위해 반경 방향으로 2개의 변위계가 서로 직각으로 설치되는 경우에는 그림 4.15에 나타내듯이 표현한다.

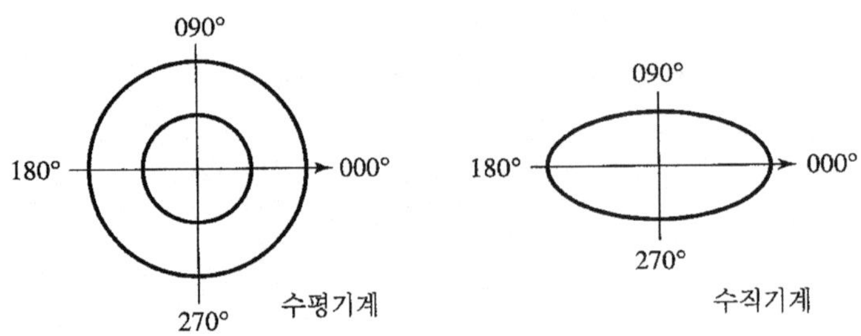

그림 4.13 센서의 각 위치 지시 예(ISO 13373-1)

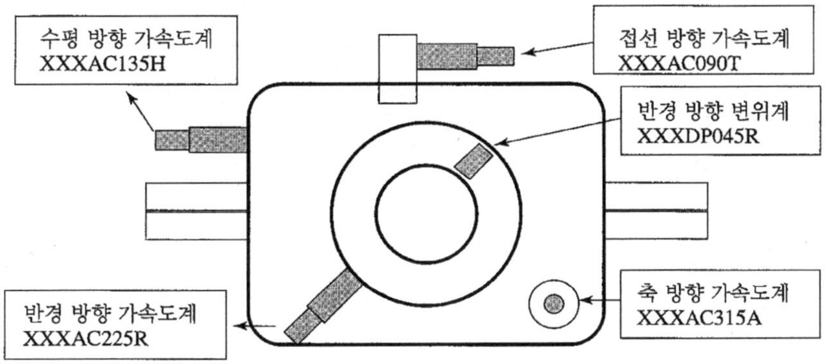

그림 4.14 센서 축의 방향 지시 예(ISO 13373-1)

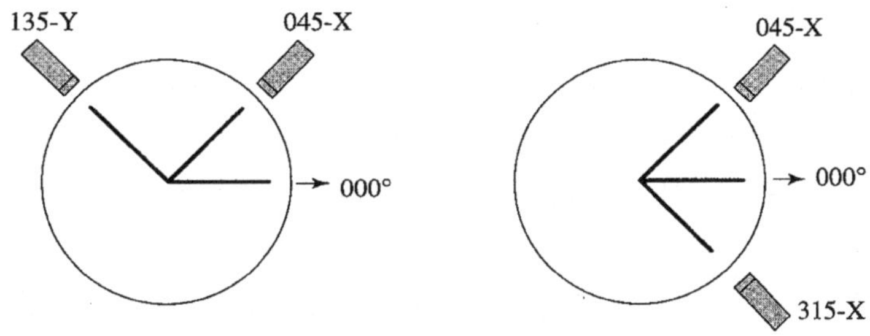

그림 4.15 X-Y 축 변위계의 지시 예(ISO 13373-1)

지금까지 설명한 표현 방법은 최근에 국제 규격으로 표준화되어, 산업 현장에는 아직 널리 사용되지는 않고 있지만, 향후에는 이 방법으로 점차 통일되어 갈 것으로 예상된다.

종래에 사용되어 온 방법은 일반적으로 그림 4.16과 같이 측정 점은 구동기(driver)의 반구동측(NDE) 베어링에서 시작하여 피동기의 외측 베어링까지 순서대로 번호를 부여한다. 부가적으로 수직, 수평 및 축 방향을 식별할 수 있도록 V(수직), H(수평), A(축)와 같은 기호를 추가한다.

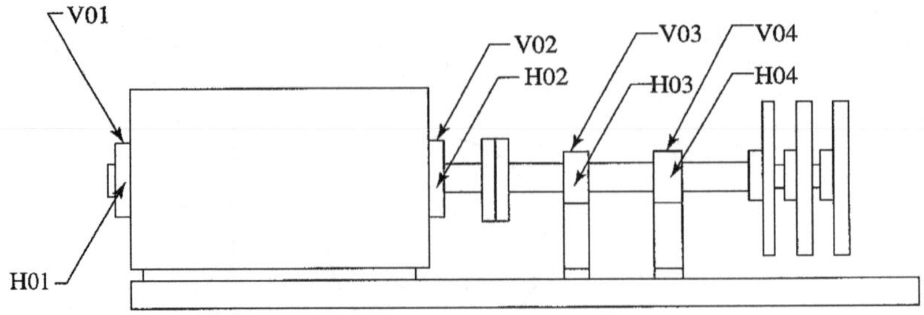

그림 4.16 측정 점의 표시 예

최신 프로그램에서는 수평, 수직 및 축 방향에서 데이터를 측정한다. 감시 시스템의 사용 경험이 축적됨에 따라, 과도한 양의 데이터가 수집되고 있다면 측정 점의 수를 줄일 수 있다. 데이터는 엄격한 프로그램의 요구 사항에 맞추기 위한 것이 아니라, 기계 상태를 평가하기 위해서 수집된다.

과도한 양의 데이터를 수집하는 것은 비경제적이다. 기계 속도, 기계 요소 주파수들과 공정 특성을 기초로 기계 상태를 민감하게 나타내는 측정 변수들이 선택된다. 시간 파형, 스펙트럼과 마찬가지로 궤도(orbit) 데이터도 저장되어야 한다. 상태 감시를 위한 주파수 대역은 기준선 데이터의 결과에 따라서 조정될 수 있다.

전동기를 예로 들면, 크기와 운전 조건에 따라서, 전동기에서는 적어도 수평, 수직 및 축 방향에서 측정되어야 한다. 가장 유연한 측정 면에서 즉, 기계에서 발생되는 가진력에 대해서 가장 응답이 잘 나타나는 위치에서 측정되어야 한다. 일반적인 밑판(base plate)/기초(foundation)에 설치된 표준 전동기의 경우에는 양단 베어링 하우징의 수평면에서 측정된다. 유도 전동기의 운전 속도에 따라서 윤활, 베어링 표면 상태 그리고 정상치보다 높은 주파수를 발생시키는 기계 메커니즘들의 운전 상태를 감시하는 것에 필터 처리된 고 주파수의 측정값도 또한 유용하게 사용될 수 있다.

4.6.3 데이터 수집의 주기(빈도)

기계 구성품에서 고장이 발생되는 평균 시간과 고장으로 인한 손실 비용, 활용이 가능한 직원의 수, 상태 감시에 소요되는 비용 등이 상태 감시의 주기(빈도)를 결정하는 주요 인자들이다. 프로그램의 처음 실행 단계에서는, 모든 종류의 기계가 타당한 기준선 데이터의 설정을 위해 감시되어야 한다. 이때에는 데이터베이스 설정의 정확성을 입증하고, 기계의 초기 운전 조건의 결정을 위해 완전한 진동 신호를 계측한다.

표4.13 상태 감시를 위한 데이터 수집 주기 예

설비의 분류		수집 주기
AA	핵심 설비	2주에서 3주마다
A	중요하며 고장 가능성이 큰 설비	3주에서 4주마다
B	예비 설비가 준비된 중요한 기계	4주에서 6주마다
C	중요하지 않은 기계	6주에서 10주마다

기계의 초기 분석이 완료된 후의 정상 운전에서는 앞에서 설명한 우선 순위에 따라 결정된 기계의 분류에 따라 데이터 수집의 빈도가 다르게 설정될 수 있다. 일 예를 표 4.13에 나타낸다.

감시 주기를 마음대로 매주, 매달 또는 6개월과 같이 설정할 수는 없다. 이 수집 빈도는 특정 기계의 실제 조건에 따라 변경될 수 있고, 또한 변경되어야 한다. 만약 특정 기계에서 변화율이 급속히 증가를 나타내면, 파멸적인 고장을 예방하기 위해 감시 빈도를 증가시켜야 한다. 감시 빈도가 너무 작으면, 계획되지 않은 기계의 정지를 검지하고 예방하기 위한 프로그램의 능력을 제한시킨다.

효율적인 데이터의 수집 주기를 결정하기 위해, 기계에 대한 기록을 검토하여 과거에 발생된 설비의 고장 주기를 파악하여야 한다. 투입되는 인력, 생산 손실과 기계 교체에 대한 경비들도 중요한 인자이다. 예비 설비가 없다면, 대략 월 1회 정도로 보다 자주 상태 감시를 하여야 한다. 양호하게 운전되는 기계에 대해서는 감시 주기를 길게 설정한다.

측정 일정이 꾸준하게 지켜질 수 없다면, 감시되는 기계의 수를 줄여야 한다. 기계에서 나타나는 만성적인 문제들은 해결되어야 한다. 주기적인 상태 감시는 자주 고장이 발생하는 기계의 신뢰도를 보상하기 위한 방법으로 큰 경비가 소요된다. 핵심 기계들을 제외하고는 년 4회의 상태 감시가 적절하도록 준비해야 한다. 감시 주기의 결정에 중요한 인자는 기계의 신뢰성과 운전 속도이다. 고속 기계들은 짧은 시간 동안 많은 횟수의 주기 운동이 반복되기 때문에, 더욱 빈번한 상태 감시가 필요하게 될 것이다. 설비의 고장이 보고되어 있지 않다면, 기계에 대해서 예측된 경향은 신뢰할 수 없다.

4.6.4 시험 설비의 선택

프로그램의 운용과 데이터 측정 점의 수 그리고 분석의 깊이에 따라서 대상 설비를 선택한다. 프로그램을 계획하기 이전에 설비를 구입했다면, 프로그램은 설비에 맞추어 구성되어야 한다. 그렇지 않은 경우에는 프로그램의 요구에 따라 설비와 컴퓨터 소프트웨어가 선택될 수 있다. 시험 설비가 선택되

면, 모든 설비와 결합되어 있는 전원 공급 장치, 제어 장치 및 현재의 감시 시스템을 확실하게 확인하고, 일람표를 작성한다. 그리고 운전 조건 등의 설비의 기능을 확인한다.

4.6.5 기계 상태의 판정 기준

대상 설비, 측정 방법, 데이터 수집 빈도 등이 결정되면, 마지막으로 대상 설비로부터 측정된 진동값을 이용하여 설비의 상태가 정상인지 이상인지를 판정하는 기준을 결정할 필요가 있다. 판정 기준에는 절대 판정, 상대 판정 및 상호 판정 기준이 있다.

일반적으로는 ISO 10816, 7919, API 610 등과 같은 국제 규격을 이용한 절대 판정 기준이 가장 현장에서 사용하기가 편리하고 쉽지만, 이들은 표준적인 회전 기계를 대상으로 제정되어 있기 때문에 모든 설비에 적합한 보편적인 판정 기준일 수가 없다. 따라서 이들 규격을 기본 정보로 하여 설비의 상태, 위험도, 중요도 등을 고려한 개개 설비 별로 올바른 판정 기준을 결정하여야 할 것이다. 또한 경우에 따라서는 이 기준에 맞지 않는 설비도 있을 수 있고, 이러한 설비에는 상대 판정이나 상호 판정 기준을 이용해야 한다.

표 4.14 판정 기준의 종류

판정 기준	판정 방법
절대 판정	동일 위치에서 측정된 값을 판정 기준과 비교하여 양호/주의/불량을 판정
상대 판정	동일 위치에서 정기적으로 측정하고, 정상인 경우의 값을 초기치로 설정하고, 이 값의 몇 배가 되었는 가로 판정
상호 판정	동일 기종의 기계가 여러 대 설치된 경우, 동일 조건에서 측정하고 상호 비교에 의해 판정

1) 절대 판정 기준

이 기준은 측정 방법이 올바르게 규정되어야 비로소 성립될 수 있는 기준이다. 따라서 기준의 적용 주파수 범위나 측정 방법, 측정량 등을 파악하고 나서 선택하여야 한다. 또한 절대 판정 기준에는 베어링 진동과 축 진동이 있다. 베어링 진동 기준으로는 그 동안 개별적으로 사용되어 오던 VDI 2056, ISO 2372, ISO 2373, ISO 3945 등의 규격을 1986년에 ISO 10816으로 통합되었다. 이 규격은 6개 편(part)으로 구성되며, 제1편에서는 측정과 평가 방법에 대한 일반적인 지침을 제공하고, 제2편에서 6편까지는 각종 기계들에 대한 평가 기준과 평가 방법을 규정하고 있다. 현재 후속편으로 제3편의 산업용 기계에 포함되어 있던 펌프에 대한 규격을 제7편으로 제정 중에 있다.

평가 기준은 광대역에서 측정된 진동의 크기를 실효치(rms치)로 나타내고, 양호, 장시간 운전 허용, 제한된 기간 동안 운전 허용 및 허용 불가의 4개의 평가 영역에 대해 각 영역의 경계에 대한 값을 제공하고 있다. 회전 속도에 대해 주로 진동 속도가 주어지고, 산업용 기계와 가스 터빈 구동 압축기와 발전기는 진동 변위가 주어진다. 운전 한계치에 대해서는 경보(alarm)와 비상 정지(trip)에 대한 설정치가 주어져 있다.

회전축의 진동을 측정하는 경우에는 주로 축의 절대 진동 변위와, 베어링과 축 사이의 상대 진동 변위 값으로 기준이 ISO 7919에 제시되어 있다. 이 규격 역시 베어링 진동에 대한 ISO 10816에 대응하도록 구성되어 5편으로 이루어져 있다. 따라서 진동 크기의 4개 영역 구분과 운전 한계치 설정 등이 동일한 방법으로 되어 있다. 구체적인 내용은 제 2편의 참조 규격 편에서 자세히 설명될 것이다.

2) 상대 판정 기준

이 기준은 동일한 측정 점에서 정기적으로 진동을 측정하고 설비가 정상일 때의 값을 초기 값으로 정하여 이 값의 몇 배가 되었는가를 보고 판정하는 방법이다.

낮은 주파수 영역에서는 과거의 경험 값이나 인간의 감각으로 진동치가 4 dB 변화하면, 진동 감각으로서 변화하였다고 지각되는 사실로부터 초기 값의 1.5배 ~ 2배 정도로 증가되었을 때를 주의 영역, 약 4배가 되었을 때를 이상치로 기준을 정하는 경우가 많다. 높은 주파수 영역에서는 기계 요소의 강제 열화 시험 결과로부터 초기 값의 3배 정도에서 주의 영역, 6배 정도에서 이상 영역으로 설정하는 경우가 있다. 그림 4.17은 일 예를 나타낸다.

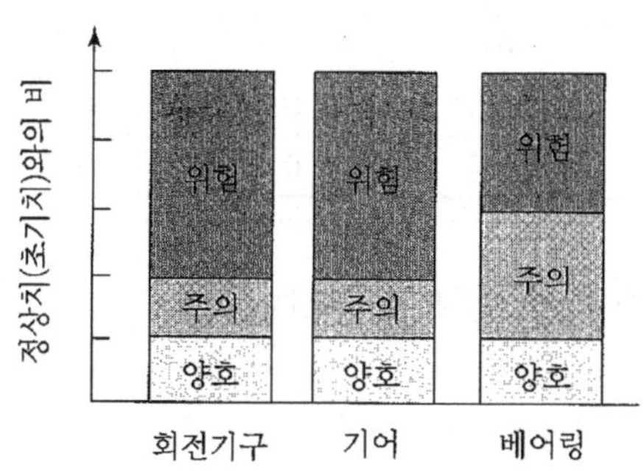

그림 4.17 상대 판정 기준 예(Toyota)

3) 상호 판정 기준

동일 사양의 설비가 동일 조건에서 여러 대가 운전되고 있는 경우에 각 설비의 동일 위치에서 측정하여 상호 비교를 하여 이상의 정도를 파악하는 방법이다. 일 예로 그림 4.18과 같이 4대의 동일한 사양에 동일한 조건으로 운전 중인 펌프에 대해 4개의 측정 점에서 취득한 수평 방향의 진동 속도 값이 표 4.15와 같다고 한다. 펌프 C 호기의 ③ 과 ④ 번 위치에서 진동 값이 동일 위치의 다른 펌프에 비해 2배 이상의 진동이 크게 검출되었다면, C 호기에서 이상이 발생하고 있다고 판정할 수 있다.

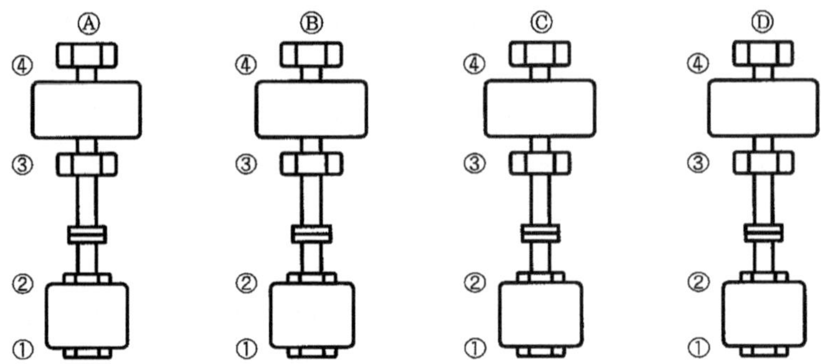

그림 4.18 상호 판정을 위한 펌프의 예

표 4.15 상호 판정을 위한 진동 측정 값의 예(Toyota)

펌프 번호	수평 방향의 진동 속도 (mm/s)			
	①	②	③	④
A	0.6	0.7	0.6	0.7
B	0.6	0.5	0.7	0.6
C	0.6	0.7	1.4	1.7
D	0.6	0.7	0.5	0.7

4.6.6 성공적인 프로그램 운영을 위한 고려 사항

프로그램의 도입 시에 고려해야 할 기본적인 사항으로는 정비 비용의 조절, 플랜트 공정 효율의 향상, 장비와 시스템에 대한 초기 투자 비용 및 프로그램 유지에 필요한 연간 노동 비용 등이 있다. 프로그램의 적절한 구성을 위해서는 프로그램의 도입 목적과 목표에 대한 명확한 정의, 얻어지는 이익의 정량적인 예측, 관리 지원, 대상 설비에 대한 전담 팀의 설치 및 운영, 효과적인 데이터의 수집과 분석 절차 수립, 효율적인 기록 보존 및 정보 조직 절차 보유, 정보의 공유 및 과학적인 평가 절차 등을 들 수 있다.

그러나 많은 기업에서 필요에 따라 프로그램을 적극적으로 도입하지만, 효율적인 활용이 이루어지지 않고 통계적으로 약 3/4 정도가 활용에 실패하는 것으로 보고되고 있다. 그 요인으로는 경영층이나 관리자의 충동적이고도 즉흥적 판단, 전문가의 조언이 없는 독자적인 개발, 변화에 대한 요원과 경영층의 인식 부족, 비 계획적인 투자, 시스템에 대한 이해와 교육의 부족, 기업의 특성을 고려하지 않은 잘못된 모듈 도입 등을 들 수 있다. 또한 프로그램의 운영에는 중요 장비와 운영 요원에 대한 지속적인 투자가 필요하지만, 장비 및 시스템의 구입에 대한 초기 투자 후에는 이를 운영하는 요원에 대한 투자에 인색하다. 설치 후 첫 12개월 내에 회사 내의 주요 설비에 대한 문제점이 대부분 파악되고, 이에 따라 수행된 수정 조치나 권고 사항이 매우 가시적인 성과를 나타낸다. 그러나 프로그램 설치 후, 초기 12~18개월 내에 중요 설비에 대한 대부분의 중요한 문제가 해결되면, 상위 관리자는 계속적인 인력 투자에 따른 충분한 이익이 없다고 판단하여 투자를 게을리 하게 된다. 상위 관리자가 가지는 문제점으로는 프로그램의 운용과 프로그램이 가지는 잠재적, 장기적인 이익에 대한 이해 부족, 설비의 정상 상태에 대한 이해 부족과 성급한 결론 도출, 외부 지원(consulting support) 및 사내 운용 요원에 대한 투자 미흡을 들 수 있다. 프로그램의 성공적인 운영에는 인적 자원에 대한 지속적인 투자가 무엇보다도 필요하다.

아울러 성공적인 프로그램의 실시를 위해서는 헌신적이고 책임감 있는 요원이 필요하다. 요원은 프로그램의 목적을 달성할 수 있도록 업무에 집중할 수 있어야 한다. 비상근(part-time) 요원에 의한 수행은 일반적으로 권장되지 않고, 이는 비상근 요원은 성공적인 프로그램 수행에 중요한 빈번한 상태 감시 및 분석 업무를 수행할 수 없기 때문이다. 경영자나 관리자는 업무의 중요성을 인식하고 담당 요원이 수행하는 업무의 중요성을 이해하여 적극적인 지원이 필요하고, 담당 요원은 프로그램을 통해 얻어지는 기업의 직접 또는 잠재적인 이익을 적극적으로 경영자나 관리자에 알리는 것이 중요하다.

4.7 경고 및 기준선 데이터의 설정

상태 감시 프로그램은 기계의 상태 변화를 사용자에게 자동적으로 경고(경계, 경보, 비상 정지)를 표시하는 능력을 포함하고 있다. 대부분의 상태 감시 기술은 초기의 문제를 확인하기 위해 운전 상태의 변화에 의존한다. 그러므로 시스템은 데이터를 분석할 수 있어야 하고, 데이터베이스의 일부로 도입된 감시 파라미터의 어떠한 변화를 보고할 수 있어야 한다.

상태 감시 시스템은 기계의 운전 상태의 변화를 검지하는데 정적 한계치와 동적 한계치를 이용한 두 가지의 방법이 채택된다. 정적 경계(alert) 및 경보(alarm) 한계치는 사전에 설정된 한계치이다. 측정 파라미터가 사전에 설정된 한계를 초과하면, 경고가 표시된다. 이러한 형태의 감시는 시간 변화에 따른 기계의 진동 변화율이나 이력 경향 값이 고려되지 않기 때문에 경보에 도달될 때를 미리 예상할 수 없는 단점이 있다. 이를 해결하기 위한 방법으로는 동적 한계치를 사용하고, 측정 파라미터의 변화율을 감시하는 것이다. 이러한 감시는 기계가 열화되고 있는 비율에서 미소한 편차를 검지할 수 있고, 경보에 도달될 때를 미리 예상할 수 있다. 이러한 동적 한계치의 사용을 통하여 프로그램의 자동 감시 능력을 크게 향상시키고, 최대 이익을 얻기 위해 필요한 수동의 노력을 감소시킬 수 있다. 진동 상태 감시를 위한 경고 기준 및 판정 방법과 관련된 내용은 ISO 13373, ISO 10816 및 ISO 7919 규격에 설명되어 있다.

일반적으로 경향 관리 과정에서 2개(경계, 경보) 또는 3개(경계, 경보, 비상 정지)의 경고 값이 주로 이용된다. 경고 값의 설정 방법은 선정되는 진동 감시 시스템에 따라 정적 또는 동적 한계치가 사용된다. 주기적인 측정이 수행될 때, 주파수 스펙트럼과 시간 파형의 데이터 수집을 시작하도록 하는 1차 경고인 경계는 기계 상태의 악화를 의미한다. 일 예로 그림 4.19는 진동 속도에 대해 1차, 2차 및 3차 경고 값을 표시하여 경향 관리되는 펌프 구동용 유도 전동기의 예를 나타낸다.

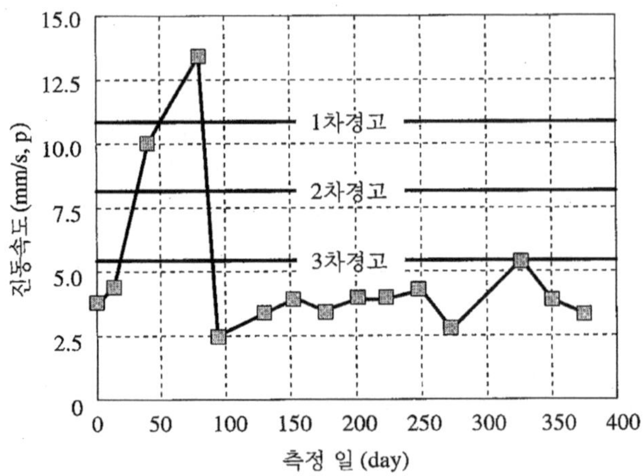

그림 4. 19 경고치의 설정과 년간 경향 선도의 예

일반적으로 1차 경고는 상세한 진동 분석이 수행되어야 한다는 것을 의미한다. 측정된 값이 1차 경고 값을 넘어서는 경우는 예외적으로 스펙트럼이나 시간 파형에 대한 데이터가 수집된다. 데이터를 평가한 후, 정비 작업을 수행할 것인지, 보다 자주 상태 감시를 시작할 것인지 또는 정규적으로 주기적인 상태 감시를 계속할 것인지를 결정한다. 2차 경고인 경보는 더욱 심각한 문제를 나타내며, 전체적인 규모의 분석 또는 정비 작업이 수행되어야 한다. 작업에 할당되는 시간은 일반적으로 설비가 정지될 때까지 만으로 한정된다. 3차 경고는 비상 정지(trip) 레벨을 나타내고, 정비 작업을 수행하지 않는다면, 곧 고장이 발생될 수 있고 즉시 정지해야 하는 것을 의미한다.

실제적인 이들 경고 값의 설정에는 기계의 상태와 진동 신호에 대한 많은 경험과 지식이 요구된다. 새로 설치되는 정비 프로그램에서는 이러한 사전 지식이 없으므로, 경고 값은 반드시 다른 장비, 다른 사람의 경험 또는 ISO 10816, 7919등의 진동 규격에서 제시된 기준선 데이터를 이용하여 설정한다. 비접촉 변위계로 축 진동이 측정되는 경우, 베어링 틈새에 대한 진동 값의 비율이 경고 값의 설정에 이용될 수 있다. 때때로 설정된 경고 값은 재평가되어야 하고, 상태 감시 프로그램이 운용되는 동안에 얻어진 경험을 기초로 변경되어야 한다.

4.7.1 일반적인 요구 사항

축 정렬, 배관, 기초 등을 포함하는 다양한 설치 조건 때문에, 동일하게 설계되고 제작된 기계라 하더라도 정상적인 운전 상태에서의 진동 값이 서로 다르다. 따라서, 기준선 상태에 대한 데이터가 기계의 상태를 평가하기 위해서는 필수적이며, 진동 심각도의 레벨은 단지 상태 평가에 대한 지침으로서만 유용하다.

기준선의 진동 데이터는 설비의 작동이 만족스럽고, 안정되어 있을 때에 측정 또는 관측된 이들 데이터 또는 데이터의 조합이다. 이후의 모든 측정에서는 진동의 변화를 검지하기 위해 이들 기준선의 값과 비교된다. 기준선 데이터는 정상 운전 모드와 유량에서 운전되는 기계의 초기 안정한 진동 상태를 정확하게 정의해야만 한다. 기준선 데이터는 경고 값의 설정에 대한 정보뿐만 아니라, 경향 형태와 경향 데이터베이스를 선택하기 위한 초기 데이터를 제공한다. 총 진동 값으로 실효치(rms치)를 경향 관리하는 것이 일반적이며, 최근에는 기계의 결함 모드 등으로부터 얻어진 결함 별 특징 주파수를 사전에 파악하고 이들 관심 주파수 대역에 대해 분리하여 경향 관리를 하고 있다. 후자의 경우가 이상이 발생하였을 때, 어느 주파수 성분이 새로이 발생 또는 성장하였는지를 파악할 수 있으므로 결함 진단에 유용한 정보를 제공할 수 있다.

각 측정 점에서의 스펙트럼과 시간 파형이 기록되어야 한다. 데이터가 비접촉 변위계로 측정된다면, 운전 속도에서의 진폭과 축 트리거 신호에 대한 위상각이 측정되어야 한다. 이런 종류의 설비에서는 과도 상태의 데이터가 중요하다. 과도 상태의 데이터는 기계의 기동 또는 정지 시에 측정된다. 기계의 운전 속도에 대한 변위 진폭과 위상각을 나타내는 보데 선도와 다양한 운전 속도에 대한 진폭과 위상을 표시하는 극 좌표 선도 등이 과도 상태의 데이터이다. 이 두 선도는 기계의 위험 속도를 나타낼 수 있으며, 데이터는 평형잡기(balancing)와 감쇠의 평가에 유용하게 이용될 수 있다.

새로운 설비와 개방 분해 검사(overhaul)된 설비에는 길들이는 기간(wear-in period)이 있다. 그러므로 최초의 수일 또는 수주간의 운전 동안 진동 레벨의 변화를 관찰하는 것이 일반적이다. 그렇기 때문에, 결국 기준선을 설정하기 전에 길들이기 위한 시간이 할당되어야 한다. 매우 장기간에 걸쳐 운전되어 온 기계에 처음으로 상태 감시를 하고자 하는 경우, 기준선 데이터는 경향을 파악하기 위한 기준점으로 설정할 수 있다.

진동과 운전 데이터는 기계가 안정한 상태에 도달한 것을 확인하기 위해 충분한 간격에서 취득되어야 한다. 이 때에 충분한 기준선 데이터가 얻어지고 기계의 운전 능력(operability)을 결정하기 위해 적용 가능한 진동 규격과 비교된다. 기준선 신호는 또한 축 불안정 등의 바람직하지 않는 상태의 증거 자료를 위해 조사되어야 할 것이다.

이들 데이터는 금후의 기계에 문제가 발견되어 진단을 수행하는 경우의 기본 자료가 된다. 따라서 이들 데이터는 간단하게 쉽게 회복할 수 있고 안전한 방법으로 저장할 수 있어야 한다. 기준선 진동 데이터는 일반적으로 기계의 진동 상태를 정의하기 위해 사용되는 모든 잠재적인 진동 파라미터로부터 구성될 수 있다. 기준선의 초기의 정의를 이해할수록 기계의 능력 저하의 적절한 발견, 진단 그리고 추적의 가능성을 더욱 크게 한다. 상태 감시 프로그램을 위한 진동 기준선을 정의하는 데에 사용되는 데이터로는 광대역 진폭(변위, 속도 및 가속도), 회전 주파수, 회전 주파수의 진폭, 진동 벡터(진폭과 위상), 정상 상태에서 진동 신호의 주파수 스펙트럼 분석, 기동/정지 중의 주파수 응답 데이터(즉, 보데 선도, 폭포 선도, 극 선도), 축 궤도 분석, 축 중심선 위치와 같은 항목을 포함한다. 기준선 신호에 대한 정의의 완벽성은 기계의 중요도, 기계의 이전 이력, 사용 가능한 분석 장비, 운전자의 능력 및 기타 요인에 주로 의존된다.

데이터가 얻어지는 위치는 연속적으로 감시되고 있는 위치에 대해 제한될 필요는 없고 또한 될 수가 없다. 기준선은 통상적으로 정규 프로그램에서 요구되는 것보다 많은 측정 점 및 측정 방향, 보다 넓은 주파수 범위 및 보다 상세한 분해능을 망라한 알기 쉬운 진동 분석이 되도록 권장된다. 비교적 적은 점에서의 연속 또는 주기적 감시의 어느 쪽에서 변화가 발생한 것을 확인한 후, 진동 변화의 원인을 결정하는 것을 돕기 위하여, 기준선 분석을 위해 사용되는 절차를 반복하여 이용할 수 있다.

4.7.2 광대역 및 협대역 진동(broadband & narrowband vibration)

만일 기준선 데이터에 대한 사전 자료나 지식이 없다면, 기준선의 설정을 위한 광대역 진동은 그 기계의 모든 가진력을 포함하도록 충분한 진폭 응답과 주파수 응답을 감당하도록 요구된다. 일반적으로 이것은 가장 낮은 회전 주파수의 0.2배에서 관심 있는 가장 높은 주파수의 3.5배의 주파수 영역과 0.1 ~ 100 mm/s rms의 진폭 영역이 필요하게 된다. 대부분의 기계에 대해 이 주파수 영역은 계측 시스템의 제한 때문에 통상 상한이 10 kHz로 제한된다. 그 하한은 저속 기계를 제외하고 보통 10 Hz로 한다.

회전체의 운동과 정지 부분의 광대역 진동 레벨의 계측 절차 및 기준선 데이터는 ISO 7919와 ISO 10816에 여러 산업용 기계에 대해 각각 상세히 기록되어 있으므로, 이를 사전에 숙지하여야 한다. 이외에 케이싱 진동에 대한 심각도 한계치로서 15.95 mm/s peak가 이용된다. 이는 필터링 되지 않은 10 Hz ~ 10 kHz 사이의 광대역 진동 속도 값으로, 광대역 측정에 대한 최대 허용 한계 값으로 설정을 위해 사용될 수 있다.

협대역 진동의 한계치, 즉 광대역 내의 이산 대역에 대한 한계치는 다음과 같은 지침을 이용하여 설정할 수 있다. 통상 총 진동 에너지의 60 ~ 70%는 기계의 실제 운전 속도에서 발생한다. 그러므로 운전 속도를 감시하기 위해 설정된 협대역에 대한 최대 허용 한계치는 케이싱 진동에 대한 광대역 한계치인 15.95 mm/s peak의 약 2/3에 해당하는 10.668 mm/s peak로 설정될 수 있을 것이다. 이 값은 실제 운전 속도 이하의 주파수들을 감시하기 위해 설정되는 어느 협대역에서도 역시 사용될 수 있다. 운전 속도 이상에 대한 협대역 한계치는 운전 속도에 대한 협대역 한계치인 10.668 mm/s peak를 이용하여 계산될 수 있다. 예로 10개의 블레이드를 갖는 홴(fan)의 블레이드 통과 주파수(10X)를 감시하기 위한 협대역의 최대 허용 한계치는 운전 속도에 대한 한계치를 블레이드 수로 나눈 값인 10.668/10 = 1.0668mm/s peak로 설정될 수 있다. 구름 요소 베어링의 최대 허용 한계치는 통상 0.254 mm/s peak로 관리된다. 1 kHz 이상의 고속 구성품을 감시하기 위한 협대역은 진동 가속도 3.0 g peak의 최대 허용 한계치를 가진다.

진동을 일으키는 가진력의 잠재적인 원인을 확인하기 위해, 기준선의 이산 주파수 진동 특성은 위에서 주어진 협대역 진동에 대한 주파수 응답과 동적 영역을 이용함으로써 얻어진다. 문제의 조기 검지가 필요로 되는 이들 이상 상태들을 평가하는 것은 중요하다. 이들 기준선의 데이터는 향후 기계의 상태 평가와 진단에 참고가 되도록 저장하여 관리되어야 할 것이다.

4.8 경향 관리(trending)

앞 절에서 설명한 광대역, 협대역 등의 데이터베이스를 이용하여 기계의 운전 상태의 시간 변화에 따른 데이터베이스에 대한 상대적인 상태를 경향 관리를 하게 된다. 대부분의 상용 시스템들은 분석을 위한 진동 파라미터의 경향 데이터를 자동적으로 저장 및 복구하는 수단을 제공하고 있다. 시간에 따른 특정 측정 점에서 운전 상태를 자동적으로 정량화 하도록 준비하고 보고서를 인쇄할 수 있다.

경향 관리는 기계에서 열화가 일어나고 있음을 지시하는 진동 파라미터를 설정하고, 이를 정기적인 시간 간격마다 측정하여 분석을 실시하고 설정된 기준선 데이터를 초과하는 것을 검지한다(그림 4.20). 만약 문제가 있으면, 초기 고장에 접근하고 있음을 경고하여, 보수를 위한 계획과 실행을 위한 준비 기간을 제공할 수 있다. 일반적으로 고장은 개개 부품에서 발생하므로, 감시용 측정은 중요 부품의 특정 고장 모드에 초점을 맞추는 것이 필요하다.

기계의 경향 감시를 통하여 시간에 따른 기계 진동의 상대적인 변화를 시각적으로 비교함으로써 대부분의 파멸적인 고장을 예방할 수 있다. 경향 관리는 기계에 문제가 있다는 것을 나타내는 단순한 수단을 제공하지만, 기계를 열화 시키는 결함 원인이나 고장 모드를 확인할 수 없다는 단점이 있다.

이들 경향은 예방 정비의 스케줄을 위해 사용되는 그림 4.21의 고장율(failure rate)을 나타내는 곡선인 욕조 곡선(bathtub curve)과 유사하다.

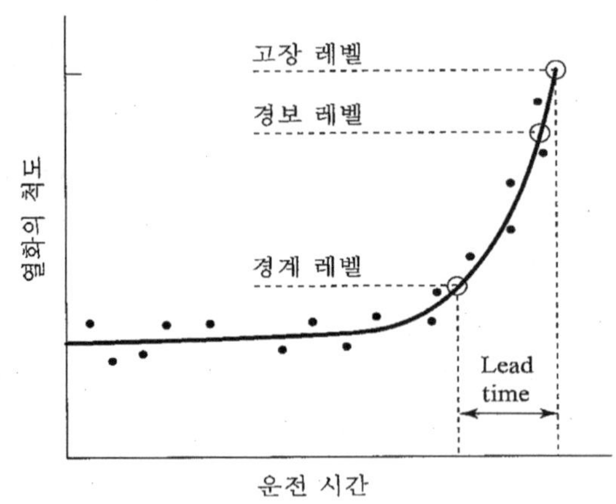

그림 4.20 경향 감시 곡선의 예

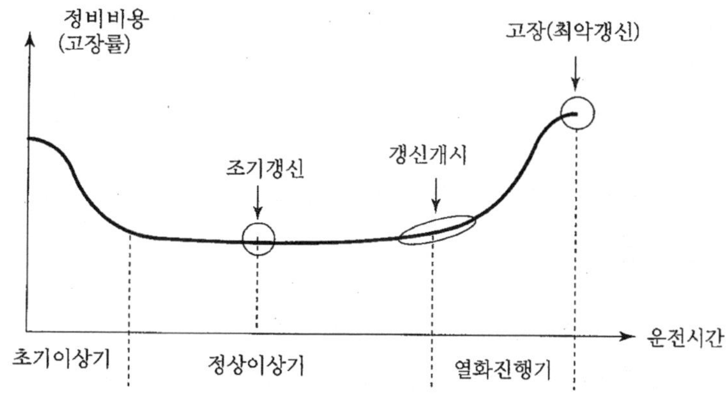

그림 4.21 고장율 곡선(욕조 곡선)

고장율이란 어느 시간까지 작동한 품목이 계속되는 단위 시간에 고장을 일으킬 비율, 즉 단위 시간당의 고장 발생 확률로서 엄밀하게는 순간 고장율을 의미한다. 예방 정비의 욕조 곡선과 상태 감시 기반의 예지 정비의 욕조 곡선 사이의 차이는 예지 정비는 기계의 실제 상태를 기반으로 하지만, 예방 정비는 통계적인 평균을 이용한다.

경향 프로그램을 설정할 때, 측정의 시간 구간을 설정하는 것이 중요하다. 정상 상태 조건 하에서 운전되는 신규 또는 최근 분해 점검된 설비에서 실제적인 시간 구간은 설비의 중요도 및 신뢰도 이력 그리고 기록 장비의 데이터 저장 능력에 의해 결정된다. 일 예로 연속 온라인 시스템에서 만일 진동 크기가 특정 시간 동안 변화하지 않으면, 거의 값의 변화가 없는 것으로 간주하여 오래된 데이터는 사전 설정된 폐기가 이루어진다. 주기적인 시스템의 경우, 진동이 증가하기 시작할 때 시간 구간을 줄여 감시 빈도를 증가하는 것이 타당하다.

기계 상태 변화의 경향을 파악하기 위해서는, 진동에 관련되거나 공정을 나타내는 어떠한 특성도 시간, 일, 월 또는 년을 단위로 기록될 수가 있다.

기동이나 정지 시의 진동을 경향 감시할 때, 측정은 기계 유형에 적합한 특정 속도 단계(step)에서 취득한다. 비교적 느리게 가속되는 대형 기계의 경우, 속도의 증가는 때때로 5 rpm 이하로 이용된다. 그러나 이 샘플 율은 높은 가속비나 감속비를 가지는 기계의 경우는 실용적이지 않을 것이다. 이 경우에는 기동이나 정지 동안의 연속 측정이 권고된다.

기계 상태의 주기적인 감시에서는 그림 4.19와 같은 월별 경향 관리가 가장 널리 사용된다. 진폭이 작은 결함 주파수 성분이 큰 정상 상태 신호에 묻혀진다면, 필터 처리 또는 대역 경향 관리가 유용할 것이다. 여러 주파수 범위의 경향 관리를 통하여 보다 상세한 정보가 얻어질 수 있다. 압력, 온도, 부하량, 운전 속도 등과 같은 공정 변수들뿐만 아니라 속도 실효치, 속도 최대치, 가속도 최대치와 같이 진동과 관련된 다양한 변수들의 경향 관리도 가능하다. 진동 값이 흔히 공정 특성에 민감하기 때문에, 경향 관리를 시작하기 이전에 공정 상태에 대한 진동 특성을 정규화(normalization) 하는 것이 바람직하다.

4.8.1 광대역 진동 경향 감시

광대역 진동 경향 감시는 넓은 주파수 대역에 걸쳐 기계의 진동 상태의 전체적인 지시를 제공하는 실효치를 이용하여 표시된다. 그러나 이 방법은 상세한 주파수 정보를 이용할 수 없기 때문에 기계 내의 특정 구성품이나 고장 모드를 파악하는 것은 극히 어렵다. 따라서 실효치 데이터만을 이용하여서는 진단이 극도로 제한된다. 그러나 기계에 문제가 발생하였다는 것을 나타낼 수 있다.

실효치를 이용하여 문제의 심각도를 결정하는 데는 일반적으로, 1) 기준선 데이터와 비교, 2) ISO 규격 등의 산업용 진동 규격과의 비교, 3) 진폭의 크기와 변화율의 경향 관리와 같은 3가지 방법이 이용된다. 대부분의 경우, 광대역 실효치 데이터는 초기의 기준선 데이터나 각종 산업용 진동 규격과 비교하여 문제가 있는지의 결정과 대략적으로 문제가 얼마나 심각한지 그리고 고장 전에 대체로 얼마나 오랫동안 운전할 수 있는지를 결정할 수 있다.

그림 4.22는 압축기의 전체 진동 에너지의 심각도를 보이기 위한 진동속도 실효치의 경향 관리의 예로서, 산업용 규격에 기초한 경계(LO, HI alert) 및 경보 한계치(HI alarm)를 함께 나타내고 있다. 산업용 규격은 문제의 심각도를 결정하기 위한 지침(guideline)으로서 사용될 수 있다.

축 또는 정지 구조물의 진동 크기에 대한 평가 기준을 설정할 때에는 진동의 크기, 진동의 어떤 중대한 변화 및 진동의 변화율과 같은 3개의 고려 항목이 있다.

새로운 기계가 이용될 때, 어느 정도 미리 정해지고 합의된 허용치에 관한 진동 크기를 근거로 평가되어야 한다. 그러나, 한번 기계가 운전되고 통상의 작동 레벨이 결정되면 이들 레벨만이 아니라, 발생한 어떤 중요한 변화에 의해서도 평가되어야 할 것이다. 회전 기계의 정비를 언제 계획할 것인가를 결정할 때, 2개의 규격이 이의 결정을 위한 기준을 제공하는데 이용될 수 있다. ISO 7919 시리즈 규격은 회전축에서 비접촉 변위계로 축 진동 변위를 측정할 때, 비왕복의 회전 기계에 대한 광대역 진동의 측정 방법, 평가 지침 및 허용 기준을 제시하고 있다. 한편 ISO 10816 시리즈 규격은 비 회전 부분인 베어링 하우징에서 베어링 진동을 측정할 때의 광대역 진동의 측정, 평가 지침 및 허용 기준을 제공한다. 이들 규격에서는 4개의 영역(class)과 진동의 변화로 평가 기준을 제시하고 있다.

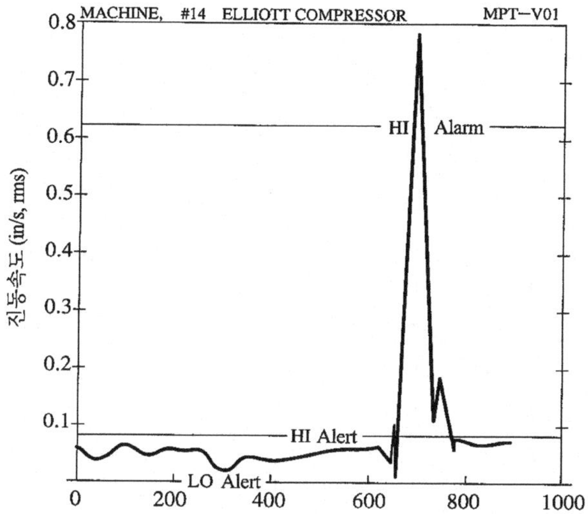

그림 4.22 실효치를 이용한 광대역 경향 관리의 예

대부분의 경우, 넓은 범위의 기계 운전 속도에 대하여 진동 심각도의 특성을 나타내는데 진동 속도만으로 충분하다는 것이 알려져 있다. 그러나 진동 주파수를 무시한 하나의 속도 값만의 사용은 허용할 수 없이 큰 진동 변위를 일으킬 수 있다는 것이 확인되었다. 이것은 특히 진동 성분이 1회전 당 1회 탁월할 때 낮은 운전 속도를 가지는 저속 기계에서 나타난다. 유사하게, 높은 운전 속도 또는 기계의 구성 요소에 의해 발생된 높은 주파수에서의 진동을 가지는 기계에 대한 일정 속도 기준은 허용할 수 없는 과대한 가속도를 발생시킨다. 결론적으로 진동 속도에 기초한 허용 기준(acceptance criteria)은 그림 4.23의 일반적인 형태를 취할 것이다.

이 그림은 상위 주파수 한계 f_u와 하위 주파수 한계 f_l를 나타내고, 정의된 주파수 f_x 이하와 f_y 이상의 허용 진동 속도는 진동 주파수의 함수라는 것을 나타낸다. 그러나 f_x와 f_y 사이의 진동 주파수에 대해서는 일정 속도 기준이 적용된다. 특정 기계 형태에 대한 f_u, f_l, f_x 및 f_y의 값과 평가 기준은 ISO 10816의 관련 부분에 주어져 있다. 새로 이용되는 신규 기계의 진동은 대개 영역 A 이내에 포함되어야 한다.

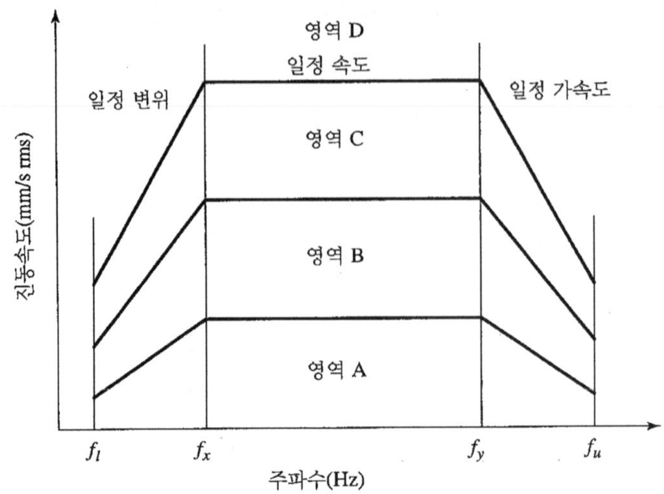

그림 4.23 진동 영역(ISO 10816-1)

B 영역 이내의 진동 크기를 가지는 기계는 대개 제한 없이 장기간 운전에 대해 허용 가능하다고 간주된다. C 영역 내의 진동 크기를 가지는 기계는 장기간 연속 운전에 대해 만족스럽지 못하다고 간주된다. 일반적으로 기계는 복구 작업을 위한 적당한 기회가 생길 때까지 C 영역 내에서 제한된 기간 동안 운전될 수 있을 것이다. D 영역 내의 진동 크기는 대개 기계에 손상을 야기할 만큼 충분히 심각한 것으로 간주되고 운전이 허용되지 않는다.

경보(alarm)값은 특정 기계에 대해 상당히 상하로 변화한다. 선택된 값은 대개 그 특정 기계 또는 기계의 부류에 대해 측정 위치와 방향에 대하여 경험으로부터 결정된 기준선 크기에 비례하여 설정된다. 경보 값은 B 영역 상한의 25%와 같은 기준선보다 높은 값을 설정하는 것이 권장된다. 만약 기준선이 낮다면, 기준선은 C 영역 아래일 것이다. 일 예로 새로운 기계와 같이 확립된 기준선이 없는 대부분의 경우, 초기 경보 값은 다른 유사한 기계에서의 경험이나 일치된 허용 값을 기초로 설정하여야 한다. 그리고 일정 기간이 지난 후에, 정상 상태의 기준선의 값이 설정되어야 하고, 경보 설정은 그것에 따라 조정되어야 한다. 어떤 경우에도 경보 한계는 대개 B 영역 상한의 1.25배를 초과하지 않을 것이 권장된다. 만약 정상 상태의 기준선이 변화한다면(예를 들어 기계의 분해 검사 후), 경보 설정은 그것에 따라서 수정될 필요가 있다.

비상 정지(trip) 값은 일반적으로 기계의 기계적인 보전(integrity)에 관계되고, 기계가 비정상적인 동적인 힘에 견딜 수 있게 하기 위해 도입된 특정의 설계 특성에 의존된다. 따라서 사용되는 값은 일반적으로 유사한 설계의 모든 기계에 대해서 동일하고, 대개 경보 설정에 사용되는 정상 상태의 기준선 값과는 관계가 없다. 그러나, 다르게 설계된 기계에 대해서는 차이가 있고, 절대적인 비상 정지의 크기에 대한 명확한 기준(guideline)을 제공하는 것은 불가능하다. 일반적으로 비상 정지의 크기는 C 영역 또는 D 영역 이내이지만, 비상 정지 값은 C 영역 상한의 1.25배를 초과하지 않을 것이 권장된다. 이들 ISO 7919와 ISO 10816에서 권장되는 영역의 경계는 전 세계적인 산업 조사의 통계적인 해석에 기초하여 설정하고 있다.

기계가 이들 영역의 각각에서 운전되고 있을 때, 필요한 또는 권장되는 조치는 진동 크기가 변하는 비율에 의존한다. 이와 동일한 기준은 취득하는 데이터의 최대 기간을 명확히 하거나 또는 장치의 연속적인 감시에 의해 취득된 데이터를 재검토하는데 사용되어 왔다. 감시 또는 데이터 재검토(review)의 간격은 관찰된 진동 크기 또는 진동 크기의 변화율에 의존하여 바뀔 것이다. 이러한 조치를 아래에 설명한다.

1) 설비의 진동 크기가 "정상 범위" 이내인 경우

이 경우 조치 기준은 그림 4.24의 A 또는 B 영역 내의 진동 경향 곡선이 적용된다.

(a) 만약 이전의 데이터로부터 진동 크기에 명백한 변화가 없으면, 그 때는 어떠한 조치도 요구되지 않는다.

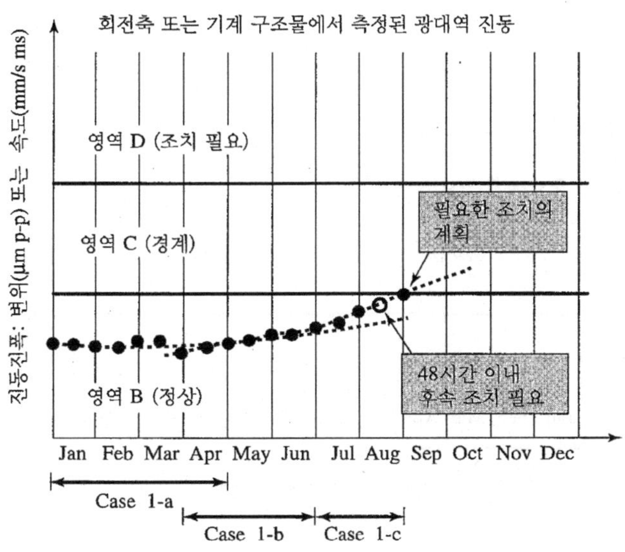

그림 4.24 정상 범위에서 진동 진폭

(b) 만약 진동이 증가하고 있고, 증가율이 선형이며, 크기가 다음의 예정된 감시 이전에 정상 영역의 상한을 넘지 않도록 계획되었다면, 어떠한 조치도 요구되지 않는다. 그러나 만약 계획된 크기가 다음 감시 이전에 상한을 초과하는 것을 나타낸다면, 상한에 도달했을 때 보다 더욱 빈번한 감시를 계획하여야 한다. 증가율이 비선형이거나 또는 변화율이 미리 맞춰진 시간 틀(time frame) 이내에서 이전의 수치로부터 25% 증가한다면, 연속적인 감시로 비율을 확정하고, 보다 빈번한 감시를 계획하며 진단 프로그램의 실행을 고려한다.

2) 현재의 진동 크기가 경보 영역 이내인 경우

다음의 조치 기준이 그림 4.25의 C 영역 이내의 진동 경향 곡선에 적용된다.

(a) 크기에 변화가 없으면, 감시 간격을 동일하게 유지한다.

(b) 만약 크기가 선형적으로 증가하고 있고, 예정된 정비 이전 또는 다음의 예정되어있는 감시 이전의 조치의 크기를 초과하도록 계획되었거나, 또는 증가율이 비선형이라면, 연속적으로 또는 보다 빈번한 감시에 의해 증가율을 확정하고, 보전을 다시 계획(reschedule)한다. 재 계획된 정비

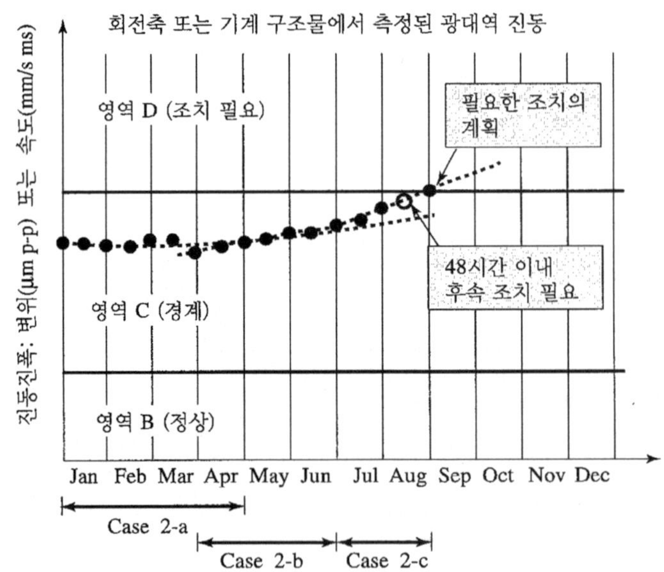

그림 4.25 경고 영역에서 진동 진폭

이전에 3가지의 데이터 점이 모이도록 하기 위해 감시 빈도를 증가시킨다. 문제와 요구되는 정비를 결정하기 위해 진단 프로그램이 권장된다. 관찰된 진동 크기가 감소한다면, 격주의 감시 빈도는 지속되어야 하고, 진단이 권장된다.

4.8.2 협대역 진동 경향 감시

광대역 진동 경향과 마찬가지로, 협대역 진동 경향 감시 역시 좁은 특정 주파수 스펙트럼 대역에 대한 전체 진동 에너지를 나타내는 실효치를 이용하여 경향 관리를 실시할 수 있다. 광대역의 경우와 달리 협대역에서는 기계의 특정 구성품의 경향 감시 수단으로서 사용될 수 있다. 협대역 창(window)은 기어 상자, 베어링, 블레이드 등의 특정 기계 구성품에서 발생할 수 있는 결함 주파수 성분 주위에 설정하기 때문에, 각 창에서 실효치 에너지는 특정 기계 성분에 직접 기여하게 되고 이들 값을 경향 관리하게 되면 특정 구성품들의 결함 발생 여부를 확인할 수 있다. 비록 광대역의 경우에 비해 진단 능력은 향상될 수 있으나, 기계 내의 특정 고장 모드를 분리하고 확인하는 능력은 없다.

그림 4.26은 기준 스펙트럼(reference spectrum) 주위에 일정 주파수 대역폭으로 각 주파수 성분, 예로 1X, 2X, 깃 통과 주파수(NX) 등에 대해 허용 진폭을 설정하여 둘러싸고 어느 주파수 성분의 진폭이 이를 초과할 때 경보를 발하는 형태의 경향 감시를 보인다. 낮은 주파수나 높은 주파수에 관계없이 각 주파수 별로 일정한 폭을 가지고 설정하는 것은 일정 운전 속도의 회전 기계에서만 이용될 수 있다.

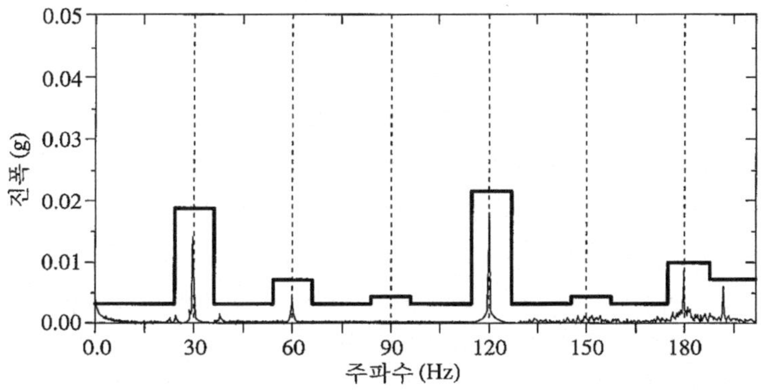

그림 4.26 일정 대역폭의 협대역 경향 관리 예

그림 4.27은 감시되는 주파수 성분들 주위의 대역폭을 고주파수로 갈수록 비례하여 일정 비율로 증가하도록 설정된 경우를 보인다. 이 방법은 모든 조화 성분들이 미소한 회전 속도의 변동에 대해서도 동일한 주파수 대역을 가질 수 있는 이점이 있다.

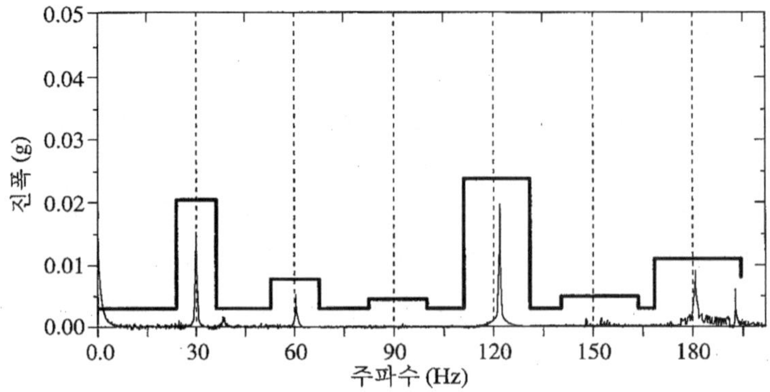

그림 4.27 일정 비율 대역폭의 협대역 경향 관리 예

수직 축의 진폭에 대한 한계치를 설정하는 방법으로는 통상 2가지가 사용된다. 가장 일반적으로 사용되는 방법은 기준 스펙트럼에서 각각의 주파수 성분의 크기에 대해 일정 비율을 곱한 값으로 설정하는 방법이다. 예를 들면, 안정된 정상 상태에서 취득된 진동 스펙트럼의 1X, 2X 등의 성분의 크기를 파악하고, 이들 값에 일률적으로 2배 또는 3배 등으로 한계치를 설정하는 방법이다. 이 방법은 계산이 가장 단순하고, 단지 하나의 기준 스펙트럼이 필요하기 때문에 가장 널리 사용된다. 또 다른 방법으로는 각각의 주파수 성분들에 대한 통계적인 방법을 이용하여 계산하고, 평균 이상의 2.5 ~ 2.8의 표준 편차(standard deviation)를 경고 한계로 설정하는 것이다. 이 방법에서는 정상치와 경고 한계 사이의 차가 비정상적인 변동에 대한 최적 감도를 위해 자동적으로 조정된다. 통계적인 계산을 위해서는 4개 또는 5개의 높은 분해능의 스펙트럼이 요구되고, 진동 스펙트럼에서 관측된 일반적인 진폭 변동의 정상적인 차가 자동적으로 평가된다. 통상 회전 주파수의 진폭에 비해 깃 통과 주파수나 기어 맞물림 주파수의 진폭은 변화 폭이 상당히 크다. 따라서 일정 비율로 한계치를 설정하는 경우에는 이들 주파수에서 많은 잘못된 경보를 발생하기 쉽다.

앞에서 설명하였듯이, 기준 스펙트럼을 어떻게 수립하는가가 중요하다. 이에는 다음과 같은 방법이 사용될 수 있다. 첫째로는 유사한 기계들에 대해 양호한 상태로 판정된 하나의 기계로부터 취득된 스펙트럼을 모든 기계의 기준 스펙트럼으로 사용하는 것이다. 둘째 방법은 유사 기계들의 각 측정 위치로부터 취득된 스펙트럼을 기준이 되는 합성 스펙트럼을 만들기 위해 통계적으로 결합하는 것이다. 통계적인 방법을 사용하는 경우에는 계산에 사용되는 모든 측정 데이터가 정상 조건의 같은 운전 상태를 나타낼 수 있도록 주의하여야 한다. 이는 운전 속도, 유량, 압력 등의 변화에 대한 특히 고주파수 성분의 진폭 변동을 최소화 하기 위해 매우 중요하다.

4.8.3 제한 대역의 진동 경향 감시

제한 대역 경향 감시는 복잡한 스펙트럼을 기어 감속기를 가지는 기계와 같이 넓은 주파수 대역에서 각각의 기계 요소로부터 특징적으로 발생하는 결함 증상 주파수들을 분할하여 제한된 대역 별로 관리하는 방법이다. 예로 그림 4.28과 같이 불평형, 정렬불량 등에 운전 주파수(1X) 및 조화 성분(2X, 3X 등), 깃 통과 주파수(VPF), 외륜 결함 주파수(BPFO), 내륜 결함 주파수(BPFI) 및 이의 2차 조화 성분(2BPFO, 2BPFI)등의 구름 요소 베어링의 결함 주파수 및 기어 맞물림 주파수(GMF) 등과 같이 특정 기계 요소별로 결함 주파수 대역을 설정하고 이들에 대해 공통의 경보 한계치를 수립하여 경향을 관리하는 방법이다. 각각의 대역에서 총 에너지(rms치) 또는 피크 진폭의 크기를 한계치와 비교한다. 이 방법은 매우 복잡한 스펙트럼 내에서 어느 기계 요소의 가장 빠른 상태 변화를 인지하는데 도움을 줄 수 있다.

초기에는 앞에서 설명한 기준 스펙트럼과 같은 방법으로 각 대역에 대한 한계치를 설정하고, 이후의 경험을 바탕으로 지속적으로 갱신한다. 유도 전동기의 전원 주파수와 회전 속도, 전원 주파수의 2배수 성분 주위의 측대역 성분 등 전동기의 결함 특징 주파수를 파악하기 위해서는 스펙트럼의 분해능을 필요에 따라 높일 필요가 있다. 또한 대상 기계에 따라 주파수 대역을 조정하고 최대 주파수의 설정이 조정되어야 한다.

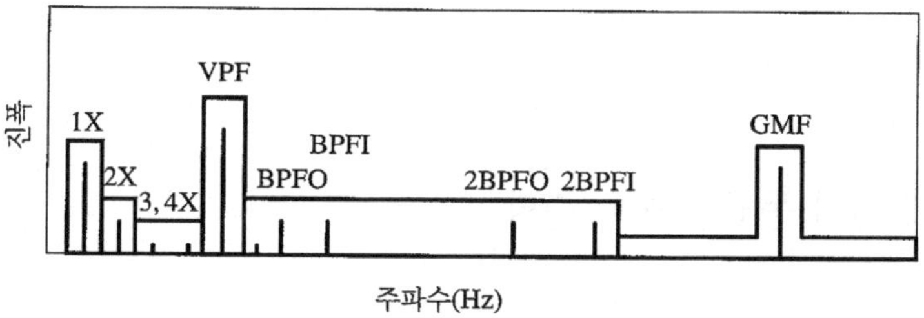

그림 4.28 제한된 대역의 진동 경향 관리 예

4.8.4 주파수 스펙트럼의 진동 경향 감시

회전 기계의 초기 고장은 고장 모드에 대응하는 특징 주파수들을 가지게 된다. 예로 볼 베어링의 외륜에 결함이 발생하면 볼이 결함 부위를 통과할 때마다 충격 진동을 야기하고 이에 따라 외륜 결함 주파수를 발생시키기 때문이다. 따라서 진동 신호의 주파수 분석(FFT)을 실시하고 결함 모드의 정보와 비교하면 시간에 따른 결함에 대응하는 특정 주파수 성분의 진폭 변화를 경향 감시할 수 있다. 그림 4.29는 일정 시간 대역 별로 취득된 주파수 스펙트럼의 경향 선도 예를 보인다. 운전 시간의 변화에 따라 특정 주파수 대역의 진동 진폭의 변화를 시각적으로 확인할 수 있다.

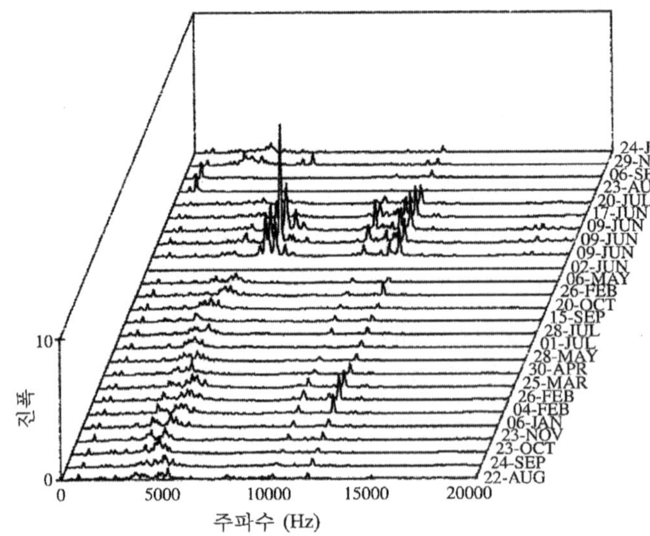

그림 4.29 주파수 스펙트럼의 경향 선도 예

4.8.5 기동 및 정지 동안의 진동 경향 감시

여기서 정의된 기동 및 정지 시의 진동은 기계의 기동(start-up)과 정지(coast-down) 동안에 취득된 진동 신호의 정보이다. 이런 종류의 데이터는 정상 상태의 운전 동안에 취득할 수 없는 기계의 기계적인 상태에 대한 중요한 데이터를 제공한다. 예를 들면 불평형 응답, 위험 속도, 감쇠, 전자기적 이상 현상, 마찰, 축의 균열을 포함한 구조적인 공진과 구성품의 공진의 존재 여부는 기동 또는 정지 데이터로부터 가장 잘 검지되고, 분석될 수 있는 예이다.

기동 및 정지 상태의 표시는 동일한 정상 상태의 스펙트럼보다 더욱 복잡하다. 진동 데이터는 통상 제 5장에서 설명하는 보데 선도, 극 선도, 캠벨 선도와 캐스케이드(폭포) 선도와 같은 형식으로 표시된다. 초기의 양호한 상태에 대한 운전 동안에 폭 넓은 시험을 통한 기준 데이터를 많이 확보할 수록, 기계 열화의 적절한 검지, 진단 및 감시를 올바르게 수행할 수 있는 가능성이 높아진다.

4.8.6 과도 진동 경향 감시

과도 진동 경향 감시에는 기동 및 정지 동안의 진동 경향 감시를 포함하여 각종 환경 조건 등의 변화시의 경향 감시를 의미한다. 과도 상태의 표시는 동일한 정상 상태의 표시보다 더욱 복잡하지만, 기계에서 변화의 존재를 검지하기 위해서는 시간에 대한 경향 감시가 있어야만 한다. 복잡한 3차원 데이터의 폭 넓은 해석은 정상 상태 운전에서 드러나지 않는 이상 현상을 검지할 수 있을 것이다. 기계의 회전 속도가 일정하게 유지되더라도, 과도 운전은 환경적인 조건(온도, 압력 등), 하중, 공정 파라미터 등의 변화에 따라 발생할 수 있다. 따라서 이들 요인의 변화와 관련된 과도 진동의 측정은 가능하면 많은 동일한 운전 조건의 경향 데이터를 가지는 것이 필요하다.

4.8.7 이산 주파수의 진동 경향 감시

광대역 진동은 경보의 특별한 원인을 밝히기에 충분한 정보를 항상 제공하지는 않는다. 이것은 몇몇 가진 주파수가 주파수 스펙트럼에서 나타나는 복잡한 장치에 대해 특히 그렇다. 이러한 경우, 광대역 진동 신호를 이산 주파수 성분으로 분리하는 것이 권장된다. 대부분의 경우에 있어서 각각의 주파수는 대응하는 기계 부품의 운동과 조화를 이룬다. 이러한 진동 성분이 변화할 때 비정상 또는 기계의 손상은 종종 심지어 가장 초기 단계에서도 검지된다.

기계적 또는 열적으로 여기된 회전체 불평형, 자려 진동, 마찰, 정렬 변화, 베어링 또는 기어 손상과 회전체의 균열은 이산 주파수 해석에 의해 검지될 수 있는 단지 몇 가지 형태의 문제이다. 통상 실제로는, 기계의 기준 스펙트럼은 기계의 가동 동안 또는 분해 검사 후에 기록되어 기준선 신호가 된다. 이 기준 스펙트럼은 어떤 변화를 검지하기 위한 이후의 주파수 분석과 비교될 수 있다.

주파수 스펙트럼 선도는 특정 주파수에서의 진동 진폭을 명확히 나타낸다. 주파수 피크의 크기가 비정상적인 이상 현상을 나타낼 때 주파수 피크의 발생 원인을 평가하는 것은 중요하고, 즉각적으로 조사했을 때 문제를 조기에 검지할 수 있을 것이다. 일반적으로 예상치 못한 주파수 성분들이 또한 나타날 수 있다. 시간 신호의 주파수 스펙트럼으로의 변환에 대한 보다 상세한 절차는 ISO 13373-1 규격을 참조하기 바란다.

기계의 진동 스펙트럼 내에서 이산 주파수의 경향은 진동의 한계치 설정에 대한 보다 폭 넓은 데이터를 제공한다. 그림 4.30은 시간 함수로서의 기본 주파수(1X)와 조화 성분(2X, 3X)에 대한 경향의 전형적인 예를 나타낸다.

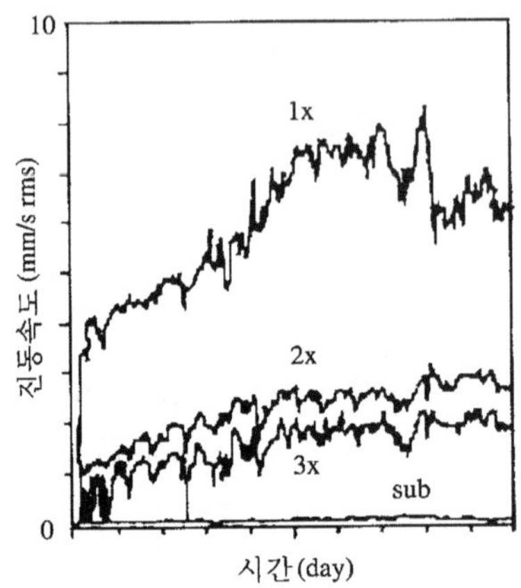

그림 4.30 이산 주파수 진동의 경향

4.9 요약

- 진동 상태 감시의 중요 목적은 작동 상태에서 진동 신호의 정보를 이용하여 기계를 보호하고, 예지 정비 및 결함 진단을 위한 유용한 정보를 제공하는 것이다.
- 기계를 구성하는 어느 구성품이 설계에서 의도한 기능의 일부 또는 전부를 일어버릴 때 이를 고장이라 하고, 고장의 상태를 고장 모드라 한다.
- 설비 전체 혹은 설비를 구성하는 구성품 중에 부품이나 조립물에 각종 응력이 작용하고 허용 범위를 초과하게 되면, 고유의 손상 발생 기구에 의해 손상이 발생하고 성장한다.
- 동시에 이들 손상에 의해 진동, 발열, 소음 등의 2차적 현상으로 증상이 발생한다.
- 주기적인 상태 감시는 기계의 상태와 상태의 변화를 평가하기 위해 사용된다.

- 특징 설명 인자는 사람이 관찰하거나 직접 측정한 결과 또는 상태 감시 시스템으로부터 처리된 자료로부터 도출된 특징 양으로서, 증상을 설명하거나 증상과 이상 상태를 나타내는데 사용된다.
- 진동 상태 감시 시스템에는 영구 설치, 반영구, 휴대용 감시 시스템이 있고, 데이터의 취득 방법에 따라 연속 및 주기적 감시 시스템으로 분류된다.
- 최소한의 데이터 처리를 통하여 기계 상태의 변화를 가장 민감하게 나타낼 수 있는 측정 방법이 선택되어야 한다.
- 새롭게 도입되는 주기적인 상태 감시 프로그램에서는 생산성에 대한 중요도를 기준으로 기계들의 우선순위 목록이 작성되고 계층 구조로 분류되어야 한다.
- 정확한 기계의 결함과 상태의 분석을 위해서는 대상 설비의 특성에 대한 사전 지식들이 하나의 표로 통합되어 정리되어야 한다.
- 데이터 수집을 위한 측정 경로는 설비의 배치, 기계의 배열(공정 흐름), 기계의 종류 또는 데이터의 종류에 기초하여 설정된다.
- 기계 상태에 관련된 데이터를 효과적으로 수집할 수 있도록, 측정 변수와 측정 점이 선택되어야 하며, 프로그램의 운용 경험이 축적됨에 따라 불필요한 여분의 정보는 제거되어야 한다.
- 베어링에 가장 근접한 지점에서 진동의 측정이 수행되어야 한다.
- 측정에 이용되는 주파수 구간은 기계에서 발생되는 주파수를 기본으로 설정한다.
- 기준선 데이터는 기계의 상태 변화를 평가하기 위한 기준 값을 나타낸다.
- 데이터의 수집 주기는 기계 요소들의 고장 발생에 소요되는 평균 시간과 고장에 의한 손실 비용, 활용 가능한 담당 직원 수, 예비 설비 수 및 상태 감시에 소요되는 경비 등을 기초로 설정된다.
- 기계 상태의 판정 기준으로는 절대 판정, 상대 판정 및 상호 판정 방법이 있다.
- 대역 선별은 구름 베어링을 가진 복잡한 형태의 기계에서 기계의 상태 변화를 평가하기 위해 요구되는 민감도를 얻기 위해 필요할 수 있다.
- 경향 관리를 통해, 측정된 변수들을 비교하고 분석을 시작할 것인가, 더욱 자주 감시할 것인가 또는 수리할 것인가를 나타내는 경고 값을 설정할 수 있다.
- 경향 관리에는 일반적으로 경고 값으로 2개(경계, 경보) 또는 3개(경계, 경보, 비상정지)가 사용된다.
- 경고 값들은 주기적 상태 감시에서 기계 상태에서 중대한 변화가 발생되었으므로 데이터를 수집하는데 있어서 더욱 주의하도록 하기 위해 사용된다.
- 경향 진동 감시에는 광대역, 협대역, 제한 대역, 주파수 스펙트럼, 기동/정지, 과도 및 이산 주파수 경향 감시 방법이 있다.

- 경향 관리되는 측정 변수는 기준 값에 대해서 2배나 2.5배 간격으로 2개 또는 3개의 경고 값이 설정된다.
- 경향 관리되는 측정 변수에 대한 공정 변화의 효과가 경향이 감시되는 동안에 고려되어야 한다.
- 발생된 사실에 대해서 적절한 근거를 가지고 간략하게 보고될 수 있도록 보고서 형태가 갖추어져야 한다.
- 진단 보고서에는 예외적인 사례, 설비 점검 전후 상태에 관한 정보, 발생된 주의 경보와 감시 경보 그리고 소요된 시간과 자재, 비용에 대한 정보를 포함하여야 한다.

참고 문헌

[1] ISO 7919-1, Mechanical vibration of non-reciprocating machines- Measurements on rotating shafts and evaluation criteria- Part 1: General guidelines

[2] ISO 10816-1, Mechanical vibration- Evaluation of machine vibration by measurements on non-rotating parts-Part 1: General guidelines

[3] ISO 13372, Condition monitoring and diagnostics of machines- Vocabulary

[4] ISO 13373-1, Condition monitoring and diagnostics of machines- Vibration condition monitoring- Part 1: General procedures

[5] ISO 13374-1, Condition monitoring and diagnostics of machines- Data processing, communication and presentation-Part 1: General guidelines

[6] ISO 13379, Condition monitoring and diagnostics of machines- General guidelines on data interpretation and diagnostics techniques

[7] ISO 17359, Condition monitoring and diagnostics of machines- General guidelines

[8] R.K. Mobley, An Introduction to Predictive Maintenance, Van Nostrand Reinhold, 1990

[9] 양보석, 펌프장 내 설비 및 구조물의 진동 저감 방안 연구(제3장 펌프 · 전동기의 진동 관리 기준 수립), 한국수자원공사 용역보고서, 2005

제 5 장

결함 분석

기계 상태에 대한 정확한 분석과 평가는 결함 진단을 위한 중요한 정보를 제공할 수 있으므로, 다양한 운전 파라미터에 대한 체계적인 분석을 필요로 한다. 진동 신호의 특성은 질량 불평형, 정렬 불량, 느슨함, 마찰, 베어링 불안정 등을 포함한 각종 결함에 대한 기계의 동특성을 나타내고, 기계 구성 요소에서 발생하는 결함에 대한 조기 검지(early detection)를 위한 지표를 제공할 수 있다. 따라서, 이를 올바르게 수행하기 위해서는 진동 신호의 각종 분석 기법에 대한 다양한 지식과 훈련이 필요하다.

일반적으로 기계의 전체 진동(overall vibration)을 나타내는 실효치(rms치) 레벨을 취득하고 경향을 제시하는 기능은 대부분의 상태 감시 및 진단 프로그램에서 제공되므로, 필요한 관련 정보를 얻을 수 있다. 그러나 구성 요소의 열화로 인하여 발생되는 각종 결함의 근본 원인(root cause)과 대책을 위한 고장 모드를 파악하기 위해서는 실효치 정보만으로는 부족하고, 진폭, 주파수 및 위상 등의 보다 다양한 정보의 분석이 필요하다.

또한 기계는 구성 요소 사이에 상호 종속적인 특성을 가지고 있어서, 하나의 구성 요소에서 열화에 의한 변화가 발생하면, 다른 것에도 이에 대응하는 변화가 나타난다. 따라서 성공적인 기계의 결함 분석을 위해서는 구성 요소 상호간에 어떻게 변화가 발생하는지 등의 기계에 대한 폭 넓은 이해를 필요로 한다.

결론적으로, 특정 결함이나 열화된 구성 요소를 파악하기 위해서는 측정된 진동 신호를 이용한 각종 결함 분석 기술과 대상 기계에 대한 진동 특성을 이해할 수 있는 지식과 경험을 구비하는 것이 매우 중요하다.

이 장에서는 정상 운전 및 과도 운전 상태에서의 취득된 진동 신호를 이용하여 결함 분석에 사용될 수 있는 다양한 유형의 선도를 제시하고, 이를 이용한 분석 방법과, 중요 기계 구성 요소에서 발생할 수 있는 각종 고장 모드에 대한 지식을 평이하게 설명한다.

5.1 정상 운전 상태

정상 운전 상태에서 기계에서 발생하는 진동 신호를 선도로 표현하는 방법으로는 시간 기반 선도(time-based plot), 궤도 선도(orbit plot), 스펙트럼 선도(spectrum plot), 경향 선도(trend plot), 폭포 스펙트럼 선도(waterfall spectrum plot), 허용 영역 선도(acceptance region plot) 등이 널리 이용된다. 그림 5.1은 결함 분석에 이용되는 각종 선도의 관계를 나타낸다.

스펙트럼 선도나 시간 파형 선도(time waveform plot)는 1개의 신호를 이용하여 진동 특성을 표현하게 되나, 궤도 선도(orbit plot)는 2개의 신호를 이용하여 나타내게 된다. 이하에 이들에 대해 설명한다.

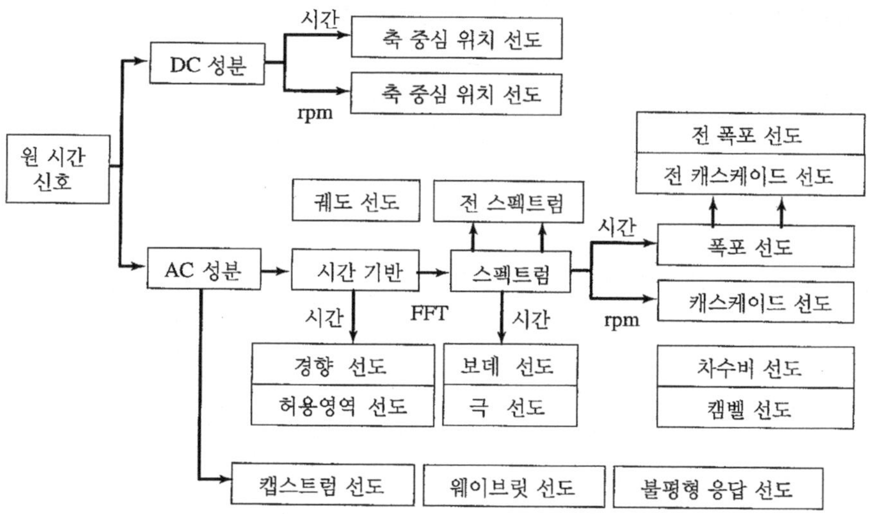

그림 5.1 각종 진동 분석 선도를 그리는 알고리듬

5.1.1 경향 선도(trend plot)

기계 상태의 미소한 변화를 검지(detection)하기 위한 진동 감시의 효과적인 방법 중의 하나는 장시간 또는 단시간에 걸쳐 시간의 함수로 기계 진동의 변화를 감시하는 것이다. 경향 관리는 수치 값으로 인식할 수 없는 매우 미소한 변화를 사람의 눈으로 시각적으로 파악할 수 있다. 오랜 동안 축적된 경향 선도의 자료는 현재 어떠한 문제점들이 기계 내부에서 발생되고 있는지, 또는 얼마나 심각하게 진행되

고 있는지 정확하게 진단할 수 있는 근거를 제공하여 준다. 풍부한 현장 경험으로부터 진폭이 클 때보다는 낮은 레벨에서의 진동 진폭의 변화가 결함의 발생을 표현하는데 훨씬 중요하다는 것이 잘 알려져 있다. 따라서 이는 결함의 조기 검지 작업을 어렵게 한다. 경향 선도는 통상 3개 내지는 4개의 연속된 측정량을 이용하여 곡선 접합(curve fitting)으로 나타내며, 이들 측정량 사이의 진폭 변화는 상태의 실제적인 변화를 반영하는 것을 보증하는 하나의 방법이다. 대부분의 감시 시스템들은 이력 정보로부터 경향 관리를 위한 방법을 제공하고 있다. 이들은 다음 사항 중 하나 이상을 인지하고 경고를 제공하도록 되어 있다.

- 정해진 시간 구간 내에 경보(alarm) 설정치를 초과하는 경향치(trend value)
- 임의로 미리 설정된 값을 초과하는 경향 관리 선의 기울기
- 최종 진폭 값으로부터의 변화율
- 계산된 값과 미리 정해진 표준 편차를 초과하는 현재 진폭 값

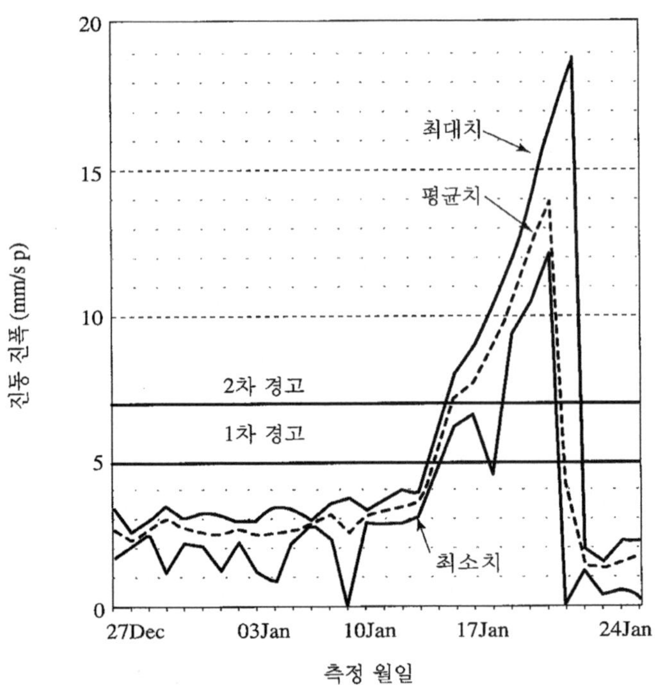

그림 5.2 경향 선도의 예

1) 광대역 경향 분석

광대역 경향 분석(broadband trend analysis) 기술은 지난 20년 이상 기계의 전체 진동(overall vibration)에 대한 상태 감시를 위해 사용되어 왔다. 이는 사용자가 선정한 최대 측정 주파수 f_{max}까지의 넓은 대역의 전체 진동을 취득하는 것이다. 광대역 데이터는 엄밀하게는 변위, 속도 또는 가속도의 실효치 에너지로 표현되는 것이므로, 어느 특정 주파수 성분(1X, 2X 등)들에 대한 정보를 제공하지는 않는다. 그러므로 기계에서 발생하는 결함 주파수를 파악하고, 이에 대처하는 데는 적합하지 않다.

광대역 분석의 유일한 기능은 기계의 전체적인 상태의 장기간에 걸친 경향 관리에 유용하다. 특히 일련의 경보(alarm) 또는 경계(alert) 한계치가 프로그램에서 기계들의 전체적인 상태를 감시하고 경향 관리를 위해 설정된다. 광대역 경향 감시에서 회전축 또는 정지 구조물의 진동 크기에 대한 평가(판정) 기준을 설정할 때, 진동의 크기, 진동의 어떤 중대한 변화, 진동의 변화율(기울기)이 고려되어야 한다.

2) 협대역 경향 분석

협대역 경향 분석(narrowband trend analysis) 또한 광대역 분석과 같이 주파수 성분들의 대역의 전체적인 에너지를 감시한다. 그러나 각 기계 부품 또는 요소 별로 발생하는 결함 주파수 대역을 파악하고, 이들 좁은 특정 그룹(협대역)의 주파수 대역들을 선택하여 관리하게 되면, 데이터를 효율적으로 이용할 수 있고, 특정 부분의 상태 감시 및 결함 분석에 효율적으로 이용될 수 있다. 따라서 광대역과는 달리 직접 감시하고 경향을 관리하며 특정 기계 부품들의 경보를 제공하는 능력을 가진다. 협대역에서는 특정 기계 부품들에 독특한 주파수 창(frequency window)을 설정할 수 있고, 직접 감시하며 자동적으로 경향 관리할 수 있다. 예로 기어 맞물림 주파수와 이에 대응하는 측대역 성분(sidebands)을 구성하도록 협대역 창을 설정하여 기어 장치의 에너지를 직접 감시할 수 있다. 이 기술을 이용하여 협대역들의 각각을 위한 일련의 경계 또는 경보 한계치를 설정할 수 있다. 비록 데이터가 각 협대역 창의 전체 에너지(overall rms치)로 제한될지라도, 이 기술은 특정 기계 부품들을 자동적으로 감시하고 경보를 발령하는 수단을 제공한다. 그러나 광대역의 경우와 마찬가지로, 협대역은 창 내의 특정 주파수 성분들의 스펙트럼 표시를 제공하지 않으므로, 문제의 진단은 특정 대역의 전체 에너지에 제한된다.

3) 이산 주파수 경향 분석

대역 진동은 경보의 특별한 원인을 밝히는데 충분한 정보를 항상 제공하지는 않는다. 이러한 경우, 대역 진동 신호를 주파수 스펙트럼으로 변환하여 각각의 주파수 별로 감시하는 이산 주파수 경향 분석(discrete frequency trend analysis)이 권장된다. 대부분의 경우, 각각의 주파수 성분은 대응하는 기계 부품의 진동과 조화를 이룬다. 이러한 진동 성분이 변할 때, 기계의 결함이나 손상 원인을 파악할 수 있고,

심지어 가장 초기 단계에서도 이를 검지할 수 있다.

진폭이 하나의 탁월 주파수 성분만을 가지는 경우에는 전체 진동 값(overall치)을 이용한 경향 관리로도 별로 문제가 없지만, 신호가 많은 주파수 성분으로 구성된 경우는 overall 값에 의한 경향 관리로는 결함의 조기 검지가 어렵다. 일반적으로 결함이 발생할 때, 결함을 나타내는 특징 주파수 성분의 진폭이 성장하게 된다. 그러나 결함 초기에는 이 주파수 성분의 크기가 작기 때문에 overall 신호 내에서는 쉽게 관측되지 않는다. 이러한 상황이 발생하였을 때는 회전 주파수와 같은 특정 주파수 성분은 경향 관리를 위해 분리되어야 한다. 왜냐하면 회전 주파수 성분(1X)은 잔류 불평형에 의해 다른 결함 주파수 성분의 진폭에 비해 상당히 크기 때문에, 예로 실효치를 계산하는 경우에 결함 주파수 성분의 크기가 급속히 성장한다고 하더라도 절대적인 크기가 결함 초기에는 불평형 진동의 진폭 성분보다는 매우 작고 실효치의 크기에 거의 기여하지 못하기 때문이다. 따라서 이를 해결하기 위해서는 실효치 등의 overall 값을 이용하기보다는 대상 기계의 고장 모드에 따라 발생할 수 있는 결함 주파수를 미리 파악하고 여러 관심 주파수 대역으로 진동 신호를 분리하여 이들 이산 주파수에 대해 경향 관리를 실시할 필요가 있다. 이산 주파수의 예로는 분수 조화 성분, 운전(회전) 주파수, 이의 2배 주파수(2X), 깃(또는 블레이드) 통과 주파수, 기어 맞물림 주파수, 전원 주파수의 2배 성분 등이 있다.

기계의 진동 스펙트럼 내에서 이산 주파수의 경향 관리는 진동 한계의 설정에 대한 보다 폭 넓은 데이터를 제공할 수 있다. 통상 실제로는 기계의 기준 스펙트럼은 기계의 가동 동안 또는 분해 검사(overhaul) 후에 기록되어 기준선 신호로 이용된다. 이 기준 스펙트럼은 어떤 변화를 검지하기 위한 이후의 주파수 분석 결과와의 비교에 사용될 수 있다. 그림 5.3은 시간 함수로서의 기본 주파수와 이의 조화 성분들에 대한 이산 주파수 경향의 전형적인 예를 나타낸다.

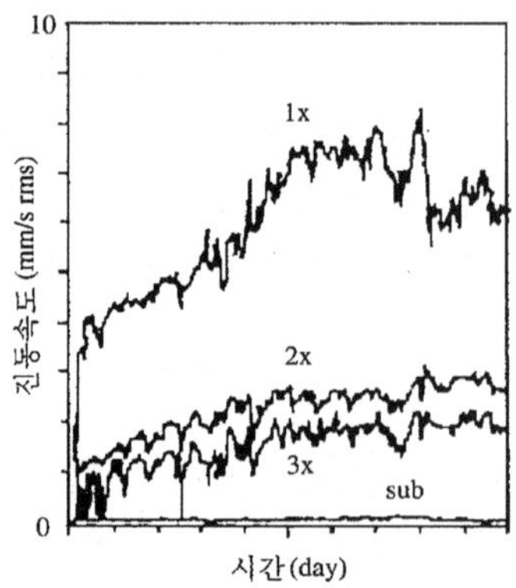

그림 5.3 이산 주파수 경향 선도 예(ISO 13373-1)

5.1.2 시간 파형 분석

오실로스코프, 실시간 분석기 등을 이용하여 진동 신호의 시간 이력(time history)을 기록하고 이를 분석하는 시간 **파형 분석**은 진동 진단의 기본 도구로 사용되어 왔다. 수평 방향과 수직 방향에서 계측된 진동 신호의 시간 응답 파형을 각각 표시하며, 일반적으로는 이를 합성한 **궤도**(orbit)와 함께 나타낸다. 궤도에서 나타나는 찌그러짐 현상이 어느 방향에서 나타나는지를 판단하는 보조 자료로서 활용되고 있다. 아울러 비교적 단순한 파형의 경우에는 진동 원인과 발생한 진동 파형의 특징적인 형태의 관찰을 통하여 개략적인 이상의 원인을 진단할 수 있다.

처음부터 FFT 분석기를 사용하여 스펙트럼 정보만을 파악하게 되면, 다음과 같은 정보를 누락시키기 쉽다.

- 파형의 시간 변동 또는 과도 정보(정상적인지, 충격적인지 여부 등)
- 주파수 성분의 위상 관계(다른 차수의 진동 성분이 동기하고 있는지 여부)
- 미묘하게 어긋난 차수 성분(예로 회전 차수 성분보다 약간 낮은 성분)의 유무
- 울림(beat)의 발생 여부

따라서, 시간 파형 분석은 비정상적인 **과도 상태**와 짧은 **과도 충격**(transient impulse)현상의 조사에 유용하고, 특히 기어 이의 파손, 구름 베어링의 내륜, 외륜, 전동체 등의 이산적인 손상, 울림 등의 확인에 용이하다. 또한 기계의 기동 또는 정지 동안에 실시하는 과도 분석 시에 **공진**(resonance)의 발생 여부를 확인할 수 있다.

그림 5.4는 풀리 키의 마멸에 따른 기계적 느슨함(looseness)이 발생한 경우를, 그리고 그림 5.5는 피니언 이의 파손 시 1단 기어 상자(gearbox)의 진동 가속도의 시간 파형을 나타낸다. 회전 주파수의 역수에 해당하는 주기의 충격파가 발생하는 것을 확인할 수 있다.

그림 5.6은 몇 가지 진동 원인과 이때 발생하는 시간 파형의 예를 나타내었다. 불평형 진동은 질량 불평형(mass unbalance)에 의해 발생하며, 운전 주파수(1X) 성분이 탁월하여 그림 5.6(a)와 같이 정현파 형태의 비교적 단순한 파형을 나타낸다. 이 파형의 피크와 피크 사이의 시간을 기록된 파형으로부터 파악하고 이의 역 수를 취하면 진동 주파수를 계산할 수 있고, 이 값과 운전 주파수를 비교하면 된다. 그림 5.6(b)와 (c)는 각각 자려 진동의 예로서 oil whip과 steam whirl의 시간 파형을 나타낸다. 자려 진동은 주로 계의 고유 진동수로 진동을 하고, 강제 진동과 달리 위상(phase)이 시간에 따라 변화하므로, 점선으로 표시한 것처럼 피크의 위치가 어떠한 파형을 그리면서 변화한다. 이에 비해 그림 5.6(d)와 같

은 분수 조화(subharmonics) 진동의 시간 파형은 위상이 일정하고 동일한 형태의 파형이 계속 반복하게 된다. 이러한 진동 패턴에 대한 정보를 이용하면, 개략적인 진단에 유용하게 이용될 수 있다.

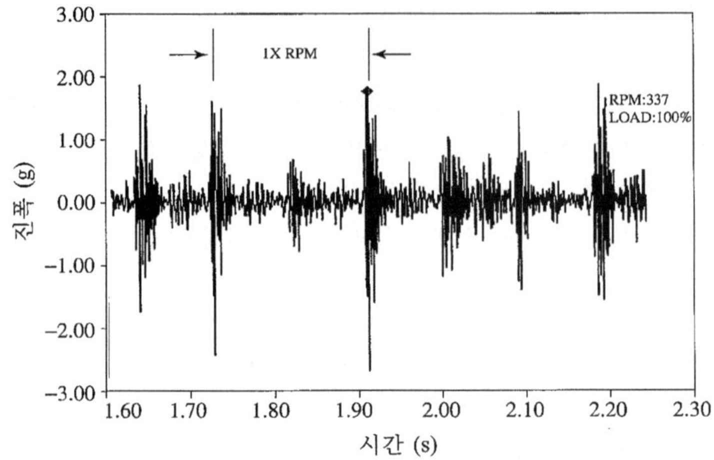

그림 5.4 기계적 느슨함의 진동 가속도 시간 파형

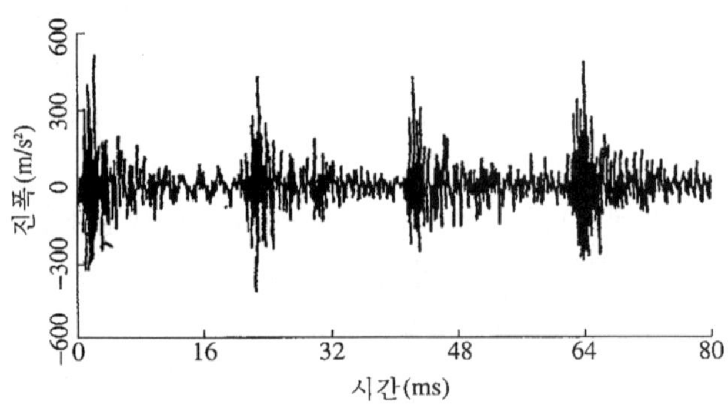

그림 5.5 1단 기어 상자의 진동 가속도 시간 파형

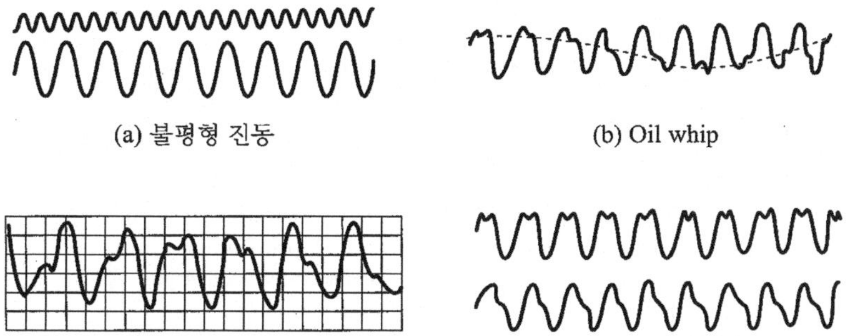

(a) 불평형 진동 (b) Oil whip

(c) Steam whirl (d) 분수 조화 진동

그림 5.6 시간 기반 선도의 예

5.1.3 스펙트럼 분석

시간 파형 관찰의 다음 단계로 고속 푸리에 변환에 의한 FFT 분석기를 이용한 스펙트럼 분석은 진동 진단의 핵심 기술이라고도 할 수 있다. 기계에서 발생된 진동 신호를 각 주파수 별로 분석하여 그림으로 나타낸 것으로, 1개의 신호를 이용하여 나타내지만, 뒤에서 설명하는 전 스펙트럼 선도(full spectrum plot)는 2개의 신호를 이용하여 표현한다. 스펙트럼 선도는 FFT를 수행하는 과정에서 실수부분(real part)에 X 또는 Y 축 방향의 신호를, 허수 부분(imaginary part)에 0을 설정함으로써 얻어지며, 이때 스펙트럼은 ±의 반 부분(half part)이 거울(mirror) 형태를 이루어 무한히 반복된다.

기계의 진동은 기계의 구성 요소나 고장의 원인에 따라 각기 고유한 특징 주파수의 진동을 발생하기 때문에, 역으로 기계에서 발생되는 진동을 주파수 별로 분석하여 파악함으로써 이상 진동의 원인을 규명할 수 있다. 이와 같이 기계에서 발생된 진동 신호를 주파수 별로 분석하여 그림으로 나타낸 것이 스펙트럼 선도(spectrum plot)이다.

기계의 진동 특성은 기계의 여러 전달 특성에 기인하는 몇몇 특징적인 내용을 가지고 있다. 기계의 조립, 설치 및 부착 방법이 기계의 진동 응답에 영향을 미친다. 따라서 진동 신호의 스펙트럼은 항상 정상 운전 조건에서 취득하여야 한다. 이 신호는 진동 레벨의 중대한 증가가 발생한 주파수의 장소를 알아내기 위한 이후의 비교를 위한 기초 자료로 사용된다.

진단에 가장 폭 넓게 사용되는 기술로서, 통상은 현장에서 데이터 기록계(data recorder, data logger)에 기록한 후 사무실 또는 실험실에서 FFT 분석을 실시하여 나타낸다.

그림 5.7은 증기 터빈에서 측정된 진동 변위의 주파수 분석 결과이다. 8,894 rpm의 운전 속도 성분인 1X의 진폭이 약 0.4 mil p-p(1 mil = 25.4 μm)로 매우 작고, 1X의 약 40%에 해당하는 3,600 rpm의 주파수에서 3 mil p-p(76.2 μm)의 큰 진폭이 발생하고 있다.

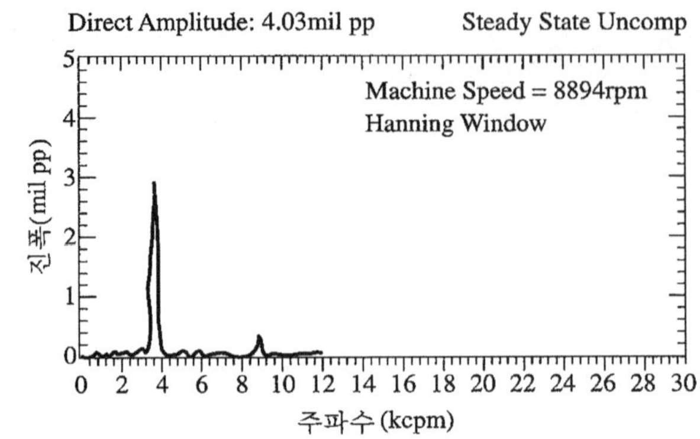

그림 5.7 진동 변위 신호의 스펙트럼 선도의 예

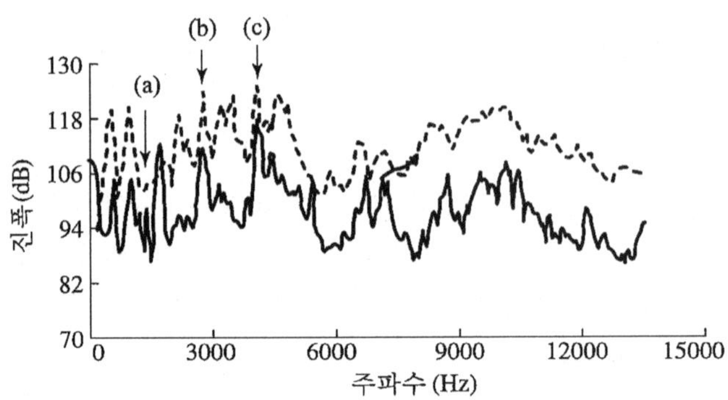

그림 5.8 기어 상자의 가속도 신호 스펙트럼 예

그림 5.8은 기어 상자에서 계측된 진동 가속도의 주파수 스펙트럼 예를 나타낸다. 그림에서 실선은 정상 기어의 기준 스펙트럼이고, 점선은 손상된 기어의 스펙트럼이다. 그림에서 (a)는 기어 맞물림 주파수(GMF, gear mesh frequency), (b)와 (c)는 각각 GMF의 2차 및 3차 조화 성분이다. 결함의 발생에 따라 GMF의 조화 성분의 진폭이 성장하는 것을 알 수 있다.

5.1.4 전(방향성) 스펙트럼 분석(full or directional spectrum analysis)

FFT 분석을 수행하는 과정에서 실수 부분에 X축 방향 신호를, 허수 부분에 Y축 방향 신호를 설정하여 얻을 수 있으며, 이때 스펙트럼은 ±의 반 부분이 거울(mirror) 형태를 이루지 않는다. + 부분의 스펙트럼 영역은 전향 휘돌림(forward whirl)을, − 부분의 스펙트럼 영역은 후향 휘돌림(backward whirl)을 나타낸다. 따라서 휘돌림 진동의 방향성, 즉 전향 휘돌림인지 또는 후향 휘돌림 진동인지를 파악하는데 유용하다.

직교하는 두 축의 단순 조화 진동의 시간 파형을 $y(t)$, $z(t)$라 하면, 복소 변위 $p(t)$는

$$p(t) = y(t) + iz(t), \qquad \bar{p}(t) = y(t) - iz(t)$$

가 되고, 이를 오일러 공식을 이용하여 표현하면, $p(t) = r_f e^{i\omega t} + r_b e^{-i\omega t}$ 와 같이 표현된다. 여기서 r_f와 r_b는 전향 및 후향 휘돌림 진폭으로 다음과 같다.

$$r_f = |r_f| e^{i\phi_f}, \quad r_b = |r_b| e^{i\phi_b}$$

휘돌림 진동의 방향성을 나타내는 형상 및 방향 지수(shape and direction index) SDI는 다음 식으로 정의된다.

$$-1 \le SDI = \frac{|r_f| - |r_b|}{|r_f| + |r_b|} \le +1$$

따라서 SDI 값에 따라 휘돌림 방향과 형상을 다음과 같이 용이하게 결정할 수 있다.

- $SDI = -1$: 후향 원형 휘돌림 운동(backward circular planar motion)
- $-1 < SDI < 0$: 후향 타원 휘돌림 운동(backward elliptic planar motion)
- $SDI = 0$: 직선 운동(straight line motion)
- $0 < SDI < 1$: 전향 타원 휘돌림 운동(forward elliptic planar motion)
- $SDI = 1$: 전향 원형 휘돌림 운동(forward circular planar motion)

방향성 스펙트럼은 존재하는 모든 주파수 성분의 휘돌림 운동 방향에 따라 예하중(preload) 및 다른 기계 상태와 관련된 타원 궤도(또는 평평함)의 정도를 보여준다. 통상 단일 채널 FFT는 음과 양의 주

파수 성분을 포함하고 있는데, 음의 주파수 성분은 양의 주파수 성분의 경상(mirror image)으로써 중복되어 있다. 그러나 직각인 X와 Y축 방향 변환기의 신호가 FFT 입력의 direct 및 quadrature 부분에 제공되면, 타원 궤도의 정도 및 휘돌림 운동에 관한 정보를 구할 수 있다. 그림 5.9는 시간 파형과 이에 대한 방향성 스펙트럼을, 그림 5.10은 시간 파형, 궤도 및 방향성 스펙트럼의 예를 보여준다. 전향 벡터 $A = 3\cos(\omega t + 0°)$, 후향 벡터 $B = 1\cos(-\omega t + 45°)$의 경우이다.

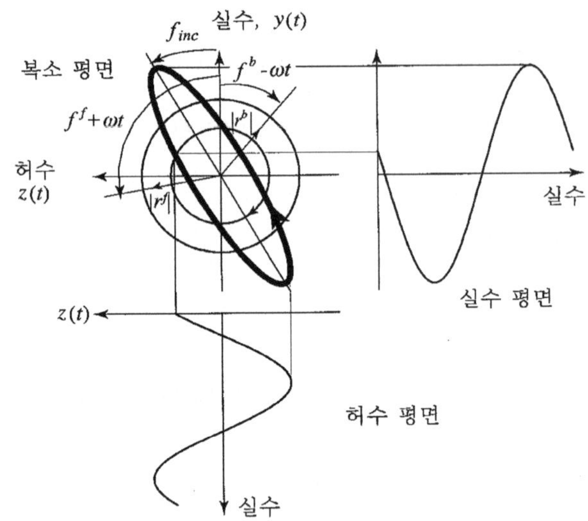

그림 5.9 방향성 스펙트럼의 원리

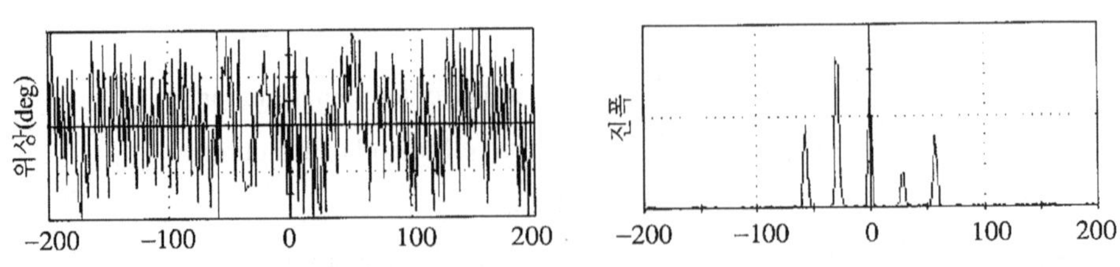

그림 5.10 방향성 스펙트럼 선도 예

5.1.5 궤도 선도(orbit plot)

대부분의 축 진동 변위계를 이용한 감시 시스템은 각각의 베어링 위치에서 서로 90° 떨어진 직교축(X, Y) 방향으로 설치된 2개의 비접촉 변위계로부터 반경 방향의 진동 변위 신호를, 그리고 1개의 비접촉 변위계(keyphasor)로 회전 속도를 취득할 수 있도록 되어 있다(그림 5.11).

이 두 직교 방향의 신호들은 각각의 시간 파형으로 동시에 표시할 수 있거나 또는 두 신호를 결합하여 하나의 정보로 나타낼 수 있다. 결합한 표시 방법을 궤도 선도(orbit plot) 또는 리사쥬 선도(lissajou plot)라 한다. 이는 2개의 AC 성분 신호를 x, y로 변환하여 베어링 내에서 축의 중심점의 실제적인 움직임을 보여주는 좌표로서, 데이터를 구하기 위해서 각 베어링에 2개의 비접촉 변위계를 서로 90° 각도로 설치해야 한다. 각각의 순간에 수집된 X, Y축 좌표 값으로 축 중심의 좌표를 구하고, 얻어진 궤도의 모양은 축이 실제로 움직인 자취(축의 거동)를 표시한다.

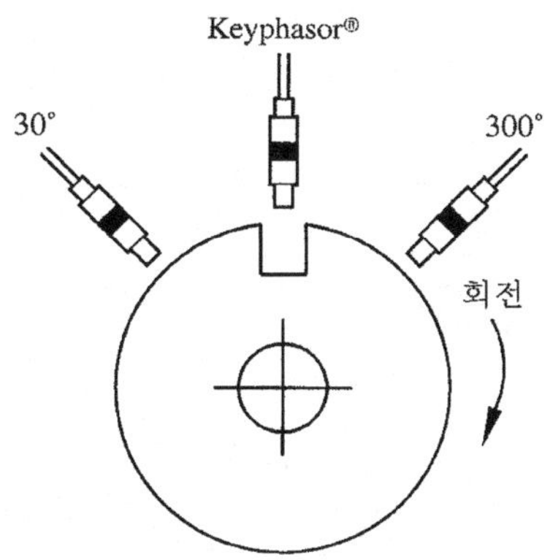

그림 5.11 궤도 선도를 위한 변위계의 설치

일반적으로 대부분의 회전 기계에서 발생하는 문제는 축 궤도의 형상으로부터 파악할 수 있다. 필터링 되지 않은 궤도 선도나 1X 또는 2X의 필터링 된 궤도 선도는 휘돌림 방향, 회전축에 발생한 예하중(preload), 윤활 상태, oil whirl 및 oil whip, 축의 정렬 불량 상태 등을 판단하는 기초 자료로 이용될 수 있다.

궤도의 이상적인 형태는 직교하는 두 방향의 진동이 동일할 때 발생하는 원(형) 궤도(circular orbit)로서, 진동이 증가하면 원형 궤도의 반경도 커지게 되고 진동이 감소하게 되면 궤도의 크기도 작아진다. 이 때 궤도의 반경이 휘돌림의 편 진폭에 해당된다.

그림 5.12는 우측 그림과 같은 전형적인 2개의 정현 파형으로 구성된 궤도의 예를 나타낸다. Y 방향의 진폭이 X 방향보다 크고 이에 따라 타원 형상의 궤도를 이루는 것을 알 수 있다. 타원 궤도에서는 길이가 가장 긴 장축(major axis)과 가장 짧은 단축(minor axis)으로 구성되고, 장축 반경이 최대 휘돌림 진폭을 나타낸다. 이의 대표적인 예로는 불평형 진동으로 수평 방향과 수직 방향의 지지 강성이 서로 다른 이방성 지지(일반적으로는 수직 강성이 수평 강성보다 크다.)의 경우에 발생할 수 있다.

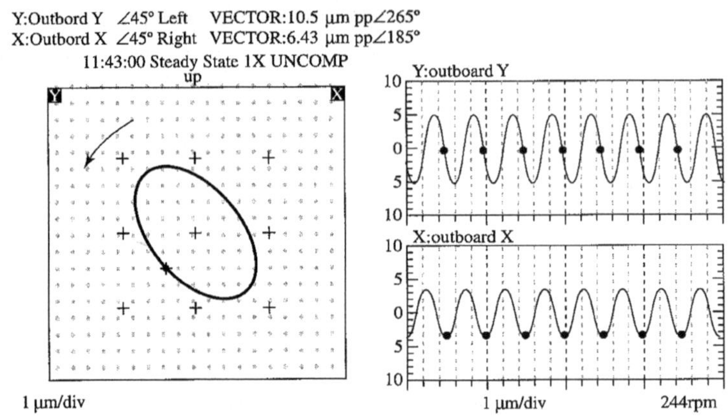

그림 5.12 궤도 선도와 시간 응답 파형의 예

진폭과 위상의 변화에 따라 축의 궤도가 어떻게 대응하는가를 좀더 체계적으로 이해하기 위해, 2개의 시간 파형으로부터 수작업으로 궤도 선도를 구성하는 예를 그림 5.13에 보인다. 수작업으로 run-out을 교정하는 절차와 유사한 방법을 이용하여 좌측 그림과 같이 적절하게 X, Y 방향의 시간 파형을 나눈다. 다음으로 수평 축을 X축, 수직 축을 Y축으로 하는 좌표계를 설정한다. 그리고 축 회전의 증분에 대한 X, Y축 파형 의 수치를 구한다.

표 5.1은 축 회전의 증분 30°에 따른 1회전(360°) 동안의 이들 진폭 값을 나타낸다. 각각의 축 회전에 대한 X, Y 좌표 값을 우편 그림과 같이 시계 방향으로 나타내면 궤도 선도를 그릴 수 있다. 그림으로부터 90°의 위상차를 가지는 동일 진폭의 순수 정현 파형은 항상 원형 궤도를 가지는 것을 알 수 있다. 이러한 예는 수평(X)과 수직 방향(Y)의 강성이 동일한 등방성($k_X = k_Y$)으로 지지되는 회전체에 불평형이 존재할 때 발생하는 불평형 진동에서 관찰될 수 있다.

표 5.1 *X*, *Y*축 방향 진폭 성분

축 회전	*X* 방향 진폭	*Y* 방향 진폭	축 회전	*X* 방향 진폭	*Y* 방향 진폭
0 (0°)	0	1.0	7 (210°)	−0.5	−0.87
1 (30°)	0.50	0.87	8 (240°)	−0.87	−0.50
2 (60°)	0.87	0.50	9 (270°)	−1.0	0
3 (90°)	1.0	0	10 (300°)	−0.87	0.50
4 (120°)	0.87	−0.50	11 (330°)	−0.5	0.87
5 (150°)	0.50	−0.87	12 (360°)	0	1.0
6 (180°)	0	−1.0			

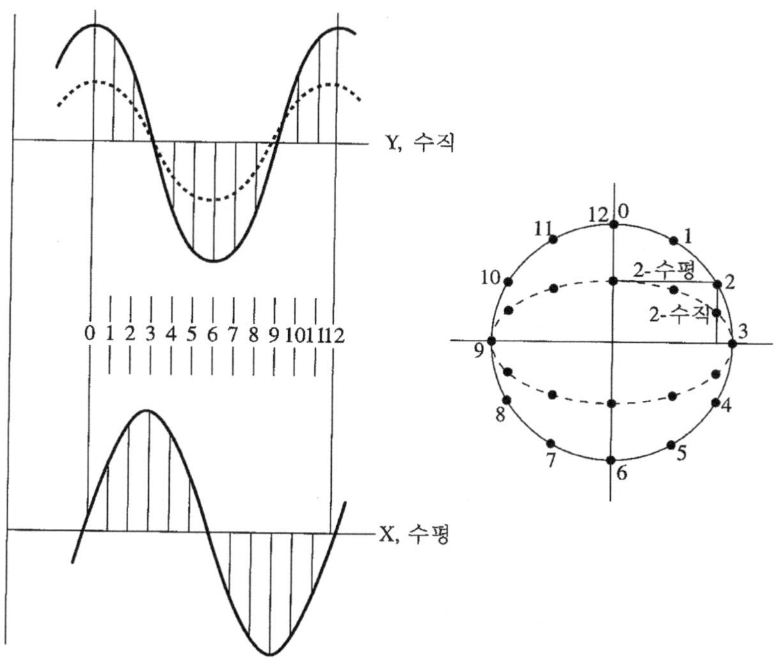

그림 5.13 90° 위상차를 갖는 두 정현 파형의 궤도 선도

일반적으로는 수직과 수평 방향의 강성이 다른 이방성 지지($k_X < k_Y$)일 경우, 수평과 수직 방향의 진폭이 다르게 된다. 이때의 궤도는 타원이 되고, 최대 진폭의 방향이 타원의 장축을 나타낸다. 그림 5.13에서 점선은 수평 방향의 진폭이 수직 방향 진폭보다 큰 경우의 타원 궤도를 나타낸다. 어떻든 두

파형 사이의 위상차가 90°로 일정하게 유지되는 경우는 XY 평면 내에서 장축의 방향은 항상 일정하게 유지된다.

그림 5.14는 진폭이 서로 다른 두 정현파가 90°가 아닌 150°의 위상차를 가질 때의 타원 궤도를 나타낸다. 타원의 장축 방향이 수평축으로부터 어긋나 있는 것을 알 수 있다. 이러한 타원 궤도는 압력 댐 베어링이나 정렬 불량에 의한 예하중이 작용할 때 일반적으로 관측될 수 있다. 타원의 단축은 축 중심선(centerline)과 압력 댐을 관통하는 작용선에 가깝고, 또한 정렬 불량의 방향을 나타낸다.

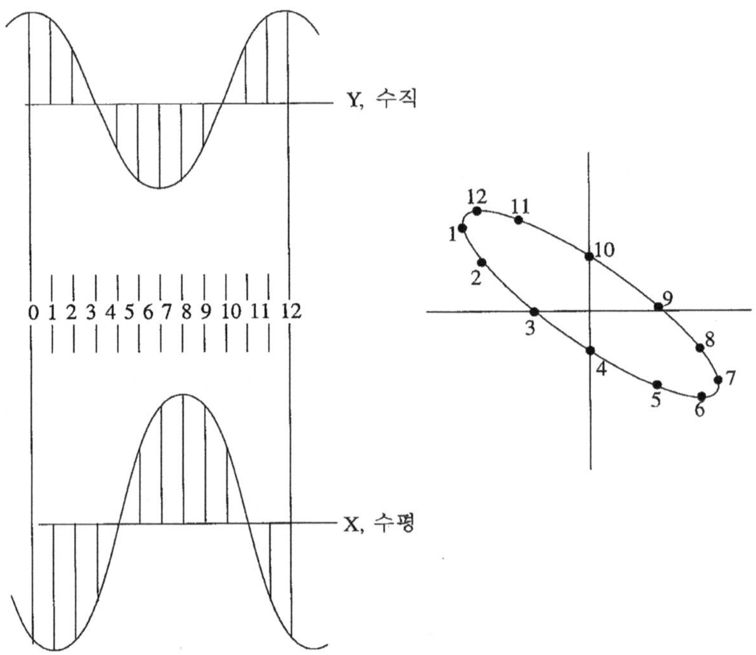

그림 5.14 150° 위상차를 갖는 진폭이 다른 두 정현 파형의 궤도 선도

시간 파형이 하나 이상의 주파수 성분을 포함하면, 궤도의 형상은 복잡하게 된다. 예로, 그림 5.15는 기본 주파수와 이의 1/2인 분수 조화 성분을 포함하는 2개의 파형으로부터 얻어진 궤도를 나타낸다. 이러한 파형은 부적절한 베어링 폭과 직경비 L/D를 가지는 원통형 유막 베어링으로 지지된 고속 회전 기계에서 oil whip과 같은 불안정 진동이 발생하였을 때 일반적으로 관찰될 수 있다. 그림 5.16은 예로 여러 원인에 의해 발생할 수 있는 다양한 궤도의 예를 보인다.

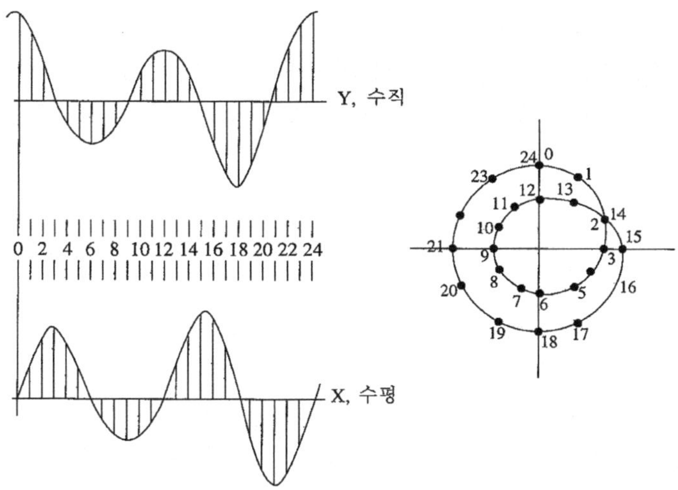

그림 5.15 불안정 진동을 나타내는 시간 응답 파형과 궤도 선도

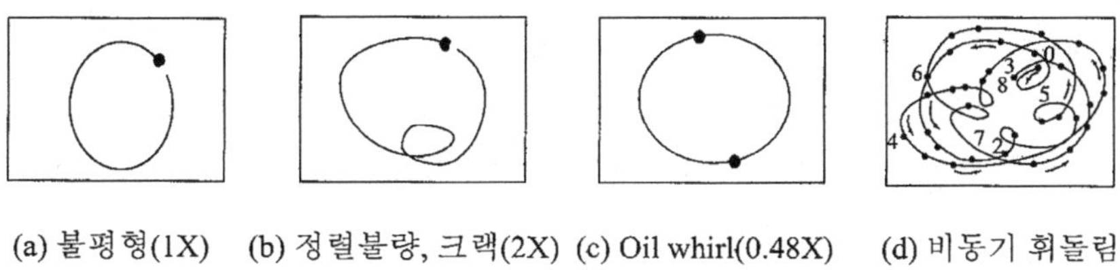

그림 5.16 궤도 선도의 예

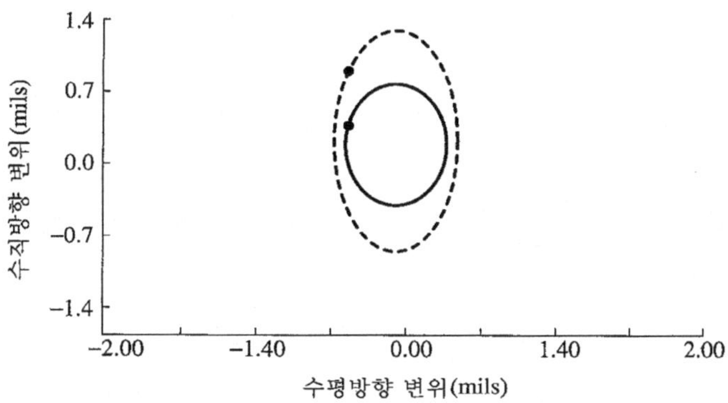

그림 5.17 저널 베어링의 마멸 감시용 궤도

그림 5.17은 궤도 선도를 이용한 저널 베어링의 마멸(wear) 감시의 예를 보인다. 실선은 마멸이 없는 초기의 정상 베어링에 대한 궤도이고, 점선은 마멸된 베어링의 궤도를 나타낸다. 이와 같이 각종 결함 원인에 따라 발생할 수 있는 궤도의 다양한 패턴을 파악함으로써 결함 진단의 유익한 도구로서 사용될 수 있을 것이다.

5.1.6 복수 궤도 선도(multiple orbit display)

복수 궤도 선도는 여러 개의 궤도를 동시에 나타낸 것으로, 여러 개의 궤도를 시간이나 회전 속도의 변화에 따라서 나타냄으로써 그 변화 추이를 한 눈에 파악할 수 있고, 또한 임의 시간에서 여러 측정 점에 대한 궤도를 동시에 표시하면 진동 모드 형상을 파악할 수 있다.

그림 5.18은 운전 속도의 변화에 따른 궤도를 나타내기 위해 1,900 rpm부터 2,500 rpm까지 증속하면서 5개의 운전 속도에서의 궤도를 함께 나타낸 예이다. 2,200 rpm에서 위험 속도를 통과하고 있음을 알 수 있다. 그림 5.19는 증기 터빈 구동 원심 압축기에서 터빈 측 3개, 저압 압축기 2개 및 고압 압축기 1개의 측정 점에서 축 진동 변위의 궤도를 함께 나타낸 예이다. High spot를 연결한 점선은 축계의 진동 모드를 나타낸다.

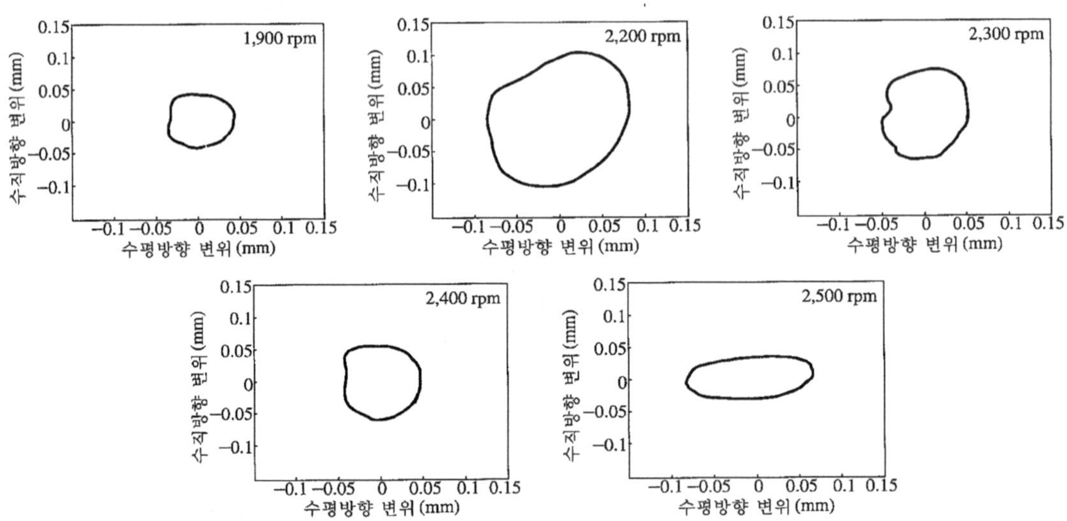

그림 5.18 회전 속도의 변화에 따른 복수 궤도 선도의 예

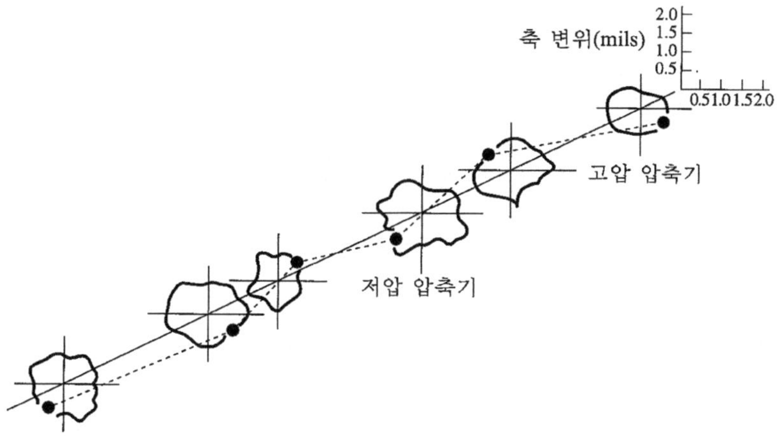

그림 5.19 측정 점에 따른 복수 궤도 선도의 예

5.1.7 허용 영역 선도(acceptance region plot)

허용 영역 선도는 시간의 함수로서 진동 벡터 성분들을 샘플링에 의해 만들어진 일종의 극 선도(polar plot)이다. 여기서 허용 영역(acceptance region)이란 용어는 운전이 허용될 수 있는 것으로 고려되는 벡터 운동 주위를 형성하는 영역을 말한다. 1X(또는 2X) 진동 벡터와 slow roll 벡터(진폭과 위상각)의 추이를 극 좌표상에 표시한 그림으로서, 진동 허용 영역을 도시하여 기계의 진동 레벨이 입력된 허용 영역을 초과하게 되면 경보를 발생하도록 한 분석 자료이다.

허용 영역은 모든 정상 운전 상태 하에서 측정된 기계의 과거 자료를 바탕으로 정해지기 때문에, 장기간에 걸쳐 축적된 자료는 보다 정확한 허용 영역을 제시할 수 있는 근거를 제공할 수 있다.

- 진폭의 최대 및 최소 점, 위상각의 최대 및 최소 점이 정해진다.
- 축 균열(crack)의 조기 발견과 진단에 가장 중요한 지침이 된다.
- 그래프상의 모든 점들이 지정된 부채꼴 모양의 허용 영역 내에 들어있으므로, 이 기간 동안 1X의 진동 응답 특성이 변화하지 않았으면 정상적인 상태로 운전되고 있음을 나타낸다.
- 경향 선도에서 진폭과 위상각의 정보가 함께 주어지는 경우에는 이를 이용하여 허용 영역 선도를 그릴 수 있다.

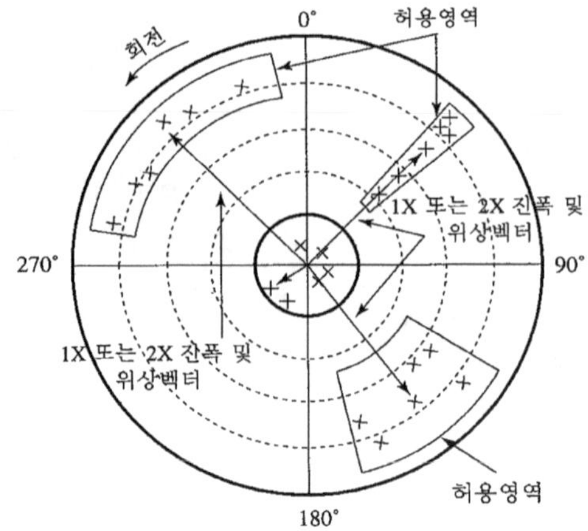

그림 5.20 허용 영역 선도의 예

5.1.8 폭포 스펙트럼 선도(waterfall spectrum plot)

폭포 스펙트럼 선도는 선택된 감시 대상 기계의 진동 측정 점에서 계측된 진동 신호의 주파수 스펙트럼을 시간대 별로 중첩하여 나타낸 3차원 선도로서, 동적 캐드케이드 선도(dynamic cascade plot)라고도 한다.

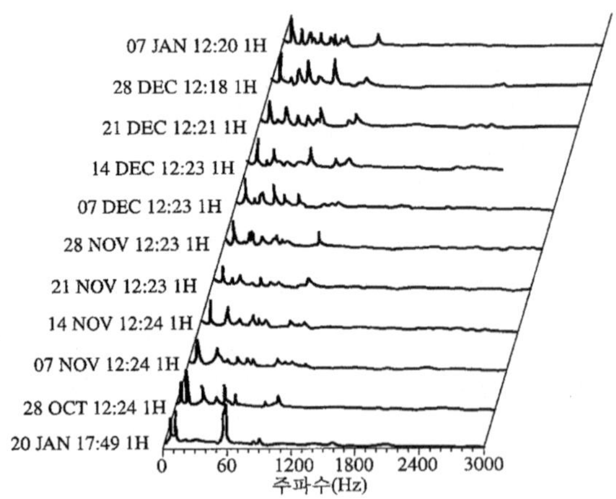

그림 5.21 폭포 선도의 예

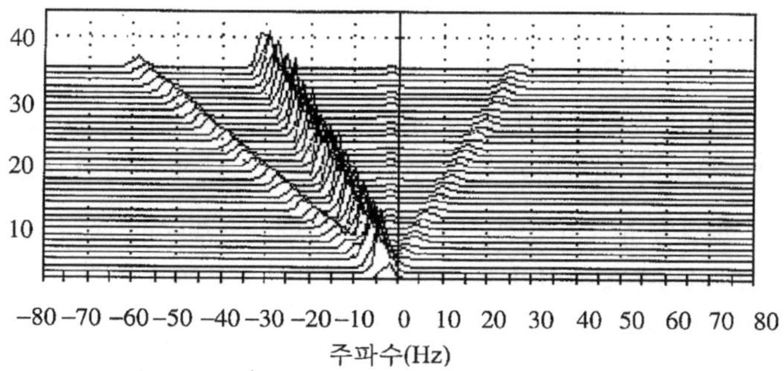

그림 5.22 방향성 폭포 선도(directional waterfall diagram)의 예

시간의 경과에 따라 기계의 진동 양상이 어떻게 변화하고 있는지를 한 눈에 알아 볼 수 있는 매우 유용한 자료이다. 이 선도는 기동 또는 정지 시뿐만 아니라 정상 운전 시에도 이용된다.

기계의 특정 부분에서 이상이나 결함이 발생하면, 이에 대응하는 특정 주파수 성분이 발생하거나 또는 진폭이 증가하는 등의 스펙트럼 상에 분명한 변화의 경향을 나타내게 된다. 이러한 응답의 변화를 분석하면, 특정 고장이나 결함을 조기에 검지하는데 유익하다. 캐스케이드 선도와 마찬가지로, 이 선도에는 위상각에 대한 정보가 전혀 들어있지 않다는 단점이 있다. 그림 5.21은 폭포 선도의 예를, 그리고 그림 5.22는 방향성 스펙트럼의 폭포 선도의 예를 나타낸다.

5.1.9 진동 벡터 선도(vibration vector plot)

회전 기계에서 발생하는 이상 진동의 검지에 특히 효과적인 방법으로 진동 진폭뿐만 아니라 위상(phase)도 함께 감시하는 방법으로 **진동 벡터 선도**가 있다.

이는 위상의 감시에 따라 접촉(rubbing) 진동 등의 각종 이상의 조기 발견과 이상 진동의 원인 판별이 가능하다. 통상 강제 진동은 거의 위상의 변화가 없이 일정하지만, 자려 진동은 위상이 시간에 따라 변화하는 특징을 가지고 있다.

일 예로 불평형 진동(unbalance vibration)은 회전 주파수 성분이 탁월한 진동 현상으로, 불평형 진동을 일으키는 원인으로는 평형잡기(balancing) 불량이나 경년 변화에 의한 잔류 불평형(residual unbalance), 회전 부품의 절손, 열적 불평형(thermal unbalance)에 의한 회전체의 굽힘 및 회전체와 정지 부분의 접촉 등과 같이 다수 존재한다. 그러나 주파수 분석을 하여 보면, 모두 회전 주파수 성분이 탁월하고 이들 원인의 판별은 일반적으로 불가능하다. 그러나 위상 정보를 포함한 불평형 진동 벡터(회전 주파수 성분 벡터)의 시간 변화에 따른 특징을 이용하면 원인의 판별에 크게 도움이 된다. 그림 5.23은 이를 도식적으로 나타낸 것이다. 그림에서 잔류 불평형은 시간의 변화에 따라 진동 벡터의 변화가 거의 일정하고 좁은 범위 내에서 변화한다. 열 굽힘에 의한 진동 벡터는 위상은 거의 변화하지 않고 진폭만이 시간과 함께 증가한다. 회전체와 고정부의 접촉 진동은 접촉 위치의 변화에 따라 진폭과 위상이 모두 변화한다. 특히 접촉 유형이 완전 원주 접촉(full annular rubbing)과 같은 심한 접촉 또는 부분 접촉(partial rubbing)의 가벼운 접촉인가에 따라 진동 벡터의 변화 패턴은 크게 달라 질 수 있다. 회전체의 일부가 절손되어 탈락된 경우에는 탈락이 발생한 직후 급격한 불평형의 변화에 따라 짧은 시간 동안 크게 이동하고, 다시 잔류 불평형과 같은 정상 상태를 유지하는 특징을 가지고 있다.

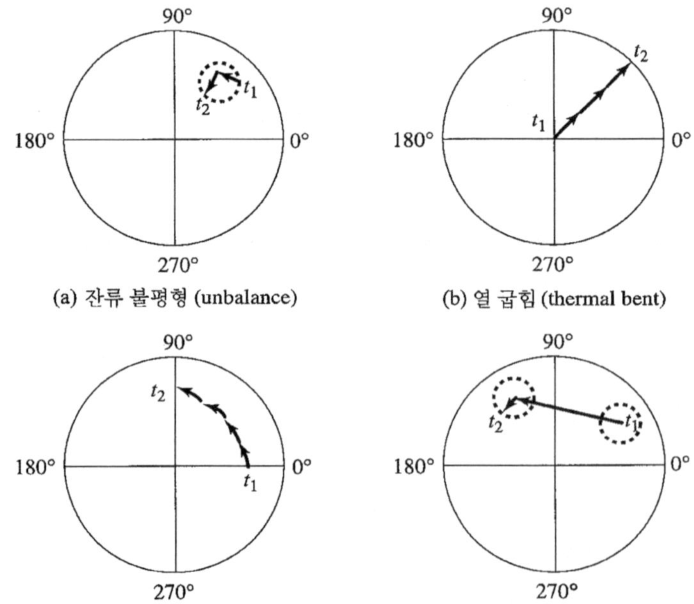

(a) 잔류 불평형 (unbalance)　(b) 열 굽힘 (thermal bent)

(c) 접촉 (rubbing)　(d) 회전부분 절손 (lost parts)

그림 5.23 불평형 진동 벡터의 시간 변화 특성

5.2 과도 운전 상태

기동 및 정지(coast-down) 시와 같은 과도 운전 상태(transient operation condition) 동안에 기록된 데이터는 정상 상태 동안에 얻어질 수 없는 기계 상태에 대한 중요한 정보를 제공할 수 있다. 일 예로 베어링의 안정성과 감쇠 특성, 불평형 응답, 위험 속도를 포함한 구조 및 부품의 공진, 전자기적인 비정상, 접촉(rubbing), 축 균열 등은 과도 상태의 데이터로부터 결함 상태를 검지하고 분석할 수 있는 좋은 예이다. 또한 부하나 운전 속도의 변화를 가지는 과도 상태는 기계의 이상 상태를 진단할 때, 상당히 유용하게 이용될 수 있다. 과도 상태의 응답으로부터 이용할 수 있는 정보들로는 slow roll 속도, slow roll run-out 벡터, 공진 점에서의 진폭, 위상 및 주파수, 동기 확대 계수(synchronous amplification factor), high/heavy spot 관계, 구조 공진(structural resonance), 회전체의 모드 형상(mode shape) 및 처짐 형상(deflection shape), 예하중(preload)의 규명 및 주파수 관계 등과 같은 것이 있다.

과도 상태의 데이터는 시간 또는 회전 속도를 포함하는 3차원의 형태로 표시되어야 한다. 따라서 과도 상태의 표시는 정상 상태보다 복잡하고 1회전당의 기준 신호를 필요로 한다. 과도 현상의 분석에는 다음의 선도들이 널리 사용된다.

- 캠벨 선도(Campbell diagram)
- 보데 선도(Bode plot)
- 극 선도(polar plot)
- 캐스케이드 선도(cascade plot)
- 축 중심 위치선도(shaft centerline position plot)
- 불평형 응답 선도(unbalance response plot)

5.2.1 캠벨 선도(Campbell diagram)

캠벨 선도는 수직 축에 진동 주파수 f, 수평 축에 회전 속도 N, 경사 축에 조화 성분의 차수(order)를 취하고, 공진 점에서 피크 진폭의 크기는 원의 직경으로 표시한 선도로서, 간섭선도(interference diagram)이라고 한다. 이는 회전 기계의 회전 속도 변화에 대응하는 진동 특성의 변화를 해석하는 방법으로, 회전 기계를 구성하는 여러 부품들의 공진 상황이나 회전축의 위험 속도 분석에 매우 편리하다. 이 선도는 캐스케이드 선도 및 폭포 선도와 동일한 정보를 다르게 표현한 것이다. 회전 속도가 변화되므로 기계 운전 속도의 여러 조화 성분에 의해 가진 되는 각각의 진동 모드를 효과적으로 나타낸다.

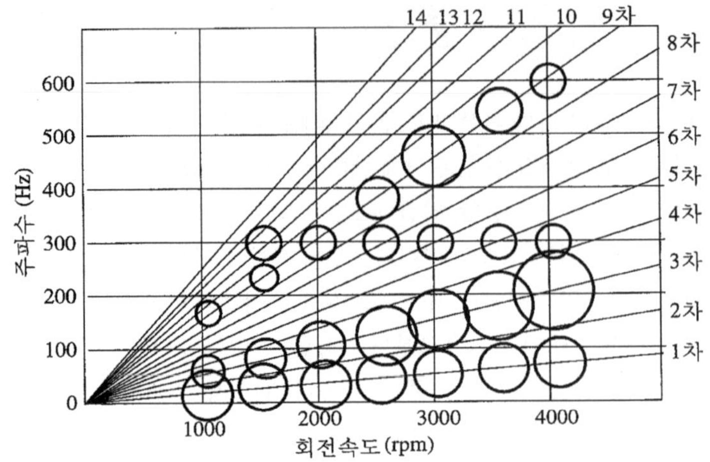

그림 5.24 캠벨 선도의 예

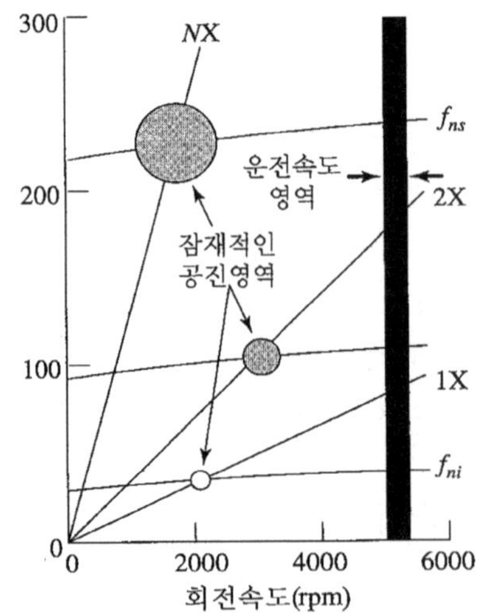

그림 5.25 캠벨 선도

캠벨 선도와 캐스케이드 선도는 모두 가진력의 성질, 공진의 유무 및 그 크기, oil whip, oil whirl의 유무 등을 명확히 판별하기 위해 일반적으로 이용된다. 이는 그림 5.25와 같이 운전 속도의 함수로 고유 진동수를 나타낸 것이다.

이 선도에서는 가진력 주파수를 함께 나타내며, 가진력 주파수의 선은 좌표 원점으로부터 퍼지는 직선으로 표현된다. 즉, 1X 선은 1 × 운전 속도(회전 주파수) 가진을 나타내고, 불평형력과 같이 가진 진동수가 회전 주파수가 된다. NX 선은 깃 또는 블레이드 통과 주파수의 가진을 나타내고, 펌프에서는 임펠러 깃의 수 × 회전 주파수를 의미한다. 또한 2X는 회전 주파수의 2배 성분의 가진력 주파수를 나타내고, 정렬 불량과 같은 가진력이 이에 해당된다. 운전 속도 영역 내에서 가진력 주파수의 선과 고유 진동수가 교차하는 영역은 잠재적인 공진 영역을 나타내고, 공진에 의한 과대한 진동 문제를 회피하기 위해 설계 변경이 이루어져야 함을 암시한다.

그림 5.26은 7개의 실린더를 가지는 선박용 디젤 엔진에서 측정된 캠벨 선도의 예를 나타낸다. 그림에서 점선은 2차, 4차 등의 회전 차수를 나타내고 있고, 이로부터 주된 가진력은 회전 차수의 7차, 10차 및 11차임을 알 수 있다. 또한 원의 크기가 크게 되는 회전수와 진동수로부터 5.8 Hz(A점), 9.5 Hz(B점) 부근에 엔진의 공진점이 있는 것으로 판단된다. 통상 공진이 발생하고 있다고 판단되는 경우에는 실험적인 모드 해석(modal analysis)을 통하여 공진 상태의 모드 형상을 조사한다.

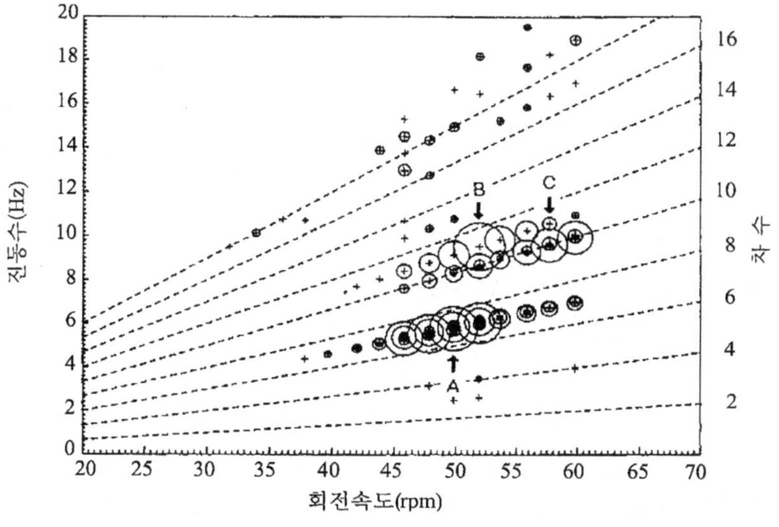

그림 5.26 디젤 엔진 진동의 캠벨 선도 예

그림 5.27은 1,000 MW급의 원자력 발전소용 저압 증기 터빈 축계에 대한 이론적인 캠벨 선도를 진동 모드와 함께 나타낸다. 고유 진동수 선과 1X 선이 교차하는 점에 해당하는 회전 속도가 위험 속도가 되고,

운전 속도(1800 rpm) 이하에서 5개 위험 속도가 존재하는 것을 알 수 있다. 회전 속도의 변화에 따른 위험 속도의 변화가 미소한 것은 베어링 지지 부분의 강성(1.75×10^9 N/m)이 베어링 강성보다 매우 작기 때문에 지지 강성이 베어링 강성보다는 주로 지지 부분의 강성에 의해 결정되기 때문이다. 이는 저널 베어 링의 강성은 회전 속도에 따라 변화하지만, 지지 부분의 강성은 일정한 것으로 고려하기 때문이다.

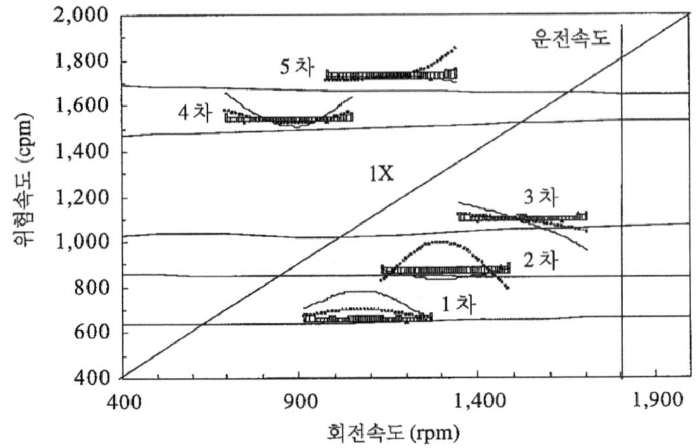

그림 5.27 저압 증기 터빈 축계의 캠벨 선도 예

5.2.2 보데 선도(Bode plot)

보데 선도는 회전 속도의 변화에 대한 진동 진폭과 위상 지연을 그림으로 나타내는 방법이다. 통상 진폭에는 회전 주파수(1 × rpm) 성분, 위상 지연은 그 성분의 high spot과 key-phasor 사이의 각도를 이용한다. 이는 직교 좌표에서 축 회전 속도의 함수로서 그려진 NX(전형적으로는 1X 또는 2X) 진동 벡터(진폭 및 위상)로서, 수평축을 축의 회전 속도로 표시하고, 수직 축은 진동 벡터의 진폭과 진동 벡터의 위상 지연각을 각각 나타낸 선도이다. 축 회전 속도의 하나의 차수(1X, 2X, 3X 등)로 필터링 된 진동 벡터(변위, 속도, 가속도)는 보데 선도의 형식으로 그려질 수 있다. 예로, 1X 또는 2X 주파수의 진동 벡터(진폭과 위상각) 응답을 회전 속도의 함수로 2개의 직각 좌표로 나타낸 것이 보데 선도이고, 극 좌표상에 진폭, 위상각 및 회전 속도의 변화를 동시에 나타낸 것이 극 선도이다.

회전체를 저속으로 회전시키면 그 회전 속도에 대응하는 진폭과 위상을 나타내며, 이 값을 런 아웃(run-out)이라 한다. 저속 시에는 1X 성분의 진동 진폭이 거의 나타나지 않으므로, 지시되는 값은 전기적인 잡음(전기적 run-out), 축의 굽힘, 축 표면의 요철(기계적 run-out)에 의한 것이기 때문에, 일반적으로 보데 선도와 극 선도를 그릴 때, 이 slow roll 벡터를 보상해 주는데, 특히 평형 잡기 등의 작업을 할 때 이를 고려하지 않으면 정보를 상당히 왜곡시킬 수 있다. Heavy spot의 위치는 보상된 보데 선도의 저속에서의 위상 지연(phase lag)과 거의 일치한다.

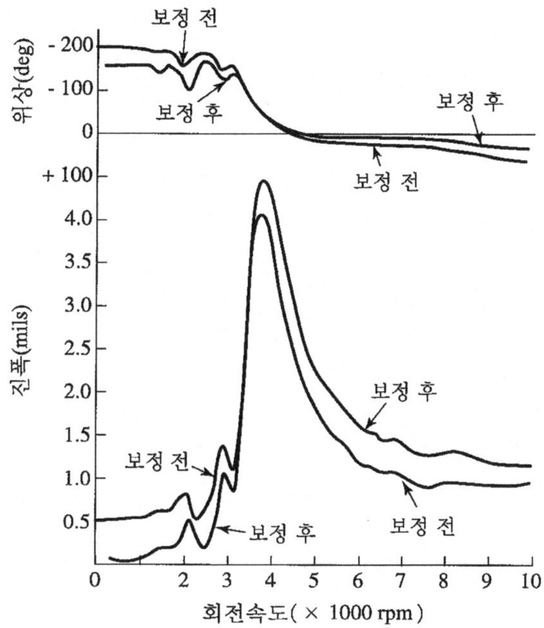

그림 5.28 실제 축계의 보데 선도 예

그림 5.28은 실제 회전 축계의 보정 전후의 보데 선도를 나타낸다. 진폭은 약 0.5 mil, 위상은 약 50°의 run-out이 존재하고 있고, 이를 보정한 결과를 함께 나타낸다.

보데 선도에서 공진 점에서의 진폭을 공진 점을 통과한 후 진폭이 거의 일정하게 되었을 때의 진폭으로 나눈 값을 **공진 배율**, 즉 ***Q*** 계수(quality factor)라 하고 계의 감쇠 성능과 안정성을 나타낸다. API 610 규격에서는 Q 계수가 8 이하 가능하면 5 이하가 되는 것이 바람직하다고 권장하고 있다. 통상 Q 계수에 따라

- $Q < 2 \sim 3$: 매우 안정
- $3 < Q \le 6$: 양호
- $6 < Q \le 12$: 약간 불량
- $Q > 12$: 불안정(불량)

과 같이 구분하고, Q 계수가 12 이상이 되면 기동 시에 문제가 발생할 수 있다. 그림 5.29의 예에서는 Q 계수가 약 3.5 정도로 진동이 양호하다고 할 수 있다.

특히 저널 베어링으로 지지되는 회전 기계의 진동은 축과 베어링 사이의 지지 상태, 다시 말해서 베어링의 점성 저항에 좌우되기 때문에 Q 계수를 구하는 데는 축의 진동을 직접 관측하는 것이 좋다. 한편 베어링 하우징 위의 측정에서는 이들의 감쇠도 포함되어 정확한 Q 계수가 구해지지 않게 되고, 실제 Q 계수보다 약간 높은 값을 나타내게 된다.

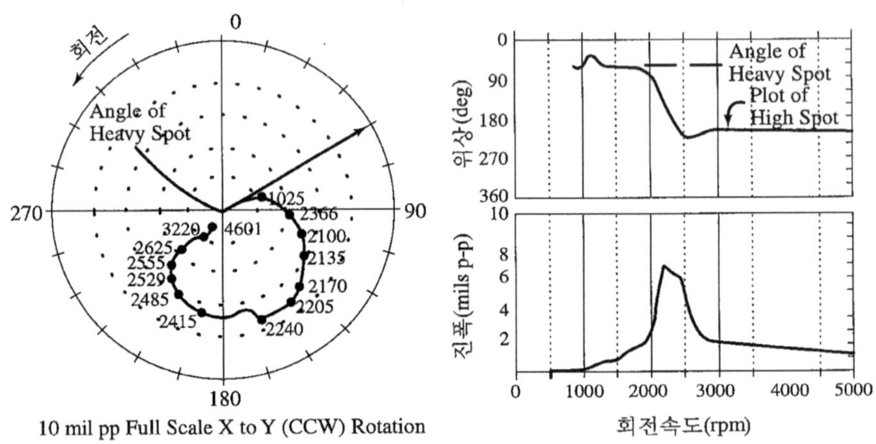

그림 5.29 극 선도(좌측)와 보데 선도(우측)의 예

기계에 이상 진동이 발생되어 그 점검을 목적으로 기계를 운전 정지하거나 수리 후 기계를 다시 기동할 때, 운전 속도의 변화에 따른 진동의 변화를 관측하는 자료로서, 위험 속도의 위치 및 평형잡기의 정도를 판단하는 중요한 자료가 된다. 모든 회전체는 구조적인 특성에 따라 고유한 위험 속도를 갖게 되며, 이 위험 속도에서는 진폭이 최대가 되는 동시에 위상각이 약 180° 정도 바뀌는 특성이 있다.

일정 속도로 운전 중에 전원을 차단하면 회전체의 관성에 의해 서서히 회전 속도가 감소하여 정지하게 된다. 이 때의 회전 속도 변화에 따른 진폭 곡선의 형태를 분석하면 이상 진동의 원인을 판별하는 데 유익한 정보를 제공할 수 있다. 그림 5.30은 이를 도식적으로 나타낸다. 진동 원인이 비선형성에 의한 경우에는 어느 회전 속도를 통과하면 진폭이 도약(jump-down)하여 급격히 감소하는 특성이 있다. 또한 자려 진동(self-excited vibration)의 경우에는 계의 고유 진동수로 진동을 하고 공진 영역에서는 동기화 현상(synchronization 또는 lock-in 현상)에 의해 회전 속도가 고유 진동수를 약간 벗어나더라도 고유 진동수와 과도한 진폭을 유지하다가 급격히 감소하게 된다. 공진 영역에서 운전 중이거나 공진 영역을 통과하는 경우는 회전 속도가 위험 속도를 통과하면 급격히 진폭이 감소한다. 기계적인 강제 진동, 예로 불평형 진동은 회전 속도의 제곱에 비례하는 가진력에 의해 진동이 발생하므로 대략적으로 회전 속도의 2차 곡선 형태로 진폭이 감소한다. 전기적인 원인으로 전자기력(electromagnetic force 또는 magnetic pull)이 가진력인 경우에는 전원을 차단하면 이 힘은 순간적으로 사라지므로 진폭은 급격히 감소하게 된다.

이와 같은 회전 속도의 변화에 따른 진동 진폭 곡선의 형태를 이용하면 결함 원인의 대략적으로 파악하는데 큰 도움이 된다. 통상 기동(start-up)시에는 구동 토크 여유로 인해 가속도가 크고 빠른 시간 내에 정격 운전 속도까지 도달하므로 이와 같은 진폭 곡선의 정보를 얻기가 어렵고 통상 정지(shut-down) 시의 진동 신호를 이용한다.

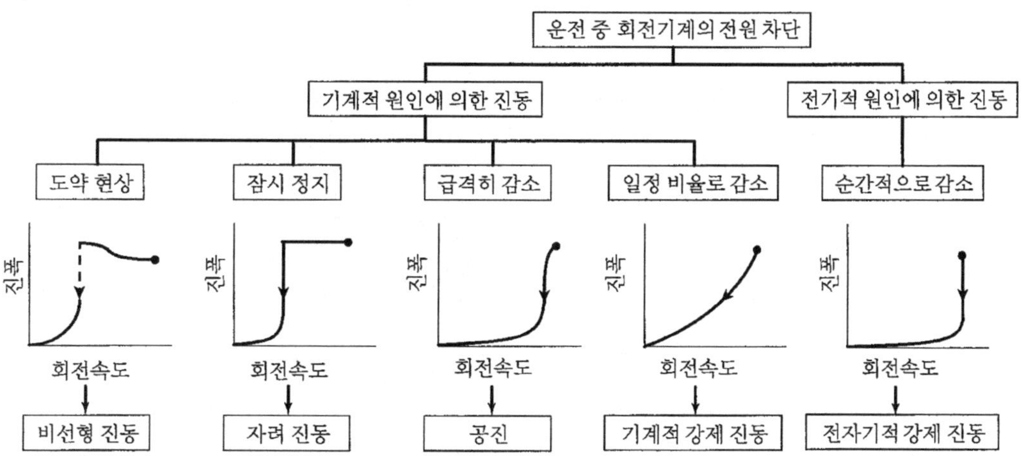

그림 5.30 진동 진폭 선도의 형태에 따른 원인 분석

5.2.3 극 선도(polar plot, vector plot 또는 Nyquist plot)

극 선도는 벡터 선도 또는 나이퀴스트 선도라고도 하며, 그림 5.29의 좌측 그림과 같이 1개의 극 좌표 상에 진폭, 위상각 및 회전 속도의 변화를 동시에 나타낸 선도이다. 보데 선도는 그림 5.29의 우측에 보이듯이 진폭과 위상을 상하로 배치하여 2개의 정보를 별도로 나타내지만, 극 선도는 평면 극 좌표 위에 합쳐서 동시에 나타내기 때문에 축의 운동 특성을 이해하는데 편리하다. 극 좌표에서 축의 회전 속

도 함수로서 나타낸 NX(전형적으로는 1X 또는 2X) 진동 벡터(진폭 및 위상)이다.

기계에 이상이 발생되어 점검을 목적으로 기계를 정지시키거나, 수리 후 기계를 다시 기동할 때, 속도 변화에 따른 진동의 변화를 관측하는 자료로서, 위험 속도의 위치 및 평형잡기의 정도를 판단하는 중요한 자료가 된다. 회전체의 위험 속도 및 high spot, heavy spot의 위치를 알 수 있어서 복잡한 다면 평형잡기(multi-plane balancing) 문제를 해결하는데 유용하게 쓰이기도 한다. 그려진 그래프의 모양, 각 점들의 위치와 각도 그리고 회전 속도에 관한 많은 정보를 내포하고 있고, 위험 속도의 위치, 불평형의 양뿐만 아니라 진동의 원인이 구조적인데 있는지, 위험 속도에 의한 것인지 또는 공기 저항에 의한 것인지를 판단할 수도 있으며 축의 변형 모드가 어떠한 것인가에 대해서도 판독할 수 있다. 통상 선도를 그릴 때, slow roll 벡터를 보상해 주는데 특히 평형잡기 등의 작업을 수행할 때 이를 고려하지 않으면 정보를 상당히 왜곡시킬 수도 있다. Heavy spot의 위치는 보상된 보데 선도의 slow roll 속도에서의 위상각과 거의 일치한다.

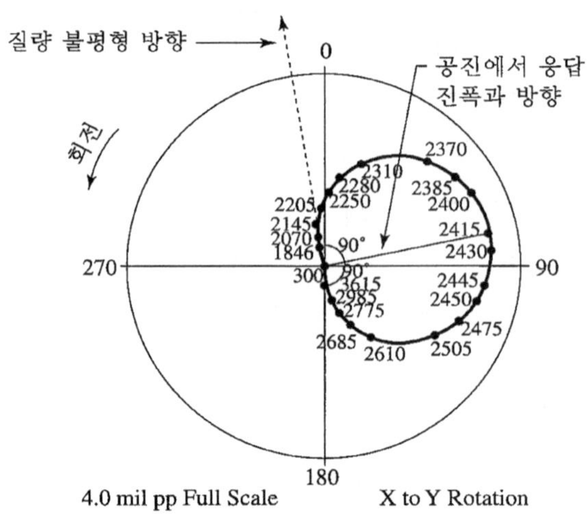

그림 5.31 극 선도의 예

그림 5.31은 극 선도의 일 예로서, 300 ~ 2,100 rpm에서는 위상의 변화 없이 진폭(반경)이 직선적으로 증가하고 있고, 이 정보에 따라 불평형 질량의 방향을 개략적으로 파악할 수 있다. 회전 속도의 증가에 따라 위상과 반경이 증가하여 진폭이 최대가 되는 회전 속도인 2,416 rpm에서 공진이 발생한 후 회전 속도의 증가와 함께 진폭의 감소와 위상이 증가하고 있다. 이 선도를 통하여 위상이 진폭과 함께 변

화하는 모양을 잘 이해할 수 있는 장점이 있다.

5.2.4 차수비 분석(order ratio analysis)

보데 선도나 극 선도는 1X 가진의 불평형력에 기인하는 회전축의 응답을 조사하기 위해 주로 사용되지만, 회전축은 1X 성분 이외에도 많은 진동 성분을 발생한다. 회전 기계의 진동을 분석할 때 일정 주기로 샘플링을 하면, 진동의 기본 주파수 성분과 고차 조화 성분의 주파수는 회전수의 변화에 따라 바뀌고 스펙트럼에서의 위치도 어긋나게 된다. 그러나 회전과 동기인 회전각도 펄스에 의해 샘플링을 하면 회전수가 변화하여도 스펙트럼상의 위치는 변하지 않고 회전 속도에 비례한 위치에 있기 때문에 주파수 분석이 정확하게 이루어진다. 이를 **일정 차수비 분석**(constant order ratio analysis)이라 한다. 이때 1회전당의 펄스 수를 x, 데이터의 개수를 N이라 하면, 분석되는 최대 차수 O_{max} 및 분해능 ΔO는 다음 식과 같이 정의된다.

$$O_{max} = x/2, \quad \Delta O = x/N$$

예로, $x = 64$, $N = 1{,}024$라 하면, $O_{max} = 32$, $\Delta O = 0.0625$가 된다. 따라서 회전 속도를 천천히 증가시키면서 회전 속도를 가로 축에 진폭을 세로 축으로 그린다. 동시에 그 진동을 1X(1:1), 2X(1:2) 성분을 plot한다. 그림 5.32는 그 일 예이다.

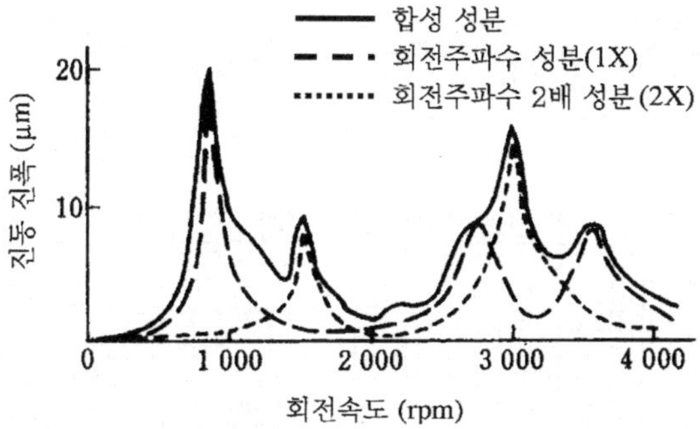

그림 5.32 회전 속도의 변화에 의한 1X, 2X 성분의 표시

그림 5.33은 가스 터빈의 기동 시에 계측된 변위 신호를 차수 **추적**(order tracking) 하여 1X부터 4X까지의 차수 성분들을 분리하여 각각에 대해 그린 예이다. 회전 속도의 변화에 따른 각 주파수 성분들

의 변화를 쉽게 파악할 수 있다.

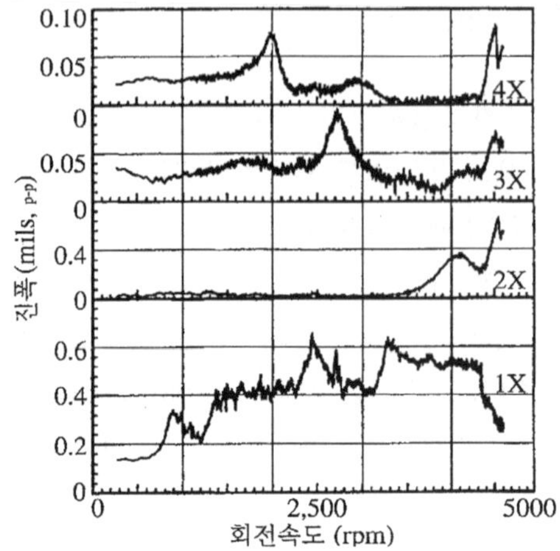

그림 5.33 차수 추적 분석 예

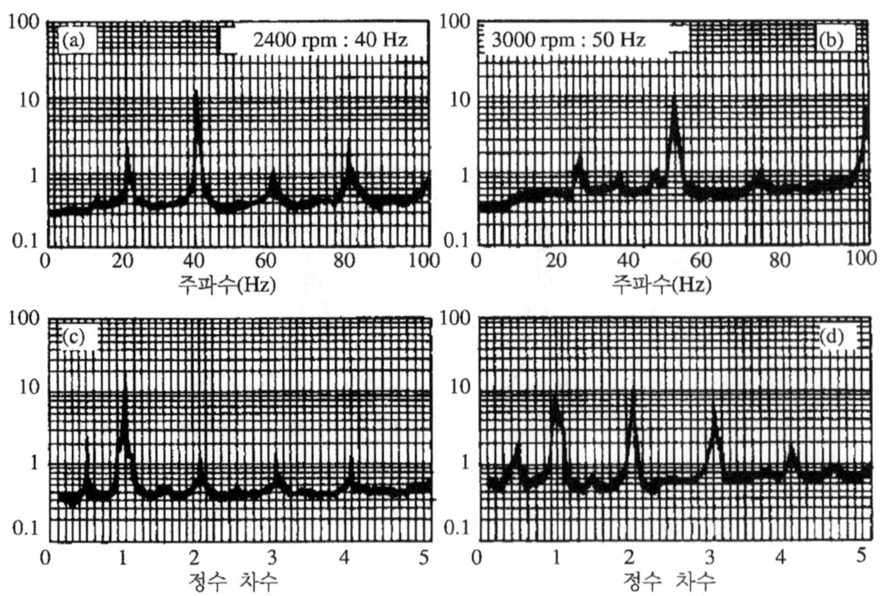

그림 5.34 차수비 분석의 예

그림 5.34(a)와 (b)는 각각 회전 속도 2,400 rpm, 3,000 rpm에서의 진동 스펙트럼으로 회전 주파수(1X)인 40 Hz와 50 Hz의 탁월 주파수 성분과 이의 분수 조화(1/2X) 및 조화 성분(2X, 3X 등)이 함께 나타나고, 이들을 비교하면 같은 형태로 되고 있다. 결국 회전 속도가 상승한 만큼 수평축이 이동한 형태로 된다. 그래서 1X 성분을 기준으로 하고, 이 값으로 나눈 진동수비(정수 차수)를 가로 축으로 표시하면 가로 축은 회전 속도에 관계없이 일정하게 되고 진단을 수행하기 용이하게 된다. 그림 5.34(c)와 (d)는 (a), (b)의 각각의 일정 정수 차수 성분을 나타낸 것이다.

5.2.5 캐스케이드 선도(cascade plot)

캐스케이드 선도는 주파수 스펙트럼을 시간에 대해 연속 스펙트럼을 기록하여 비교한 선도로서, 결함이 진전되는 경우, 결함에 의해 발생될 수 있는 결함 주파수의 발생과 이 성분의 진폭 변화를 쉽게 인식할 수 있다. 회전축의 상대 변위를 감시하기 위해 비접촉 변위계가 사용된다.

축 회전 속도의 함수로서 그려진 일련의 주파수 스펙트럼으로, 진동 주파수와 기계의 회전 속도 사이의 관계를 보여준다. 주파수에 따른 주파수 스펙트럼을 회전 속도 별로 중첩하여 나타낸 3차원 선도로서, 시간이 경과함에 따라 진동 진폭의 형태가 어떻게 변화하는지를 한 눈에 파악할 수 있다. 회전체의 위험 속도, oil whirl과 oil whip의 존재 여부는 물론 1X, 2X, 3X 등 진폭의 크기를 한 눈에 알 수 있으므로, 진동의 분석에 매우 유용하게 쓰이는 반면, 주파수 스펙트럼이 갖고 있는 한계인 위상각에 대한 정보가 전혀 포함되지 않는 단점도 있음을 유의할 필요가 있다.

그림 5.35는 저널 베어링에서 oil whirl과 oil whip이 발생하였을 때의 캐스케이드 선도를 나타낸다. Oil whirl은 대체로 축이 경량이고, 고속 회전하고 있을 경우에 주로 발생되는 자려 진동 현상으로 축이 베어링 내부를 회전하고 있을 때, 축과 베어링 사이에 충전된 윤활유가 축과 베어링 사이를 통과하여 축 주위를 회전하는 현상으로 대략 축이 2회전하는 동안 1회전하는 현상을 말한다. 따라서 0.42 ~ 0.48X 성분이 크게 발생한다. Oil whirl 현상이 발생되고 있는 동안, 우연히 이 진동 성분이 위험 속도 성분을 자극하게 되면 0.42 ~ 0.48X의 주파수 성분을 갖는 진동이 매우 크게 나타낸다. 이때의 자려 진동 현상을 oil whip이라고 한다.

그림 5.36은 기어 상자 입력 축에서 측정한 변위 신호의 스펙트럼을 캐스케이드 선도로 나타낸 예이다. 기어 상자의 상태 변화를 나타내는 중요한 진폭의 증가를 나타낸다. 가속도계 신호의 스펙트럼도 역시 이용될 수 있다. 그러나 이 경우에는 대부분 조화 성분이 중요하고, 큰 주파수 응답으로 난잡한 선도가 만들어져 제한된 경우에만 사용된다.

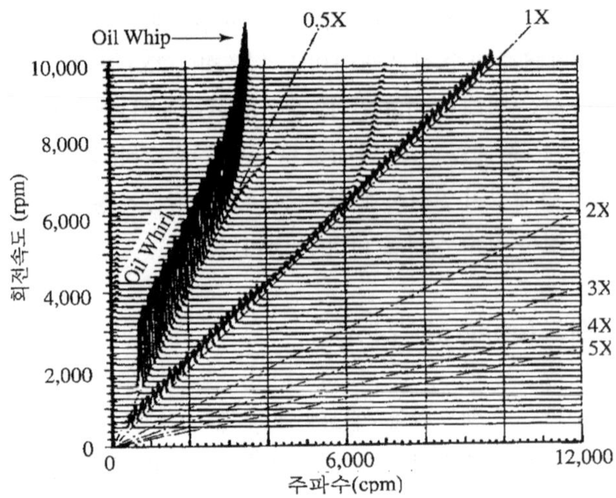

그림 5.35 캐스케이드 선도의 예

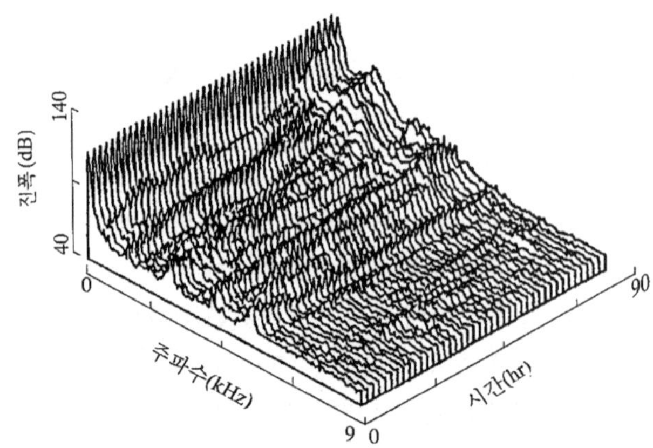

그림 5.36 과부하 상태의 단단 기어 상자 입력 축의 변위 캐스케이드 선도

그림 5.37은 동일한 데이터를 표시하는 2개의 캐스케이드 스펙트럼을 비교하여 나타낸다. 그림 5.37(a)는 일반적인 주파수 캐스케이드 스펙트럼으로 속도에 종속된 진폭 응답을 보이고, 회전 주파수 성분(1X)과 이의 조화 성분(2X, 3X 등)들은 회전 속도에 비례하여 이동하고 직선상에 진폭이 표시된다. 그림 (a)에서 회전 주파수 성분에 큰 피크가 나타나는 영역이 보이고, 1X 성분의 바로 우측에 회전

속도의 변화와 관계 없이 일정한 직선 상의 작은 응답 진폭들이 나타나고 있다.

그러나, 부가적인 정보나 보다 상세한 조사 없이는 이 성분이 위험 속도인지를 단정하기 어렵다. 그림 (b)는 차수 정규화된(order-normalized) 캐스케이드 선도이다. 회전주파수의 차수(order)로 정규화함으로서, 차수 관련 성분인 1차(1X), 2차(2X) 등은 회전 속도에 비례하여 이동하므로 회전 속도가 변화하여도 각 차수 성분들은 동일 선상에 있게 된다. 그림에서 우측 하단에서 출발하여 1X의 최대 피크로 향하는 성분을 확인할 수 있고, 이는 위험 속도 성분임을 확인할 수 있다. 그러나 이 표시 방법은 회전 속도의 변화가 큰 경우에는 주의하여 사용할 필요가 있다. 그림 5.38은 방향성 스펙트럼을 이용한 캐스케이드 선도의 예이다. 회전 속도의 변화에 따른 전향 및 후향 휘돌림 주파수 성분의 진폭들의 변화를 일목요연하게 파악할 수 있다.

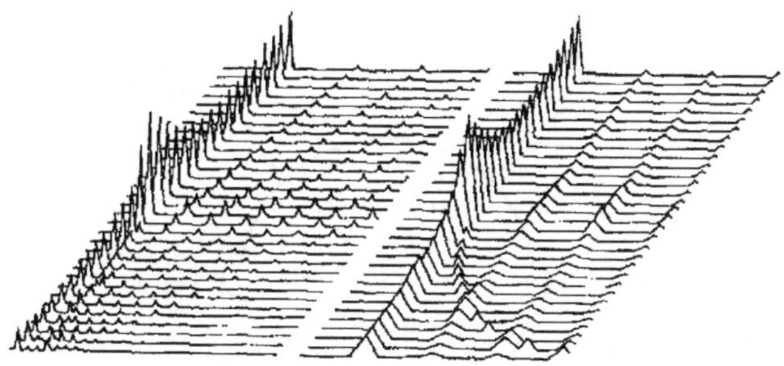

(a) 캐스케이드 선도 (b) 차수 정규화된 캐스케이드 선도

그림 5.37 캐스케이드 선도와 차수 정규화된 캐스케이드 선도의 비교

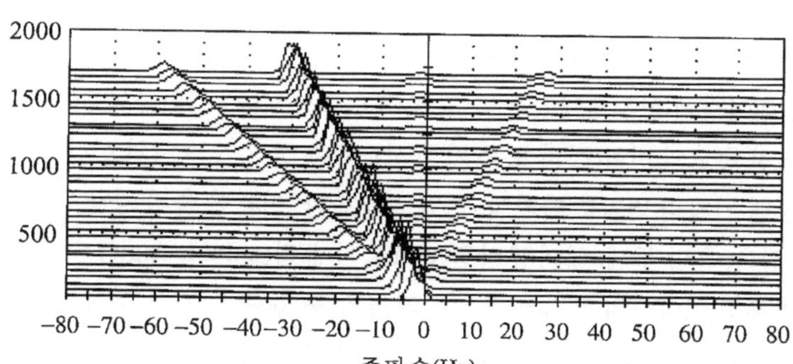

그림 5.38 방향성 캐스케이드 선도의 예

5.2.6 축 중심선 위치 선도(shaft centerline position plot)

축 중심선 위치 선도는 축 회전 속도의 함수로서 그려진 베어링 내에서 축의 중심선의 상대적인 평균 위치를 나타내며, 그림 3.39와 같이 서로 90° 떨어져 설치된 2개의 비접촉 변위계로부터의 DC 성분을 합성하여 만든 선도이다. 반경 방향 베어링(radial bearing) 내에서 베어링 틈새를 초과하는 반경 위치의 변화는 베어링과 저널의 접촉을 일으키고 베어링 메탈을 탈락시키는 고장을 일으킬 수 있다. 이는 스러스트 베어링에서도 마찬가지이다. 축 중심선 위치 선도는 항상 초기의 정지 상태에서 틈새(gap) 전압을 기준으로 그리게 되며, 베어링 틈새가 선도의 경계가 된다. 따라서 이 선도를 그리기 위해서는 우선 초기 정지 상태의 전압과 베어링 틈새의 정보량을 알아야 한다. 베어링 틈새 내에서 반경 방향으로 축 중심점의 평균 위치를 표시하여 준다.

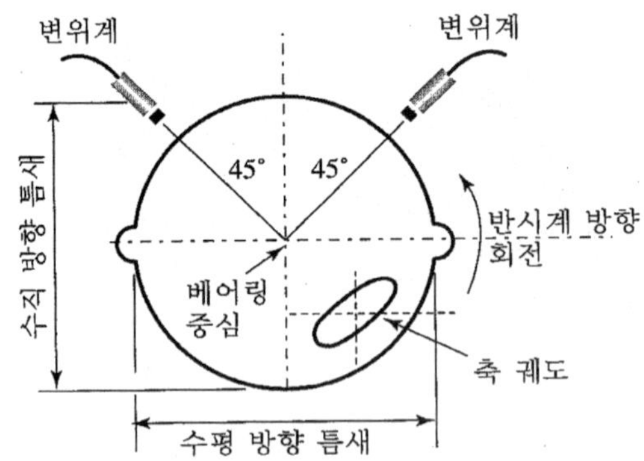

그림 5.39 베어링 내의 축 중심 위치 측정 개략도

이 선도는 각 베어링에 설치되어 있는 수평 축(X), 수직 축(Y) 변위계의 DC 전압을 합성하여 형성하는 것으로서 회전 속도의 변화(정지 또는 기동 시), 혹은 정상 가동 시의 시간에 따른 축과 변위계 사이의 평균적인 상대 위치의 변화를 파악할 수 있도록 한다. 이러한 축의 평균 위치의 변화를 감시함으로써 정렬 불량, 접촉, 유막 두께, 베어링 마멸(wear), 자세 각(attitude angle) 및 축 균열의 존재 여부를 비롯하여 축에 가해진 예하중의 크기와 방향을 가늠할 수 있다. 여기서 자세 각이란 베어링 중심점과 축 중심점을 연결한 선으로, 중력이나 유체 가진력과 같은 정상 상태의 하중 방향이 이루는 각도이다. 이것은 안정 여유(stability margin)의 양을 의미한다. 이 선도로부터 많은 정보를 얻기 위해서는 기계의 정상적인 응답을 알아야 한다. 자세 각을 평가하면, 회전 축계의 자려 진동의 발생 여부를 확인하는 안

정성을 파악할 수 있다.

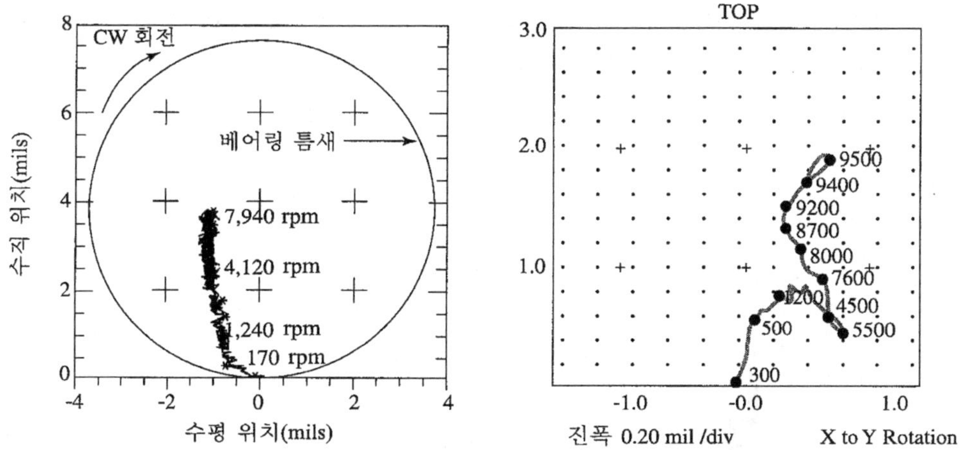

그림 5.40 축 중심선 위치 선도의 예

5.2.7 캡스트럼 분석

시간 및 주파수 영역의 분석 외에 Quefrency 영역의 분석이 있다. 여기서 Quefrency는 frequency에서 que를 앞으로 이동하여 만든 조어이다. 캡스트럼(cepstrum)은 대수 스펙트럼 $F(f)$의 역 푸리에 변환(inverse Fourier transform)으로서, 다음 식으로 표현된다.

$$C(\tau) = F^{-1}\{\log F(f)\}$$

캡스트럼은 알기 쉽게 말하면, 푸리에 변환한 결과인 스펙트럼을 다시 한번 푸리에 변환한 것으로, 이것에 의해 고차 조화 성분이나 측대역 성분(sidebands)과 같이 어느 주파수에서 일정 간격으로 나열되어 있는 스펙트럼이 있으면, quency라고 부르는 시간 축 상에서 그 간격의 주기를 1개의 선으로 나타내기 때문에 **주파수 변조**(modulation)를 받은 결함의 분석에는 효과적인 방법이다.

캡스트럼 분석은 스펙트럼이 시간 영역 신호에서 발생하는 주기 성분을 강조하기 위해 사용되는 것과 같은 방법으로, 스펙트럼에서 발생하는 주기성을 강조하기 위해 사용된다. 주로 기어 상자의 진동 분석에 이용되며, 스펙트럼 내의 변조 성분이나 측대역 성분의 존재에 기인하는 성분이 켑스트럼에서 흔히 검지될 수 있다.

그림 5.41은 단단 기어 상자의 케이싱에서 측정된 진동 가속도 신호의 캡스트럼을 나타낸다. 20.75 ms 성분은 축의 기본 변조 성분이고, 41.50 ms 성분은 rahmonics를 나타낸다. 여기서 rahmonics는 주파수 스펙트럼의 조화 성분(harmonics)에 대응하는 용어이다. 주파수 스펙트럼의 크기(magnitude)에 대응하는 gamnitude는 기어 마멸의 증가에 따라 증가하는 경향을 보인다.

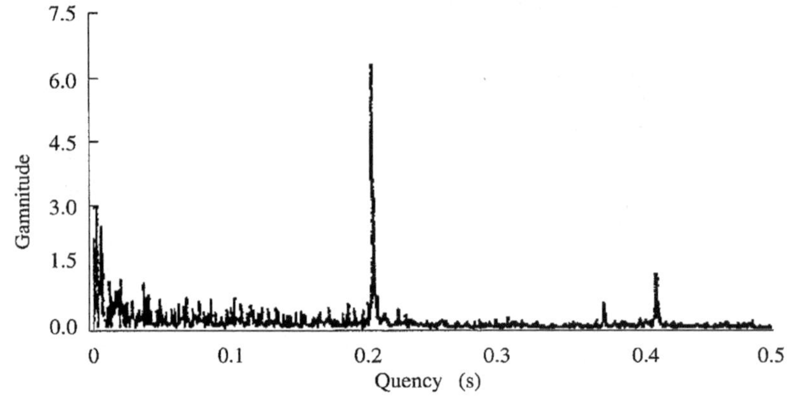

그림 5.41 기어 상자에서 가속도 신호의 캡스트럼 예

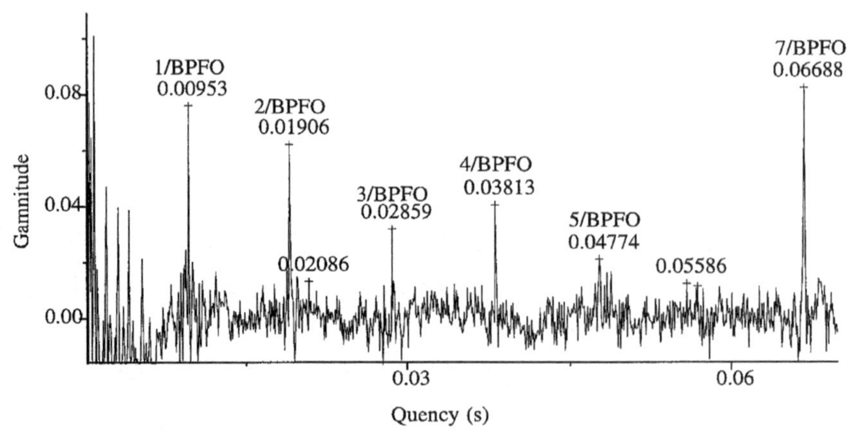

그림 5.42 베어링 외륜 결함 신호의 캡스트럼 예

그림 5.42는 볼 베어링의 외륜 결함에 대한 캡스트럼을 나타낸다. 계산된 외륜 결함 주파수가 104.7 Hz이고, 주파수 스펙트럼에서는 이 성분을 명확히 파악하기 어려우나, 이의 역수인 0.00953 s의 성분과 이의 배수 성분들이 quency 대역에서 명확히 나타나고 있다.

캡스트럼 분석은 제안 초기에는 기어의 진단에 효과적인 도구로 알려졌지만, 기어 진단에는 이 방법보다 확대 스펙트럼 분석(zooming)에 의해 대부분의 문제 해결이 가능하기 때문에 최근에는 별로 사용되지는 않는다. 또한 켑스트럼은 시간 변화에 대한 연속적인 3차원 선도로도 나타낼 수 있으며, 이를 캡스트럼 캐스케이드 선도(cepstral cascade diagram)라 부른다.

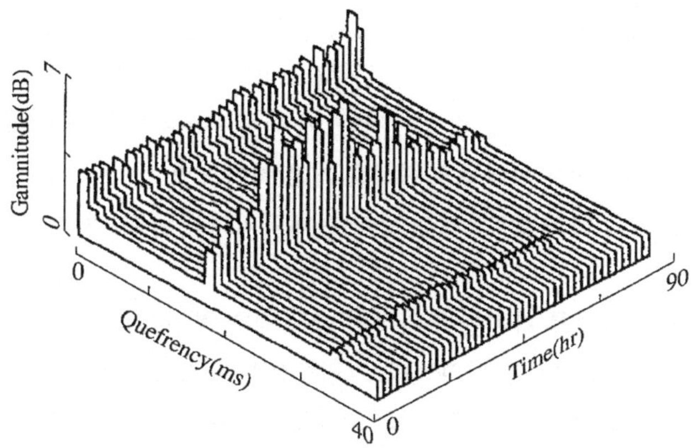

그림 5.43 기어 상자 케이싱에서 가속도 신호의 캡스트럼 캐스케이드 선도 예

그림 5.43에 그림 5.41의 캡스트럼을 시간 변화에 대해 나타낸 예를 보인다. 켑스트럼 성분의 대역폭은 gamnitude의 변화를 쉽게 분간할 수 있도록 넓어진다. 그림은 과부하 상태에서 단단 기어 상자 케이싱의 가속도 신호를 이용하여 나타낸 것으로, 기본 성분과 조화 성분(rahmonic) 크기(gamnitude)의 초기 증가는 평 기어의 피치선(pitch line)에서의 피팅(pitting)에 기인한다. 계속된 운전은 이(teeth)의 이 끝 높이(addendum)와 이 뿌리 높이(dedendum)의 스코링(scoring)과 같은 손상을 야기시키게 된다.

5.2.8 웨이브릿 분석(wavelet analysis)

웨이브릿 분석은 웨이브릿 변환(wavelet transform: WT)을 이용하여 시간 영역과 주파수 영역을 동시에 분석하는 방법의 하나로, 연속 신호와 이산 신호에 모두 적용할 수 있으며, 최근 결함 진단에 널리 적용되기 시작한 기법이다. 종래의 FFT 변환은 측정 데이터 구간 내에서 정보가 시간 평균이 되므로, 시간 구간에서의 정보를 잃어버리는 단점이 있다. 따라서 WT는 특히 시간에 따라 결함 주파수가 변화하는 비정상 신호(non-stationary signal)나 과도 신호(transient signal)의 분석에 유용하다. 고전적인 단구간 푸리에 변환(STFT: short-time Fourier transform)이나 가보 변환(Gabor transform)을 대체할 새로운 대안으로 사용되고 있다. WT와 STFT의 근본적인 차이점은 STFT는 모든 주파수 대역에 대해 동일한 크기의 필터 창 함수(window)를 사용하는 반면, WT는 고주파 대역에서는 폭이 좁은 창 함수를, 그리고 저주파 대역에서는 폭이 넓은 창 함수를 사용한다. 따라서 WT는 상대 대역폭 불변 해석(constant relative bandwidth analysis)이라고도 불리며, 주파수 대역의 변화 폭은 항상 주파수 값에 비례한다.

WT는 입력 신호를 특정 기저 함수의 집합으로 분리하는 과정으로 이해될 수 있고, WT에 사용되는 기저 함수의 집합은 하나의 기본 웨이브릿 기저 함수(mother wavelet basis function)에 대한 시간 축 방향으로의 확대 및 축소, 평행 이동을 통해 얻어진다. 기저 함수는 특별한 형태의 대역(band-pass) 필터로 생각할 수 있으며, WT의 상대 대역폭 불변성은 기본 웨이브릿 기저에 대한 시간축 방향의 축소 및 확대에 의해 충족된다. 이에 따라 WT에서는 주파수 대역이라는 용어 대신에 스케일(scale)이라는 용어가 주로 사용된다.

그림 5.44는 하나의 주파수를 가지는 주기적인 단순 정현 파형 (a)와 여러 주파수 성분으로 구성된 주기적인 파형 (b)에 대한 WT 결과를 나타낸다. 그림 5.45는 냉장고용 소형 왕복동 압축기에서 취득한 진동 가속도의 원 시간 신호 S(최 상단)와 4개의 주파수 대역(d1~d4)으로 나타낸 정상 상태와 결함 상태에 대해 비교한 예이다. 그림에서 a4는 잔사(residue)를 나타낸다. 4개의 주파수 대역에서의 시간 파형을 비교하여 보면, 정상 시와 결함 발생 시의 파형이 뚜렷하게 구분되는 것을 알 수 있다.

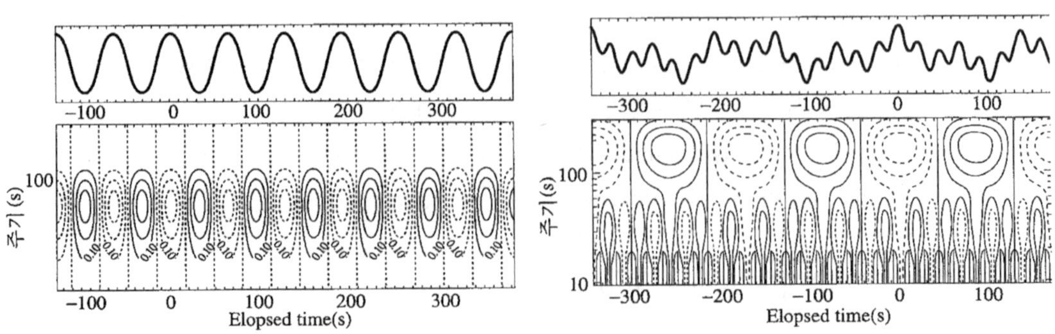

(a) 정현 파형 신호

(b) 주기 파형 신호

그림 5.44 웨이브릿 변환 결과의 등고선 표현

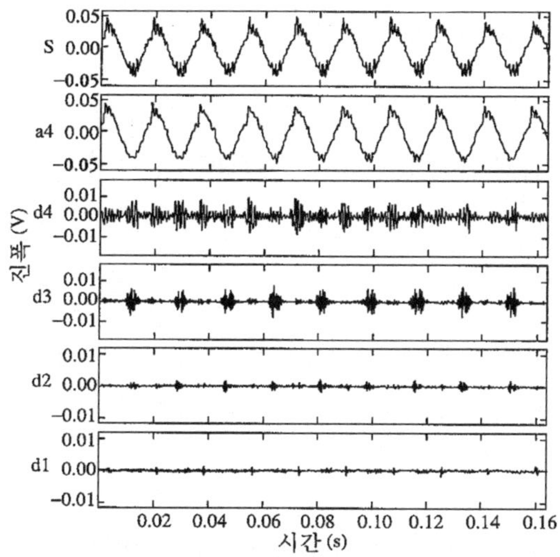

(a) 정상 상태

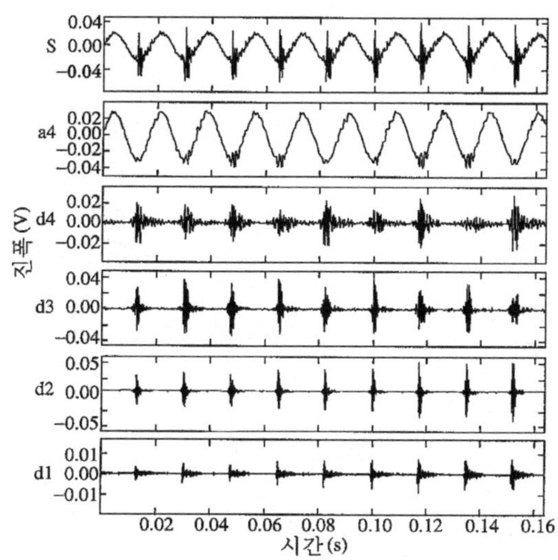

(b) 결함 상태

그림 5.45 소형 왕복 압축기의 시간 신호와 웨이브릿 변환 결과

5.2.9 불평형 응답 선도(unbalance response plot)

불평형 응답 선도는 외력으로서 불평형력이 작용하였을 때의 주어진 회전 속도에서 회전체 휘돌림 운동의 진폭과 위상각을 나타낸 선도이다. 이는 그림 5.46과 같이 관심 있는 3개의 영역으로 나누어 설명될 수 있다. 그림 5.46에서 e는 편심, X는 회전체 진동의 수평 방향 성분, δ는 위상, ω_n은 고유 진동수 그리고 ω는 회전 각속도이다.

1) 영역 S($\omega/\omega_n >> 1$) : 이 영역에서는 그림에서 보는 바와 같이 $X/e = 1$이므로, 고유 진동수보다 시험 회전 속도를 2 ~ 3배 높게 설정하여, 변위 X를 측정함으로써 회전체의 편심 e를 파악하는 방식인 soft type 기계의 영역이다.

2) 영역 H($\omega/\omega_n << 1$) : 이것은 hard type의 영역으로서, 그림에서는 쉽게 알 수 없으나, 진폭은 원심력에 비례한다. 이것이 hard type을 힘 검출형(檢出形)이라고도 부르는 이유이다. 그리고, 또 한 가지 중요한 것은 진폭이 불평형 질량과는 무관하다는 것이다.

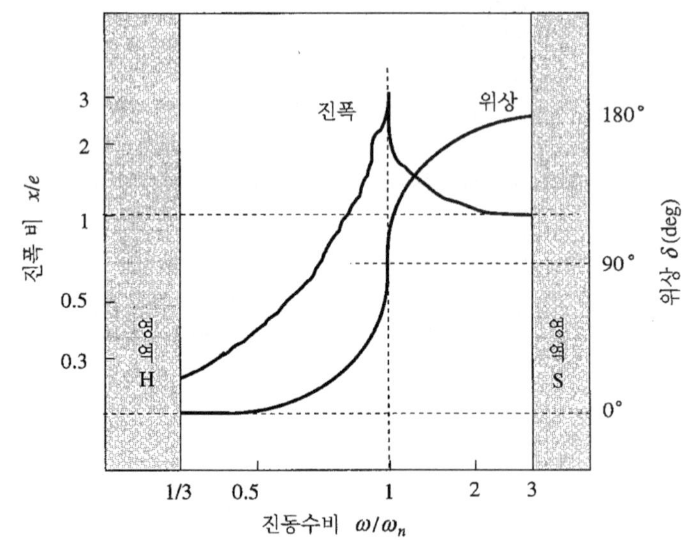

그림 5.46 불평형 응답 선도의 예

3) H와 S의 중간 영역($\omega/\omega_n = 1$ 부근) : 이 부근은 감도가 높으므로 계측 수단이 발달하지 못했던 시대에는 이용되었으나, 회전 속도가 조금만 변하여도 진폭은 물론 위상도 급격하게 변하므로 현재는 불평형의 측정에 사용되지 않는다.

5.2.10 위험 속도 선도(critical speed map)

모든 회전축은 어떤 속도에서 운전될 때 잠재적으로 손상을 일으킬 정도의 굽힘 진동을 나타낸다. 이들 위험 속도는 축계의 고유 진동수의 하나 또는 이상과 일치하는 회전 주파수에 의해 결정된다. 정밀하게 평형잡기 된 회전체라도 위험 속도에서는 진동을 한다. 일반적으로는 최저차(1차) 위험 속도가 가장 큰 진동 진폭을 일으키므로 주된 관심이 된다. 통상 1차 위험 속도가 정격 운전 속도 범위 이상이 되도록 높은 강성과 작은 질량을 가지도록 설계된다. 그러나 이러한 설계만으로는 모든 위험 속도 문제를 해결할 수 없다. 일 예로 대부분의 송풍기(blower)와 횐(fan)은 1차 위험 속도 바로 아래에서 운전되도록 설계된다. 따라서 이 설계 속도에서 운전되는 한 위험속도 문제는 발생하지 않는다. 실제 운전에서는 이들 기계는 위험 속도 문제의 직접적인 결과로서 흔히 손상되거나 파괴된다. 횐과 송풍기는 날개에 먼지와 다른 고형 오염 물질의 축적으로 질량이 증가하고 이에 따라 1차 위험 속도는 낮아져서 설계 운전 속도가 1차 위험 속도 영역 내에 들어가는 경우가 발생될 수 있기 때문이다.

설계 단계에서 위험 속도 선도는 회전 기계의 진동에 미치는 지지부의 동특성의 영향을 설명하는 데 편리한 방법으로 이용된다. 지지 강성과 회전 속도는 주어진 회전체에 대해 지지 강성의 변화에 따른 회전체의 위험 속도의 변화를 보여준다. 탄성 베어링(flexible bearing)은 강체 휘돌림 모드를 낮게 하는 영향이 있고, 강체 베어링(rigid bearing)은 탄성 휘돌림 모드를 높이는 경향이 있다. 선도는 정해진 회전체에 관해서 적용된다. 회전체의 고유 진동수 곡선과 베어링 동특성 곡선의 교점이 그 베어링에 대한 실제 축계의 위험 속도이다. 선도는 회전체 해석을 위한 근사적 도구로써 유용하다.

통상 위험 속도 영역에서 운전되어 과대한 진동이 발생한 경우에는 즉시 회전속도를 낮추어 진동을 감소시켜야 한다. 따라서 위험속도의 문제인지를 확인하는 하나의 방법은 운전속도를 변경하는 것이다. 운전속도의 증가나 감소는 overall 진동과 1X 성분의 진동 모두를 극적으로 감소시킨다.

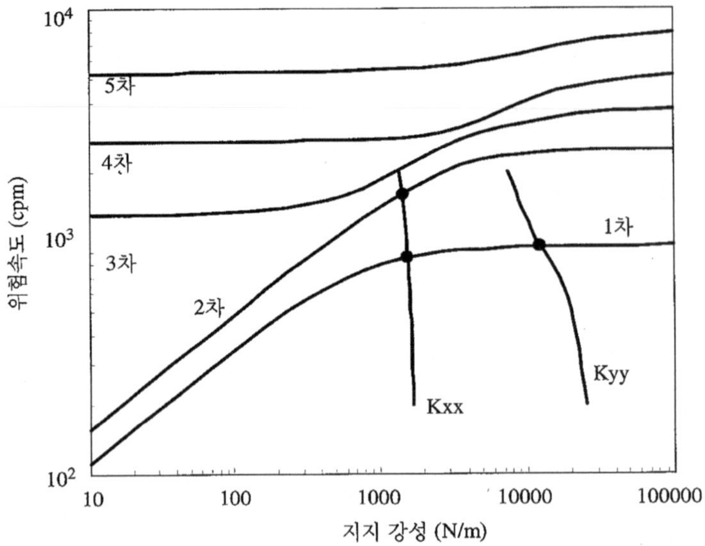

그림 5.47 위험 속도 선도의 예

5.3 질량 불평형

회전체는 저널이 베어링으로 지지되어 있는 회전축을 가지고 회전 운동을 한다. 회전체의 제작이나 조립 시의 정밀도에 의해 발생하는 오차, 운전시의 고정자와의 접촉에 의한 마모나 부식에 의한 변형으로 인해 회전체의 축 중심과 무게 중심이 일치하지 않는 **질량 불평형**(unbalance)이 발생한다. 이 불평형 상태로 회전하면 회전체에는 원심력(centrifugal force)이 발생하여, 회전체의 어느 한 단면의 중심이 고정 축에 대해 순수 회전 운동을 하지 않고 시간 경과에 따라 단면의 중심이 궤도(orbit)를 그리며 회전하는 휘돌림 운동(whirling motion)을 하게 되어 베어링 부분에 변동하는 동적인 힘이 가해져서 진동과 소음이 발생하게 된다.

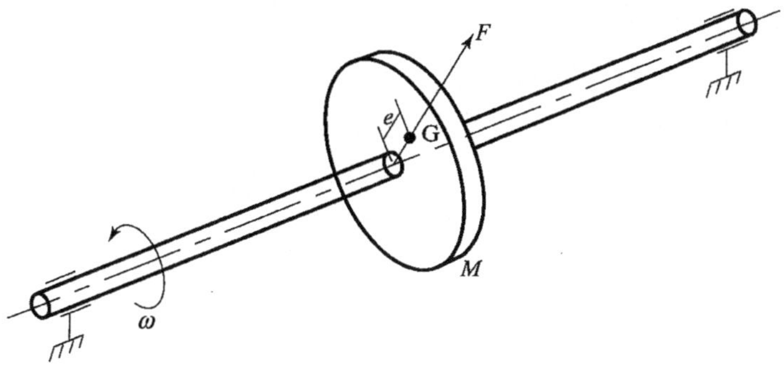

그림 5.48 불평형을 고려한 단순 회전체

그림 5.48과 같이 축의 양단이 지지되고, 중앙에 부착된 얇은 원판의 무게 중심 G가 회전축으로부터 e만큼 편심(eccentricity)이 되어 일정 각속도 ω로 회전하고 있을 때, 불평형 원심력 $F = Me\omega^2$이 발생하게 되고 이는 외력으로 작용하게 된다. 여기서 M은 원판의 질량(kg), e는 편심(m), ω는 회전 각속도(rad/s)이다.

원심력 F는 회전축 상에서 일정한 위치에 있기 때문에, 회전축의 회전에 따라서 회전하는 회전 벡터(rotating vector)이다. 이 원심력은 베어링으로 전달되지만, 일반적으로 구름 요소 베어링은 축의 강성(stiffness)에 비해 매우 강(rigid)하여 변형이 발생하지 않기 때문에, 베어링은 진동을 하지 않고 힘만이 베어링 하우징을 통하여 기초로 전달된다. 그러나, 베어링이 유연하다면, 베어링은 진동을 한다.

원판 질량 M과 편심 e의 곱인 $U = Me$를 질량 불평형(mass unbalance)이라고 하며, 회전 벡터인 원심력은 1회전에 1회 힘을 전달하고, 그 방향은 축의 직각, 즉 반경 방향으로 진동을 발생시킨다. 더욱이, 두 베어링에서 힘의 방향은 같기 때문에, 불평형 진동의 진동수는 $1 \times f_r$(f_r은 회전 주파수)이며 진동 방향은 반경 방향이 된다. 또한 두 베어링 사이의 위상차(phase difference)는 없다.

그림 5.48과 같이 직경에 비해 두께가 작은 얇은 원판의 경우는 정적 불평형(static unbalance)이 대부분이지만, 직경에 비하여 두께가 큰 전동기 회전자의 경우는 정적 불평형과 동적 불평형(dynamic unbalance)이 함께 발생할 수 있다. 동적 불평형은 진동수와 진동 방향은 정적 불평형과 같으나, 두 베어링의 위상 차이는 서로 180°의 역위상(out of phase)이 된다.

불평형은 기본적으로 축 중심선에 대해 회전체의 질량 분포가 비대칭적일 때, 즉 축의 중심 주 관성축들 중의 하나가 축 중심선과 일치하지 않을 때 발생한다. 이 비대칭은 홴(fan)과 같이 용접된 회전체에서는 현저하고, 전동기 회전자와 같이 일반 조립 회전체는 약간 작으며, 선반 가공 부품에서는 매우 작다.

회전체의 불평형을 발생시키는 원인은 제작상의 문제 이외에 회전체의 열팽창 차에 의한 불균일 변형, 정지부와 회전체의 접촉(rubbing)에 의한 회전체의 굽힘, 회전체의 마모 및 부식, 이물질의 부착, 회전체의 변형 및 파손 등 원인이 있다. 대표적인 질량 불평형의 가장 일반적인 원인은 설계 또는 제도 오차, 재질상의 결함 및 가공 또는 조립 오차로서 표 5.2 및 5.3과 같다.

질량 불평형에 의해 발생하는 일반적인 진동 특성은 다음과 같이 요약된다.

- 시간 파형은 조화 파형(harmonic waveform)이다.
- 주파수 스펙트럼에서 회전 속도인 1X 성분이 크게 발생한다.
- 회전 속도의 증가에 따라 1X 성분이 급격히 증가한다.

모든 회전 기계는 정숙한 운전을 위해 **평형 잡기**(balancing)가 요구된다. 이는 회전 속도, 크기 및 진동 요구 사항에 의해 결정되는 허용 레벨로 공장 내에 설치된 평형 잡기 기계(또는 평형 시험기)에서 수행된다. 일정 속도로 운전되는 기계는 단지 하나의 속도, 즉 운전 속도에서 정밀한 평형 잡기가 필요하고, 변속 기계의 경우는 40%에서 100%까지의 운전 속도 범위에서 양호한 회전체의 평형이 유지될 것이 요구된다.

여러 개의 부품들이 결합된 회전체는 각 부품 별로 평형 잡기를 실시하고 완전한 회전체에서 최종적으로 수행된다. 이들 부품은 안정된 정밀 평형 등급을 달성할 수 있도록 설계 및 제작 과정에서 잘 관리되어야 한다. 정밀한 평형을 얻기 위한 기본적인 요구 사항으로서는

- 부품들은 개별적으로 동심도 및 최소 불평형을 만족하도록 정밀 제작
- 운전 중에 이동이 되거나 평형을 변경시킬 수 있는 부품들의 느슨함(looseness)은 회피되거나 최소화
- 평형 수정 중량(correction weights)은 불평형의 위치에서 또는 그 부근에 부착

표 5.2 불평형의 일반적인 원인

불평형의 원인	대상
원판의 설치상 잘못으로 인한 편심	조립 회전체
축 중심에 대한 부품의 질량 분포 변화에 따른 편심	크랭크축, 키 홈
축에 발생하는 기계적, 열적 굽힘(thermal bent)	변형 축, 급속한 가열, 조립 회전체
부품의 조립 상태 이완 또는 유체 불평형	원심, 회전체의 부품

표 5.3 불평형의 구체적인 원인

설계/제도 오차	재질상 결함	제조와 조립 오차
• 부품들의 회전 비대칭성 • 회전체의 가공되지 않는 내부 또는 외부의 표면 • 불충분한 끼워맞춤에 의한 run-out과 경사(swash) 오차 • 키 홈보다 짧은 키 • 회전 대칭성을 가지지 못한 가동 부품과 작동하지 않는 부품	• 주조물의 기포집 • 불균일한 재료 밀도 • 예로 용접 조립에서의 불균등한 재료의 두께 • 볼 베어링의 run-out과 틈새	1) 용접, 주조에 의한 형상 오차 2) 가공 중의 조임 오차 (clamping error), 예로 • 저널 편심 : 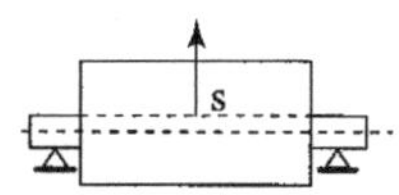 • 기울어짐 : 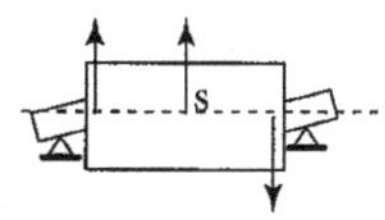 • 축 중심선과 직각이 아닌 끝 면 : 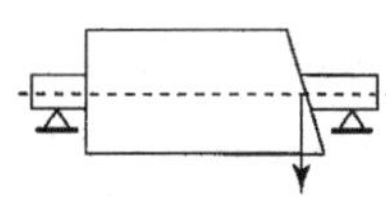 3) 제조 과정에서 의해 발생한 영구변형, 예, 잔류 응력의 방출, 가공 동안의 비틀림, 땜질, 용접, 수축 끼워 맞춤에 의한 변형 4) 볼트의 불균등한 조임에 의한 변형 5) 예로 길이가 다른 볼트, 형태가 다른 와셔와 너트 등의 결합 요소에서의 변동

전동기를 예로 들면, 회전자는 모든 관심 있는 부분들이 동심도(concentricity)에 가깝도록 정밀 가공되어야 하고, 모든 운전 속도와 온도에서 동심도가 유지되도록 축에 가열 끼워 박음(shrink fit)을 하여야 한다. 회전자 봉은 봉들이 슬롯 내에 꼭 끼워지도록 쐐기(wedge)로 메우거나 또는 맞는 틀을 만들어야 한다. 축 및 조립되는 회전자는 정밀 가공되어야 하고, 25.4 μm 이내로 잘 동심이 맞도록 연마되어야 한다. 회전자는 냉각 휀(fan)이 부착되지 않은 상태에서 사전에 평형 잡기가 이루어진 후에 휀을 축에 조립하고 최종적으로 평형 잡기를 수행한다. 휀은 회전자에 조립되기 전에 독립적으로 평형 잡기가 이루어진다. 무거운 외부 냉각형 휀을 갖는 전동기의 경우는 휀에 대한 2면 평형 잡기가 필요할 수 있다.

통상 소형 회전 기계의 경우에는 강체 축(rigid shaft)으로 설계되고, 대형의 경우에는 탄성 축(flexible shaft)으로 설계된다. 강체 축 설계는 축의 1차 굽힘 위험 속도(critical speed) 이하에서, 탄성 축은 1차 굽힘 위험 속도 이상에서 운전되도록 설계된 것을 의미한다. 회전체가 정밀하게 설계되고 제작되었을 때는 탄성 회전체라 하더라도 회전체의 양단에 수정 중량을 부착하여 불평형을 수정하는 2면(양면) 평형 잡기로 통상 충분하다. 그러나 때로는 탄성 회전체는 기동 또는 정지 동안에 회전 축계의 위험 속도를 통과하는 기계의 과도한 진동을 제한하기 위해 다면 평형 잡기가 필요할 수도 있다.

5.4 정렬 불량

정렬 불량(misalignment)은 불평형과 함께 기계적인 진동 원인의 대부분을 차지한다. 대부분의 회전 기계는 전동기 또는 엔진과 같이 동력을 발생시키는 구동 기계(driver)와 송풍기, 펌프 등과 같이 특별한 용도로 이용되는 피동 기계와의 결합으로 운전된다. 때문에 두 기계의 결합이 요구되며, 커플링(coupling)을 이용하여 결합하는 것이 일반적이다. 정렬 불량이란 구동 축(drive shaft)과 피동 축(driven shaft)이 같은 중심선 상에 있지 않기 때문에 높은 진동이 발생하는 현상을 말한다. 정렬 불량이 있으면 이에 따른 강제 구속력과 구속 모멘트가 발생하고, 커플링, 축, 베어링 및 실(seal)에 높은 응력을 야기시키며 이들에 의해 회전체 축이 강제적으로 굽혀지기 때문에, 외관 상의 초기 굽힘(initial bent)이 생기고, 그것에 의해 진동과 소음이 발생하고, 마멸(wear)을 가속시키게 된다. 진동과 소음은 정렬 불량의 증상으로 나타나는 것이고, 마멸은 회피하여야만 하는 정렬 불량의 결과이다.

축 정렬(alignment)의 목적은 진동과 소음을 저감하고, 마멸을 감소시켜 기계의 운전 수명을 증가시키도록 하기 위해 커플링에 가해지는 과대한 부하를 줄이는 것이다. 축 정렬은 일반적으로 온도에 의해 영향을 받는다. 따라서 냉각 상태에서 정렬된 경우, 가열된 실제 상태에서 기계는 기계 구조물의 열 팽창을 허용하여야 한다.

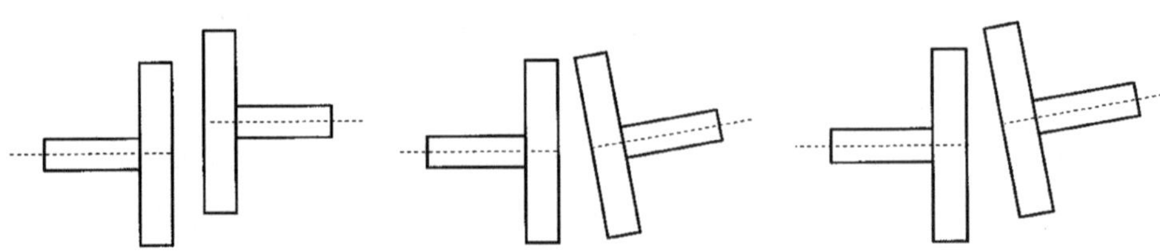

(a) 편심 정렬 불량 (b) 편각 정렬 불량 (c) 복합 정렬 불량

그림 5.49 정렬 불량의 유형

정렬 불량에는 그림 5.49와 같이 두 축의 축 중심선의 편심 편차에 의한 **편심 정렬 불량**(parallel misalignment 또는 offset), 두 축의 축 중심선의 편각 편차에 의한 **편각 정렬 불량**(angular misalignment 또는 angularity) 그리고 편심 및 편각 정렬 불량이 혼합된 **복합 정렬 불량**(combined misalignment)의 3가지로 나눌 수 있다. 커플링은 결합된 두 기계들의 베어링과 축에서 높은 하중과 응력이 발생하지 않도록 어느 정도의 정렬 불량을 허용할 수 있도록 설치된다. 따라서 커플링 제작자는 커플링이 보상할 수 있거나 보상하여야 하는 허용 가능한 편각 및 편심 정렬 불량을 명기하고 있다. 표 5.4는 두 축 사이의 편심 및 편각 정렬 불량에 대한 허용치를 나타내고 있다. 이들 값은 수십 년 동안 미국의 국방 및 산업용 기계에서 경험된 자료를 바탕으로 얻어진 것이다. 편심 정렬 불량, 즉 옵셋(offset)의 허용 값은 커플링의 중앙 또는 양측 커플링 사이의 중앙에서 적용된다. 이는 커플링이 어느 정도의 편각 정렬 불량을 조정하도록 설계되지만, 편심 정렬 불량에는 관대하지 못하다는 사실에 기초한다. 어느 위치에서의 실제 옵셋은 그 평면에서 총 인디케이터 눈금의 반이 된다. 편각 정렬 불량은 임의 편리한 위치에서 교차점으로부터 측정된다. 이 값은 반경 방향의 옵셋을 교차점까지의 축 방향 거리로 나눈 값이다.

표 5.4 편심 및 편각 정렬의 허용 값(tolerance)

회전 속도(rpm)	중심에서 최대 편심 허용값	최대 편각 허용 값
600	5.0 mils (127 μm)	2.5 mils/in (2.5 μm/mm)
900	4.0 mils (101.6 μm)	2.0 mils/in (2.0 μm/mm)
1,200	3.0 mils (76.2 μm)	1.5 mils/in (1.5 μm/mm)
1,800	2.0 mils (50.8 μm)	1.0 mils/in (1.0 μm/mm)
3,600	1.0 mils (25.4 μm)	0.5 mils/in (0.5 μm/mm)
4,000 이상	0.5 mils (12.7 μm)	0.25 mils/in (0.25 μm/mm)

정렬 불량의 특징을 나타내는 진동 패턴으로는 스펙트럼 상의 조화 성분, 베어링에서의 충격 펄스 및 회전 속도에서 높은 축 방향 진동이 있다. 가속도계를 이용하여 측정된 진동을 주파수 분석하면 이 세가지 패턴을 검지할 수 있다. 통상 주파수 스펙트럼 상에 많은 조화 성분이 발생하는 것은 재료 등의 비선형성(nonlinearity)에 기인하는 심각한 왜곡(distortion)을 나타낸다. 조화 성분은 정렬 불량의 절대적인 지표는 아니지만, 왜곡을 나타낸다. 이 왜곡은 축 정렬 불량, 베어링 정렬 불량, 굽힌 축 또는 다른 기계적인 왜곡에 의해 야기될 수 있다. 두 회전 기계가 결합된 경우, 가장 큰 조화 성분의 방향이 대략적인 방법으로 정렬 불량의 방향을 나타낸다. 일 예로 수직 방향에 높은 조화 성분은 기계가 수직 방향으로 정렬의 조정을 필요로 한다는 것을 의미한다. 비록 정렬 불량의 양을 정량화 할 수 는 없지만, 이와

같이 단지 진동 스펙트럼의 패턴으로부터 정렬 불량을 진단할 수 있다는 사실은 중요하다. 조화 성분을 판정하기 위해 overall 값을 사용할 수 있다. Overall 값은 관심 주파수 대역 내에서 모든 진동 피크 $x_i(i = 1, 2, ..., N)$들을 제곱하여 더하고 제곱근을 취한 단일 값이다.

$$\text{rms} = \sqrt{x_1^2 + x_2^2 + \ldots + x_N^2} = \sqrt{\sum_{i=1}^{N} x_i^2}$$

만일 주파수 구간이 적어도 운전 주파수의 10배 이상 충분히 높다면, overall 측정치는 10개 조화 성분들을 포함한다.

정렬 불량이 된 상태에서 베어링은 보다 높은 동적 하중을 받게 되고, 금속과 금속이 접촉하기 쉽다. 구름 요소 베어링에서 이것은 더욱 많은 충돌(impact)과 충격 펄스(shock pulse)가 발생할 수 있음을 의미한다. 저널 베어링에서는 역시 보다 높은 압력의 하중이 작용하고, 접촉의 위험이 높게 된다. 이들 증상은 모두 약 1 kHz에서 10 kHz의 높은 주파수에서 측정된다. 진동 파형은 접촉의 경우와 약간 달리 더욱 랜덤하다.

정렬 불량의 마지막 진동 패턴은 높은 축 방향의 진동 발생이다. 정렬 불량이 되었을 때 커플링에서의 힘들은 축을 변형시키도록 한다. 축은 축 강성(stiffness) 때문에, 이 변형에 저항하지만 약간은 굽히게 된다. 이 힘은 베어링에 그리고 하우징에 전달된다. 축의 키 홈이나 베어링의 불완전한 상태는 대개 1X에서 기계의 진동과 부가적으로 약간의 조화 성분들을 일으킨다. 기계 케이싱은 통상 하부 다리(feet)에서 기초(foundation)까지 부착되고, 상부에서는 지지되지 않는다. 그러므로 하부는 진동이 없고 상부가 많이 진동하게 되고, 축 방향 진동은 기초로부터 가능한 높은 위치에서 측정할수록 잘 측정된다.

정렬 불량의 결과로 발생하는 커플링에 작용하는 힘들은 기초 부분을 회전 중심으로 축 방향으로 rocking 운동을 일으킨다. 기계는 수직 방향으로 강하게 설치되, 중력을 거슬러 움직여야 하기 때문에 크게 움직일 수 없다. 따라서 진동 에너지의 대부분은 수평 방향으로 그리고 일부는 축 방향으로 향한다. 축 방향의 진동이 크게 되면, 일반적으로 수평 방향 진동의 50% 이상이 되면 정렬 불량을 의심한다. 주요 진동 특성을 살펴보면 아래와 같다.

- 진동 신호의 시간 파형은 조화 파형이다.
- 반경 방향의 진동 주파수 스펙트럼에서 1X 성분과 2X 성분을 주요 성분으로 나타나며, 대부분의 경우 1X 성분보다 2X성분이 크게 나타난다.
- 축 방향의 진동 주파수 스펙트럼에서 1X 성분이 크게 나타난다.

- 전형적인 축의 휘돌림은 전향(forward)이며 궤도(orbit)는 바나나 형상이다.
- 진동은 하중에 민감하고, 진폭은 하중의 증가에 따라 증가한다.

표 5.5 불평형 진동과 정렬 불량 진동의 비교

불평형 진동	정렬 불량 진동
• 1X에서 높은 진동 발생 • 반경 방향의 진동이 크고, 축 방향의 진동은 작음 • 온도 변화와 무관 • 원심력에 기인하는 1X 진동으로 속도 변화에 따라 변동 • 부하에 둔감	• 1X에 대한 높은 조화 성분 발생 • 높은 축 방향 진동 발생 • 온도 변화에 따른 진동 특성이 변화 • 속도 변화에 둔감 • 정렬 불량에 기인하는 구속력으로 속도 변화와 무관하게 일정 • 커플링이 lock되었을 때 부하에 민감

표 5.6 정렬 불량의 진동 특성

	Hook's joint	기어 커플링	Elastomer/Metallic 커플링	
정렬불량 형태	편각(angular)	편각(angular)	편각(angular)	편심(parallel)
진동 방향	반경, 축	반경, 축	축	반경
발생주파수 성분	$2f_r, 4f_r, 6f_r, \cdots$	$2f_r, 4f_r, 6f_r, \cdots$	$1f_r, 2f_r, 3f_r, \cdots$	$2f_r, 4f_r, 6f_r, \cdots$
위상	180°			
궤도(orbit)	2개 또는 그 이상의 loop			

불평형과 정렬 불량은 기계 고장 중 가장 빈번하게 나타나며, 모든 고장의 원인이 되기 때문에 항상 중요하게 생각해야 한다. 또한 심하지 않는 정렬 불량에 의한 진동은 축 중심이 회전 중심과 어긋나기 때문에 불평형에 의한 진동과 같이 회전 속도 성분의 피크가 높게 나타나게 된다. 따라서 이들 진동을 구별할 수 있어야 한다. 표 5.5와 5.6에 불평형과 정렬 불량에 의한 진동 특성의 차이를 나타내었다.

그림 5.50과 5.51은 각각 편심 정렬 불량과 편각 정렬 불량의 경우에 발생하는 진동 신호의 시간 응답 파형과 주파수 스펙트럼을 각각 나타낸다. 회전 주파수(29.69 Hz) 성분을 비롯한 저차 조화 성분들이 폭 넓게 보이고, 특히 2차 조화 성분(2X)인 59.375 Hz 성분이 크게 발생하고 있다.

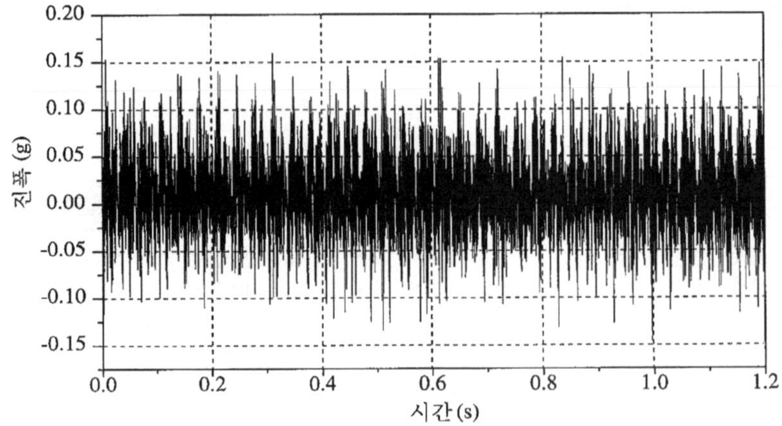

(a) 시간 응답 파형

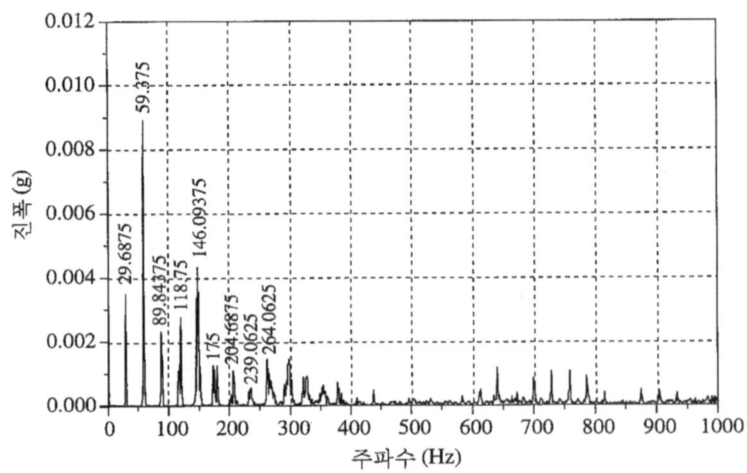

(b) 주파수 스펙트럼

그림 5.50 편심 정렬 불량 시의 진동 신호

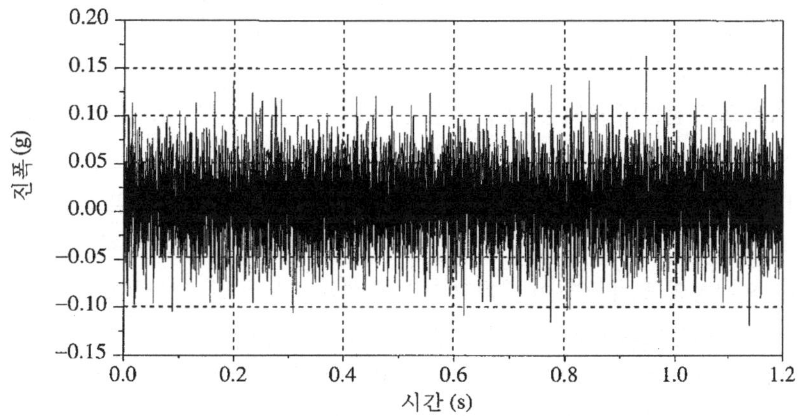

(a) 시간 파형

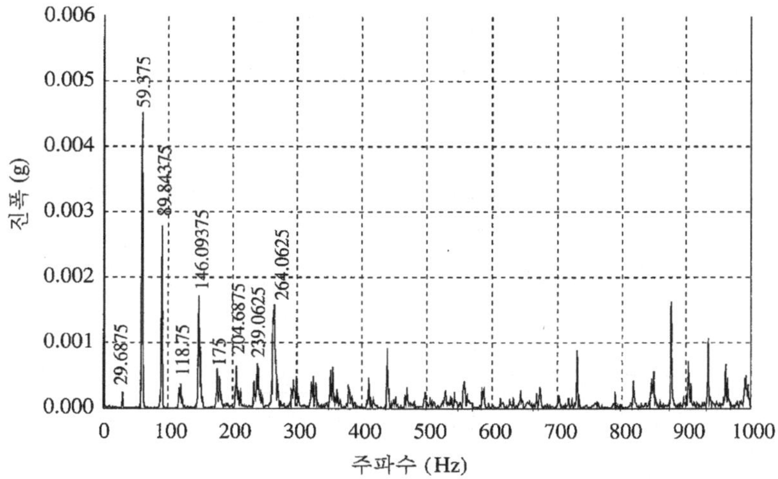

(b) 주파수 스펙트럼

그림 5.51 편각 정렬 불량 시의 진동 신호

3개 이상에서 반경 방향의 하중을 가하는 베어링을 가진 회전체와 같이, 과도하게 지지가 된 회전체의 정렬 불량은 베어링, 축 그리고 외부 커플링에서 축 속도의 주파수로 회전하는 예하중(preload)을 일으킨다. 결과적으로 진동의 크기는 계를 구성하는 요소들인 베어링, 축, 실(seal), 커플링 등의 반경 방향의 강성(stiffness)에 좌우된다.

정렬 불량이 심해지면, 베어링의 비대칭성과 베어링 지지대 그리고 기초의 강성에 따라 한쪽 혹은 양 방향으로 비선형적인 베어링 특성을 일으킬 수 있다. 정렬 불량이 있으면 회전축이 강제적으로 굽혀지기 때문에, 외관상의 초기 굽힘이 생기고 그것에 의해 진동을 발생시킨다. 베어링의 정렬 불량은 불완전한 베어링 설치에 의해 흔히 발생하는 결과로, 그림 5.52에 대표적인 4가지 유형을 나타내었다. 그림 (a)는 두 베어링 사이의 중심이 일치하지 않는 정렬 불량(out-of-line), 그림 (b)의 한쪽 또는 양쪽 베어링의 외륜이 하우징과 정렬이 맞지 않도록 설치되어 기울어진 경우, 내다지(overhung) 하중에 의해 축의 굽힘 변형이 발생하고 이에 의해 내륜이 기울어진 경우(그림 (c)) 및 한쪽 또는 양쪽의 베어링 내륜이 잘못 설치되어 기울어진 경우(그림 (d))이다. 베어링의 수명을 최대로 하기 위해서는 구동기 축과 피동 장비 축 사이의 적절한 정렬(alignment)을 유지하는 것이 매우 중요하다.

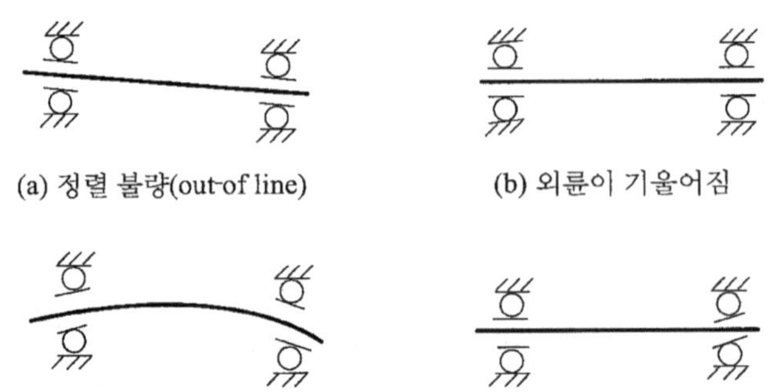

(a) 정렬 불량(out-of line) (b) 외륜이 기울어짐

(c) 축의 굽힘 변형 d) 내륜이 기울어짐

그림 5.52 부적절한 설치에 의한 4가지 유형의 정렬 불량

베어링의 정렬은 외륜에 대한 내륜의 중심선 각도가 동일 축을 이루어야 한다. 또는 내, 외륜의 면이 평행하거나, 외륜의 면이 축 회전 중심(축이 직선이라면, 축 중심선과 동일)과 수직이 되어야 한다. 후자의 판정 기준은 설치된 베어링에서도 측정될 수 있다. 즉, 축에 영구 자석 스탠드를 설치하고 여기에 고정된 다이얼 게이지를 외륜의 측면에 설치하여 축을 회전시키면 1회전 당의 외륜의 축 방향의 어긋남이 측정된다. 표 5.7은 여러 유형의 베어링에 대한 외륜에서의 허용 run-out을 나타낸다.

표 5.8은 피동기 장비 제작사 또는 다른 적용 가능한 기준이 제시되지 않았을 때 사용될 수 있는 하나의 지침으로서 EASA(Electrical Apparatus Services Association)의 Technical Manual Section 11에서 제시한 권장치이다. 표에서 Soft foot은 4개의 mounting feet가 모두 동일 평면에 있지 않은 상태를 나타낸다. 커플링 직경의 편각 정렬 불량을 구하기 위해서는 화살표와 같이 가장 넓은 개구부(opening)의 거리(mils)을 측정하여 가장 좁은 개구부의 거리(mils)를 뺀 뒤 커플링의 직경(in)으로 나눈다.

표 5.7 회전 중심을 기준으로 한 허용 run-out

베어링 유형	μm/mm
볼 베어링	2.0
원통형 롤러 베어링	1.0
플레인 저널 베어링	1.0
플레인 스러스트 베어링	0.5

표 5.8 정렬의 허용 공차(Bonnett & Albers)

	rpm	Intallation	In service
Soft foot (mils)	All	±1.0	±1.5
Short couplings 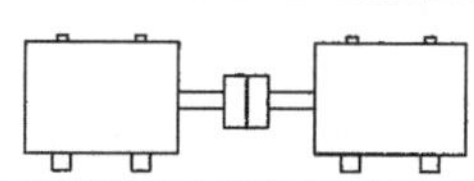			
	rpm	Intallation	In service
Parallel offset(mils) 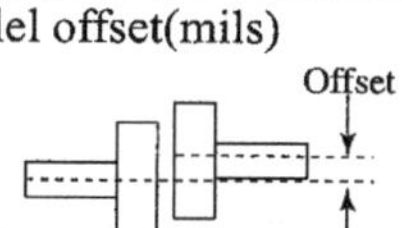	1,200 1,800 3,600	±1.25 ±1.0 ±0.5	±2.0 ±1.5 ±0.75
Angular misalignment (mils/in) 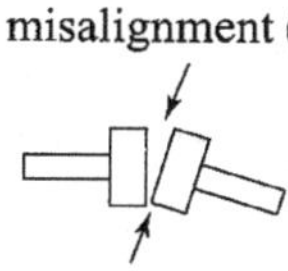	1,200 1,800 3,600	0.5 0.3 0.2	0.8 0.5 0.3
Coupling with spacers 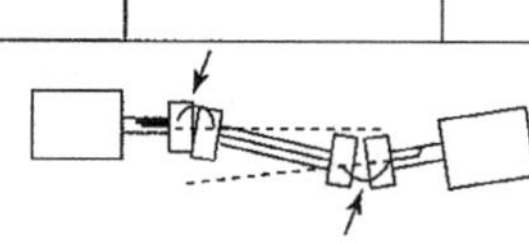			
	rpm	Intallation	In service
Parallel offset Per inch of spacer Length (mils/in)	1,200 1,800 3,600	0.9 0.6 0.3	1.5 1.0 0.5

5.5 기계적 헐거움

기계적 헐거움(mechanical looseness)은 또는 느슨함이라고도 부르며, 통상 상대 운동을 허용하는 구성 부품들 사이에 헐겁거나 부적절한 설치를 말한다. 이 경우에 발생하는 진동은 케이싱에서 측정된 진동 스펙트럼에서 축 회전 주파수의 배수인 많은 조화 성분들(2X, 3X 등)이 비정상적으로 높은 진폭을 가지고 나타나고, 1/2X, 1/3X 등의 분수 조화 진동(subharmonics)이 발생할 수 있다. 이는 헐거운 기계 부품이 1회전 당 1회의 충격을 발생하여 운전 주파수의 진동이 발생하고, 회전체로부터 동적인 입력에 대한 헐거운 부품의 비선형 응답(nonlinear response)에 기인하여 배수 성분들의 진동이 나타난다. 이러한 조화 성분의 발생 원인은 느슨하게 조립된 부품들이 진동을 하는 경우, 구속으로 인해 자유롭게 진동을 하지 못하여 매끄러운 정현 파형(sine waveform)의 상하 부분이 잘려지게 된다. 이러한 파형을 스펙트럼 변환을 하면, 실제 발생하는 진동 성분이 아님에도 불구하고 데이터 처리 과정에서 스펙트럼 상에 여러 조화 성분들이 생기는 것과 유사하게 된다. 고유 진동수 혹은 그에 근접한 차수의 조화 성분이 있으면, 이들 사이의 공진에 의해서 가진력이 증폭되기 때문에 큰 진동이 발생하게 된다.

5.5.1 베어링의 헐거움

이는 볼 베어링이나 롤러 베어링과 같은 구름 요소 베어링에서 외륜과 하우징 사이, 내륜과 축 사이의 헐거움이 대표적이다. 이 경우에는 외륜이 하우징과 완전한 접촉이 되지 않고 회전 속도에 비례하여 축을 따라 회전하기 때문에 마찰음에 의한 과도한 소음의 발생과 함께 높은 1X 성분의 진동과 비교적 큰 조화 성분의 진동을 발생한다.

베어링을 분해하여 보면, 접촉 부분에 변색이나 심한 마모 흔적이 보인다. 헐거움 현상의 발생은 피동기측의 부하 조건을 변경하면서 진동 스펙트럼의 변화를 확인하면 쉽게 판단할 수 있다. 예로 펌프나 송풍기에 높은 부하가 걸리면 축 방향으로 큰 추력이 발생하고, 이 힘은 기계의 회전 부품이 움직이지 못하도록 고정하려는 방향으로 작용하여 느슨함에 의한 운동을 제한하기 때문이다.

5.5.2 기계 부품의 헐거움

일 예로, 소형 펌프에서는 전동기와 펌프가 공통 대판(common plate) 위에 설치되고 볼트에 의해 고정된다. 오랜 운전 기간 동안 반복되는 힘을 받게 되면, foot 볼트, 프레임 볼트, 앵커 볼트 등이 풀리어 느슨하게 되고 동일한 진동 현상이 발생한다. 또한 축과 커플링을 결합하는 키와 키 홈 사이의 마멸에 의해 헐거움이 발생할 수 있다. 따라서 운전 정지시나 정기 점검 시에 각종 체결 부분의 상태를 확인하고 정상적인 체결 상태를 유지하도록 하여야 한다.

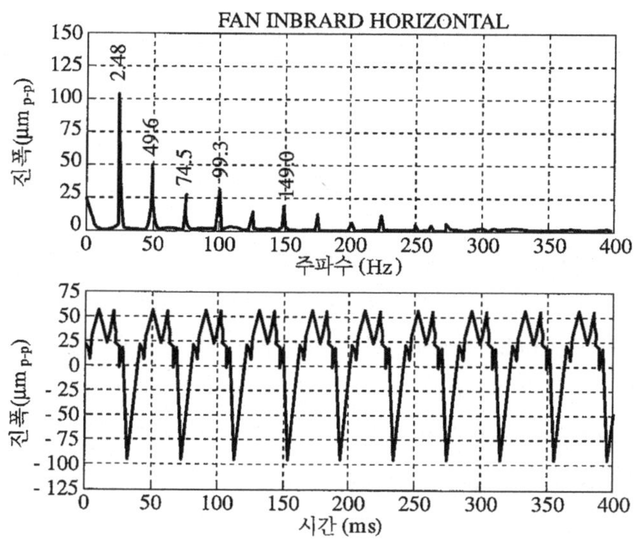

그림 5.53 기계적 느슨함 결함 발생 예

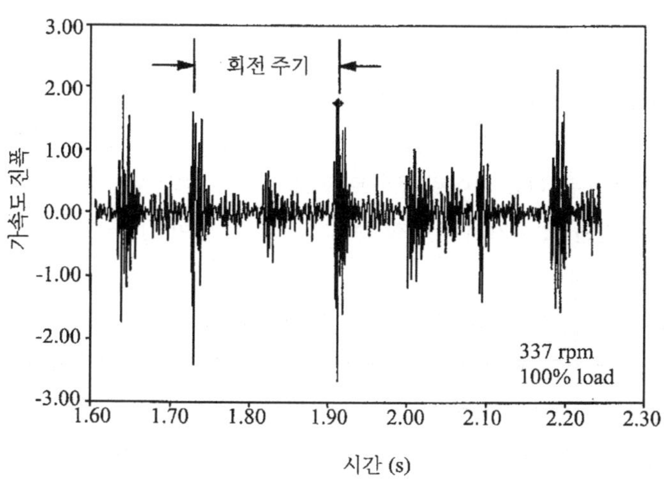

그림 5.54 풀리 키의 마멸로 인한 기계적 느슨함의 진동 가속도 파형

그림 5.53은 홴(fan)에서 발생한 기계적 헐거움의 예이다. 회전 주파수 성분 이외에 이의 조화 성분들이 많이 발생하는 것을 확인할 수 있다. 그림 5.54는 풀리용 키의 마멸로 인해 키 홈과 키 사이에서 헐거움이 발생한 경우의 진동 가속도에 대한 시간 파형을 나타낸다. 축의 회전에 따라 헐거운 키가 키 홈과의 사이에서 주기적인 충격을 발생하고, 이에 따라 충격적인 진동 파형을 나타나고 있다.

5.6 베어링 결함

ISO 1925(1990)의 정의에 의하면, 베어링(bearing)은 횡 방향 또는 축 방향으로 동역학적인 운동을 구속하면서 회전체의 하중을 지지하고 회전을 허용하는 마찰이 적은 지지 요소이다. 운동 방향에 따라 횡 방향에 대한 반경 베어링(radial bearing)과 축 방향의 스러스트 베어링(thrust bearing)으로 구분된다. 통상 구조에 따라 구름 요소 베어링과 유막(미끄럼) 베어링으로 분류한다.

베어링은 회전 기계의 운전 신뢰성 및 성능에 직접적인 영향을 미치는 가장 중요한 핵심 기계 요소 중의 하나이다. 일반적인 회전 기계에서 발생 하는 많은 문제들은 주로 베어링 자체의 결함이나 또는 베어링과 연관되어 발생한다. 따라서 베어링에서 발생되는 사소한 문제는 회전 기계 시스템 전체의 운전에 영향을 미칠 뿐만 아니라, 시스템의 운전 정지에 따른 엄청난 경제적 손실을 초래할 수도 있다.

5.6.1 구름 요소 베어링 결함

구름 요소 베어링은 일반적으로 홈(raceway) 내를 회전하는 여러 개의 볼 또는 롤러 사이에 외륜(outer race)과 내륜(inner race)의 2개의 링으로 구성된다. 베어링은 전동체(rolling element)의 구조에 따라 볼 베어링, 롤러 베어링, 니들 베어링 등으로 구별되며, 하중의 지지 방향에 따라 반경 베어링과 스러스트 베어링으로 구별된다. 여기서는 마찰 손실이 적고 수명이 긴 구름 요소 베어링의 일반적인 결함 특성에 관하여 설명한다.

구름 요소 베어링은 외륜, 내륜, 전동체 그리고 리테이너(retainer)로 구성되어 있다. 구조상 극히 작은 틈새(clearance)를 갖고 있으며, 축에서부터 전달된 진동 신호는 베어링의 전동체를 통하여 베어링의 외륜까지 전달되어 결국에는 베어링의 하우징까지 전달된다. 구름 요소 베어링은 장점으로서는 표준화되어 호환성이 우수하고, 구조가 단순하며, 보수와 점검의 용이, 적은 기동 마찰 토크, 반경 및 축 방향의 하중을 동시에 지지할 수 있는 점 등이 있는 반면에, 단점으로서는 파손으로 인한 제한된 수명, 감쇠 능력의 부족으로 진동 저감의 어려움, 하중 지지 능력의 제한, 소형 및 저속 기계에 사용 등을 나열할 수 있다.

그림 5.55 구름 요소 베어링의 예

균형된 부하, 양호한 정렬 상태 하의 정상 운전 조건에서는 피로 결함은 홈과 전동체 표면 아래에 위치한 미소한 균열로부터 시작되어 점차 베어링 표면까지 전파된다. 연속된 응력의 작용은 플래킹(flacking) 또는 스폴링(spalling)으로 알려진 국부적인 피로 현상을 발생하여 재료의 파편(fragment)을 발생시킨다. 결함이 발생하면 영향을 받는 면적은 급속히 증가하고, 윤활제를 오염시키며 국부적인 과부하의 원인이 된다. 이는 통상적인 구름 요소 베어링의 결함 모드를 설명한 것이다.

그러나 이외에도 베어링의 수명을 단축시키는 다양한 외부적인 결함 요인들이 있으며, 가장 중요한 요인으로는 오염(contamination), 부식(corrosion), 부적절한 윤활 및 부적절한 설치(installation)를 들 수 있다. 베어링은 대부분 가혹한 설치 환경에서 사용되기 때문에, 오염과 부식은 빈번하게 베어링 고장을 가속시킨다. 먼지와 기타 이물질들은 통상 베어링의 윤활제를 오염시킨다. 이 미세한 입자들은 상대적으로 부드러운 것에서부터 다이아몬드와 같이 경도(hardness)가 매우 높은 것까지 다양할 수 있으며, 이의 연마 특성은 전동체와 홈의 마멸을 일으키는 점 부식(pitting)과 마멸 작용(sanding action)을 일으킨다. 베어링 부식은 물, 산(acids), 열화된 윤활제 및 설치 시의 부주의한 취급에 의한 땀 등으로부터 발생된다. 화학 반응이 충분히 진행되면, 입자들은 베어링 오염에 의해 발생하는 연마 작용과 동일한 결과를 일으켜 마멸을 야기시킨다. 부적절한 윤활은 너무 적거나 너무 많은 윤활제를 공급하거나, 부적절한 윤활제를 사용하였을 때 발생한다. 다른 경우로는 구름 요소들이 유막(oil film)내에서 적절한 회전이 허용되지 않고 과열을 야기하는 경우이다. 과열은 그리스를 파단시키고, 윤활제의 윤활 능력을 떨어트리며, 고장의 진행을 가속화 시키는 요인이 된다. 부적절한 설치 문제는 축이나 하우징을 통하여 베어링에 부적절한 힘을 가하는 것에 의해 흔히 발생된다. 고장 메커니즘에 불문하고, 베어링의 결함은 각 부품의 회전 속도에서 기계적인 진동을 발생시키게 되고, 이를 측정함으로써 역으로 결함의 원인을 파악할 수 있다.

그림 5.56은 베어링 구성 요소들인 외륜, 내륜, 볼 및 보지기(retainer)의 결함 사진을 나타낸다.

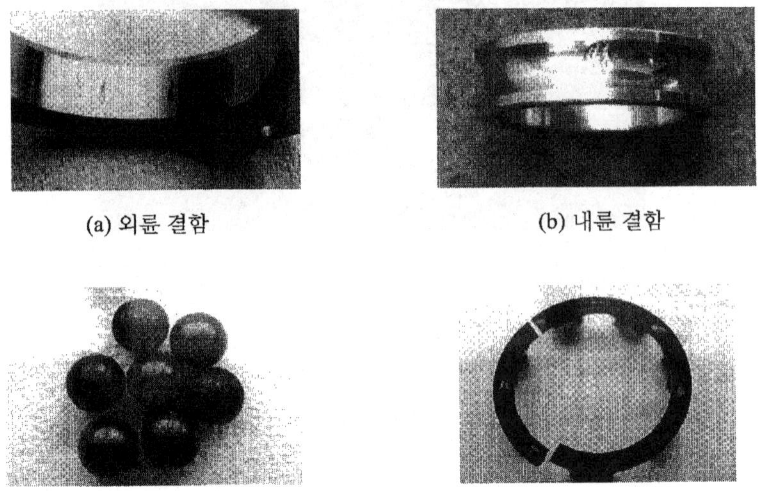

(a) 외륜 결함 (b) 내륜 결함

(c) 볼 결함 (d) 보지기 결함

그림 5.56 베어링 요소의 결함 예

구름 베어링 결함의 주요 유형으로는 다음을 들 수 있다.

- 과대 하중(excessive load)
- 거짓 브리넬링(false brinelling)
- 피로 결함(fatigue failure)
- 오염(contamination)
- 부식(corrosion)
- 헐거운 끼워 맞춤(loose fits)
- 과열(overheating)
- 참 브리넬링(true brinelling)
- 반대 방향의 하중(reverse loading)
- 윤활제 결함(lubricant failure)
- 정렬 불량(misalignment)
- 억지 끼워 맞춤(tight fits)

구름 베어링의 파손 형태로는 구름 피로(flacking), 균열(crack), 압흔(indentation), 얼룩(smearing), 마멸(wear), 녹아 붙음(seizure), 전식(electrical corrosion), 녹(rust), 부식(corrosion) 등이 있다. 표 5.9는 구름 베어링의 파손 형태별 그 원인과 개략적인 대책을 요약한 것이다.

표 5.9 구름 요소 베어링의 파손 형태별 원인 및 대책

베어링의 파손 형태		원 인	대책
구름 피로 (Flaking)	레이스의 한쪽 만	스러스트 하중 과대	자유측의 작동 조사
	레이스의 원주대칭 위치	하우징의 진원도 불량	하우징 내경면의 정밀도 수정
	레이스의 경사방향, 끝부분	설치 오차, 축 변형, 모멘트 하중	설치 수정, 베어링 주위 강성 증가
	전동체의 피치간격	설치 시의 충격 하중	설치에 주의
	조기 구름피로	틈새 과소, 하중 과대, 윤활 및 밀봉 불량	끼워 박음, 틈새, 윤활 및 밀봉 수정
균열 (Crack)	레이스, 전동체	하중 및 체결력 과대, flaking의 진전	하중 조건, 끼워 박음 수정
압흔 (Indentation)	전동체 피치 간격 (brinelling)	설치 시의 충격, 정지 시 과대 하중	설치 및 취급 시 주의
	레이스, 전동체면	마멸분, 먼지 등의 이물질 침입	부품 세정, 밀봉장치 개선
얼룩 (Smearing)	레이스, 전동체면	윤활 불량, 그리스 응고, 기동 가속도 과대	유연 그리스 선정, 급 가속의 회피
	롤러 테(rib)의 면	윤활 불량, 설치 오차, 과대 하중	설치 및 윤활 수정
마멸 (Wear)	False brinelling	정지 시의 진동, 미소 요동	축과 하우징 고정, 기름사용
	Fretting	끼워박음 면의 미소 미끄럼	체결을 강화, 기름을 도포
	Creep	끼워박음면의 미끄럼과 구름	체결을 강화
	마찰면	윤활 불량, 이물질 침입	밀봉과 윤활의 개선, 세정
녹아 붙음 (Seizure)		틈새 과소, 윤활 불량, 설치 오차	끼워 박음, 틈새, 윤활 및 설치 수정
전식 (Electrical corrosion)		통전에 의한 spark로 용접	절연, 어스
녹 (Rust)		공기 중의 수분의 결로	보관 주의
부식 (Corrosion)		부식성 물질의 침입	밀봉 장치 개량

베어링 결함의 측정을 위한 진동 변환기(센서)로는 일반적으로 속도계(10 Hz ~ 2 kHz)나 가속도계(2 kHz 이상)가 이용된다. 일 예로 회전 속도 1,200 rpm에서는 3 kHz 이내의 BPFO의 조화 성분이 발생

한다. 5 rpm의 저속 기계에서는, 베어링 주파수 10 Hz 이하 등은 변위계를 사용하여야 한다. 모든 측정은 가능한 베어링에 가까운 하중 영역(load zone)에서 수행한다. 반경 베어링은 반경 방향 진동을 측정하며, angular contact 베어링은 축 방향이 더욱 양호한 결과를 얻을 수 있다.

베어링 결함의 초기 단계에서는 이산적 주파수가 발생하고, 측대역 성분(sideband)은 이후의 단계에서 발생한다. 따라서 운전 주파수와 기본 열 주파수의 측대역 성분을 결정하기 위한 충분한 해상도를 가진 분석기를 사용하는 것이 중요하다. 베어링 결함의 초기 단계에서는 시간 파형에 충격파가 발생한다. 결함 초기에는 특징 주파수의 진폭들이 매우 작고, 정렬 불량, 질량 불평형 및 기어 맞물림과 같은 회전 결함으로부터 발생하는 상대적으로 큰 신호에 묻일 수 있으므로 주의한다.

구름 요소 베어링의 협대역 진동 분석의 단계로는

Step 1: 베어링의 결함 주파수를 계산한다.
Step 2: 진동 신호의 측정과 분석을 수행한다.
Step 3: 스펙트럼에서 측대역 주파수 및 중심 주파수를 확인한다.
Step 4: 스펙트럼과 시간 파형의 신호 형태, 에너지 그리고 진폭을 평가한다.

측정된 진동 신호로부터 베어링의 결함을 파악하는 방법으로는 주파수 분석기(FFT analyzer)가 개발되기 전인 80년대 초반까지는 가속도 신호의 피크치나 실효치(rms치)를 평가하는 시간 영역 분석이 주로 이용되었으며, 이후 주파수 영역의 주파수 스펙트럼 분석이 널리 사용되고 있고 80년대 후반부터는 Envelope 분석이, 90년대 후반부터는 시간-주파수 영역 분석이 사용되고 있다.

시간, 주파수 및 시간-주파수 영역에서 신호의 결함을 나타내는 특징량으로는

- 시간 영역 : 피크 레벨, 실효치 레벨, Crest factor, Kurtosis, 캡스트럼(cepstrum)
- 주파수 영역 : FFT 스펙트럼, 포락선 분석(envelope analysis)
- 시간-주파수 영역 : Spectrogram, 웨이브렛 분석

등이 사용될 수 있다.

구름 요소 베어링에서는 베어링 형상과 운전 속도에 따라 결정되는 특이한 베어링 특징 주파수가 검출되며, 이때 측정된 진동의 크기로 베어링의 상태를 알 수 있다. 진동 분석 기술은 베어링의 상태를 결정하고, 이들 주파수를 감시하기 위해 일반적으로 폭 넓게 사용된다. 손상이 발생된 베어링은 기본적으로 다음과 같은 5개의 결함 주파수를 발생한다.

- 내륜의 회전 주파수 : $f_r = \dfrac{rpm}{60}$ (rps)
- 기본 열 주파수(fundamental train frequency, FTF), 케이지 주파수 :

$$\text{FTF} = f_c = \frac{f_r}{2}\left[1 - \frac{Bd}{Pd}\cos\phi\right] \quad \text{(Hz)}$$

- 볼 자전 주파수(ball spin frequency, BSF) :

$$\text{BSF} = f_s = \frac{Pd}{2Bd} f_r \left[1 - \left(\frac{Bd}{Pd}\right)^2 \cos^2\phi\right] \quad \text{(Hz)}$$

- 외륜 통과 주파수(ball pass frequency of outer race, BPFO) :

$$\text{BPFO} = f_o = N(FTF) = \frac{f_r}{2} N\left[1 - \frac{Bd}{Pd}\cos\phi\right] \quad \text{(Hz)}$$

- 내륜 통과 주파수(ball pass frequency of inner race, BPFI) :

$$\text{BPFI} = f_i = N(f_r - FTF) = \frac{f_r}{2} N\left[1 + \frac{Bd}{Pd}\cos\phi\right] \quad \text{(Hz)}$$

여기서, B_d는 볼의 직경, P_d는 피치 직경, N은 볼의 수, f_r은 내륜의 1초당 회전수(rps), ϕ는 접촉각(contact angle)을 나타낸다(그림 5.57).

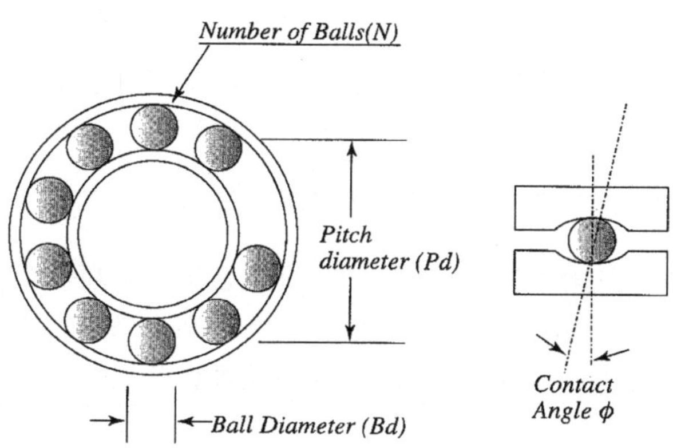

그림 5.57 볼 베어링의 기하학적 치수

표 5.10 구름 베어링의 진동 특성 주파수(외륜 고정, 내륜 회전의 경우)

베어링 요소	특성 주파수
케이지 주파수 FTF (기본 열 주파수)	$f_c = \frac{f_r}{2}\left[1 - \frac{Bd}{Pd}\cos\phi\right]$
내륜 주파수 BPFI (내륜의 볼 통과 주파수)	$f_i = \frac{f_r}{2}N\left[1 + \frac{Bd}{Pd}\cos\phi\right]$
외륜 주파수 BPFO (외륜의 볼 통과 주파수)	$f_o = \frac{f_r}{2}N\left[1 - \frac{Bd}{Pd}\cos\phi\right]$
전동체 주파수 BSF (전동체 자전 주파수)	$f_s = \frac{Pd}{2Bd}f_r\left[1 - \left(\frac{Bd}{Pd}\right)^2\cos^2\phi\right]$

표 5.11 구름 베어링의 진동 특성 주파수(외륜 회전, 내륜 고정의 경우)

베어링 요소	특성 주파수
케이지 주파수 FTF (기본 열 주파수)	$f_c = \frac{f_r}{2}\left[1 - \frac{Bd}{Pd}\cos\phi\right] + \frac{f_{ro}}{2}\left[1 + \frac{Bd}{Pd}\cos\phi\right]$
내륜 주파수 BPFI (내륜의 볼 통과 주파수)	$f_i = \frac{N}{2}(f_r - f_{ro})\left[1 + \frac{Bd}{Pd}\cos\phi\right]$
외륜 주파수 BPFO (외륜의 볼 통과 주파수)	$f_o = \frac{N}{2}(f_r - f_{ro})\left[1 - \frac{Bd}{Pd}\cos\phi\right]$
전동체 주파수 BSF (전동체 자전 주파수)	$f_s = \frac{Pd}{2Bd}(f_r - f_{ro})\left[1 - \left(\frac{Bd}{Pd}\right)^2\cos^2\phi\right]$

표 5.10과 5.11은 각각 외륜이 고정되고 내륜이 회전하는 경우 및 외륜이 회전하고 내륜이 고정된 경우의 결함 주파수를 정리한 것이다. 표 5.11에서 f_{ro}는 외륜의 1초당 회전수(rps)를 나타낸다.

표 5.12는 베어링 결함에 따른 결함 발생 주파수, 시간 파형 및 스펙트럼 형상의 특징을 요약한 것이다.

표 5.12 베어링 결함에 따른 발생 주파수, 시간 파형 및 스펙트럼 특징

<table>
<tr><th colspan="2">결함</th><th>발생 주파수</th><th>시간 파형/스펙트럼</th></tr>
<tr><td colspan="2">외륜 결함</td><td>BPFO와 그 조화 성분</td><td>BPFO의 조화 성분</td></tr>
<tr><td colspan="2">내륜 결함</td><td>BPFI와 그 조화 성분</td><td>결함 초기: 감소된 크기의 조화 성분
결함 성장: 운전 속도에 의해 변조된 조화 성분</td></tr>
<tr><td colspan="2">전동체 결함</td><td>BSF 또는 FTF 및 그 조화 성분</td><td>FTF로 변조된 고유 진동수</td></tr>
<tr><td colspan="2">부적절한 윤활</td><td>고유 진동수, BPFI</td><td>BPFI로 변조된 고유 진동수</td></tr>
<tr><td rowspan="2">느슨함</td><td>축과 베어링</td><td rowspan="2">회전 속도(1X) 및 고차 조화 성분(2X, 3X 등)</td><td>3X 또는 그 이상의 조화 성분이 탁월</td></tr>
<tr><td>하우징과 베어링</td><td>1X와 4X성분이 탁월</td></tr>
<tr><td colspan="2">과대한 내부 틈새</td><td>고유 진동수</td><td>운전 속도(rps)의 배수가 고유 진동수를 변조</td></tr>
</table>

부하에 따른 베어링의 결함 주파수 성분을 파악하기 위해 무부하(no load)와 전부하(full load) 조건에서 정상 베어링과 외륜 결함 베어링에 대한 실험 결과를 다음에 나타낸다. 앞에서 정의한 특징 주파수 식을 이용하면, 표 5.13과 같이 이론 결함 주파수가 계산된다. 그러나 전동기에 실제 부하가 걸리면 슬립의 증가로 인해 표 5.14와 같이 운전 속도는 조금 낮아지게 된다. 이를 고려한 부하 조건에 따른 이론 주파수와 실제 측정한 결함 주파수는 표 5.14와 같이 비교적 잘 일치하는 것을 알 수 있다.

표 5.13 외륜 결함 베어링의 형상 데이터 및 결함 주파수

제품명	볼 수	볼 직경	피치 직경	FTF	BPFO	BPFI	BSF
NSK 6203	8	0.3125	1.319	0.3835	3.066	4.932	2.03

표 5.14 부하 조건에 따른 결함 주파수의 계산치와 실험치의 비교

부하 조건	운전 속도	이론 주파수	실험치
무부하	59.53 Hz	182.5190 Hz	181.4067 Hz
전부하	57.65 Hz	176.7549 Hz	174.375 Hz

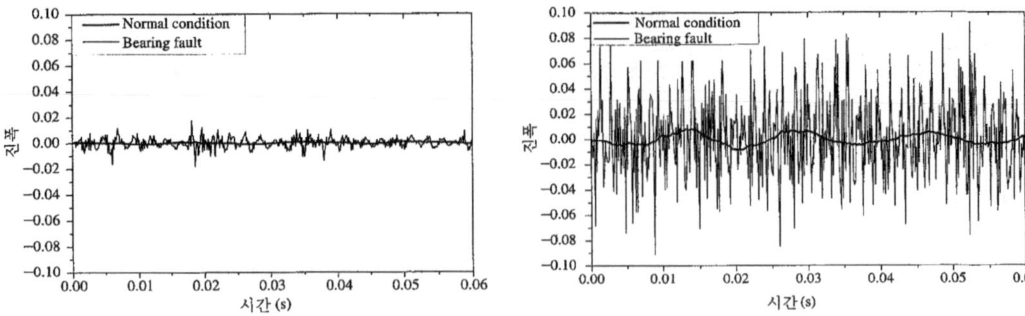

(a) 무부하　　　　(b) 전부하

그림 5.58 외륜 결함 시의 진동 가속도의 시간 파형

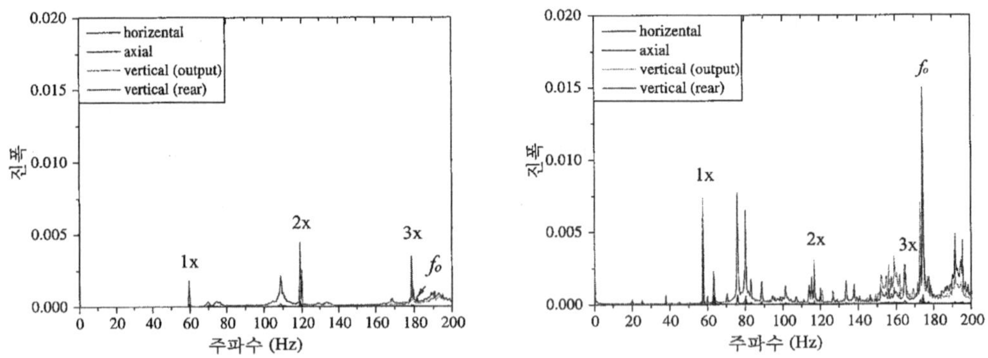

(a) 무부하　　　　(b) 전부하

그림 5.59 외륜 결함 시의 진동 가속도의 주파수 스펙트럼

그림 5.60은 호칭 번호 6205인 볼 베어링에 대해 무부하 조건에서 1,798 rpm(29.967 Hz)에서의 외륜, 내륜, 볼 및 회전자 결함 시의 진동 및 전류 신호에 대한 주파수 스펙트럼을 나타낸다. 기본 진동 결함 주파수는 각각 외륜 107.4 Hz, 내륜 167.3 Hz, 볼 70.5 Hz 및 케이지 18 Hz이다. 그림 5.60(a)의 외륜 결함의 경우, 진동 스펙트럼에는 운전 주파수인 30Hz (1X)와 이의 조화 성분들이 크게 나타나고, 아울러 외륜 결함의 기본 주파수인 107.4 Hz와 이의 2배수인 214.8 Hz 성분이 뚜렷이 나타나고 있다. 전류 스펙트럼에서는 전원 주파수(60 Hz)가 탁월하게 나타나고, 외륜 결함 주파수($f_L \pm f_o$)인 47.4 Hz와 167.4 Hz가 보이고 있다. 그림 5.60(b)의 내륜 결함의 경우는 운전 주파수(30 Hz) 및 이의 조화 성분(60

Hz, 90 Hz 등)과 함께 기본 결함 주파수 167.3 Hz 성분이 나타난다. 전류 스펙트럼에서도 전류 신호의 내륜 결함 주파수($f_L \pm f_i$)인 107.3 Hz, 227.3 Hz 성분을 확인할 수 있다. 그림 5.60(c)는 볼 베어링의 진동 결함 주파수인 70.5 Hz와 2배수인 141 Hz 성분이 나타나고 있다. 전류 스펙트럼에서 전류 결함 주파수인 10.5 Hz, 130.5 Hz 및 2차 성분인 200.5 Hz가 나타나고 있다.

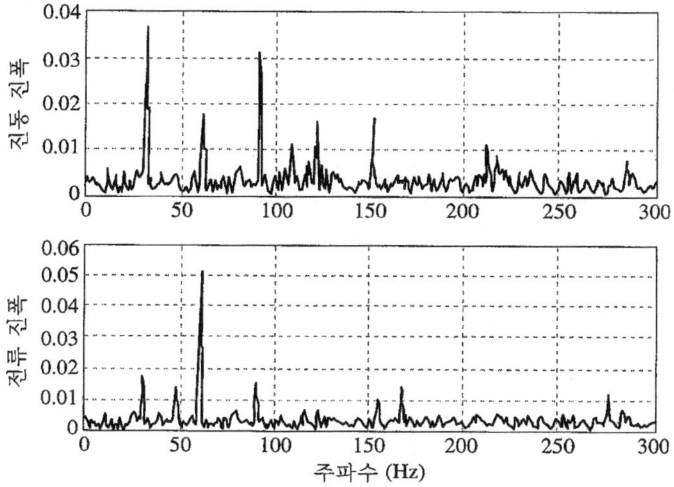

(a) 외륜 결함

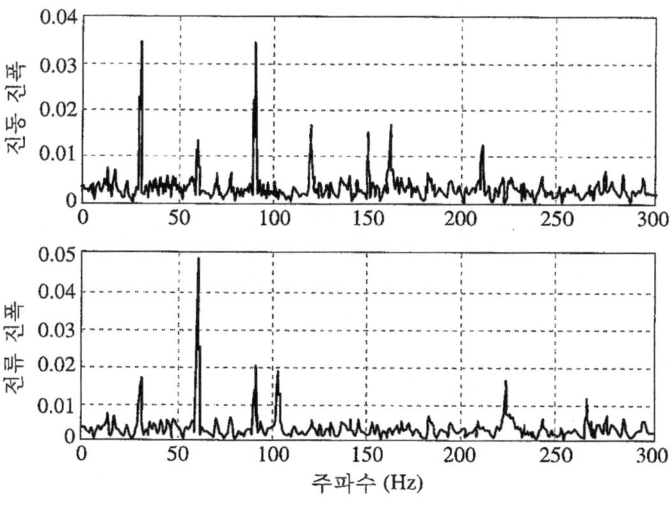

(b) 내륜 결함

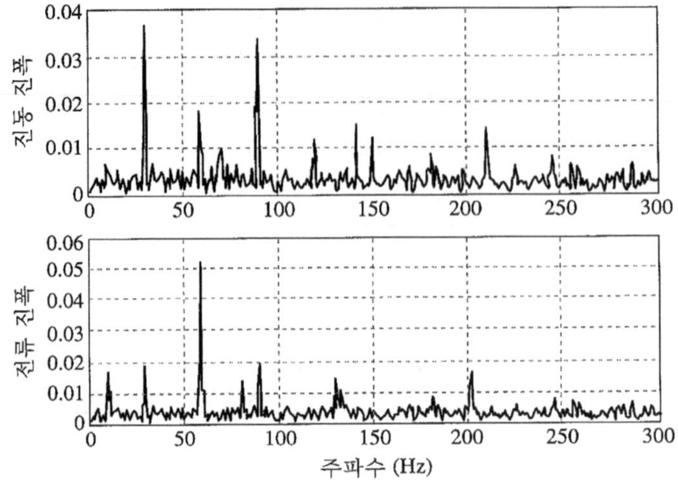

(c) 볼 결함

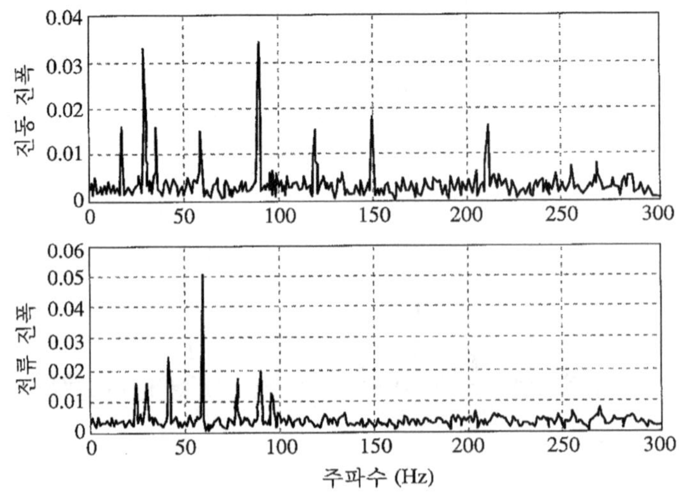

(d) 회전자 결함

그림 5.60 각종 베어링 결함의 진동 및 전류 신호의 주파수 스펙트럼

5.6.2 저널 베어링 결함

저널 베어링(journal bearing)은 회전체 표면과 베어링 메탈 사이의 얇은 유막(oil film)에 의해 마찰을 적게 하면서 하중을 지지하는 베어링으로, 유막 압력은 저널의 회전에 의해 자체적으로 발생하는 동압 베어링(hydrodynamic bearing) 및 외부에서 공압이나 유압 펌프로 가압한 유체를 베어링에 공급하여 발생시키는 정압 베어링(hydrostatic bearing)으로 구분된다. 그림 5.61은 각종 저널 베어링의 사진을 보인다.

그림 5.61 각종 저널 베어링의 예

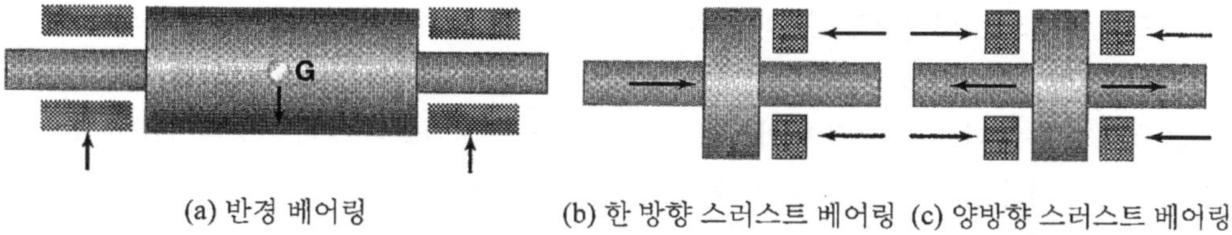

그림 5.62 하중에 따른 베어링의 분류

저널 베어링은 그림 5.62에 나타내듯이 반경 방향의 하중을 지지하는 반경 베어링(radial bearing)과 축 방향의 추력을 받아내는 스러스트 베어링(thrust bearing)으로 분류된다.

그림 5.63은 동압 베어링에서 압력 발생의 원리를 나타낸다. 축의 회전에 따라 베어링과 저널(베어

링과 접하는 축 부분) 사이의 유막 내의 기름은 저널 표면과의 전단력에 의해 축을 따라 회전하게 된다. 회전체의 자중 등에 의해 축은 베어링 내에서 편심이 되고, 원주 방향의 유막의 최대 틈새($\theta = 0°$)에서 최소 틈새($\theta = 180°$)로 틈새가 좁아지는 영역에 기름이 유입되면서 발생하는 쐐기 효과(wedge effect)에 의해 우측 그림과 같이 압력 분포가 발생하게 된다. 이 압력 분포를 원주 방향에 대해 적분하여 얻어진 유막력(oil film force)이 최소 틈새에서 최대 틈새 방향으로 축을 떠 받치는 힘으로 작용하게 된다.

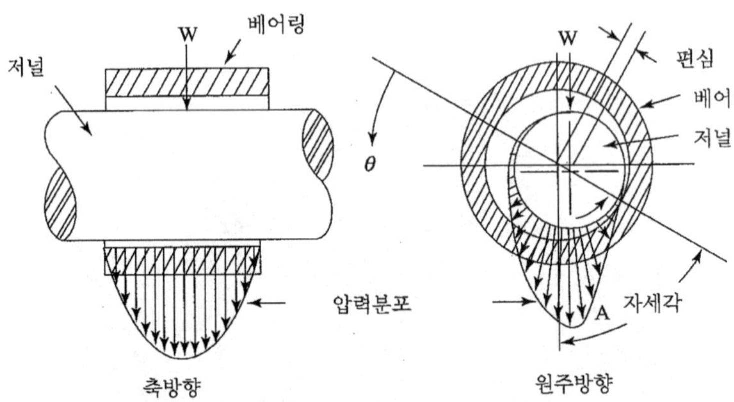

그림 5.63 저널 베어링의 압력 분포와 동압의 발생 원리

베어링은 전동기의 운전 신뢰성 및 성능에 직접적인 영향을 미치는 가장 중요한 핵심 기계 요소의 하나이고, 일반적으로 저널 베어링으로 지지된 회전 기계에서 발생하는 많은 문제점들은 주로 베어링 자체의 결함이나 또는 베어링과 연관되어 발생한다. 따라서 베어링에서 발생되는 사소한 문제점은 회전 기계 전체의 안전 운전에 영향을 미치며, 시스템의 운전 정지에 따른 엄청난 경제적 손실(downtime loss)을 초래할 수 있다. 그러므로 베어링 손상을 가능한 빨리 검출하여 더 이상의 손상이 진전되지 않도록 올바른 조치를 취해야 한다. 베어링의 손상을 조기에 발견하고, 그 발생 주기를 줄이거나 결함 요인을 제거하는 것은 매우 중요한 일이다.

구름 요소 베어링과 비교하여 저널 베어링이 가지는 장점으로는 높은 하중 지지 능력을 가지며, 대형 및 고속 기계에 적합하고, 충격에 강하며, 우수한 감쇠 능력, 낮은 소음 및 긴 수명을 들 수 있고, 단점으로는 자려 진동(oil whip)의 발생, 윤활유 공급 시스템에 따라 구조가 복잡하고, 열에 취약하며, 비용이 고가인 점등을 들 수 있다.

표 5.15 저널 베어링의 고장 모드

결함 형태		특 징	원 인
홈		점 형상 홈, 습동 또는 기름 유출방향의 선 형상 홈	기름 중의 이물질, 조립 시의 이물질, 축 거칠기
마멸	연삭 마멸	극단적인 마찰, 메탈 두께의 감소	과대 맞춤, 유량 부족, 과부하 등에 의한 유막 파단
	재료 마멸	금속의 black scab을 수반하는 눌어붙음, 축의 과도 절삭 홈	고 크롬계 축 재료의 기름 중의 이물질에 의한 급속한 절삭 현상
	충돌 마멸	소성 변형에 의한 압흔	과도 변동 하중, 축 진동으로 pit부를 두들김
눌어붙음	접촉	검게 빛나는 습동 면	저속 시 유막 파단에 의한 금속 접촉
	용착	금속 용융과 재 응착	편 접촉, 과소 틈새 등의 베어링 형상 부적절, 점도 부족 등에 의한 금속 접촉
	시징(sieging)	금속면의 극단적 융해로 운전 불능	상기 원인이 고속에서 발생, 급속한 발열로 조장
균열	피로 균열	습동 방향의 직각으로 큰 마찰 균열(마찰 균열), 방향성이 없고 하중 방향과 90°, 180°로 발생(충격 균열)	반복 변동 하중, 접선력 과대, 휘돌림 등의 축 진동
	열 균열	거북 등 형상의 작은 균열	과열, 냉각의 열 사이클
	응력 균열	단열 급변 부에서 균열	쇳물 거푸집 작업 시의 과열과 급냉에 의한 응력 집중
박리	피로균열	금속 두께 방향과 횡 방향으로 진전, 갑자기 탈락	피로 균열의 경우와 유사
	주착 불량	금속 이금과의 접합면으로부터 박리	쇳물 거푸집 작업 시의 전처리 불완전, 편석, 이금 탄소량 과대
	수소 팽창 (blister)	비교적 큰 얽은(마마) 자국 형상의 부풀림, 부하면 이외에도 발생	전처리 시의 수소가 결정 입계를 전파하여 모이고, 화이트 메탈을 밀어 올림
부식	화학 부식	조직 탈락에 의한 해면상의 파임, 동납 합금에 다발	부식성 기름, 분위기 기름 중의 잔류 이온
	흑화물	금속 표면에 흑화물 퇴적 또는 반응	고온으로 기름 중 잔류 황과 금속의 Cu가 반응 산화
침식	캐비테이션	기름 유출 궤적에 따라 파임	유막 부압 영역 발생 기포가 정상영역에서 파괴시 금속을 침식
	전식	배 표피 같은 얽인 자국	축과 금속간 전위차 발생에 의한 스파크로 금속 융해
	프레팅 (fretting)	이금 배면에 마멸 가루를 수반하는 얇은 파임	느슨한 끼워 맞춤부에 변동 하중과 미소 미끄럼 작용

저널 베어링에 요구되는 성능으로는 눌어 붙음이 발생하지 않을 것, 마모가 적고 피로 파괴가 없을 것, 진동과 소음이 적을 것, 마멸이 적을 것 등을 들 수 있고, 이를 위해서는 최소 유막의 확보, 베어링의 최대 온도, 최대 유막 압력, 최대 진동 진폭 및 최대 마찰 토크 등에 대한 제한이 필요하다. 일 예로 최소 유막 두께는 소형 베어링에서는 25 μm, 대형 베어링은 50 μm 이상을 확보하도록 하고 있다. 과대한 베어링 온도는 베어링 금속의 강도 저하, 윤활유 열화, 마찰면의 변형 등에 영향을 미치고, 유막 압력은 베어링 금속의 강도를 저하시킨다. 표 5.15는 저널 베어링에서 발생하는 여러 결함 형태와 그 특징 및 원인을 개략적으로 요약한 것이다.

그림 5.64는 공진 영역에서의 과도한 진동을 흡수할 수 있는 감쇠(damping) 능력을 구름 베어링과 비교한 것이다. 구름 요소 베어링은 구조상 감쇠를 거의 기대할 수 없으나, 저널 베어링은 유막의 감쇠 작용으로 인해 과도한 진동을 크게 저감할 수 있는 능력을 가지고 있다.

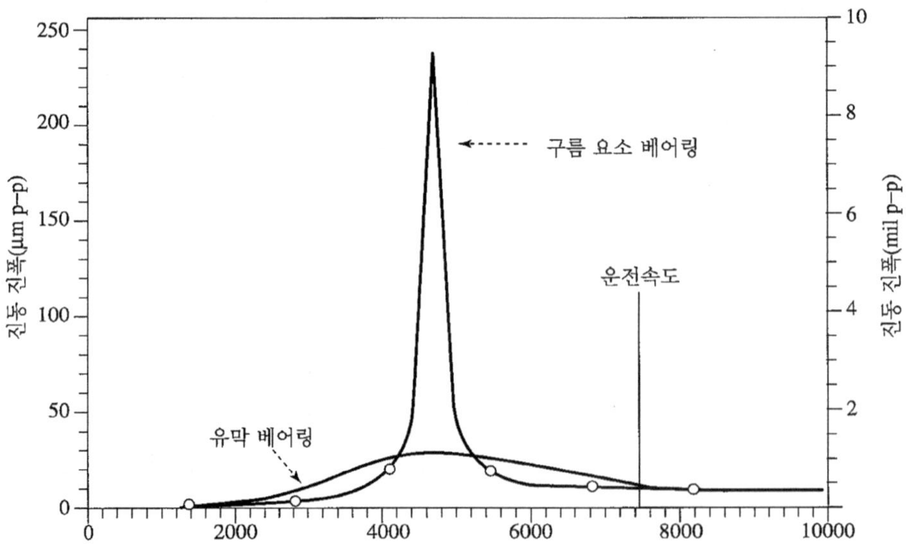

그림 5.64 구름 요소 베어링과 저널 베어링의 진동 감쇠 능력의 비교

저널 베어링으로 지지되는 회전 기계에는 그림 5.65에 나타내듯이, 저널 베어링 내의 유막의 불안정 작용에 의해 회전축에 oil whirl과 oil whip이라 부르는 격심한 굽힘 진동이 발생할 수 있다. 1925년 Newkirk와 Taylor가 실험 중에 급유를 멈추면 진동이 멈추고, 급유를 재개하면 진동이 다시 성장하는 것을 우연히 발견하고, 그 원인이 유막 작용에 의해 발생하는 것을 확인하여 이 현상을 oil whip이라 명

하였다.

이 진동의 현상적인 특징으로는

- 축 회전 속도 ω가 회전체의 1차 위험 속도 ω_1의 2배에 도달하면 발생하고, 한번 발생하면 속도를 증가하여도 불평형 진동과 같이 감소하지 않고 지속된다. 진폭이 큰 격심한 진동으로 때로는 베어링뿐만 아니라 회전체를 손상하고, 파괴에 이를 수 있다.
- 진동수와 진동 모드는 통상 1차 위험 속도와 같고, 축 회전 속도에는 별로 의존하지 않고 일정하다.
- 진동의 휘돌림 방향은 축의 회전 방향과 같다.
- 베어링 하중이 작으면 발생하기 쉽다.
- ω가 $2\omega_1$에 도달하기 상당히 전에 진폭이 작은 진동수가 $\omega/2$ (0.5X)인 진동이 발생한다. 이를 큰 진폭의 oil whip과 구별하여 oil whirl이라 부른다. Oil whirl은 강체 휘돌림 운동을 하며 ω의 증가와 함께 진동수가 $\omega/2$로 상승하고, $\omega = 2\omega_1$로 되었을 때 큰 진폭의 oil whip으로 성장한다(그림 5.65).

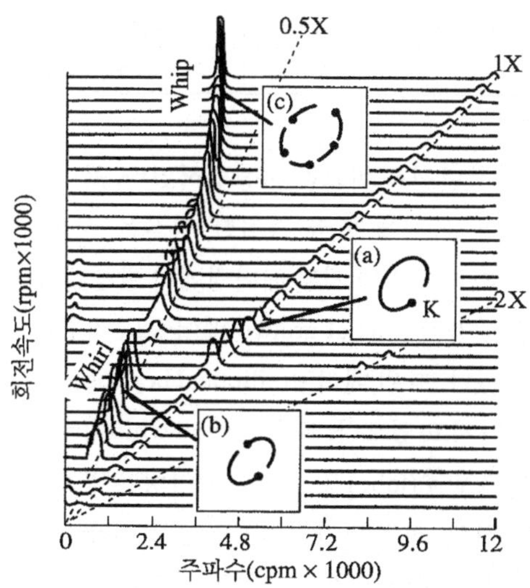

그림 5.65 Oil whirl과 oil whip 진동의 폭포 선도

Oil whip에 대한 방지 대책으로는

- 축의 강성이 크게 되도록 설계하여 ω_1을 높게 되도록 한다. 이로 인해 작은 진폭의 oil whirl은 발생하더라도 큰 진폭의 oil whip에 이르기까지의 여유가 크게 된다.
- 안정성이 좋지 않은 진원 베어링 대신에, 안정성이 양호한 2원호, 3원호, 4원호, 틸팅 패드 베어링을 채용한다.
- 편심율이 크게 되도록, 베어링 폭을 작게, 베어링 틈새를 크게, 점도가 낮은 기름을 사용한다. 문제가 발생하였을 때는 응급 조치로서 베어링 폭 중앙에 원주 방향으로 기름 홈을 낸다. 그러나 이 방법은 정도가 지나치면, 부하 능력의 저하로 베어링의 소손 위험이 있으므로 주의를 요한다.

표 5.16 베어링 종류별 특성의 비교

특징	부하 능력	안정성	강성 및 감쇠 계수		기름 펌핑 능력
			수직 방향	수평 방향	
매우 높음	Plain	Offset	Elliptical	Offset	Offset
높음	Elliptical	3 lobe	4 lobe	4 lobe	3 lobe
보통	Offset	4 lobe	Offset	3 lobe	Elliptical
낮음	3 lobe	Elliptical	3 lobe	Plain	4 lobe
매우 낮음	4 lobe	Plain	Plain	Elliptical	Plain

표 5.16에 베어링의 유형별 장단점을 비교하여 설명하였다. 표에서 알 수 있듯이 각 베어링은 장점과 단점을 가지고 있으며, 사용 목적에 따라 적절한 형식을 선정하여야 한다. 평면 베어링(plain bearing)은 가공이 용이하고 저가격인 반면 저널 베어링에서 발생할 수 있는 자려 진동인 oil whip 진동에 매우 취약하다. 축 방향 홈을 가지는 axial groove 베어링도 가공이 용이하고, 저가격이나 역시 oil whip에 취약한 단점을 가지고 있다. 타원 베어링(elliptical bearing)은 가공이 용이하고, 저렴하며 위험 속도에서 양호한 감쇠 특성을 가지고 있으나, 고속에서 oil whip에 취약하므로, 저속 및 중간 속도용 베어링으로 가장 널리 사용된다. 3 원호(lobe) 및 4 원호 베어링은 양호한 oil whip의 억제 특성을 가지고 있고, 전체적으로 성능이 양호하고, 적절한 가격이지만 몇몇 유형은 고가이고 고속에서 oil whip에 취약하다. 표준 베어링 설계로서 일부 제작자가 사용하고 있다. 압력 댐(pressure dam) (single dam) 베어링은 양호한 oil whip 진동의 억제 특성, 위험 속도에서 양호한 감쇠, 저렴, 가공의 용이 등의 장점을 가지고 있으나, 시간 경과에 따른 댐의 마멸에 취약하고, 하중 방향이 알려져야 하는 단점이 있다. 주로 석유 화학 관련 산업에 매우 널리 사용된다. Offset half 베어링은 고속에서 우수한 oil whip 억제 특성, 저렴, 가공의 용이, 중간 영역의 회전 속도에서 oil whip의 상당한 억제 능력이 있으나, 하중 방향이 알려

져야 한다. 높은 수직 강성과 낮은 수평 강성 특성을 가지고 있다. 정압 베어링은 oil whip 진동의 양호한 억제 특성, 폭 넓은 설계 파라미터 범위, 적절한 가격이지만, 위험 속도에서 낮은 감쇠로 인해 세심한 설계가 필요하고 고압 윤활제의 공급이 필요하다. 주로 고정밀 회전체에 사용되며, 일반적으로 높은 강성 특성을 가진다. 틸팅 패드(tilting pad) 베어링은 폭 넓은 설계 파라미터의 범위, 베어링 강성의 연성 항(cross-coupled terms)이 존재하지 않으므로 oil whip 원인의 원천 제거를 통한 안정성 확보의 큰 장점을 가지고 있으나, 고가이고, 세심한 설계가 필요하며 위험 속도에서 낮은 감쇠로 인해 실제 틈새의 결정에 어려움이 있고, 동력 손실이 크다. 베어링 이외 가진의 분수 동기 진동의 안정화에 널리 사용되고 있다.

5.7 전동기 결함

각종 전동기(electric motor)는 동력을 발생하는 구동기(driver)로서, 산업 현장에서 가장 널리 사용되며, 국가 경제의 중요한 역할을 담당하고 있다. 산업용 구동기로서는 유도 전동기(induction motor)가 가장 널리 사용된다. 그림 5.66은 일 예로 소형 농형 유도 전동기의 구조를 나타낸다. 전동기는 터빈, 압축기 등의 다른 회전 기계에 비하여 비교적 간단한 구조를 가지고 있으나, 기계적 및 전기적인 원인에 의해 발생하는 진동 및 소음의 특징은 매우 복잡하고, 넓은 주파수 대역의 성분을 가지고 있다. 따라서 전동기에서 발생하는 각종 결함은 일반 회전 기계에서 발생하는 기계적 결함과 함께 전기적 결함도 발생한다.

그림 5.66 농형 유도 전동기

전동기는 대용량화, 고속화에 따라 대규모화하고 있고, 고속의 운전 속도, 대규모의 하중 그리고 가혹한 운전 조건으로 인해 진동과 소음에 관련된 트러블이 많이 발생하고 있다. Yung과 Bonnett에 의해 2004년에 보고된 유도 전동기에서 발생하는 주요 결함의 유형으로는 베어링 결함 51%, 고정자 권선 결함 16%, 외부 요인 16%, 원인 불명 10%, 회전자 봉(rotor bar) 결함 5% 및 축과 커플링 2% 순으로, 전체 고장의 반 정도가 베어링에서 발생하는 것을 조사 결과로부터 알 수 있다. 베어링 고장의 주요 원인은 부적절한 운전과 결함 부품(defective components)이 제일 많고, 과대한 진동과 지속적인 과부하에 의해 결함이 진전되며, 가장 빈번하게 나타나는 고장의 증상은 기계적인 파손(breakage)과 과열(overheating)이다.

전동기 고장의 원인은 설계, 제작 공차(tolerance), 조립(assembly), 설치(installation), 작동 환경, 부하 특성 및 정비 일정(maintenance schedule) 등에 의해 발생한다. 전동기 결함은 크게 전기적인 결함과 기계적인 결함으로 나눌 수 있다. 회전자(rotor)에서의 기계적 결함은 공극(air-gap) 편심(정적 또는 동적), 정렬 불량으로 구분할 수 있고, 정적 편심과 core slacking은 고정자(stator)에서 발생하는 기계적 결함의 주요 유형이다. 또한 회전자 편심의 원인이 될 수 있는 베어링 결함은 유도 전동기의 일반적인 기계적 결함이다. 다른 기계적 결함으로 회전자의 마찰(rubbing), 고정자와 회전자의 피로(fatigue) 등은 위에서 나열한 결함에 의해 발생된다. 전기적인 결함은 표 5.16에 나타내었다.

표 5.16 전동기의 대표적인 전기적인 결함

결함 요소	전기적 결함
공극(air-gap)	• 공극 불균형(고정자 편심, 회전자 편심)
회전자(rotor) 단락링(end ring)	• 회전자 봉(rotor bar)의 파손/크랙 • 회전자 봉의 헐거움(looseness)/개방(open) • 회전자 적층의 단락(short) • 회전자의 불규칙한 국부 가열에 의한 열 굽힘(thermal bow) • 단락 링의 파손/크랙
고정자(stator)	• 유연한 고정자 • 고정자 적층(lamination)의 단락 • 고정자 철심의 느슨함

결함들은 진동 및 전류 신호의 스펙트럼을 비교해 보면 고유한 특징을 가지고 있다. 대부분의 전기적인 문제는 진동 또는 전류 신호의 스펙트럼 분석에서 전원 주파수(line frequency)의 2배 성분에서 정상 상태보다 높은 진동 진폭이 발생하며, 기계적인 문제는 운전 주파수 성분이 탁월하다. 불평형과 정렬 불량 등의 기계적인 문제가 회전자와 고정자 사이의 공극 변화와 같은 전기적인 문제를 발생시킨다. 따라서 기계적인 문제를 먼저 검토하고, 그 원인을 제거한 후 전기적인 문제를 검토하는 것이 바람직하다. 따라서 전동기의 진동 품질(vibration quality)을 보증하는 것은 전동기의 안정적인 기능 유지와 신뢰성을 확보를 통한 품질 향상과 수명 연장 및 정비 비용의 절감을 위하여 무엇보다도 중요하다.

교류 전원은 매 사이클 마다 양의 피크에서 음의 피크로 변화하는 정현 파형의 전압으로, 그 특성상 많은 전기적 또는 기계적인 문제들이 같거나 유사한 주파수에서 진동을 일으킬 수 있다. 따라서 진동의 참 원인들 사이의 차이를 면밀히 규명하여야 한다. 전원은 고정자 내를 흐르는 자화 전류(magnetizing current)가 어느 순간에 양 또는 음의 최대일 때 최대가 되는 고정자와 회전자 사이의 전자기력(electro-magnetic force)을 발생한다. 그 결과로서 전류와 기본 자속파(fundamental flux wave)가 0을 통과할 때의 점에서 제로까지 감소하는 전압 또는 전류 파형의 매 사이클 동안 2개의 피크 힘이 생긴다. 이는 전원 주파수의 2배와 같은 진동 주파수를 일으킨다. 이 진동은 전동기 다리(foot)의 평탄도(flatness), 프레임과 베이스 강성(stiffness) 및 고정자와 회전자 사이의 공극의 일치 정도 등에 매우 민감하다. 또한 회전자의 공극 편심(air-gap eccentricity)에 의해서도 영향을 받는다.

따라서 대부분의 전기적인 결함에 의해 발생하는 문제의 결함 주파수는 전원 주파수(f_L)인 60 Hz 성분보다는 이의 2배인 $2f_L$ 성분(120 Hz)과 관련이 깊다. 이 성분이 발생하는 메커니즘을 구체적으로 설명하면 다음과 같다.

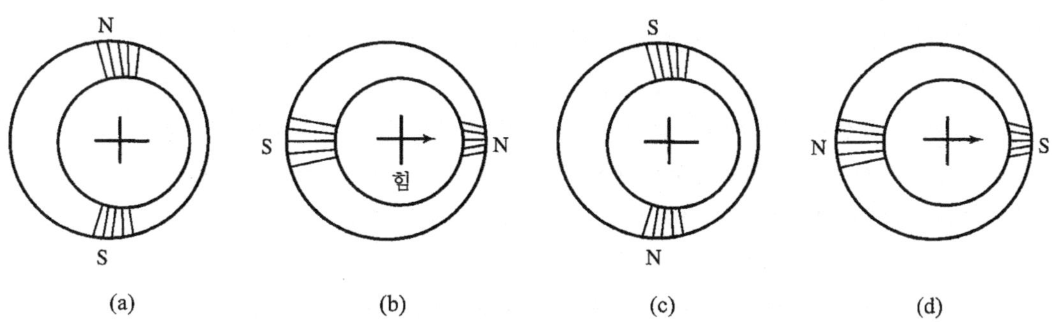

그림 5.67 고정자와 회전자 사이의 불균일 공극에 의한 불평형 자기 흡인력

예로 전원 주파수가 60 Hz인 2극 전동기에서 회전자와 고정자 사이의 불균일한 공극이 발생하는 경우에 자기장(magnetic field)은 동기 주파수($120f_L/p$ = 120 × 60/2 = 3,600 cpm)에 해당하는 3,600 rpm으로 회전하기 때문에 불평형 자기 흡인력(unbalanced magnetic pull)은 분당 최대 7,200회(7,200 cpm) 변동하게 된다(그림 5.67 참조). 회전자가 1회전 하는 동안 불평형 자기 흡인력은 처음에 회전자가 고정자와 가장 근접한 부분, 즉 최소 공극 위치인 N극으로 끌리다가(그림 그림 5.67(b)), 다음에는 S극으로 끌리기 때문에(그림 5.67(d)), 힘 자체는 편심에 대해 자기장의 주파수의 2배($2f_L$)로 변동하게 된다.

따라서 회전자와 고정자의 중심이 일치하지 않을 때, 불평형 자기 흡인력은 항상 7,200cpm(120 Hz)의 진동에 영향을 미치게 된다. 4극 전동기의 경우에도 마찬가지로, 4극 각각은 1회전 당 4회의 맥동(pulse)이 최소 공극을 통과할 때마다 발생한다. 4극 전동기는 동기 주파수가 1,800cpm ($120f_L/p$ = 120 × 60 / 4 = 1,800)이므로, 1,800 cpm × 4 = 7,200 cpm (120 Hz)의 주파수 성분이 발생한다.

또한 전기적인 결함 문제는 전원 주파수의 2배 진동과 극 수에 슬립 주파수를 곱한 측대역 성분(sidebands)들이 발생한다. 2극 전동기에서 $2f_L$ 성분의 진동 레벨은 회전 주파수 진동의 2배수 성분(2X)과의 근접하는 관계로 인해 시간 파형이 변조(modulation)되어 나타난다. 마찰(rubbing), 느슨한 부품, 굽힌 축(bent shaft) 또는 타원 저널 베어링과 같은 전동기의 문제는 2X에서 진동을 일으킬 수 있다. 이들 두 주파수 성분은 주파수가 서로 매우 근접하기 때문에 진동 레벨은 동위상(in-phase)에서는 합해져서 증가하고, 역위상(out-of-phase)에서는 빼지게 되어 감소하며, 이러한 현상이 반복되게 된다. 이 변조는 2극 전동기에서는 슬립의 2배 주파수($2sf_L$)로 반복한다. 비록 무부하라도 2극 전동기에서 2X 진동은 슬립에 기인하여 120 Hz로 변화한다. 비록 무부하 상태에서는 적다고 할지라도, 유도 전동기에는 약간의 슬립이 있기 때문에 슬립이 1회전하는 데는 5분에서 15분이 걸린다. 부하가 증가하면 슬립도 증가한다. 슬립은 전부하에서 정격 속도의 약 1% 정도이고, 무부하에서는 거의 0으로 감소한다. 진동을 측정하면 진동 레벨이 일정하지 않기 때문에 변조 시험을 위해서는 여러 번 반복하여 수행할 필요가 있고, 측정 시간은 10 ~ 15분의 주기로 최대 및 최소 진폭이 측정되도록 연속적으로 기록한다. 일 예로 60 Hz에 전부하 속도가 3564 rpm인 2극 전동기는 3600 − 3564 = 36 cpm(1% 슬립)의 슬립을 가지고, 분당 72(= 2 × 36)사이클의 변조 주파수를 가지게 된다.

불평형, 정렬 불량 등의 기계적인 문제가 회전자와 고정자 사이의 공극 변화와 같은 전기적인 문제를 야기시킨다. 따라서 기계적인 문제를 먼저 검토하고, 그 원인을 제거한 후, 전기적인 문제를 검토하는 것이 바람직하다. 또한 결함을 분석할 때에는 전동기의 고정자 전류 분석(stator current analysis)을 함께 실시하는 것이 바람직하다.

전동기 내의 자기장(magnetic field)은 전자기력을 일으키는 자속(flux)을 발생하고, 이 힘은 기계적인 가진력과 함께 모두 베어링에 의해 지지되고 베어링 결함을 초래한다. 양호한 주파수 분해능과 확대 스펙트럼(zoom spectrum) 분석이 중요하다. 기계적인 문제(회전 주파수, 조화 성분)와 전기적인 문제(전원 주파수, 조화 성분)의 분리에 필요하기 때문이다.

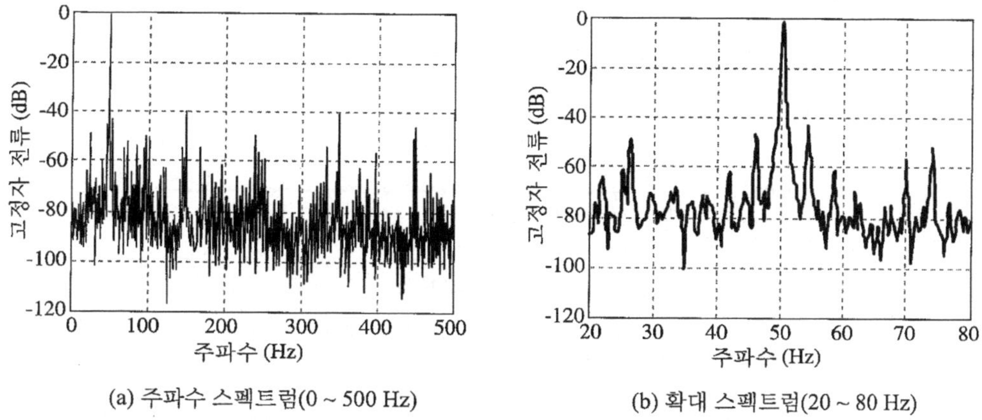

그림 5.68 전 부하 전동기의 전류 신호의 확대 스펙트럼

그림 5.68은 확대 스펙트럼 분석의 효과를 나타내기 위해, 고정자 전류 신호에 대해 500 Hz까지의 주파수 스펙트럼과 전원 주파수 50 Hz 주위에서 확대한 스펙트럼을 비교한 예이다. 운전 속도는 1,444 rpm으로 그림 5.68(a)의 주파수 스펙트럼만을 보면, 건강한 전동기로 판단될 수 있으나, 그림 5.68(b)의 확대 스펙트럼 분석을 하면 보다 많은 주파수 성분의 정보를 얻을 수 있고, 특히 전원 주파수 좌우에 측대역 성분이 나타나는 것을 알 수 있다. 즉, 공극 편심의 조화 성분인 26 Hz, 74 Hz 성분과, 회전자의 비대칭성에 기인하는 조화 성분인 46 Hz, 54 Hz 성분이 발생하고 있다. 이와 같이 이상에 의해 측대역 성분이 발생하는 전동기, 기어 등의 결함 원인을 파악하는 데는 확대 분석이 매우 중요하다.

전기적인 원인에 의한 결함이 의심되면, 전기적인 상태를 평가하기 위해 전부하(full load) 또는 그 부근의 상태에서 조사가 필요하다. 이는 특히 전자기력이 고정자 전류의 제곱에 비례하여 변화하기 때문이다. 종종 전기적 문제는 단독 시험(solo test)이나 심지어 무부하(no load) 상태로 운전하여도 증상을 나타내는 진동 신호가 발생하지 않는 경우가 있다. 이 경우는 100% 부하를 받을 때 명확한 증상이 나타난다. 대부분의 전기적인 문제는 2 × 전원 주파수($2f_L$ = 120 Hz)에서 정상 상태보다 높은 진동 진폭이 발생하고, 이를 이용하여 감지할 수 있다.

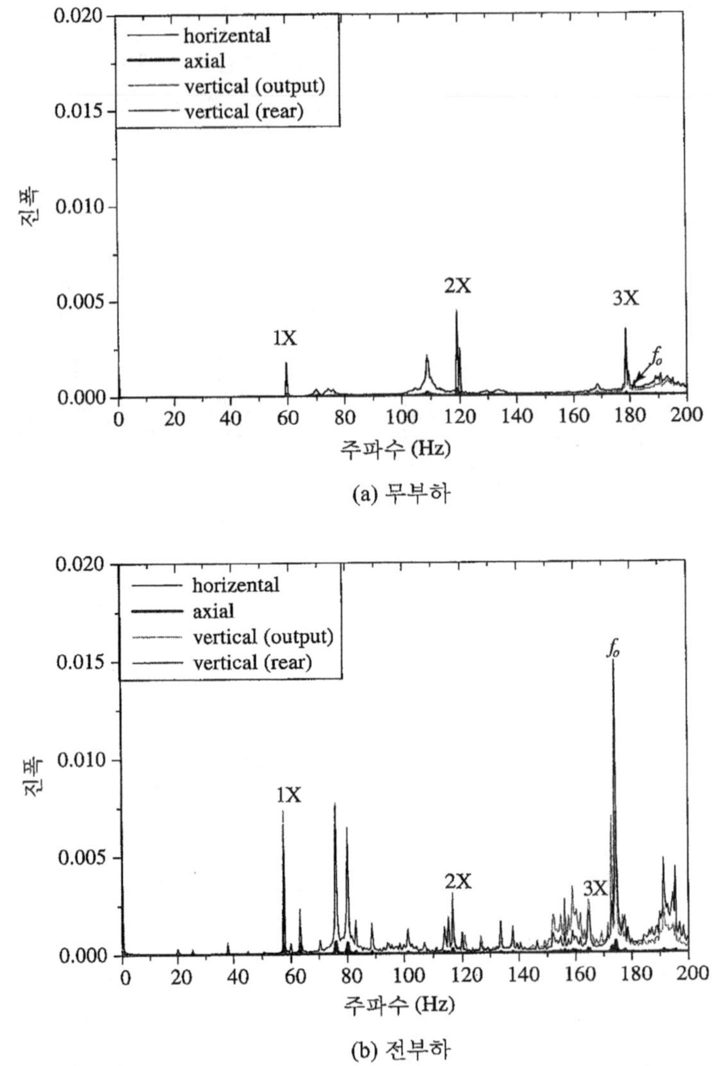

그림 5.69 부하 조건에 따른 결함 주파수의 발생 비교

그림 5.69는 구름 베어링의 외륜 결함에 대한 무부하와 전부하 조건에서의 진동 신호의 주파수 스펙트럼을 나타낸다. 외륜 결함 주파수(f_o)가 무부하 상태에서는 거의 나타나지 않지만, 전부하 조건에서는 뚜렷하게 나타나는 것을 알 수 있다.

표 5.17은 유도 전동기에서 발생하는 전기적인 결함 유형에 따른 진동 특징 주파수를 정리하여 나타낸 것이다. 진동 신호의 주파수 분석을 통하여 결함에 대응하는 진동 주파수를 분석함으로써 그 원인을 개략적으로 파악할 수 있을 것이다. 표에서 1X는 회전자의 회전 주파수(Hz), f_L은 전원 주파수(Hz), f_p는 극 주파수(= N_s − 회전속도) × p/60), p는 극 수이다.

표 5.17 전기적 결함의 결함 유형에 따른 진동 주파수

결함 유형	진동 결함 주파수 성분
불평형 공급 전압	1X, f_L, $2f_L$, $3f_L$, $4f_L$
단상화(single phasing) 또는 Connector의 느슨함	1X, f_L, $2f_L 3f_L$, $4f_L$
불평형 고정자 저항	1X, f_L, $2f_L$
절연 결함(inter-turn, phase-to-ground, phase-to-phase)	1X, f_L, $2f_L$
고정자 적층 단락	1X, 2X, $2f_L$
고정자 철심 느슨함	1X, 2X, $2f_L$
회전자 봉 파손	1X ± f_p
회전자 봉 크랙	1X ± f_p, $3f_p$, $4f_p$, $5f_p$
회전자 단락 링 파손	1X ± f_p
회전자 봉과 단락 링 사이의 이음 불량	1X ± f_p
회전자 적층 단락	1X ± f_p

표 5.18은 기계적 결함 유형에 따른 결함 진동 주파수를 나타낸다. 기계적 결함에 기인하는 전동기 결함은 전동기 진동과 직접적으로 관계될 수 있다. 유도 전동기에서 기계적 결함의 주 요인은 회전자이다. 그러나 회전자 내의 어떤 유형의 기계적 결함의 존재는 회전자의 진동을 증가시키는 원인이 된다. 전동기 몸체의 진동은 전체적으로 과도한 회전자 진동에 종속되지 않고, 고정자 응답이나 기초(foundation)에 의존된다. 표에서 RBPF는 회전자 봉 통과 주파수(= 봉 수 × 회전 속도), BPFI는 베어링 내륜 결함 주파수, BPFO는 베어링 외륜 결함 주파수, BSF는 전동체 결함 주파수, FTF는 전동체 열(train) 주파수를 나타낸다. 가장 많이 발생하는 기계적 결함은 회전자의 편심이다. 이들 표에서 알 수 있듯이 각 결함에 따른 발생 진동수가 중복되므로 이 표만으로는 정확한 경함 원인을 파악하기는 어렵다. 그러므로 보다 다양한 정보를 검토하여 종합적으로 검토하는 것이 보다 정확한 결함 분석에 필요하다. 표 5.19는 각종 결함에 대한 진동의 특징을 좀더 종합적으로 요약하여 나타낸 것이다.

표 5.18 기계적 결함의 결함 유형에 따른 진동 주파수

결함 유형	진동 결함 주파수 성분
고정자 편심(고정 공극, 정적 편심)	1X, 2X, $2f_L$
고정자 철심 느슨함	1X, 2X, $2f_L$
편심 회전자(변동 공극, 동적 편심)	f_p, 1X, $2f_L$, $2f_L \pm f_p$
회전자 봉 느슨함	1X, 2X, RBPF ± $2f_L$
구름 베어링 결함(초기 단계)	FTF, BPFO, BPFI, BSF, 2BPFI
구름베어링 결함(진전 단계)	FTF, 1X, 2X, 3X, BPFO, BPFI, BSF
정렬불량(편각, 편심, 베어링)	1X, 2X, 3X
질량 불평형	1X
굽힌 축(bent shaft)	1X, 2X
기계적 느슨함(looseness)	0.5X, 1X, 1.5X, 2X, 3X, 4X, 5X
회전자 마찰(rub)	0.5X, 1X, 1.5X, 2X, 2.5X, 3X, 3.5X, 4X, 4.5X

표 5.19 전동기 진동의 특징과 원인

결함 종류	진동 특징	진동 원인
고정자 결함	• 전원 주파수의 2배수 진동($2f_L$) • 전원 차단 시 순간적으로 소멸 • 고정자 프레임, 베어링 등에 주로 발생	• 전동기 기초, 볼트가 느슨하여 전동기 고유 진동수가 $2f_L$에 접근(10% 이내)하여 공진 • 고정자 권선의 각 상(단상, 3상)에 전기적 불평형이 있어도 발생 • 철심이나 고정자 권선이 느슨하여 고정자 진동이 증가할 때는 일반적으로 거더 진동을 동반하고 기본파($2f_L$) 외에 이의 조화성분도 발생
공극의 정적 편심	• 전원 주파수의 2배수 진동($2f_L$) • 고정자 결함과 같은 진동으로 판별이 어려움 • 공극 편심이 클수록 증가하며, 전동기 부하에도 관계	• 고정자와 회전자 축 중심 불일치

표 5.19 전동기 진동의 특징과 원인(계속)

결함 종류	진동 특징	진동 원인
공극의 동적 편심	• 회전자의 회전 속도 또는 회전 자계의 동기 회전 속도로 진동 • 진동은 $1/2sf_L$의 주기로 맥동 • 부하의 증가와 함께 슬립이 크게 되어 주기는 짧게 된다. • 맥동 진동과 일치하는 울림 음 발생	• 경년 변화, 외력에 의한 축 굽힘, 회전자의 질량 불평형 등에 의한 휘돌림 • 현장 평형잡기로 해결 가능
회전자 도체 결함	• 공극 동적 편심과 동일 진동 현상 • 부하 전류도 진동의 맥동 주파수($2f_L$)로 맥동 • 부하가 50% 이상이 되면 현저히 발생	• 농형 유도 전동기의 회전자 도체의 파손이 원인 • 파손 개수가 많으면 기동이 불가능 • 권선형에서는 회전자 권선 회로의 전기적 불평형이 원인
회전자 불평형	• 회전자의 회전 주파수 • 회전속도에 비례하여 진동이 증가, 부하 의존성은 없음 • 전동기의 반경 방향으로 발생	• 회전자, 냉각 휀의 오염, 회전자 절연물 탈락 등에 의한 불평형 • 4극 전동기 이상의 고속 회전기에서 주로 문제 • 직결 시 피동기나 커플링 등의 불평형이 문제가 됨
구름요소 베어링 (조립 불량)	• 회전자의 회전 주파수 • 베어링의 축 방향 진동 증가 용이 • 내외륜의 정렬 불량, 축 굽힘에 의한 반력으로 베어링 진동 발생	• 축, 하우징과의 설치, 조립 불량 • 축 굽힘
구름요소 베어링 (비선형)	• 회전속도의 조화성분 및 분수조화성분 • 베어링 축방향으로 발생하기 쉬움 • 회전속도를 바꾸면 진동이 급변 가능	• 베어링, 그리스 교환 후, 겨울철에 발생 용이 • 축방향의 강성, 유막의 감쇠 특성의 미소한 변화가 원인 • 회전자, 하우징의 고유진동수가 회전주파수의 정수배에 접근하여 공진을 일으키는 경우가 많음
미끄럼 베어링 (Oil whip, Oil whirl)	• 회전속도의 0.42~0.48배의 진동수 • 회전자의 고유진동수가 사용 회전수 이하의 탄성 회전자를 사용하는 대용량 2극 전동기에서 발생 용이 • 베어링의 반경방향으로 발생 • 급유 온도를 상승하면 소멸	• 베어링 형상, 틈새의 경년 변화 • 급유량, 온도 등의 조정 불량 • 피동기와의 축 중심이 운전 중 변화(정렬 불량), 베어링 하중 저하

표 5.19 전동기 진동의 특징과 원인(계속)

결함 종류	진동 특징	진동 원인
미끄럼 베어링 (분수조화 공진)	• 회전 속도의 1/2배 진동수 • 베어링 반경 방향으로 진동 • 위험속도가 회전속도의 1/2배 부근에 있는 탄성 회전자 를 사용하는 대용량 2극 전동기에서 발생 용이 • 베어링 급유온도를 변경하면 소멸	• 베어링 형상, 틈새의 경년 변화에 의한 베어링 특성 변화 • 회전자 불평형이 크면 발생 용이 • 현장 평형잡기로 저감 가능 • 전동기 기초 등의 느슨하여 회전자 위험속도가 저하해도 발생 가능
플랙시블커플링 결함 (고무)	• 회전 속도로 진동 • 피동기와 진동이 역위상인 경우가 많음 • 부하 증가에 따라 증대 • 단독 운전을 하면 사라짐	• 고무 부쉬의 경년 변화, 조립 실수에 의한 피치 어긋남이 원인
플랙시블커플링 결함 (기어)	• 회전 속도 및 조화 성분 • 피동기와 진동이 역위상인 경우가 많음 • 부하 증가에 따라 증대, 어느 부하에서 급변 • 단독 운전을 하면 사라짐	• Fretting, 윤활 불량에 의한 기어면의 마모 • 조립 실수에 의한 기어 이의 맞물림 위치 변화
커플링 축심 불량 (정렬 불량)	• 커플링 불량과 같은 진동 현상 • 축 중심이 어긋난 양이 크게 되면 축방향 진동이 증가 • 회전속도의 2배 성분도 증가	• 피동기, 전동기의 기초 침하, 기초 볼트 등 느슨함에 의한 정렬불량 • 편각 및 편심 정렬 불량 존재 • 미소한 축심 변화에도 진동 변화가 크면, 전동기 공진 주파수가 회전속도에 근접하여 공진하는 경우가 많음

고장의 모드와 패턴을 결합하였을 때, 일반적인 전동기 외관(appearance)은 통상 가능한 고장 원인에 대한 실마리를 제공한다. 다음 표 5.20과 같은 점검표가 실용적인 측면에서 매우 유용하다.

표 5.20 외관 검사를 위한 점검표 (Bonnett & Soukup)

- 권선은 깨끗한지?
- 어떤 이물질이 있는지?
- 습기의 흔적이 있는지?
- 회전자의 마찰(rubbing)이 있었는지?
- 회전자의 상태는 어떤가? 과열의 흔적이 보이는지? 회전자의 stall이나 locking 흔적이 있는지?
- 고장이 발생하였을 때, 회전자가 회전(turning) 한 것이 나타나는지?
- Top-stick, 코일 또는 코일 브레이싱(bracing) 느슨함이 있는지?
- 베어링은 회전에 자유로운지? 프레임이나 베어링 하우징 내에 습기 오염의 흔적이 있는지?
- 너트, 와셔, 볼트 또는 평형 중량과 같은 권선을 때릴 수 있는 어떤 기계적 부품이 있는지?
- 회전자 냉각 핀(fin)이나 홴(fan)은 손상되지 않았는지?
- 전동기 냉각 통로(passage)는 자유롭고, 막히게 하는 파편은 없는지?
- 권선 고장의 위치는? 위치가 연결 단(connection end) 또는 반대 단인지?
  Phase 또는 phase들이 고장인지? 코일 그룹이 고장인지?

표 5.21은 유도 전동기에서 일반적으로 발생하는 고장 원인과 이 때의 증상 및 이들 고장을 수리하기 위한 권장 조치 내용을 요약한 것이다. 이를 통하여 고장의 초기 단계에서 개략적인 간이 진단과 조치를 취할 수 있을 것이다.

표 5.21 유도 전동기의 가능 원인, 증상 및 권장 조치

	원인	A	B	C	D	E	F	G	H	I	권장 조치 내용
권선	과부하 trip- loose connection	•									전원 장치 조사
	Reverse phase sequence		•								두 선 연결을 교체
	권선 회로 Open/short/ground	•									권선 open / ground 조사
	Motor single phased			•							정지 후 재 기동
	불균형 상 부하			•		•					Single phasing 조사
	저 전압, 부적절한 선 전압	•				•					명판/ 와이어 치수 조사
	고정자 권선 단락	•				•					절연 저항 조사
	고정자 권선의 Ground	•				•					Ground 조사
기계계	불균일 공극			•							Centering, 필요 시 베어링 교체
	불평형 회전자			•						•	기계적 평형 조사
	공극 내 이물질					•					전동기 소제
	헐거운 부품/축과 회전자			•						•	보수

표 5.21 유도 전동기의 가능 원인, 증상 및 권장 조치(계속)

	원인	A	B	C	D	E	F	G	H	I	권장 조치 내용
기계계	굽힌 축, 회전자와 고정자 접촉			•		•		•			축 run-out 조사, 회전자 center/베어링 교체
	통풍막힘					•					전동기 내부 조사
	전동기 기울어짐 (shaft bumping)			•	•		•				레벨 조사, 필요 시 재정렬
	정렬불량, 과대 스러스트				•		•	•			재정렬
	과부하	•				•					부하 저감, 대형 설치
	헐거운 커플링			•							정렬 조사, 커플링 조임
베어링	기초, base plate의 헐거움			•							죔쇠볼트, Grout 조사
	볼 베어링 소음			•							윤활 조사, 베어링 교체
	볼 베어링의 설치 불량			•				•	•		교체
	손상된 베어링			•				•	•		교체
윤활	불충분한 오일						•	•	•		적절한 양의 추가
	잘못된 등급의 오일						•	•	•		권장 윤활제 사용
	오염된 오일						•	•	•		오일 배출, 재윤활
	오일링의 비회전						•		•		오일 점도 과대
	과다그리스							•	•		초과 그리스 제거
	불충분한 그리스							•	•		적절한 양의 추가
	잘못된 등급의 그리스							•	•		권장 그리스 사용
	그리스 오염							•	•		재윤활, 청결 공급 확인

주) A: 기동 불능, B: 역회전, C: 소음 과대, D: 급속한 Knocking 소음, E: 과열, F: 슬리브 베어링 과열, G: 구름 요소 베어링 과열, H: 일반적인 베어링 과열, I: 진동

5.8 기어 상자 결함

기어 상자(gear box)는 구동기의 속도를 증속하거나 감속하기 위한 동력 전달 장치로 널리 사용된다. 적용 대상에 따라 다양한 종류의 기어 유형(그림 5.70)과 베어링이 사용될 수 있다. 평 기어(spur gear)가 가장 보통으로 사용되는 기본적인 기어이고, 헬리컬 기어는 맞물림 부분이 길고 원활하게 힘을 전달하므로 고부하, 고속용에 적합하다. 이중 헬리컬 기어(double helical gear)는 나선이 서로 반대인 헬리컬 기어를 조합하여 추력을 서로 상쇄하는 구조이다. 베벨 기어(bevel gear)는 회전운동을 90°

변경하는 경우에 사용되고, 특히 고부하, 고속용에는 나선 베벨 기어가 사용된다.

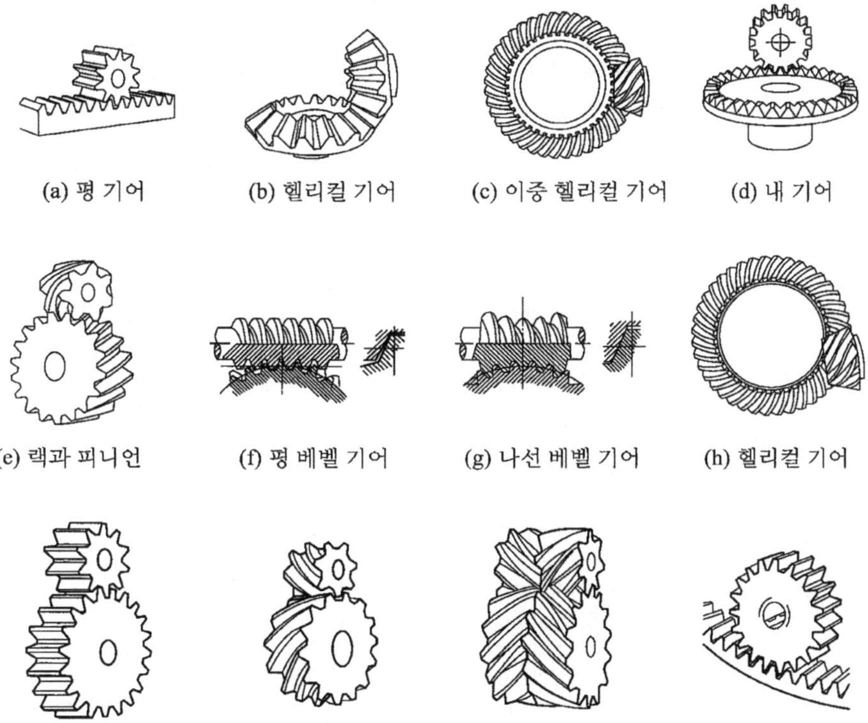

(a) 평 기어 (b) 헬리컬 기어 (c) 이중 헬리컬 기어 (d) 내 기어

(e) 랙과 피니언 (f) 평 베벨 기어 (g) 나선 베벨 기어 (h) 헬리컬 기어

(i) 나사 기어 (j) 웜 기어 (k) 웜 기어 (l) 하이포이드 기어

그림 5.70 기어의 종류

기어의 고장 원인은 일반적으로 피칭(pitching)이나 스폴링(spalling) 등의 기어의 피로에 의한 손상이 가장 많고, 다음으로 마멸이나 파손이 있다. 이들 손상은 최종적 손상과 경과적 손상으로 대별하고, 표 5.22에 이를 나타내었다.

표 5.22 기어 파손의 분류

대분류		소분류	결함 원인
최종적 파손	• 절손	• 피로 절손 • 과부하 절손 • 전단 절손	• 기능 정지 등 중대 고장을 초래 • 과대 하중, 이물질, 재질 불량 • 가공 치수 불량, 열처리 불량
	• 압괴 • 용융 • 눌어붙음 • 마멸		• 베어링 파손, 이물질 침입 • 윤활유의 사용 조건 불일치 • 과열 • 불순물, 과부하
경과적 파손	• 마멸	• 연삭 마멸(abrasive wear) • 긁김(scratching) • 프레팅(fretting)	• 먼지, 모래 등의 불순물 • 치면의 돌기, 외부 이물질 • 과부하
	• 소성 변형	• 소성 유동 • Rippling • Ridging • 이의 넘어짐	• 과부하의 미끄럼, 반복 충격하중 • 큰 미끄럼 하중, 윤활 불량 • 큰 미끄럼 하중, 윤활 불량 • 과대 하중
	• 이 면의 피로	• 피칭(pitching) • 스폴링(spalling)	• 과대한 반복 하중 • 표면 경화 기어, 피로
	• 열적 파손	• 스코링(scoring) • 변색(burning)	• 유막 파단, 고체 접촉, 표면융착 • 과열, 과대 원주속도, 윤활 불량
	• 기타	• 균열 • 간섭에 의한 손상 • 이물질 삽입에 의한 손상 • 부식 • 전식 • 팽윤(swelling)	• 가공 조건 불량, 담금질 응력 • 기어 맞물림 불량 • 단단한 큰 이물질 • 열화, 산, 수분, 윤활제 오염 • 치 면의 방전 • 고체가 액체 흡수, 체적 증가

기어의 진동 발생 메커니즘은 주로 원주 방향의 전달 하중이나 치형 오차에 기인하여 발생하는 강제 진동과, 이것에 의해 생기는 기어의 축 방향이나 반경 방향의 원판으로서 진동이 발생한다. 윤활 조건, 치면 손상 등이 진동의 크기와 형태에 영향을 미치고, 요약하면 다음과 같다.

- 유막 두께의 변화는 합성 강성 계수(stiffness)를 변화시킨다.

- 유막 두께가 증가하면, 이가 갖는 오차가 맞물릴 때에 매끄럽게 되어 강제 외력이 작게 된다.
- 부적절한 윤활유나 윤활 방법으로 인해 피칭, 스코링, 치면의 이상 마멸이 진행되어 치형 오차가 크게 되고, 강제 외력이 크게 될 수 있다.
- 기어의 윤활 방법에 따라 운전 중의 기어의 회전 저항이 변화하고, 감쇠 계수가 변화한다.

기어의 원주 방향 진동으로는 강제 진동으로서 맞물림 진동과 치선의 고유 진동수로 진동을 하는 자유 진동이 있다. 기어 시스템에서 발생하는 가장 기본적인 진동은 두 기어의 연속적인 맞물림에 의해 발생하는 맞물림 진동으로, 이 때 발생하는 기어 맞물림 주파수(gear mesh frequency) f_m은 기어 이(teeth)의 수 Z와 회전 속도 N(rpm)를 곱한 것으로 주어진다.

$$f_m = \frac{N}{60} \times Z \ \ \text{(Hz)}$$

구동 기어와 피동 기어는 연속적으로 서로 맞물려 회전하므로, 두 기어의 기어 맞물림 주파수는 같아야 한다. 기어의 표면에 결함이 발생하면, 기어 맞물림 주파수뿐만 아니라 이의 2차, 3차 조화 성분들의 진동과 소음도 발생하고, 이들 성분의 진폭을 파악하는 것이 중요하다. 특히 2차 조화 성분 $2f_m$의 진폭이 기본 성분(f_m)이나 3차 성분($3f_m$)보다 크다면, 기어에 과대한 백래시(backlash)가 존재하거나 기어 이 중에 하나가 진동을 하는 것을 나타낸다. 양측의 기어 이는 항상 서로 맞물려 있고, 이중 맞물림이 2차 조화 성분을 야기시킨다. 기어 맞물림 주파수의 저차 조화 성분들이 모두 크게 되면, 이는 기어의 정렬 불량이나 런 아웃(run-out)이 존재함을 나타낸다.

기어 이의 고유 진동수는 단순 모델로서 이를 외팔 보(cantilever beam)로 가정하면,

$$f_n = \frac{1}{2\pi}\sqrt{\frac{k}{m} - \left(\frac{c}{2m}\right)^2} \ \ \text{(Hz)}$$

로 표현할 수 있다. 이의 강성 k는 비선형 요소를 포함하고 있기 때문에, 고유 진동수는 시간에 따라 변화한다. 기어 이 표면에 손상이 발생하면, 맞물리는 기어와의 접촉 동안에 충격이 발생하고, 이때 기어 이의 고유 진동수로 자유 진동을 하게 된다. 통상 기어 이의 고유 진동수는 1 ~ 10 kHz 대역의 높은 주파수로, 이 진동수 성분은 기어 상자로 전파되는 과정에서 감쇠되어 버리기 때문에 실제로는 별로 문제가 되지 않는다.

따라서 기어 결함에 의해 발생하는 진동의 변화는 강제 진동인 맞물림 진동 성분과, 고유 진동수 성분의 자유 진동이 모두 발생하지만, 자유 진동 성분은 감쇠로 인해 검출이 어렵다. 한편, 맞물림 진동 성

분은 마멸, 피칭, 이의 손상 등의 결함 유형에 따라서, 진폭 변조나 주파수 변조를 일으키고, 이에 의해 측대역 성분(sidebands)과 맞물림 주파수의 고차 조화 성분(kf_m)들이 발생한다. 기어 결함 주파수를 식으로 나타내면

$$f_g = (f_m \pm k f_r)\ (\text{Hz}),\quad k f_m\ (\text{Hz})\quad (k = 0, 1, 2, \ldots)$$

여기서 f_r은 회전 주파수($= N/60$)이다.

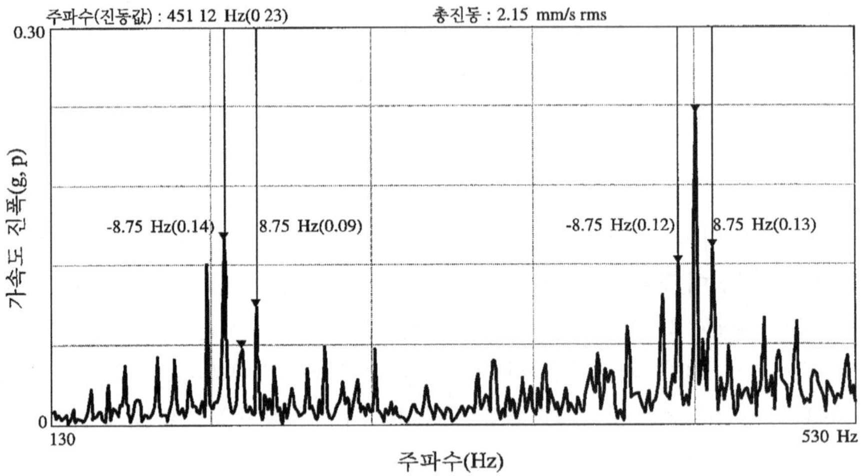

그림 5.71 기어 결함 발생 사례

그림 5.71은 기어 맞물림 주파수 225.5 Hz와 2배수인 451 Hz 주변에 8.75 Hz의 기어 축 회전 주파수(f_r)가 측대역 성분으로 나타나는 것을 보인다. 이는 기어 축과 기어 사이의 조립 부분에 헐거움이 발생하였거나, 축과 베어링 조립부 사이에 헐거움이 발생하였을 가능성을 나타낸다.

기어 맞물림 주파수에 대한 배수 성분인 조화 성분들의 강도는 치형(tooth profile)의 척도로서 마멸의 정도를 나타낸다. 따라서 이들 조화 성분은 대부분 어떤 이상 상태를 나타내고, 주의 깊게 어떤 변화의 징후를 관찰하여야 한다. 예로 인벌루트 치형을 갖는 기어의 경우, 정상 상태에서는 기어 맞물림 주파수의 하나의 성분을 가지는 낮은 진폭의 정현 파형으로 나타난다. 치형에 심각한 마멸이 발생하면, 기어 이에는 규칙적으로 급격한 힘이 가하여졌다가 제거되게 되고, 이의 접촉은 사각형 파형(square wave)과 매우 유사하게 된다. 따라서 기어 맞물림 주파수의 높은 진폭의 홀수 배수 성분($1f_m$, $3f_m$, $5f_m$ 등)과 낮은 진폭의 짝수 배수 성분($2f_m$, $4f_m$, $6f_m$ 등)들이 주파수 스펙트럼 상에 나타나게 된다.

기어 맞물림 주파수는 이의 수, 기어 비, 치형 및 부하에 의존하여 기어의 회전에 따라 크게 변화될 수 있다. 일반적으로 진폭은 이의 수가 많을수록, 기어 비가 낮을수록, 이의 가공 정도가 높을수록 그리고 기어에 작용하는 부하가 작을수록 작게 된다. 부하 조건이나 운전 속도에 중대한 변화가 없음에도, 기어 맞물림 주파수 성분의 진폭이 급격하게 변화하는 것은 기어에 문제가 발생하였음을 나타낸다. 통상 정상적인 기어에서도 4 ~ 8 g 정도의 진동 가속도가 기어 상자에서 계측된다.

기어 상자에서 발생하는 진동 문제를 분석하고 정확하게 진단하기 위한 유용한 정보를 취득하기 위해서는 변환기의 부착 위치가 중요하다. 기계의 형태, 기어 유형 및 구성 등에 따라 변환기의 위치는 변할 수 있으나, 가능한 결함이 있는 기어의 지지 베어링에 가깝도록 하중 영역 내에 설치하여야 한다. 최적 위치의 선정을 위한 지침으로 다음을 들 수 있다.

- 평 기어는 반경 방향의 위치
- 헬리컬 기어나 헤링본 기어와 같이 접촉각을 가지는 경우는 축 방향 위치
- 가능한 기어에 가깝게 그리고 결함이 발생한 기어 이 쪽에 설치

변환기의 종류로는 결함 분석의 관심 주파수 대역인 기어 맞물림 주파수의 3차 조화 성분이 2 kHz 이하이면, 속도 변환기로도 적절하지만, 그 이상이라면 가속도계를 사용한다. 만약 두 가지 경우가 공존하는 경우에는 속도계와 가속도계를 이용하여 취득한다. 가속도계는 높은 주파수 대역을 측정하기 때문에 설치에 주의하여 가능한 견고하게 고정한다. 소형 기어가 얇은 두께의 벽을 가지는 기어 상자에 설치되는 경우와 저속 회전의 경우에는 축과 케이싱 사이의 상대 운동을 측정하기 위해 비접촉식 변위계가 사용된다.

기어 결함의 경우에는 특징적으로 충격 파형이 발생함으로 주파수 스펙트럼뿐만 아니라 시간 파형 신호도 함께 검토하는 것이 필요하다. 기어 맞물림 주파수의 측대역 성분은 주파수 스펙트럼에서 직접 관찰될 수 있지만, 충분한 분해능을 얻기 위해 확대 분석 기법(zooming)의 이용과, 저 주파수 영역에서 스펙트럼 분석에 대한 정확한 정보를 얻기 위해 포락선 검지(envelope detection)와 복조 기술(demodulation technique)의 이용이 권장된다.

기어 상자의 효율적인 상태 감시를 위해서는 각각의 기어 축에서 주된 결함 주파수 영역, 예로 불평형, 정렬 불량, 기어 맞물림 주파수, 베어링 결함 주파수 및 기계적 마찰에 대한 협대역을 설정하여 감시하는 것이 결함 원인의 파악에도 도움이 될 수 있다. 진동 신호뿐만 아니라 베어링 하우징의 온도, 전동기 고정자 전류 신호도 함께 취득하여야 하고, 가능한 주기적인 윤활유 분석, 마모 입자 분석도 함께 이용한다면, 문제의 조기 검지 능력을 향상시키고, 감시에 대한 신뢰성을 높여 줄 수 있을 것이다.

그림 5.72는 심각하게 마모된 기어의 주파수 스펙트럼 예를 나타낸다. 기어의 회전 주파수는 36 Hz이다. 통상 헐겁거나 마모된 기어에서는 넓은 대역의 백색 잡음(white noise)가 발생된다. 베어링이 하우징 내에서 헐거울 때는 운전 주파수의 조화 성분들이 발생하고, 이는 기어 맞물림 주파수를 변조시킨다. 앞에서 정의된 결함 주파수의 식으로부터 통상 헐거운 경우에는 아래 측의 측대역 성분($f_m - kf_r$) 중의 하나 이상의 조화 성분이 발생하고, 기어가 편심 되었다면, 위 측 성분($f_m + kf_r$) 중에서 발생한다. 여기서 정수 k는 기어가 헐겁거나 편심진 경우에는 임의로 움직이기 때문에 어느 값으로 정해지지는 않는다. 헐거운 경우에는 기어 맞물림 주파수와 운전 주파수의 조화 성분 사이의 위상이 변화하게 된다.

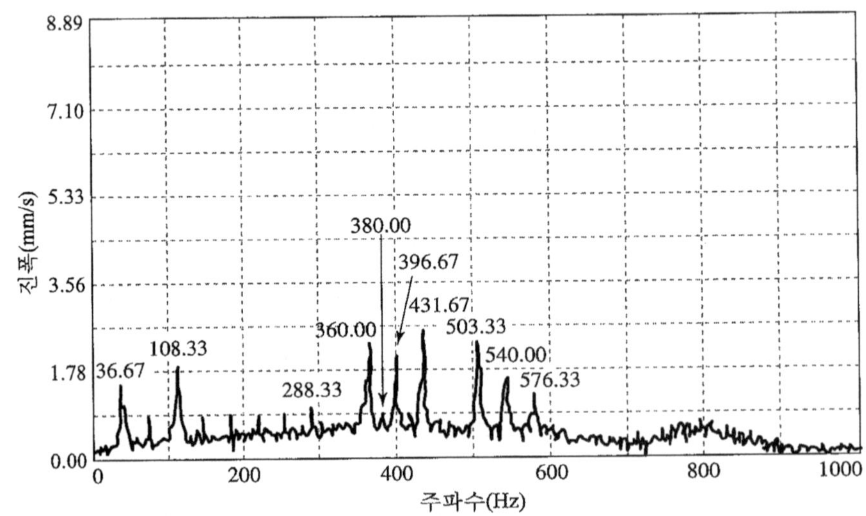

그림 5.72 심각하게 마멸된 기어의 주파수 스펙트럼 예

그림 5.73은 기어 맞물림 주파수인 321.2 Hz에서 ±20 Hz로 확대 주파수 분석(zooming)을 한 결과를 보인다. 그림 내의 점 1과 2, 점 1과 3사이는 각각 약 2.5 Hz의 차이가 있고, 이 차는 기어의 회전 주파수(f_r)에 대응한다. 즉, 318.73 Hz와 323.73 Hz는 각각 $k = 1$인 기본 측대역 성분으로 $f_m - f_r$와 $f_m + f_r$에 해당한다. 점 1과 4, 점 1과 5 사이는 각각 약 5 Hz의 주파수 차이가 있고, 이는 idle 기어의 운전 주파수에 해당한다. 위 측 측대역 성분인 326 Hz 성분이 아래 측 성분보다 크고, 이는 idle 기어가 편심져 있다는 것을 나타낸다. 이처럼 기어 맞물림 주파수를 중심으로 확대 주파수 분석을 실시하면, 특징 주파수인 측대역 성분을 보다 정확하게 파악할 수 있는 장점이 있다.

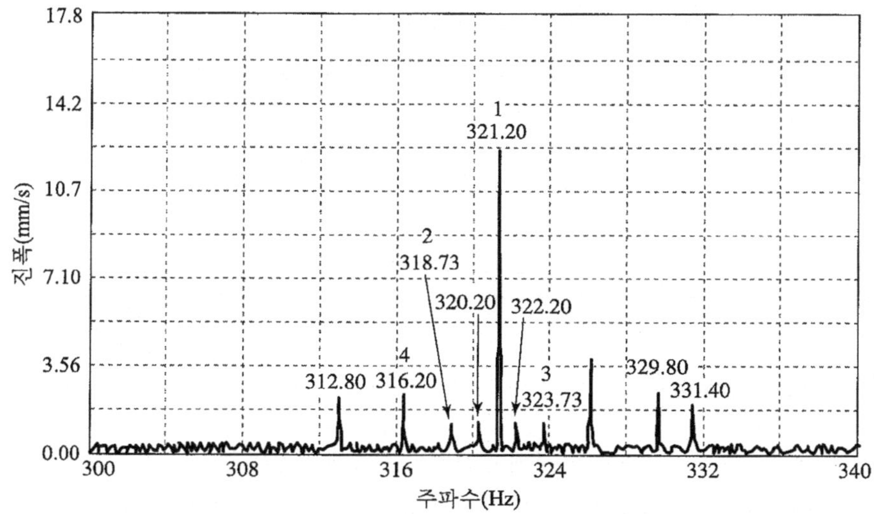

그림 5.73 편심된 기어의 주파수 스펙트럼 예

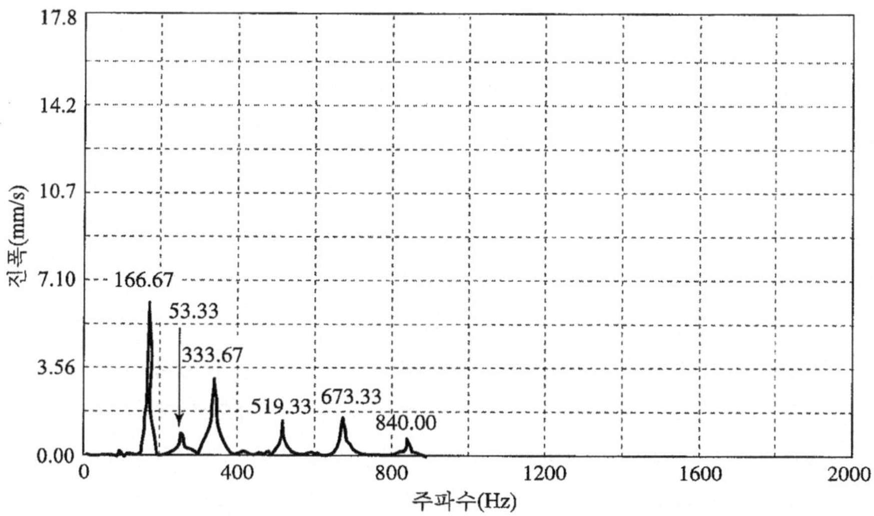

그림 5.74 정렬 불량된 기어의 주파수 스펙트럼 예

그림 5.74는 두 기어가 정렬 불량인 경우의 주파수 스펙트럼을 나타낸다. 통상 정렬 불량이 발생하면, 특징 주파수로서 기어 맞물림 주파수의 조화 성분이 발생하고, 특히 첫 세 조화 성분인 166.67 Hz (f_m), 336.67 Hz ($2f_m$), 513.33 Hz ($3f_m$)의 진폭이 크게 성장한다. 정렬 불량이 되면, 기어가 피치원 위에서 서로 평탄하게 맞물리지 않기 때문이다.

5.9 공진과 위험 속도

5.9.1 공진(resonance)

공진은 계의 가진력 주파수 또는 외부에서 전달되는 강제 진동의 주파수가 구조물 또는 회전 축계의 고유 진동수(natural frequency)와 같거나 유사할 경우, 진동이 증폭되어 과대한 진동이 발생하는 현상을 말한다. 회전 기계에는 표 5.23과 같이 기계적, 유체적 및 전기적인 힘에 의한 다양한 가진 주파수가 존재하고 있고, 이들 진동수가 기계의 회전 축계 또는 케이싱이나 프레임 구조물의 고유 진동수와 일치하여 공진을 일으킬 수 있다. 공진 상태에서 장기간 운전을 하게 되면, 과도한 진동에 의한 피로에 의해 취약 부분의 파손을 일으키게 될 수 있다.

따라서 설계 단계에서 시스템의 고유 진동 해석을 통하여 고유 진동수를 예측하고 공진이 발생하지 않도록 공진 회피 설계를 실시하여야 한다. 그리고 제작 후에는 충격 가진 시험(impact test 또는 hammering test)을 실시하여 고유 진동수를 확인하고 운전 영역 내에 특정 모드들에서 공진이 발생할 수 있으면 구조 변경을 실시하여 이를 회피하도록 하여야 한다. 운전 중에 경년 변화나 운전 조건 변화 등에 의해 고유 진동수가 변경되어 공진을 일으키는 경우에는 고유 진동수를 계측하여 공진을 확인하고, 강성이나 질량을 변경을 통하여 공진 영역을 회피하도록 해야 한다.

모든 기계 열은 여러 개의 횡(굽힘) 및 비틀림 고유 진동수를 가질 수 있다. 통상 소형 유도 전동기, 펌프와 같은 소형 회전 기계는 비교적 강한 축, 구름 베어링 및 프레임으로 제작되므로, 고유 진동수는 운전 속도 영역보다 매우 높은 영역에 위치하게 되고, 공진이 발생하는 경우는 매우 드물다. 그러나 중, 대형 회전 기계는 매우 무거운 회전체 및 케이싱과, 베어링 사이의 길이(span)이 길며 비교적 유연한 탄성 축으로 설계되기 때문에 운전 속도 영역 이내에 저차 고유 진동수들이 존재할 수 있다.

공진을 일으킬 수 있는 가진원으로는 표 5.23과 같이 다양하며, 회전체의 불평형, 커플링의 정렬 불량 또는 불평형, 굽힌 축, 베어링 불량 등을 들 수 있다. 외부의 가진원으로는 왕복동 하중, 펌프의 깃(vane) 통과 진동, 홴과 송풍기의 블레이드 통과 진동 및 기어의 백래시 진동 등이 있다. 공진이 발생하면, 이들 진동수 성분의 가진력이나 가진 토크를 증폭시키고, 결과적으로 파괴적인 힘을 발생시킬 수 있다. 볼이나 롤러 베어링과 같은 구름 요소 베어링으로 지지되는 회전체는 통상 감쇠가 거의 없거나 매우 작기 때문에 수직 펌프에 사용되거나 프로펠러 휀과 같이 관성 부하가 매우 큰 곳에는 특별한 주의가 요구된다.

표 5.23 주요 가진력의 가진 주파수 및 특징

가진력		주요 가진 주파수	특 징
불평형력		회전 주파수(f_r)	회전수가 일정하면, 진동 크기, 가진력과 진동의 위상차는 일정
정렬 불량, 불평형 모멘트		$f_r, 2f_r, 4f_r, 6f_r$	커플링 등의 정렬 불량에 의한 강제 구속력과 구속 모멘트에 의한 굽힘 진동과 종 진동 발생
기어 맞물림력		$f_m \pm n\, f_r$ (n : 정수)	기어에서 기어 이의 맞물림 불량에 의해 발생. 기어 맞물림 주파수로 가진
구름 베어링 충격력		f_b, f_i, f_o, f_c	베어링 결함 부위의 반복적인 충격력
비선형 요소력		$1/n \times f_r$, (n : 정수)	거더, 비선형 스프링 등이 있을 때, 가진력 진동수의 1/n 부근에 고유 진동수가 있으면 분수 조화 공진 발생
유체력 (hydraulic force)		f_r, $1/2\, f_r$	펌프 등의 유체 기계에서 임펠러가 최소 틈새를 통과 할 때 발생하는 압력 변동력
		$Z\, f_r$, Z : 깃 수	
토크 변동 (torque pulsation)		변동 주파수	토크 맥동 주파수와 비틀림 공진의 가능성
실속 (stall)	임펠러	약 $0.4 \sim 0.8 \times f_r$	가진 진동수가 회전체의 고유 진동수에 가까울 때, 진동 과대
	디퓨저	약 $0.1 \times f_r$	
전자기력 (magnetic pull)		$2f_L, f_r - 2s\, f_L$	주로 전동기, 발전기에서 발생하는 전자 진동
왕복동력		$n\, f_r$ n : 정수(1, 2, 3 등)	왕복 엔진, 압축기 등의 가진력은 기본 성분과 정수배 성분을 가지는 주기 파형이 되어 기본파형과 고차 조화 파형으로 발생
지진력		어느 범위의 연속 가진 주파수	진동은 가진 주파수 성분을 포함. 고유 진동수마다 공진 배율이 다르므로, 발생하는 것은 고유진동수 성분 만의 탁월 진동
외부 가진력		일반적으로 회전 비동기	주위 기계에서 진동 전파에 의한 가진으로 회전체의 고유 진동수와 근접할 때, 공진 발생

1) 굽힘 공진(lateral resonance)

굽힘 공진(횡 공진)은 계의 굽힘 고유 진동수와 가진 주파수가 일치하여 회전체의 축 단면과 직각 방향으로 주기적인 진동을 하게 된다. 공진이 발생하면, 흔히 축계의 공진 속도(위험 속도)에서 진동이 증가한다. 이는 기동 및 정지 시에 위험 속도를 통과하는 경우와 정격 운전 속도가 위험 속도와 일치하거나 부근에 있을 때 발생한다.

일반적으로 고출력의 대형 회전 기계에서는 고유 진동수를 운전 속도 이상이 되도록 설계하는 것은 구조적으로 어렵다. 따라서 통상 제작자는 운전 속도 범위에 고유 진동수를 가지는 탄성 축(flexible shaft)으로 설계하고 큰 가속도로 빠르게 위험 속도를 통과하도록 한다. 이렇게 하면 비록 위험 속도를 통과할 때 진폭이 증폭되지만, 빠른 시간 내에 이 속도를 통과하므로 진폭이 파괴적인 수준까지 충분히 성장하지 못하므로 안전하게 통과할 수 있다.

구름 베어링으로 지지된 회전 기계에서는 굽힘 고유 진동수는 흔히 강 베어링(rigid bearing)으로 가정하여 계산된다. 여기서 강 베어링이란 베어링의 지지 강성(stiffness)이 무한대로 가정한 것을 의미한다. 그러나 실제 공진 주파수와 진폭은 베어링의 종류, 윤활제의 점도, 기초(foundation) 강성에 따라 다르다. 구름 요소 베어링은 비록 지지 강성이 축의 굽힘 강성에 비해 크기는 하지만 무한대는 아니다. 따라서 실제 공진 주파수는 계산된 값보다 낮아지게 된다. 또한 유막 베어링으로 지지되는 대형 회전 기계의 경우는 베어링의 강성 및 감쇠 특성이 회전 속도에 의존하기 때문에 정밀한 진동 해석이 요구된다. 비록 굽힘 공진은 통상 고속 회전 기계에서의 주 관심사이지만, 이들은 펌프, 송풍기 등에서도 역시 존재한다. 양호하게 평형잡기가 수행된 탄성 축을 가지는 회전 기계에서는 초기 운전 시에는 명백한 기계적인 공진이 나타나지 않을 수도 있으나, 운전 속도 범위 내에 위험 속도가 존재한다면 수개월이나 수년 이내에 장비가 열화 되었을 때에 좁은 운전 범위에서 과대한 진동이 발생할 수 있다.

공진에 의한 진동의 특성을 살펴보면 다음과 같다.

- 원심력에 의한 진동으로, 1X 성분만이 나타난다.
- 약간의 속도 변화에도 진동 특성이 급격히 감소한다. 이는 공진 속도만 회피하게 되면, 공진 현상이 사라지기 때문이다.
- 수평과 수직 방향의 강성 차이로 인해 두 방향의 공진 속도가 서로 다르다
- 진동의 크기에 관계없이 공진에 의한 진동은 시간이 지남에 따라 점점 성장한다.

2) 비틀림 공진(torsional resonance)

비틀림 공진은 일반적으로 구동기, 커플링 및 피동기로 구성되는 완전한 구동 열(drive train)에서 구동축의 높은 회전 토크에 의해 발생한다. 비틀림 공진은 회전 장비 축에 작용하는 비틀림 토크의 주파수가 축계의 비틀림 고유 진동수와 일치할 때 발생하고, 이 때 과도한 비틀림 각변위가 발생한다. 이 진동은 통상 굽힘 진동에 비해 검지하고 측정하는 것이 매우 어렵다. 측정은 통상 축에 transmitter를 가지는 스트레인 게이지를 부착하여 측정하거나, 양단에 측정용 기어를 부착하고 이 부분에서 와전류형 비접촉식 변위계를 이용하여 상대 각변위를 측정할 수 있다.

심각한 비틀림 공진은 축이나 커플링의 파손을 야기할 수 있다. 대형 또는 고속 회전 기계에서는 회전 관성(inertia)이 증가하여 이에 대한 축의 비틀림 강성의 비가 상대적으로 감소하게 되고, 이는 1차 비틀림 고유 진동수를 낮추게 된다. 이러한 문제가 발생할 것이 예상되면, 설계 단계에서 비틀림 진동 해석을 수행하여야 한다. 계산에는 구동기, 커플링 및 피동기에 대한 상세한 정보가 요구된다.

3) 공진 대책

기본적으로 제작 또는 설치 후에 공진이 발견된 경우에는 대책이 매우 제한되고 수동적일 수 밖에 없다. 따라서 무엇보다도 중요한 것은 설계 단계에서 정밀한 진동 해석을 통하여 예상 가능한 진동 특성을 파악하고, 이를 설계에 반영할 수 있는 능력을 갖추어야 한다. 즉, 고유 진동수의 해석 결과에 따라 운전 범위 내에 고유 진동수가 있으면, 고유 진동수를 운전 범위 이상으로 이동하도록 하거나, 정속 운전의 경우에는 운전 속도와 고유 진동수가 서로 일치하지 않도록 하기 위해 가능한 높은 속도 영역으로 이동시키고 이것이 어려우면 낮은 속도 영역으로 이동하도록 설계 변경을 하여야 한다. 이 작업을 공진 회피 설계라 부른다. 그러나 비틀림 공진의 경우에는 전동기 또는 엔진과 같은 구동기의 정보가 필요하지만, 설계 단계에서는 이 정보를 모두 입수할 수 없기 때문에 실제적으로는 어렵다.

굽힘 또는 비틀림 공진이 발견되었다면, 몇 가지 가능한 해결책이 있을 수 있다. 첫째로는 운전 속도가 고유 진동수 이하 또는 이상이 되도록 운전 속도를 변경하여 공진을 회피하도록 운전 속도를 변경하는 것이다. 이는 당연히 효율이 낮아지는 문제가 발생한다. 비틀림 공진 문제인 경우에는 플렉시블 커플링을 교체하여 감쇠를 변경하거나, 커플링 강성을 변경하여 비틀림 고유 진동수를 이동하도록 한다. 일반적으로 모든 굽힘 고유 진동수는 적어도 운전 속도 범위의 20% 이상, 비틀림 고유 진동수는 10% 이상이 되도록 하는 것이 바람직하다.

발전, 양수 플랜트 등에 설치된 각종 대형 펌프를 구동하는 펌프들은 설치 공간을 절약하기 위해 상부에 전동기를 설치한 수직형의 구조를 갖는다(그림 5.75). 이러한 형태는 상부에 매우 중량이 큰 전동기가 설치되므로 진동계는 외팔 보(cantilever beam)가 되고, 현장에서 많은 진동 문제를 야기시킨다. 이 경우는 전동기 자체의 문제이기보다는 지지 조건이 취약하여 운전 속도 영역에서 공진을 일으키는 경우가 대부분이다.

그림 5.75 수직형 펌프-전동기의 설치 예

전동기와 지지 구조물로 이루어진 진동계의 공진 주파수를 reed 주파수라고도 부르며, 이 주파수는 전동기의 질량, 무게 중심의 높이, 지지 프레임의 강성과 기초 강성의 함수가 된다. 이를 그림 5.76과 같이 단순한 1 자유도계의 모델로 나타내면, 전동기의 질량을 m, 지지부 및 기초 부분의 합성 강성을 k라 하면 공진 주파수는 다음과 같다.

$$f_n = \frac{1}{2\pi}\sqrt{\frac{k}{m}}$$

특히 전동기 단독 무부하 운전에서도 진동이 높기 때문에 전동기 자체의 문제로 잘못 취급되는 경우가 많다. 지지 프레임이 펌프 토출관 방향과 이의 수직 방향의 지지 강성이 다르므로 2개의 공진 주파수가 존재하는 경우가 많다. 따라서 방향에 따른 진동 값이 다르기 때문에 상태 감시용 센서를 설치할 경우에는 주의를 요한다.

그림 5.76 수직 펌프용 전동기 및 지지대와 1자유도계 모델

그림 5.77은 reed 주파수 공진이 발생한 냉각수 펌프 구동용 대형 유도 전동기(2000 HP)에 대한 회전 속도 변화에 따른 진폭 및 위상 정보를 나타내는 보데 선도(Bode plot)이다. 토출 방향과 이의 수직 방향의 최대 진폭을 나타내는 reed 주파수가 다른 것을 알 수 있다.

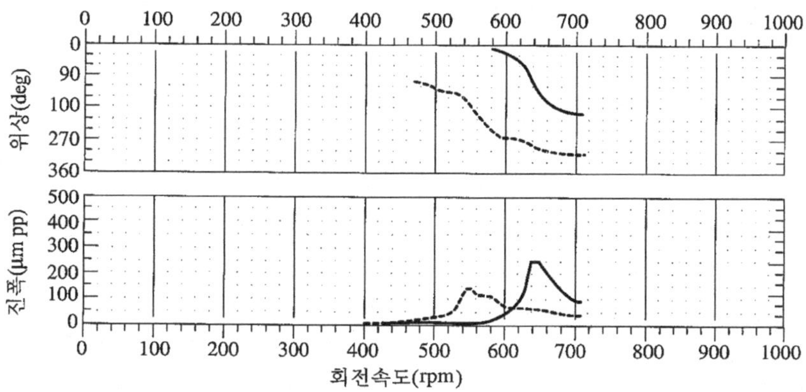

그림 5.77 Reed 주파수 공진 발생시의 보데 선도 예

공진 회피 방안으로는 일반적으로 전동기의 중량을 변경하는 것은 실질적으로 매우 어렵고, 지지 강성을 변경시키는 것이 현실적인 방법이다. 지지 프레임의 하부에 보강용 판을 용접하여 부착하는 방법은 외팔 보의 고정 단에 가깝기 때문에 강성 효과가 거의 없고, 그림 5.78과 같이 원주 형상의 지지대(support)를 설치하여 강성을 증가시키고 공진 영역을 운전 영역으로부터 멀어지도록 하는 것이 간편하고 경제적인 방법이다. 지지대는 시스템의 무게 중심점에 가능한 가깝게 설치하는 것이 가장 효과적이다.

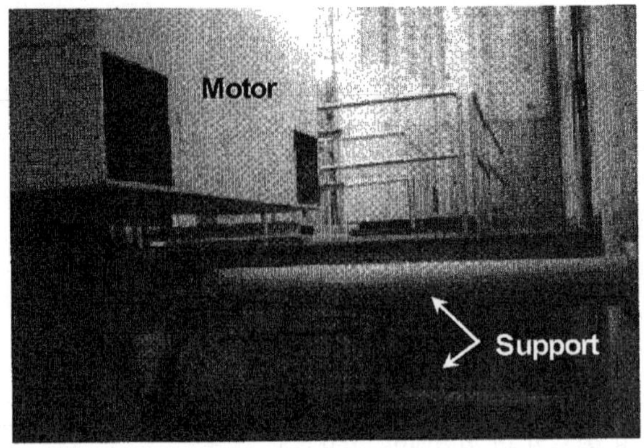

그림 5.78 대형 펌프용 전동기의 프레임에 지지대의 설치 예

이상의 3가지 진동 원인(불평형, 정렬 불량 및 공진)에 의한 진동은 가장 일반적인 형태의 기계적 진동으로, 전체 기계적 진동 문제의 90% 이상을 차지하고 있다. 현장에서 발생되는 이들 사이의 대략적인 비율은 불평형 진동 40%, 축 정렬 불량 30%, 공진 20% 정도이다.

5.9.2 위험 속도(critical speed)

국제 규격인 ISO 1925(1990)에서는 위험 속도(또는 임계 속도라 한다.)를 계의 공진점에서 현저한 응답이 발생하는 특정 속도라고 정의하고 있다. 즉, 최대 휘돌림 진폭(whirling amplitude)이 발생하는 회전체의 속도로서, 회전체에 자이로스코픽 효과가 없는 경우, 위험 속도는 회전체의 회전 속도가 축계의 고유 진동수와 일치할 때 발생한다. 그러므로 회전체에서는 계의 고유 진동수 또는 그 정수 배나 정수 분의 일에 대응하는 회전 속도를 의미한다.

위험 속도는 회전체의 휘돌림 진폭과 기초에 전달되는 전달력이 국부적으로 최대인 영역과 일치한다. 양호한 동적 설계를 위해서는 회전체가 지속적으로 운전이 되는 속도 영역에서 위험 속도를 제거하거나 회피할 것이 요구된다. 이를 통상 공진 회피 설계라 한다. 따라서 운전 속도가 1차(기본) 위험 속도 부근에서 운전되거나, 그 이상으로 되어 기동 및 정지 시에 위험 속도를 통과하는 경우에는 공진의 가능성과 공진 영역에서의 과대한 진동에 대한 가능성을 설계 단계에서 충분히 검토하여야 한다. 예로 API(American Petroleum Institute) 규격에서는 전동기 지지 구조물의 고유 진동수와 최대 연속 운전 속도 사이에 20%이상 또는 최소 연속 운전 속도의 20% 이하의 분리 여유(separation margin)

가 확보되어야 하며, 펌프 회전체의 경우는 1차 굽힘 위험 속도가 최대 허용 연속 속도의 20% 이상이 되도록 설계할 것을 권장하고 있다. 따라서 기본 설계 단계에서 위험 속도를 정확하게 예측하여야 할 필요가 있다.

동기 휘돌림 진폭, 회전체의 평형, 베어링의 동적인 힘, 구조 발생 소음 그리고 공진이 발생하는 계들은 각각 기계의 위험 속도 위치에 의해 직접적인 영향을 받는다. 회전체가 충분히 평형잡기가 되고 베어링의 감쇠가 적절하다면, 기계의 위험 속도는 감지되지 않고 통과되며, 위험 속도 이외에서의 운전은 매우 정숙하게 된다.

회전체-베어링 시스템의 동적 성능에 영향을 미치는 회전체 지지 부분의 동특성을 설명하는 편리한 방법으로 그림 5.79에 보이는 **위험 속도 선도**(critical speed map)가 사용된다. 이는 회전체의 감쇠와 연성(cross-coupling)효과를 무시한 초기 설계 단계의 검토에 사용되는 단순화된 해석으로 간주될 수 있고, 통상 **비감쇠 위험 속도 선도**로 불린다. 그림에서 수평축은 지지 강성(N/m)을 나타내며, 수직축은 회전체의 회전 속도(rpm)이다. 이 특성은 주어진 회전체에 대해 지지 강성(support stiffness)의 변화에 따른 회전체의 위험 속도 변화를 보여준다. 지지 강성이 낮은 탄성 베어링(그림의 왼쪽 부분)은 강체 휘돌림 모드의 위험 속도를 낮게 하는 경향이 있고, 강 베어링(그림의 오른쪽 부분)은 탄성 휘돌림 모드의 위험 속도를 높이는 경향이 있다.

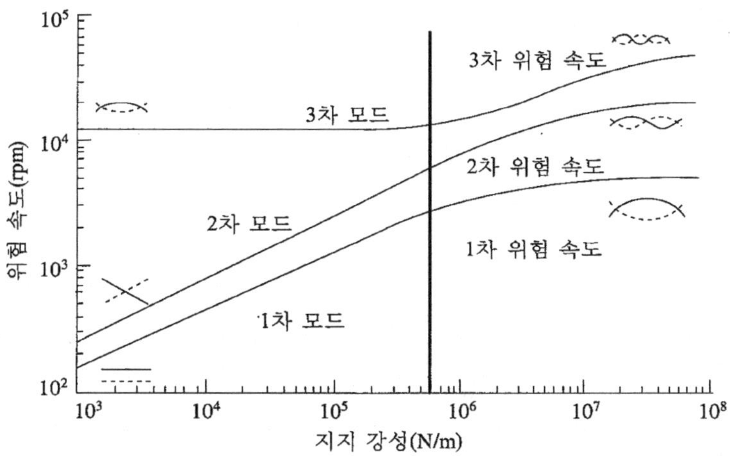

그림 5.79 위험 속도 선도(베어링 강성 특성이 일정한 경우)

실제 계산에서는 통상의 지지 강성에 대한 개략적인 범위 내에서 지지 강성의 변화에 대한 계의 고유 진동수를 계산하고 이를 그림 5.80과 같이 나타낸다. 이때 운전 속도 범위 내의 몇 개의 저차 고유 진동수 성분, 즉 3차 고유 진동수까지를 나타내고 있다. 그리고 지지 강성에 대응하는 수직선을 그었을 때, 고유 진동수 곡선과의 교점에 대응하는 회전 속도가 각 차수에 대응하는 위험 속도가 된다.

회전 속도의 변화에 따라 일정한 강성을 유지하는 베어링은 구름 요소 베어링을 제외하면 실제로는 드물다. 따라서 이들 베어링에서 회전체의 실제 위험 속도를 계산하기 위해서는 베어링 강성에 대한 회전체의 위험 속도 선도에서 속도 특성을 plot할 필요가 있다. 이 베어링의 특성을 고려한 경우의 한 예를 그림 5.80에 나타낸다. 그림 5.79와 같이 고유 진동수 곡선을 그리고, 회전 속도의 변화에 대응하는 베어링 강성의 특성 곡선을 그림 5.80과 같이 그렸을 때에 이 두 곡선의 교점에 대응하는 회전 속도가 그 베어링에서의 실제 위험 속도가 된다. 이 위험 속도 선도는 특히 구름 요소 베어링과 같은 감쇠가 거의 없는 회전 기계와 외부 가압 기체 베어링과 같은 회전체 · 베어링 시스템의 동특성을 구하는데 유용하다. 감쇠는 특히 고속의 회전 속도 영역에서 중요한 역할을 한다.

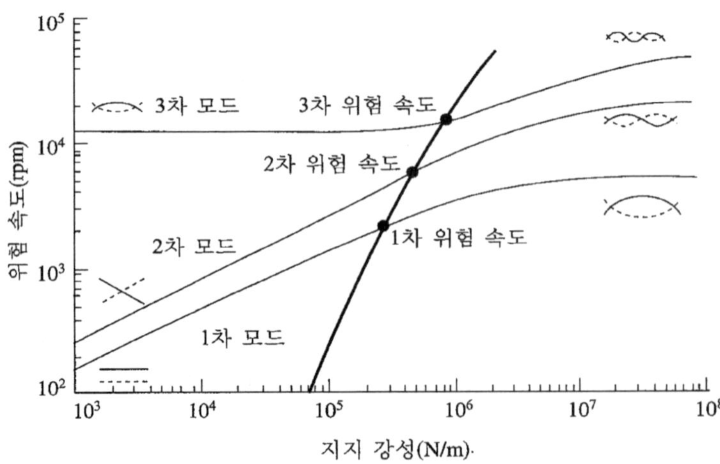

그림 5.80 위험 속도 선도(베어링 강성 특성이 변하는 경우)

위험 속도 선도는 회전체의 위험 속도 해석을 위한 근사적인 도구로써 유용하게 이용될 수 있다. 즉, 기본 설계 단계에서 공진 회피 설계를 위한 베어링의 형식이나 치수 선정에 유용하게 활용된다. 이것은 미소한 강성의 비대칭(asymmetry)으로부터 생기는 위험 속도에의 영향은 통상 무시할 수 있다. 연성 효과(cross-coupled effect) 또한 특별한 베어링 강성의 연성 항을 포함하지 않는 한 역시 생략될 것이다.

공진 가능성을 조사하기 위해 일반적으로 이용되는 또 다른 선도로는 그림 5.81과 같은 캠벨 선도(Campbell diagram)가 있다. 이는 운전 속도의 함수로 고유 진동수를 나타낸 것이다. 이 선도에서는 가진력 주파수를 함께 나타내며, 가진력 주파수의 선은 좌표 원점으로부터 퍼지는 직선으로 표현된다. 즉, 1X 선은 1 × 운전 속도(회전 주파수) 가진을 나타내고, 불평형력과 같이 가진 진동수가 회전 주파수가 된다. NX 선은 깃 또는 블레이드 통과 주파수(vane/blade passing frequency)의 가진을 나타내고, 펌프에서는 임펠러 깃의 수×회전 주파수를 의미한다. 또한 2X는 회전 주파수의 2배 성분의 가진력 주파수를 나타내고, 정렬 불량(misalignment)과 같은 가진력이 이에 해당된다. 운전 속도 영역 내에서 가진력 주파수의 선과 고유 진동수가 교차하는 영역은 잠재적인 공진 영역을 나타내고, 공진에 의한 과대한 진동 문제를 회피하기 위해 구조 변경이 이루어져야 함을 암시한다.

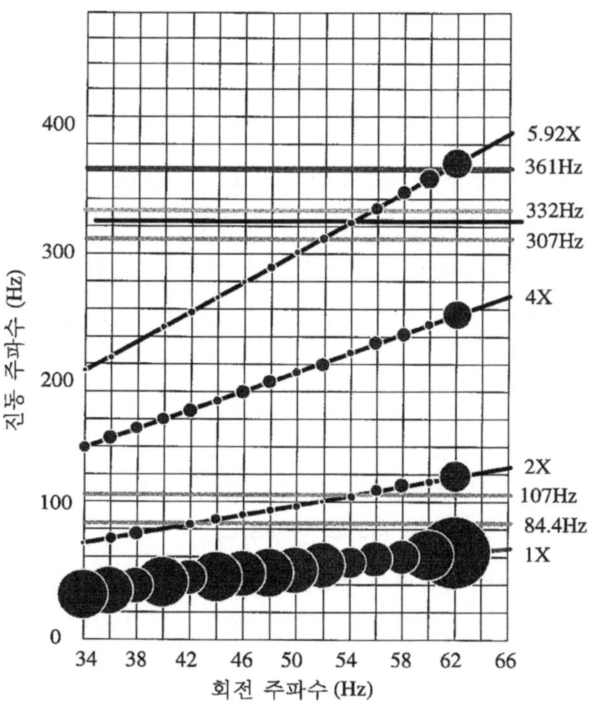

그림 5.81 유도 전동기 진동의 캠벨 선도 예

5.10 요약

- 기계에 문제가 있는지, 있다면 문제가 얼마나 심각한지 그리고 고장 전에 얼마나 운전이 가능한지를 결정하기 위해서는 대상 기계에 대한 체계적인 진동 신호의 분석 능력을 보유하여야 한다.
- 정상 운전 상태에서의 진동 신호 분석에는 경향 분석, 시간 파형 분석, 궤도 분석, 복수 궤도 분석, 스펙트럼 분석, 전 스펙트럼 분석, 폭포 선도 분석, 허용 영역 선도 분석 및 불평형 응답 분석 등이 이용된다.
- 과도 운전 상태에서의 진동 신호 분석에는 캠벨 선도 분석, 보데 선도 분석, 극 선도 분석, 차수비 분석, 캐스케이드 선도 분석, 축 중심선 위치 분석, 캡스트럼 분석 및 웨이브릿 분석 등이 이용된다.
- 질량 불평형에 의한 진동은 가장 일반적으로 경험되며, 회전체의 축 중심선과 무게 중심의 불일치에 의해 발생하며, 주로 회전 주파수(1X) 성분의 반경 방향 진동이 탁월하다.
- 불평형 진동이 발생하면, 적절한 평형 잡기(balancing) 작업을 통하여 규격에서 정하는 허용 잔류 불평형 이하가 되도록 불평형을 수정하여야 한다.
- 정렬 불량에 의한 진동은 통상 구동 기계와 피동 기계가 같은 중심선상에 있지 않으므로 발생하며, 1X, 2X 등의 조화 성분의 반경 방향 진동과 함께 축 방향의 높은 진동이 발생한다.
- 정렬 불량은 적절한 정렬(alignment) 작업을 통하여, 허용 공차 이내가 되도록 수정하여야 한다.
- 기계적 헐거움은 통상 상대 운동을 허용하는 베어링이나 기계 부품들 사이에 헐겁거나 부적절한 설치에 기인하여 발생한다.
- 기계적 헐거움에 기인하는 진동은 회전 주파수의 조화 성분(1X, 2X, 3X 등)과 분수 조화 성분(1/2X, 1/3X 등)이 폭 넓게 발생한다.
- 구름 요소 베어링은 오염, 부식, 부적절한 윤활 및 설치 등 다양한 요인에 기인하여 각종 결함이 발생하며, 각 결함 별 특징 주파수의 진동 성분이 발생한다.
- 저널 베어링은 회전체 표면인 저널과 베어링 메탈 사이의 얇은 유막에서 발생하는 압력에 의해 하중을 지지하는 기계 요소로서 비교적 높은 감쇠 능력을 가지고 있다.
- 운전 조건에 따라 oil whip, oil whirl 등의 자려 진동을 발생할 수 있으므로, 베어링 유형의 선정과 운전 조건 등의 선정에 유의하여야 한다.
- 전동기 중에 유도 전동기는 산업용 구동기로서 폭 넓게 사용되고 있고, 기계적인 힘뿐만 아니라, 전자기력 등의 전기적인 가진력에 기인하여 다양한 결함이 발생할 수 있다.
- 대부분의 결함은 베어링에서 발생하며, 이어서 고정자 권선과 회전자 봉의 결함 등이 발생한다.

- 전동기의 결함 분석에는 진동 신호 분석뿐만 아니라 고정자 전류 신호 분석 등도 함께 사용하여야 하고, 운전 주파수와 전원 주파수를 분리하기 위해 주파수 분석 시에는 높은 분해능(resolution)으로 분석되어야 한다.
- 기어는 피로 손상 등의 다양한 원인에 의해 결함이 발생하고, 기어 맞물림 진동수와 조화 성분 그리고 기어 맞물림 진동수의 좌우에 회전 주파수의 측대역 성분들이 발생한다.
- 기어 결함의 분석에는 주파수 스펙트럼 분석뿐만 아니라, 충격 파형의 조사를 위한 시간 파형 신호의 분석도 유용하다.
- 전동기, 기어 등의 결함에는 신호의 변조(modulation)에 의해 특징 주파수로서 측대역 성분들이 발생하므로, 정확한 정보를 얻기 위해 확대 분석(zooming), 포락선 검지(envelope detection) 분석 등의 기법을 함께 사용할 것이 권장된다.
- 공진 현상은 외력의 가진 주파수와 계의 고유 진동수가 같거나 유사한 경우, 진동 진폭이 과대하게 증폭되는 현상이다.
- 공진이 의심되는 경우에는 충격 시험 등을 통하여 분석을 수행하고, 공진을 회피하도록 운전 속도를 변경하거나 고유 진동수를 이동할 수 있도록 강성 보강이나 질량 변경을 실시하여야 한다.

참고 문헌

[1] J.S. Mitchell, Introduction to Machinery Analysis and Monitoring, Pennwell Books, 1993

[2] 일본기계학회편, 동적 설계를 위한 모델링, Ohm, 1995

[3] 양보석, 회전 기계의 진동: 해석, 평가, 설계 및 대책, 인터비젼, 2002

[4] C.W. Lee, Vibration Analysis of Rotor, Kluwer Academic Publisher, 1993

[5] M. Lalanne, G. Ferraris, Rotordynamics Prediction in Engineering, John Wiley & Sons, 1990 (양보석 역, 회전 기계 진동의 예측, 부경대, 1996)

[6] 함종석, 회전 기계의 상태 감시 및 진단을 위한 진동 신호의 변환 및 표시 소개, 제 1회 설비진단기술강습회, 부경대, p. 1-21, 2002

[7] 牧修市 저, 양보석 역, 진동법에 의한 설비 진단의 실제, 부경대, 1995

[8] The Vibration Analysis Handbook, Vibration Consultants Inc., 1990

[9] R.K. Mobley, An Introduction to Predictive Maintenance, Van Nostrand Reinhold, 1990

[10] 하현천, 터보 기계 운전 및 진단, 제 1회 설비진단기술강습회, 부경대, p. 87-100, 2002

[11] 양보석, 전류 신호 분석을 이용한 유도 전동기의 결함 진단, 제 3회 설비진단기술강습회, KAIST, p. 89-114, 2004

[12] 하형건, Gear Box 진단 사례 및 전동기 결함 사례, 제 4회 설비진단기술강습회, 원자력교육원, p. 255, 2005

[13] 최원호, 유도 전동기의 열화 메커니즘과 진단 기술, 제 4회 설비진단기술강습회, 원자력교육원, p. 213-215, 2005

[14] R.L. Eshleman, Machinery Vibration Analysis I, Vibration Institute, 1990

[15] 양보석 외 공저, 산업전기설비의 진단기술, 한국전기연구원, 2005

부록 A

진동 상태 감시 및 진단 기술자를 위한 훈련 과정(ISO 18436-2)

여기에서는 ISO 18436-2(기계 상태 감시 및 진단-기구의 자격승인과 요원의 훈련과 인증-진동 분석) 규격의 부속서 A(진동요원을 위한 훈련과정 필요조건)에서 규정하고 있는 각 주제 및 영역별 훈련 시간을 나타낸다.

표 1 훈련 과정의 전체 개요

제목(subject)	훈련 시간			
	영역Ⅰ	영역Ⅱ	영역Ⅲ	영역Ⅳ
1. 진동의 원리	6	4	2	4
2. 데이터 취득	8	4	2	2
3. 신호 처리	2	4	3	8
4. 상태 감시	2	4	3	1
5. 결함 분석	2	4	8	6
6. 수정 조치	2	4	6	16
7. 장비 지식	8	4	4	–
8. 승인 시험	2	2	2	–
9. 장비 시험과 진단	–	2	3	4
10. 참조 규격	–	2	2	2
11. 보고와 서류	–	2	2	4
12. 결함 심각도의 결정	–	2	3	3
13. 회전체/베어링 동역학	–	–	–	14
훈련 영역 별 총 교육 시간	32	38	40	64

표 2 각 주제 별 상세 목록과 훈련 시간

제목(subject)	영역 I	영역 II	영역 III	영역 IV
1. 진동의 원리	6	4	2	4
• 기초 운동(basic motion)	*	*	*	
• 주기, 주파수	*	*	*	
• 진폭: peak, peak to peak, 실효치(rms치)	*	*	*	
• 파라미터: 변위, 속도, 가속도	*	*	*	
• 단위(unit), 단위 변환(conversion)	*	*	*	
• 시간과 주파수 영역	*	*	*	
• 벡터, 변조(modulation)			*	*
• 위상		*	*	*
• 고유 진동수, 공진, 위험 속도	*	*	*	*
• 힘, 응답, 감쇠, 강성			*	*
• 불안정성(instabilities), 비선형 계				*
2. 데이터 취득	8	4	2	2
• 측정 장비(instrumentation)	*	*	*	*
• 동적 범위, 신호 대 소음(S/N) 비			*	*
• 변환기(transducers)	*	*	*	
• 변환기의 설치 및 설치 고유 진동수	*	*	*	
• 최대 주파수, 취득 시간	*	*	*	
• 변위계 변환	*	*	*	
• 트리거(triggering)		*	*	
• 시험 계획		*	*	*
• 시험 절차	*	*	*	*
• 데이터 형식		*	*	
• 컴퓨터 데이터베이스 upload/download	*			
• 잘못된 데이터 식별	*	*	*	*

표 2 각 주제 별 상세 목록과 훈련 시간(계속)

제목(subject)	영역 I	영역 II	영역 III	영역 IV
3. 신호 처리	2	4	3	8
• 실효치/피크 검지(detection)				*
• 아날로그/디지털(A/D) 변환				*
• 아날로그 샘플링, 디지털 샘플링		*	*	*
• FFT 계산			*	*
• FFT 응용	*	*		
• 시간 창(windows): uniform, hanning, flat-top		*	*	
• 필터(filter): 저역, 고역, 대역, 트래킹			*	*
• Anti-aliasing		*	*	*
• 대역폭(bandwidth), 분해능(resolution)		*	*	*
• 잡음 감소, Hilbert 변환(transform)				*
• 평균화 : 선형, 동기시간, exponential	*	*	*	*
• 동적 범위	*		*	*
• 신호 대 잡음 비(S/N비)				*
• 스펙트럼 선도			*	*
4. 상태 감시	2	4	3	1
• 컴퓨터 데이터베이스 설정 및 유지	*	*		
• 장비 평가와 우선순위(prioritization)		*	*	*
• 감시 프로그램 설계			*	
• 경고(alarm) 설정: 협대역, 포락선(envelope)		*	*	
• 기준선 평가, 경향 관리(trending)	*	*	*	
• 측정 경로(route) 계획		*	*	
• 대체 기술 : oil 분석, 적외선 온도 기록, 전동기 전류 분석 및 음향 방출			*	*

표 2 각 주제 별 상세 목록과 훈련 시간(계속)

제목(subject)	영역 I	영역 II	영역 III	영역 IV
5. 결함 분석	2	4	8	6
스펙트럼 분석, 조화성분, 측대역파(sidebands)	*	*	*	*
• 시간 파형 분석			*	*
• 위상 분석			*	*
• 과도 분석			*	*
• 궤도(orbit) 분석			*	*
• 축 중심선 (shaft centerline) 분석			*	*
• 포락선 처리(enveloping)			*	*
• 질량 불평형	*	*	*	
• 정렬 불량 (misalignment)	*	*	*	
• 기계적 헐거움 (mechanical looseness)	*	*	*	
• 마찰 (rub), 불안정성 (instabilities)			*	*
• 베어링 결함: 구름요소, 저널	*	*	*	
• 전동기 결함		*	*	*
• 유동 여기 진동, 공기 역학과 액체			*	*
• 기어 상자 분석		*	*	
• 공진과 위험 속도			*	*
• 터보 기계		*	*	*
• 일반 결함 인식	*			
6. 수정 조치(corrective action)	2	4	6	16
• 축 정렬(shaft alignment)		*	*	
• 현장 평형잡기(field balancing)		*	*	*
• 기계 부품의 교체			*	*
• 유동 제어			*	*
• 절연 및 감쇠			*	*
• 공진 제어			*	*
• 기본적인 정비 활동	*	*	*	

표 2 각 주제 별 상세 목록과 훈련 시간(계속)

제목(subject)	영역 I	영역 II	영역 III	영역 IV
7. 장비 지식(equipment knowledge)	8	4	4	–
• 전동기, 발전기 및 구동기	*	*	*	
• 펌프, 송풍기	*	*	*	
• 증기 터빈, 가스 터빈		*	*	
• 압축기	*	*	*	
• 왕복 기계		*	*	
• 압연기, 제지기계, 다른 프로세스 장비	*	*	*	
• 공작 기계(machine tool)	*	*	*	
• 구조물, 배관	*	*	*	
• 기어 상자	*	*	*	
• 구름 요소 베어링	*	*	*	
• 저널 베어링		*	*	
• 기어		*	*	
• 커플링, 벨트		*	*	
8. 승인 시험(acceptance testing)	2	2	2	–
• 시험 절차	*	*		
• 사양서 및 규격		*	*	
• 보고서		*	*	
9. 장비 시험과 진단	–	2	3	4
• 충격 시험		*	*	*
• 강제 응답 시험		*	*	*
• 과도 해석			*	*
• 전달 함수				*
• 감쇠 평가				*
• 위상, 기여도(coherence)				*
• 운전 처짐 형상			*	*
• 모드 해석				*
• 비틀림 진동				*

표 2 각 주제 별 상세 목록과 훈련 시간(계속)

제목(subject)	영역 I	영역 II	영역 III	영역 IV
10. 참조 규격(reference standard)	–	2	2	2
• ISO 규격		*	*	*
• IEC 규격		*	*	*
• 관련 국가 규격		*	*	*
11. 보고와 서류(documentation)	–	2	2	4
• 상태 감시 보고서		*	*	
• 진동 진단 보고서		*	*	*
12. 결함 심각도(severity) 결정	–	2	3	3
• 스펙트럼 분석		*	*	*
• 시간 파형 분석, 궤도 분석			*	*
• 레벨: overall, 협대역, 성분		*	*	
• 심각도 선도, 그래프 및 식		*	*	*
13. 회전체/베어링 동역학	–	–	–	14
• 회전체 특성				*
• 베어링 특성				*
• 회전체 평형잡기				*

주 1) 기호(*)는 할당된 시간 내에 다루어야 할 제목을 나타낸다.

주 2) 영역 II는 영역 I의 지식을 포함하고, 영역 III은 영역 I과 영역 II의 지식을 포함하며, 영역 IV는 하위 영역의 지식을 포함한다.

주 3) 만약 기호(*)가 제목에 대해 한 영역 이상에서 나타난다면, 영역 X-1에서 보다 영역 X에서 제목의 심도 깊은 지식이 요구된다.

부록 B

기계의 상태 감시 및 진단- 용어 (ISO 13372)

1. 범위

이 국제 규격은 기계의 상태 감시와 진단 분야에서 사용되는 용어가 정의되어 있다. 이 규격은 상태 감시와 진단 시스템의 사용자와 제작자에게 공통된 용어를 제공하는 것이 목적이다.

2. 일반적 용어

2.1 분석/해석(analysis) : 전체를 완전하게 이해하기 위한 시스템 구성 부분들의 주의 깊은 조사.

2.2 사후 정비(breakdown maintenance) : 기계가 고장이 난 후에 수행되는 정비.

2.3 치명적 고장(catastrophic failure) : 기계 또는 관련된 구성품(components)에 상당한 손상을 야기하는 기계의 갑작스럽고 예기치 않은 고장.

2.4 상태 감시(condition monitoring) : 기계의 상태를 지시하는 정보와 데이터의 검지(detection) 및 수집.

2.5 진단(diagnostics) : 결함의 특성을 결정하기 위한 증상(symptoms)과 증후(syndromes)들의 검사.

2.6 고장(failure) : 기계의 필요한 기능을 수행하기 위한 그 기능의 정지.
주) 고장은 상태를 나타내는 결함과 구별된다.

2.7 결함(fault) : 기계의 구성품 또는 조립품(assemblies)의 하나가 열화 되거나 기계의 고장을 일으킬 수 있는 비정상적인 거동을 나타낼 때 발생하는 구성품의 상태.
주 1) 결함은 고장의 결과일 수 있으나, 고장이 없이도 존재할 수 있다.
주 2) 계획된 조치의 결과이거나, 외부 자원의 부족으로 인한 것은 결함이 아니다.

2.8 기능(function) : 어떤 기계나 시스템 일부의 적절한 작용(action).

2.9 기계(machine) : 재료의 성형 가공(forming) 또는 운동, 힘, 에너지의 전달 및 변환과 같은 특정 임무를 수행하기 위해 특별히 고안된 기계적인 시스템.
주) 또한 때로는 장비(equipment)로도 불린다.

2.10 기계 특성(machine characteristics) : 기계나 그것의 부분계(subsystem)의 구분되는 속성(attribute), 특질(qualities), 특성(properties). 그것들이 가지는 영향의 상대적인 크기들과 존재에 의해 기계의 구성, 성능, 거동 및 능력이 정의된다.

2.11 기계 시스템(machine system)/기계 열(machine train) : 기계적인 시스템에서 주요 부분계가 특정 기계이고, 다른 부분계들은 부품들과 보조물(auxiliaries)이며, 각각의 기능은 기계의 작업(work)과 조치(action)를 지원하기 위해 통합된다.

2.12 예지 정비(predictive maintenance)/상태 기반 정비(condition based maintenance): 고장의 예지를 강조하고, 장비의 상태에 근거하여 조치를 수행하는 정비.

2.13 예방 정비(preventive maintenance) : 기계 부품과 구성 요소의 정기적인 수리와 교체를 포함하는 정해진 일정에 따라 수행되는 정비.

2.14 사전 정비(proactive maintenance) : 정기적인 검지와 고장을 초래하는 근본적인 원인이 되는 상태의 수정을 강조하는 상태 기반 정비의 한 유형.
주) 예로서 높은 윤활유 오염(contamination), 정렬 불량과 불평형이 있다.

2.15 예지(prognostics) : 미래의 상태와 잔여 수명을 예측하기 위한 결함의 증상 분석.

2.16 시스템(system) : 서로 관련된 존재들(entities)의 집단. 이것은 관념적으로 구성되어 특징지어진다. 관련된 존재들 중의 하나로는 시스템의 경계(boundary)가 있다.

3. 기계 특성(Machine Characteristics)

3.1 필수 요소 기계/핵심 기계(critical machinery) : 경제적인 과정(process)의 주요 부분을 성취하기 위해 요구되는 기계.

3.2 정비도(maintainability) : 요구되는 기능들을 수행할 수 있는 상태를 유지 또는 그 상태로 회복할 수 있는 기계 항목의 능력.

3.3 신뢰도(reliability) : 기계가 특정 조건 하에서 사용될 때, 특정 시간 주기 동안에 고장 없이 요구되는 기능을 수행할 확률(probability).

4. 운전(operation) 및 정비(maintenance)

4.1 정렬(alignment) : 기계 구성 요소의 축(axes)들이 설계 기준에 따라 일치, 평행 또는 수직인 조건.

4.2 신뢰도 중심 정비(reliability centered maintenance : RCM) : 장비의 수명 동안에 자원의 최소 소비량으로 장비 고유의 신뢰성을 구현하는, 기술적으로 실행 가능한 정비 작업과 비용 효과를 확인하기 위해 사용된 훈련된 논리.

4.3 열 성장(thermal growth) : 온도의 변화에 기인하는 팽창(expansion)에 의한 시스템 구성 요소의 치수 변화.

5. 결함(Faults)

5.1 비정상(abnormality) : 정상 상태로부터의 편차(deviation).

5.2 경고(alarm) : 선정된 이상이나 이상들의 논리적인 조합이 있고, 이들의 수정 조치를 필요로 하는 상황에 직면했을 때, 요원에게 통지하기위해 설정된 운전 신호 또는 메시지.
주) 경고는 경계(alert)보다 더욱 심각한 이상 영역으로, 붉은 지시계로 표시한다.

5.3 경계(alert) : 선택된 이상이나 논리적인 이상들의 조합들이 강화된 주의(awareness)를 요구할 때, 요원에게 통지하기위해 설정된 운전 신호 또는 메시지.
주) 경계는 이상의 첫 번째 영역으로, 노란 지시계로 표시한다.

5.4 이상(anomaly) : 시스템 내의 불규칙성(irregularity)이나 비정상 상태(abnormality).

5.5 찌그러짐/왜곡(distortion) : 정상적인 형상(shape)이나 구성(configuration)으로부터 벗어난 상태.

5.6 결함 진행(fault progression) : 시간에 따라 결함의 심각도가 변화하는 특성.

5.7 증후군(syndrome) : 비정상 상태를 공통적으로 표시하거나 특성을 나타내는 징조(signs)나 증상들의 집단.

5.8 트라이볼러지 마멸(tribological wear) : 표면에서 상대 운동의 결과로 발생하는 마멸.

6. 데이터 수집(data collection) 또는 취득(acquisition)

6.1 감쇠(attenuation) : 보통 신호가 경유하는 거리나 그 경로상의 매질의 밀도에 의해 신호의 세기가 감소하는 것.

6.2 배경 잡음(background noise) : 일반적으로, 어떤 특정의 원인으로 돌릴 수 없는 신호 내에 존재하는 원하지 않는 소음.

6.3 동적 범위(dynamic range) : 변환기나 분석기가 탐지할 수 있는 가장 작은 진폭에 대한 가장 큰 진폭의 비.
주) 동적 범위는 일반적으로 데시벨(dB)로 표현된다.

6.4 온도 기록계(thermography) : 피 측정물의 표면으로부터 방사되는 적외선 에너지를 측정하고, 그것을 그에 상응하는 표면 온도로 변환함으로써 넓은 범위의 다양한 피 측정물의 온도를 비접촉으로 원거리에서 측정이 가능한 적외선 촬영 장치(infrared imagers)를 이용한 방법.

6.5 시간 창 함수(time window) : 디지털 분석기가 입력 신호의 정확한 재구성을 위해 요구되는 샘플의 수를 수집하는데 필요한 시간.

6.6 Triboelectric 잡음(triboelectric noise) : 케이블의 굽힘 또는 움직임에 기인하여 보호 케이블 내에서 발생하는 잡음.

7. 데이터 특징(Data Characteristics)

7.1 비동기(asynchronous 또는 nonsynchronous) : 회전 속도에 관련이 없는 진동 성분들.

7.2 설명 인자(descriptor)/특징(feature) : 처리되지 않거나 처리된 파라미터 또는 외부 관찰로부터 얻어지는 데이터 항목(item).

7.3 기저 소음(noise floor) : 가진 신호가 존재하지 않는 시스템에서 존재하는 소음의 레벨.

7.4 오프라인(off line) : 상태 감시와 진단에서 일반적으로 주기적 또는 간헐적인 자료의 수집을 의미.

7.5 온라인(on line) : 상태 감시와 진단에서 일반적으로 연속적인 자료의 수집을 의미.

7.6 피크 치(peak value) : 신호의 최대 크기의 값(최대치).

7.7 *p-p*(peak-to-peak) : 신호의 최대 크기와 최소 크기의 차이 값.

7.8 잡음 대 신호 비(signal to noise ratio) : 파(wave)의 기저 잡음의 최대 진폭에 대한 파의 최대 진폭의 비.

7.9 분수 동기 성분(subsynchronous components) : 진동 신호의 스펙트럼에서 축 회전 속도의 1배(1X)보다 낮은 부분에서 나타나는 진폭들.

7.10 동기 성분(synchronous components)/위상 고정 성분(phased locked components): 진동 신호의 스펙트럼에서 축 회전 속도의 정수 배에서 나타나는 진폭들.

7.11 열 벡터(thermal vector) : 기계 시스템에서의 불 균일한 가열의 결과로 발생되는 진동력.

7.12 진동 신호(vibration signature) : 시스템의 진동 운동을 나타내는 모든 주파수의 측정량.

8. 데이터 처리(신호 처리) (Data Processing/ Signal Processing)

8.1 주파수 영역(frequency domain) : 파형의 샘플 내에 있는 모든 주파수들의 표시.

8.2 전동기 전류 신호 해석(motor current signature analysis : MCSA) : 전동기의 건전성의 지표를 제공하기 위해, 작은 시간 종속 부하와 속도 변동에 관한 정보를 추출하기 위해 전동기의 전원 전류(line current)를 복조(demodulates)하는 기술.

8.3 시간 영역(time domain) : 특정 시간 주기 동안의 시스템의 작동 상태를 표시.

8.4 폭포 선도(waterfall plot) : 시간 또는 회전 속도(rpm)에 대한 3차원의 다중 스펙트럼 표시.

9. 해석/분석(Analysis)

9.1 비용 효율성(cost effectiveness) : 특정 정비 활동을 수행하기 위해 필요한 비용에 대한 장비 비용, 교체 비용 및 생산 손실 비용과 관련된 상대적인 용어.

주) 어떠한 상황에서든 비용 효율성은 기계의 소유자에 의해서 정의된다.

9.2 위험 속도 선도(critical speed map) : 베어링 혹은 지지부 강성(x축)에 대한 시스템 고유 진동수(y축)를 직교 좌표로 나타낸 선도.

9.3 상호 채널 해석(cross-channel analysis) : 2개 또는 그 이상의 입력 채널을 가지는 분석기를 사용하여 위상, 기여도(coherence) 및 전달 함수와 같은 함수들을 계산하기 위한 방법.

9.4 고장 모드와 영향 해석(failure modes and effects analysis : FMEA) : 고장의 원인과 그것의 시스템에 대한 영향에 대해서 각각의 고장을 평가함으로써, 그 설비의 기능과 기능의 고장을 결정하는 조직화된 과정.

주) 이 기술은 해석에 근거한 새로운 시스템이나 이력 데이터에 근거한 기존 시스템에 적용할 수 있다.

9.5 고장 모드 영향 및 위험도 해석(failure mode effects and criticality analysis: FMECA) : 기본적으로 고장의 심각도(severity)에 근거한 분류화 과정을 가지는 FMEA.

9.6 고장율(failure rate) : 그 모집단(population)에 의해 사용된 수명 단위(life units)들의 수로 나누어지는, 한 모집단내의 고장의 수.

주) 고장율은 항상 정하여진 조건 하에서 일정 기간(interval) 동안 측정된다.

9.7 결함 주파수(fault frequency) : 특정 결함에 의해 발생되는 주파수.

9.8 주파수 해석(frequency analysis) : 주파수 영역 표시를 검사하는 것에 의해 수행되는 기계 해석.

주) 존재하는 주파수들은 외력 함수를 결정하기위해 사용된다.

9.9 파레토 해석(pareto analysis) : 부수적인 하찮은 다수로부터 문제의 주된 원인인 지극히 중요한 소수들을 분리해 내기 위한 단순한 방법.

9.10 위험도 평가(risk assessment) : 비용, 계획 및 다른 관리(management)에서 고려할 사항들로 위험도를 비교하는 과정.

주) 이는 위험도의 확인, 위험도의 평가, 조치 과정의 결정 및 결정의 유효성 추적으로 구성된다.

9.11 근본 원인/근원(root cause) : 결함 모드 초기의 결과로써 발생하는 연속적인 사건들(events)의 초기에 발생하는 상태 및/또는 작용들의 집합.

9.12 고장 근원 분석(root cause failure analysis : RCFA) : 고장 이후에, 고장 모드의 규명과 고장 메커니즘 및 그 근본 원인의 결정을 위한 어떤 항목의 논리적, 체계적 검토와 그것의 구성, 적용 및 기록 조사.

주) RCFA는 장기간 지속된 문제에 대한 해결책을 제시하기 위해 흔히 사용된다.

10. 진단(Diagnostics)

10.1 기준선(baseline) : 다양한 운전 상태하에서 기계의 정상적인 거동을 나타내는 기준(criteria)을 제공하는 설명 인자(descriptor)나 설명 인자의 그룹.

주) 기준선은 기계들의 정상 상태에서의 상태 파라미터들에 의해 결정된다. 프로세서의 상태가 일정하더라도 온도와 같은 일부의 상태 파라미터들이 변하기 때문에 기계의 거동은 변한다.

10.2 신뢰 수준(confidence level) : 계산된 신뢰도(reliability)가 이뤄지거나 개선될 가능성의 추정.

주 1) 신뢰도의 계산은 이용 가능한 증거(evidence)를 기반으로 하여 이루어진다. 신뢰의 정도는 샘플 크기(sample size)의 범위에 대한 함수로서 계산된다.

주 2) 진단의 신뢰 수준은 올바른 진단에 대한 확신의 정도를 나타낼 수 있는 평가 지수이다.

10.3 진단(diagnosis) : 진단 절차(process)의 결과
주) 결함들의 존재 여부를 나타낸다.

10.4 파라미터/매개 변수(parameter) : 측정 가능한 변수.

10.5 증상(symptom) : 인간의 관찰과 측정(설명 인자)에 의해 만들어진 하나 또는 그 이상의 결함이 어떤 확률을 가지고 존재함을 나타내는 지각(perception).

11. 예지(Prognostics)

11.1 가용도(availability) : 특정 조건하에서 사용될 때, 기계가 만족스럽고 효과적으로 운전될 확률(probability).

11.2 예지(prognosis): 예지 절차의 결과.
주) 기계에서 결함의 예상되는 성장과 잔여 수명의 예측.

찾 아 보 기

영 문

(A)

A/D 변환기 / 116, 122

(D)

dB 스펙트럼 / 142

(F)

FFT 분석기 / 116

(Q)

Q 계수 / 43, 297

(R)

rms 변환기 / 121
rms 스펙트럼 / 142

(S)

S/N비 / 176
SI 단위계 / 18

(T)

TEDS / 106

한 글

(ㄱ)

가속도 / 20, 68
가속도계 / 77
가진 주파수 / 34
가진력 / 34
감쇠 계 / 37
감쇠 고유 진동수 / 25, 40
감쇠 진동 / 40
강 베어링 / 26
강제 진동 / 40
결함 / 205
경향 관리 / 254
경향 선도 / 273
고대역(고역) 통과 필터 / 152
고속 푸리에 변환 / 24, 116, 137
고유 진동수 / 25
고장 / 199
고장 모드 / 199
고장 모드 및 영향 분석 / 208
고장 모드 증상 분석 / 208
고장 모드, 그 영향 및 중요도 분석 / 208
고장율 / 254
공진 / 25, 28, 42, 364
공진 곡선 / 42
공진 배율 / 297
공진 영역 / 28
공진 주파수 / 25, 28
공진 회피 설계 / 28, 30, 364, 367
과도 상태 / 41
과도 운전 상태 / 293
과도 진동 경향 감시 / 265
광 센서 / 100
광대역 경향 분석 / 275
광대역 진동 경향 감시 / 256
구름 요소 베어링 / 328
굽힘 공진 / 366
권장 조치 / 230
궤도 / 277
궤도 선도 / 273, 283
극 선도 / 299
근접 변환기 / 71
기계 데이터 / 205
기계 임피던스 / 41
기계적 헐거움 / 326
기본 주기 / 55
기본 주파수 / 55
기본 진동수 / 51
기어 상자 / 356
기여도 / 143
기여도 함수 / 143

(ㄴ)

나이퀴스트 샘플링 정리 / 118
나이퀴스트 선도 / 299
나이퀴스트 주파수 / 123
느슨함 / 326

(ㄷ)
단진자 / 3
대수 감쇠율 / 40
대수 척도 / 15, 95
대역 소거 필터 / 152
대역 통과 필터 / 152
데시벨 / 15
데이터 / 116
데이터 수집기 / 83
데이터 취득 / 218
동기 시간 평균 / 180
동적 배율 / 42
동적 범위 / 171, 95
동적 캐드케이드 선도 / 290
동전형 변환기 / 75
디지털 신호 분석 / 116
디지털 신호 분석기 / 116
디지털 신호 처리 / 113
떨림 / 1

(ㄹ)
런 아웃 / 296
리사쥬 선도 / 52, 283

(ㅁ)
마멸 고장 / 199
모드 형상 / 26
무주기 운동 / 38

(ㅂ)
반경 베어링 / 339
반공진 / 29
반공진 상태 / 29
반공진 주파수 / 29
반영구 시스템 / 231
반절점 / 26
벡터 선도 / 299
벨 / 15
변위 / 19, 67
변조 / 161
변환기 / 68
보데 선도 / 296
복소 평면 / 58
복수 궤도 선도 / 288
복조 / 161
복합 정렬 불량 / 319
분리 여유 / 28, 30
분산 / 127
분해능 / 106, 117, 124, 171
불규칙 진동 / 132
불안정화 요소 / 59
불평형 응답 선도 / 312
비감쇠 계 / 35
비감쇠 고유 진동수 / 25
비감쇠 위험 속도 선도 / 32, 371
비선형 변조 / 165
비선형성 / 60
비접촉 변위계 / 71
비접촉형 / 68
비틀림 공진 / 367
비틀림 진동계 / 45

(ㅅ)
상관 함수 / 135
상대 변환기 / 70
상대 진동 / 107
상대 판정 / 246
상태 감시 프로그램 / 197
상호 상관 함수 / 135
상호 스펙트럼 / 136
상호 판정 / 246
샘플링 / 116, 123
샘플링 시간 / 117
샘플링 주기 / 123
샘플링 주파수 / 106, 117, 123
선 스펙트럼 / 56
선형 변조 / 165
선형 척도 / 15, 95
센서 / 68
소인 필터 분석기 / 156
속도 / 19, 67
속도 변환기 / 74
스러스트 베어링 / 339
스미어링 / 178
스펙트럼 / 56
스펙트럼 분석 / 279
스펙트럼 선도 / 273, 279
시간 기반 선도 / 273
시간 영역 / 23
시간 파형 분석 / 277
시간 평균 / 179
실효치 / 121, 127

(ㅇ)
안정 여유 / 60
안정성 / 56
안정화 요소 / 59
양자화 오차 / 117
엘리어싱 / 117, 157
엘리어싱 방지 필터 / 158
여파기 / 152
연속 감시 시스템 / 233
연속 신호 / 116
영구 설치 시스템 / 231
예지 / 226
오실로스코프 / 113
왜도 / 127
욕조 곡선 / 254

우발 고장 / 199
운전 파라미터 / 205
울림 / 46, 50
울림 주기 / 46
울림 현상 / 46
원추 모드 / 27
웨이브릿 변환 / 309
웨이브릿 분석 / 309
위상 / 17
위상 변조 / 161
위험 속도 / 25, 29, 370
위험 속도 선도 / 32, 313, 371
유도 전동기 / 345
유연 베어링 / 27
유한 이산 푸리에 변환 / 141
유효 잔존 수명 / 226
이산 신호 / 116
이산 주파수 경향 분석 / 275
일정 차수비 분석 / 301
임계 감쇠 계수 / 38
임계 속도 / 29

(ㅈ)
자기 상관 함수 / 135
자유 진동 / 37
잡음 / 152, 176
저널 베어링 / 339
저대역(저역) 통과 필터 / 152
전 스펙트럼 선도 / 279
전동기 / 345
전처리 / 117
전하 증폭기 / 78
절대 변환기 / 70
절대 진동 / 108
절대 판정 / 246
절점 / 26
점성 감쇠 / 37
접촉형 / 68
정렬 불량 / 318
정상 상태 / 41
제한 대역 경향 감시 / 263
조화 성분 / 6, 55
조화 운동 / 3, 5
조화 진동 / 37
주기 운동 / 5
주기 함수 / 139
주기적 감시 시스템 / 234
주파수 / 5
주파수 범위 / 97
주파수 변조 / 161, 307
주파수 분석 / 24, 114, 138
주파수 영역 / 24
주파수 영역 평균 / 178
주파수 응답 곡선 / 70
주파수 확대 / 174
중요도 / 208
증상 / 204
지수 평균 / 180
진단 요구 사항 보고서 / 216
진동 / 1
진동 벡터 선도 / 291
진동 상태 감시 / 197
진동수 / 5
진폭 / 10
진폭 범위 / 95
진폭 변조 / 161
질량 불평형 / 314

(ㅊ)
차단 주파수 / 153
차수 추적 / 301
창 함수 / 147
첨도 / 128
초기 고장 / 199
축 정렬 / 318
축 중심선 위치 선도 / 306
충격 해머 / 79
측대역 파 / 161
측정 파라미터 / 18

(ㅋ)
캐스케이드 선도 / 303
캠벨 선도 / 293
캡스트럼 / 307
캡스트럼 분석 / 307
캡스트럼 캐스케이드 선도 / 309

(ㅌ)
탄성 1차 모드 / 27
트래킹 필터 / 156
트리거 장치 / 99
특징 설명 인자 / 203

(ㅍ)
파고율 / 130
파워 스펙트럼 / 142
파형률 / 127
판정 기준 / 246
편각 정렬 불량 / 319
편심 / 315
편심 정렬 불량 / 319
평균 / 126
평균 스펙트럼 / 142
평균화 / 178
평행 모드 / 27
평형 잡기 / 316
평활화 / 178
평활화 처리 / 121

포락 신호 / 162
포락선 처리 / 166
폭포 스펙트럼 선도 / 273, 290
표본화 / 116
표준 편차 / 127
푸리에 급수 / 55, 139
프로브 / 68
픽업 / 68
필터 / 152
필터링 / 152

(ㅎ)
허용 기준 / 257
허용 영역 / 289
허용 영역 선도 / 289
협대역 경향 분석 / 275
협대역 진동 경향 감시 / 261
형상 계수 / 127
확대 분석 / 173
확대율 / 32, 42
확률 밀도 함수 / 132
휴대용 감시 시스템 / 233
힐버트 변환 / 162, 184
힘 변환기 / 79

※ 이 도서는 故양보석 교수님 유족들의 동의를 받아 재출간되었습니다.

기계설비의

진동 상태 감시 및 진단

1998년 10월 14일 초판 발행

2025년 1월 10일 2쇄 발행

저 자 양보석

발 행 인 송기수

발 행 처 도서출판 GS인터비전

편 집 처 도서출판 GS인터비전

표지디자인 김명신

인 쇄 처 트윈벨미디어

등 록 번 호 제 25100-2016-000050호

I S B N 979-11-5576-302-5(93550)

주 소 서울 은평구 증산로 15길 69 2층

전 화 02-976-7898, 02-3272-7898.

팩 스 02-6468-7898

홈페이지 gsintervision.kr

E-Mail gsinter7@gmail.com

정 가 35,000원